NONGZUOWU ZHONGDA BINGCHONGHAI FANGKONG GONGZUO NIANBAO

农作物重大病虫害防控工作年报

2018

全国农业技术推广服务中心　主编

中 国 农 业 出 版 社
北　京

前言

2018年全国农作物病虫害总体为中等偏轻发生，部分病虫重发生。据统计，2018年全国农作物病虫草鼠害发生面积达62.4亿亩次，较上年减少3.2亿亩次，其中病虫发生面积44.3亿亩次，较上年减少3亿亩次。全国小麦病虫总体轻于上年，发生面积较上年减少7 957多万亩次。其中，锈病发生面积6 297.94万亩次，较上年减少1 854.87万亩次；赤霉病发生面积9 152.00，较上年增加4 187.2万亩次。水稻病虫害发生面积10.8亿亩次，较上年减少4.2亿亩次。玉米病虫全年累计发生面积9.06亿亩次，较上年减少0.8亿亩次。马铃薯病虫害总体呈中等偏轻至中等发生，局部呈中等偏重至大发生态势，总发生面积8 691万亩次。其中，晚疫病和早疫病为绝对优势，发生面积4 363.92万亩次。农区蝗虫总体中等偏轻发生，飞蝗发生面积1 503.29万亩次，发生程度持续下降。

针对2018年我国农作物重大病虫害情况，在农业农村部和各级政府高度重视、密切配合下，相关部门和人员防控及时、措施得力，有效控制了小麦条锈病等重大病虫的暴发为害，取得了显著成效。据统计，全国累计完成病虫草鼠防治面积77.4亿亩次，其中病虫防治面积58.9亿亩次，共挽回粮食损失833.7亿千克，为我国粮食稳产高产做出了贡献。

为了认真总结2018年工作经验，找出不足，促进今后工作的开展，现将2018年农作物病虫害发生和防治工作的有关材料汇编成册，以供有关部门和各级植保机构参考。由于水平有限，时间仓促，如有不足之处请各位领导和专家批评指正。

编　者

2019年6月

目录

第二篇　防控工作总结

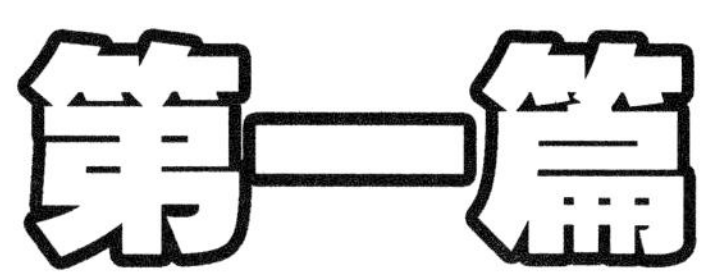

第一篇

农作物重大病虫害防控组织与行动

NONGZUOWU ZHONGDA BINGCHONGHAI FANGKONG ZUZHI YU XINGDONG

第一篇　农作物重大病虫害防控组织与行动

NONGZUOWU ZHONGDA BINGCHONGHAI FANGKONG ZUZHI YU XINGDONG

农业农村部防控行动部署

农业农村部办公厅关于加强小麦赤霉病防控工作的通知

（农明字〔2018〕第9号）

天津、河北、山西、上海、江苏、安徽、山东、河南、湖北、陕西省（直辖市）农业厅（委）：

目前，正值冬小麦孕穗抽穗期，也是小麦赤霉病发生流行的关键期。气象部门预报，未来一段时期，江淮、黄淮冬麦区降水显著多于常年，并与小麦抽穗扬花期吻合，将加重赤霉病发生流行。为切实做好小麦赤霉病防控，遏制病害大范围流行成灾，实现“虫口夺粮”保丰收，现将有关事项通知如下。

一、强化责任落实

加强小麦赤霉病防控，是夺取今年夏粮丰收的关键措施。各地要坚决贯彻中央部署，坚定稳定和优化粮食生产的目标不动摇，切实把加强小麦赤霉病防控作为当前农业生产的一项重要任务，加强组织领导，广泛动员部署，层层落实责任，切实抓好病虫防控各项措施落实。主要领导要亲自过问，分管领导要靠前指挥，加强督促检查，协调措施落实，确保赤霉病不大范围流行成灾，赢得夏粮丰收的主动权。

二、加强监测预警

发挥农作物重大病虫测报网作用，加密监测，全面掌握苗情、病情、墒情趋势，科学研判病害流行态势，及时发布病害预警信息，指导各地适时开展科学防治。尤其是黄淮北部、华北等赤霉病偶发区，要重点监测，确保不因监测不到位、预报不及时致使错失最佳防控时机。严格执行信息报送制度和重灾情实时报告制度，确保信息渠道畅通。

三、加强分类指导

对长江流域、江淮、黄淮南部小麦赤霉病常发区，因菌源基数较高，加之近期雨水偏多，要坚持“主动出击、见花打药”的原则，抓住小麦抽穗扬花关键时期，全面喷施高效对路药剂，减轻危害程度。对黄淮北部、华北小麦赤霉病偶发区，要坚持“立足预防、适时用药”的原则，做好对路药剂调剂，一旦发生连阴雨天气，要及时喷药，降低病害流行风险。

四、推进统防统治

发挥植保专业服务组织作用，特别是劳动力紧缺的地方，要大力开展统防统治，推行统一组织发动、统一技术方案、统一药剂供应、统一防治时间、统一施药作业等“五统一”服务，切实提高防控组织化程度和防控效果。冀鲁豫苏皖5省要落实好小麦“一喷三防”补助资金，及早组织防控物资，大范围开展“一喷三防”，防治病虫，延长灌浆期，提高千粒重。

五、精准指导服务

组织专家制定完善小麦赤霉病防控技术方案，开展巡回技术指导，因地因时落实好防控措施。组织机关干部和农技人员深入小麦赤霉病重发区，采取蹲点包片、进村入户等形式，帮助农民解决实际困难。在防控关键时期，对重点地区开展工作督导，确保防控工作措施落实到位、技术措施落实到田。

农业农村部办公厅关于做好玉米黏虫和草地螟防控工作的通知

（农明字〔2018〕第14号）

北京、天津、河北、山西、内蒙古、辽宁、吉林、黑龙江、江苏、安徽、山东、河南、陕西、甘肃、新疆等省（自治区、直辖市）农业（农牧、农村经济）厅（委、局），新疆生产建设兵团农业局：

目前，即将进入主汛期，正是防汛抗旱的关键时期，也是病虫防控的重要时期。据监测，江淮、黄淮等地黏虫一代成虫高峰集中向东北、华北地区迁移。同时，受境外虫源和迁飞条件适宜因素影响，内蒙古东部、黑龙江和吉林西部部分地区草地螟成虫突增，呈重发态势，对农业生产构成威胁。为及早落实防控措施，遏制黏虫、草地螟暴发危害，现就有关事项通知如下。

一、及早安排部署

黏虫具有杂食性、群聚性、暴食性等特点，是危害我国北方玉米重要的迁飞性害虫。草地螟具有间歇性突发、暴发的特点，是我国东北、华北和西北地区的重要农业害虫。目前，正值东北、华北、黄淮玉米苗期，也将进入二代黏虫危害期。同时，2018年东北地区豆类等草地螟喜食作物面积增加，加之受干旱等气象因素影响，草地螟暴发的概率增大。各地要坚定稳定和优化粮食生产的目标不动摇，把防汛抗旱与病虫防控同步推进，及早安排部署，落实防控措施。要落实防控属地责任，主要领导要亲自过问，分管领导要靠前指挥，广泛动员，加强防控，有效遏制二代黏虫和草地螟暴发危害，赢得秋粮丰收的主动权。

二、加强监测预警

发挥农作物重大病虫测报网作用，准确监测虫情发生动态。对农牧交错带、黏虫常年重发区，要加密监测。组织植保专业人员、乡村农技人员、专业服务组织和农民群众深入田间，调查黏虫、草地螟发生情况，准确研判发生趋势，及时发布预警信息，指导农民适时开展应急防治，做到早发现、早预警、早防治。同时，严格执行信息报送和重灾情实时报告制度，确保信息畅通。

三、加强分类指导

根据黏虫、草地螟迁飞规律和发生危害特点，加强分类指导，落实关键措施。对黏虫成虫迁出区，要加密监测，及时掌握迁出虫量、过境虫量和滞留虫量，并采取有效措施防治。对成虫迁入区，要及早做好物理诱杀、田间查卵和低龄幼虫药剂防控准备。草地螟越冬代成虫重点发生区和外来虫源降落地，要利用杀虫灯等诱杀工具、降低虫源基数，成虫产卵前、卵孵化前铲除田间杂草、减轻危害，并及时防治幼虫。黏虫、草地螟重发区，要抓住幼虫三龄暴食危害前关键时期，集中连片应急防治，控制暴发、遏制危害。

四、推进统防统治

充分利用现有项目资金，支持植保专业服务组织开展统防统治。要采取政府购买服务等多种方式，引导植保服务组织开展病虫防治服务，大力推行统一组织发动、统一技术方案、统一药剂供应、统一防治时间、统一施药作业等“五统一”服务，提高防治效果。对黏虫迁飞区、草地螟降落区，要采取联防联控、群防群治等措施，坚决遏制虫害暴发流行。

五、精准指导服务

组织专家制定黏虫、草地螟防控技术方案，开展巡回技术指导，因地因时落实好防控措施。组织机关干部和农技人员深入黏虫、草地螟重发区，采取蹲点包片、进村入户等形式，帮助农民解决实际困难。在防控关键时期，对黏虫、草地螟重发区开展工作督导，推进各项防控措施落实。

农业农村部办公厅关于做好秋粮作物重大病虫防控工作的通知

（农明字〔2018〕第19号）

各省、自治区、直辖市农业（农牧、农村经济）厅（委、局），新疆生产建设兵团农业局，黑龙江省农垦总局：

当前，正值主汛期，也是病虫防控的关键时期。据监测，受近期降水偏多、高温高湿天气影响，水稻“两迁”害虫、黏虫、草地螟、稻瘟病、马铃薯晚疫病等重大病虫在部分地区呈重发流行态势，对秋粮生产安全构成较大威胁。为切实做好秋粮作物病虫防控工作，实现“虫口夺粮”保丰收，现就有关事项通知如下。

一、及早安排部署

全年粮食生产的大头在秋粮，抓好秋粮生产，稳住农村这一头就有基础。各级农业部门要提高政治站位，坚定稳定和优化粮食生产的目标不动摇，立足抗灾夺丰收，把病虫防控作为当前农业生产的重要任务，加强组织领导，广泛动员发动，狠抓措施落实。主要领导要亲自过问，分管领导要靠前指挥，加强督促检查，层层压实责任，赢取秋粮丰收的主动权。

二、加强监测预警

发挥农作物重大病虫测报网作用，加密监测病虫源头区、迁飞流行过渡带和常年重发区，密切关注湖、库、湿地等蝗虫潜在发生区蝗情动态，科学研判病虫流行态势，及时发布预警信息，指导农民适时开展应急防治，做到早预警，早防治。严格执行信息报送制度和重灾情实时报告制度，确保信息渠道畅通。

三、加强分类指导

组织专家根据夏季气候变化特点及病虫发生趋势，科学制定防控技术方案，加强分类指导，落实关键措施。对稻飞虱、稻纵卷叶螟等迁飞性害虫，要开展联防联控，遏制暴发流行；对突发性的病虫害，要组织群防群控，遏制扩散蔓延。对黏虫、草地螟、蝗虫等虫害，要抓住低龄幼（若）虫期，对高密度发生区进行集中统一防治，严防高龄幼（若）虫暴食危害和迁移、起飞为害。

四、推进统防统治

充分利用现有项目、资金，通过政府购买服务、发放防控补贴等多种形式，积极扶持发展专业化防治服务组织，大力开展统防统治，推行统一组织发动、统一技术方案、统一药剂供应、统一防治时间、统一施药作业等“五统一”服务，切实提高防控组织化程度和科学化水平，确保防治效果、效率和效益，促进减量增效，持续推进农药使用量零增长。

五、精准指导服务

组织农技人员开展巡回技术培训，因地因时落实好防控措施。对秋粮病虫重发区，要组织机关干部和农技人员，采取蹲点包片、进村入户等形式，帮助农民解决防控过程中遇到的实际困难。近期，我部将组派病虫防控督导组，深入秋粮主产区和病虫重发区，开展工作督导和技术指导，推动各项防控措施落实。

关于召开全国病虫绿色防控推进落实会的通知

（农农（植保）〔2018〕4 号）

各省、自治区、直辖市农业（农牧、农村经济）厅（委、局），新疆生产建设兵团农业局，黑龙江省农垦总局：

为推进质量兴农、绿色兴农，拟于 4 月上旬在北京召开全国农作物病虫绿色防控推进落实会。现就有关事项通知如下：

一、会议内容

（1）交流各地病虫绿色防控工作的经验和做法；

（2）分析当前病虫绿色防控面临的新形势；

（3）部署安排病虫绿色防控工作。

二、时间地点

（1）时间。4 月 8 日报到，4 月 9 日开会，会期 1 天。

（2）地点。中央农业广播电视学校（农广大厦）（北京市朝阳区麦子店街 24 号楼，农业部北办公区内）。

三、参会人员

北京、吉林、江苏、浙江、安徽、湖南、四川、陕西等 8 省（市）农业厅（委、局）分管负责人，各省（自治区、直辖市）植保（植检、农技）站（局、中心）站长（局长、主任），四川省成都市、浙江省金华市、安徽省金寨县、陕西洛川县农业局（委）及植保站主要负责人，有关专家，部内有关人员，中央主要媒体记者。

四、有关要求

（1）发言材料。请北京、吉林、湖南、江苏 4 省（直辖市）农业厅（委、局）分管负责人，四川省成都市、浙江省金华市、安徽省金寨县、陕西洛川县农业局（委）主要负责人，就推进病虫绿色防控作交流发言（每人 10 分钟）。

（2）交流材料。请各省（自治区、直辖市）对农作物病虫绿色防控工作进行全面总结，形成会议交流材料。

请于 3 月 25 日前，将发言材料、交流材料电子版和参会代表信息，发送种植业管理司植保植检处和全国农业技术推广服务中心病虫害防治处。

关于开展小麦重大病虫防控督查指导工作的通知

（农农（植保）〔2018〕6号）

有关省（自治区、直辖市）农业厅（委）：

当前，正值小麦生长发育的关键时期，也是小麦病虫防控的重要时期。为扎实推进各项防控措施落实，4月下旬开始，农业农村部种植业管理司会同全国农业技术推广服务中心、中国农业科学院植物保护研究所组派4个督导组，对重点省份小麦重大病虫防控开展督查指导。现将有关事宜通知如下。

一、督导内容

（1）调度各地小麦赤霉病、条锈病、穗期蚜虫等重大病虫发生情况；
（2）跟踪各地防控进展情况，及时反映好的做法和经验，了解存在的问题并提出意见建议；
（3）督促检查中央财政农业生产救灾病虫防控补助资金落实和使用情况；
（4）开展防控技术指导，督促并协助各地做好防控工作。

二、督导时间

定期调度从4月20日至5月30日。实地督导时间由各督导组与相关省联系确定。

三、有关要求

（1）定期调度。各督导组分片包干，加强与有关省份农业植保机构的日常联系，每周调度一次重大病虫发生情况、防控进展、主要做法、存在问题等，并形成文字材料（500字以内），于每周一上班前发送种植业管理司植保植检处（ppq@agri.gov.cn）和全国农业技术推广服务中心病虫害测报处（huangchong@agri.gov.cn）。

（2）实地督导。严格执行中央有关规定和厉行节约要求，深入防控一线、田间地头，调研病虫发生情况，开展技术指导，督促措施落实。

（3）各地要本着轻车简从原则，配合督导组开展工作。同时，也要建立健全调度督导制度，关键时期组织精干力量，深入田间地头，指导农民开展防控。

请相关省（自治区、直辖市）农业厅（委）确定1名联系人，并于4月20日前将联系方式报种植业管理司植保植检处。

附件：小麦重大病虫防控督查指导分组名单

附件

小麦重大病虫防控督查指导分组名单

第一组：湖北、河南

全国农业技术推广服务中心	杨普云
全国农业技术推广服务中心	朱晓明
中国农业科学院植物保护研究所	周益林
湖北省农业科学院	杨立军

河南省农业科学院植物保护研究所	武予清
第二组：江苏、安徽	
种植业管理司	王建强
全国农业技术推广服务中心	姜玉英
中国农业科学院植物保护研究所	郑永权
江苏省农业科学院	刘凤权
安徽省农业科学院	高同春
第三组：山东、河北	
全国农业技术推广服务中心	王凤乐
全国农业技术推广服务中心	赵中华
中国农业科学院植物保护研究所	张礼生
山东省农业科学院植物保护研究所	李长松
河北省农林科学院植物保护研究所	贾海民
第四组：山西、陕西	
全国农业技术推广服务中心	刘万才
全国农业技术推广服务中心	黄　冲
中国农业科学院植物保护研究所	刘泰国
山西省农业科学院植物保护研究所	范仁俊
西北农林科技大学	胡小平

注：京外专家重点参加单位所在省份病虫防控督查指导。

关于开展秋粮作物重大病虫防控督导工作的通知

（农农（植保）〔2018〕12号）

有关省、自治区、直辖市农业（农牧、农村经济）厅（委、局）：

目前，正值秋粮作物生长的重要时节，也是病虫防控的关键时期。为最大限度降低病虫危害损失，实现“虫口夺粮”，赢得秋粮丰收主动权，农业农村部种植业管理司会同全国农业技术推广服务中心、中国农业科学院植物保护研究所将组派7个督导组，加强对重点省（自治区、直辖市）秋粮作物重大病虫防控工作督导。现将有关事宜通知如下。

一、督导内容

（1）及时了解各地水稻“两迁”害虫、稻瘟病、玉米螟、黏虫、马铃薯晚疫病等重大病虫发生情况；

（2）跟踪掌握各地防控进展情况，及时反映防控工作中存在的主要问题，并提出有针对性的意见和建议；

（3）认真总结各地果菜茶全程绿色防控、统防统治与绿色防控融合示范等工作开展情况、推进措施和经验做法；

（4）积极开展指导服务，督促指导各地及时落实防控措施。

二、督导时间

8月中旬至10月上旬。其中，北方地区水稻穗颈瘟、玉米螟、马铃薯晚疫病等重大病虫防控督导时间为8月中旬至9月初；南方地区水稻“两迁”害虫、稻瘟病等重大病虫防控督导时间为8月下旬至10月上旬。督导工作包括日常联系督导和实地督导，实地督导具体时间各督导组与有关省（自治区、直辖市）联系确定。

三、有关要求

（1）日常联系督导。各督导组每周调度一次重大病虫发生情况、防控进展、做法和经验，以及问题和建议，并形成文字材料（500字以内），于每周一发送种植业管理司植保植检处（ppq@agri.gov.cn）和全国农业技术推广服务中心病虫害测报处（huangchong@agri.gov.cn）。每个督导组至少编发一期《种植业快报》，反映所督导省份防控工作、成效和经验。

（2）实地督查指导。各督导组要严格执行中央八项规定有关精神，轻车简从，深入基层和田头，调研病虫发生情况，督导落实防控措施，开展防控技术指导。

（3）开展省级督导。各省（自治区、直辖市）要建立健全联系督导制度，组织精干力量，关键时期进村入户、包片驻点，及时指导农民做好重大病虫防控工作。

请相关省（自治区、直辖市）农业厅（委、局）确定1名联系人，于8月10日前将联系方式报种植业管理司植保植检处。

附件：秋粮作物重大病虫防控督导分组名单

附件

秋粮作物重大病虫防控督导分组名单

第一组：黑龙江、吉林、辽宁、内蒙古（玉米、水稻重大病虫为主）

组长：农业农村部种植业管理司植保植检处　宁鸣辉

组员：全国农业技术推广服务中心药械处　郭永旺

中国农业科学院植物保护研究所　王振营

全国农业技术推广服务中心病虫害防治处　赵中华

第二组：河北、山东、河南（玉米、水稻重大病虫为主）

组长：全国农业技术推广服务中心药械处　王凤乐

组员：全国农业技术推广服务中心病虫害测报处　黄　冲

中国农业科学院植物保护研究所　袁会珠

全国农业技术推广服务中心药械处　李永平

第三组：山西、陕西、甘肃（玉米、马铃薯重大病虫为主）

组长：全国农业技术推广服务中心病虫害测报处　刘万才

组员：全国农业技术推广服务中心病虫害防治处　朱景全

中国农业科学院植物保护研究所　江幸福

全国农业技术推广服务中心病虫害测报处　刘　杰

第四组：湖南、湖北、江西（水稻重大病虫为主）

组长：全国农业技术推广服务中心病虫害防治处　杨普云

组员：全国农业技术推广服务中心药械处　张　帅

中国农业科学院植物保护研究所　张礼生

全国农业技术推广服务中心病虫害防治处　朱晓明

第五组：江苏、安徽、浙江（水稻重大病虫为主）

组长：农业农村部种植业管理司植保植检处　王建强

组员：中国农业科学院植物保护研究所　郑永权

中国农业科学院植物保护研究所　蒋红云

全国农业技术推广服务中心病虫害测报处　陆明红

第六组：广西、广东、福建（水稻重大病虫为主）

组长：全国农业技术推广服务中心病虫害测报处　姜玉英

组员：全国农业技术推广服务中心病虫害防治处　郭　荣

中国农业科学院植物保护研究所　侯茂林

全国农业技术推广服务中心病虫害防治处　任彬元

第七组：云南、贵州、四川、重庆（水稻重大病虫为主）

组长：全国农业技术推广服务中心编辑部　王　强

组员：全国农业技术推广服务中心药械处　赵　清

中国农业科学院植物保护研究所　黄启良

全国农业技术推广服务中心编辑部　李春广

注：在不增加地方负担的前提下，各组可就近联系 1～2 名当地有关专家共同参与现场督查指导。

关于印发《小麦全生育期赤霉病防控指导意见》的通知

（农农（植保）〔2018〕13号）

有关省、自治区、直辖市农业（农牧、农村经济）厅（委、局）：

为落实全国秋冬种工作视频会议精神，切实抓好小麦赤霉病防控，保障小麦生产稳定和质量安全，农业农村部种植业管理司会同全国农业技术推广服务中心组织专家制定了《小麦全生育期赤霉病防控指导意见》。现将《意见》印发你们，请结合当地实际，明确责任，细化措施，狠抓落实，确保防控工作取得实效。

小麦全生育期赤霉病防控指导意见

小麦赤霉病是典型的气候型病害，发生流行不仅直接导致小麦结实率和千粒重下降，影响小麦高产稳产，而且病菌产生的真菌毒素还会污染麦粒，影响小麦及其制品质量安全，威胁人畜健康。为推进科学防控，保障小麦生产和质量安全，促进质量兴农、效益兴农，农业农村部种植业管理司会同全国农业技术推广服务中心组织专家研究制定本指导意见。

一、总体目标

围绕推进农业供给侧结构性改革主线，大力推进农业绿色发展，深入开展“到2020年农药使用量零增长行动”，坚持“预防为主、综合防治”植保方针，落实“政府主导、属地责任、联防联控”工作机制，大力推行小麦全生育期赤霉病综合防治技术，强化监测预警，推进统防统治、绿色防控、科学用药，适时组织应急防控，切实提高小麦赤霉病防控组织化程度和科学化水平，力争将小麦赤霉病病粒率控制在3%以内。

二、防控策略

以调整种植结构、优化耕作制度为基础，以分类指导、分区施策为重点，以主动出击、科学用药为关键，从小麦播种开始，推行良种良法配套、农机农艺融合、农业措施与化学防治并举，把赤霉病防控贯穿于小麦产前、产中、产后全过程，切实减轻病害发生危害程度，降低毒素污染风险。

三、技术措施

小麦赤霉病防控应重点在“调、优、预、替、统、抢”六个方面下功夫。

（一）“调”，调整种植结构

长江中下游、江淮等常年流行区，按照“宜麦则麦、宜油则油”原则，合理布局种植结构，或通过改种绿肥、轮作休耕等措施，尽可能压低非主产区小麦种植面积，减轻病害防控压力。黄淮常年发生区和华北、西北偶发区，结合玉米种植结构调整，大力推广小麦与大豆、花生、蔬菜等作物轮作，压低菌源基数，降低病害危害程度。

（二）“优”，优化农艺措施

推行适期适量播种，科学肥水运筹，防止小麦群体过大、田间郁闭。及时清沟理墒，降低田间湿度。推行秸秆粉碎、定期深翻还田（每 3 年一次），有条件的地区提倡秸秆回收利用，压低菌源基数。推行品种适区种植，避免在长江中下游、江淮等常年流行区种植烟农、豫麦、济麦等高感品种，降低病害流行成灾风险。

（三）“预”，坚持预防为主

小麦赤霉病可防、可控、不可治，必须加强监测、立足预防。长江中下游、江淮等常年流行区和黄淮常年发生区，坚持“主动出击、见花打药”不动摇，抓住小麦抽穗扬花这一关键时期，及时喷施对路药剂，减轻病害发生程度，降低毒素污染风险；华北、西北等常年偶发区，坚持“立足预防、适时用药”不放松，小麦抽穗扬花期一旦遇连阴雨或连续结露等适宜病害流行天气，立即组织施药预防，降低病害流行风险。

（四）“替”，加速农药械替代

在病菌对多菌灵已产生抗药性的长江中下游、江淮和黄淮南部等麦区，应停止使用多菌灵及其复配制剂，选用氰烯菌酯、戊唑醇及其复配制剂，以及耐雨水冲刷剂型。注重交替轮换用药，避免或延缓抗药性产生。推荐使用自走式宽幅施药机械、自主飞行无人机等高效植保机械，选用小孔径喷头喷雾，避免使用担架式喷雾机。同时，添加适宜的功能助剂、沉降剂等，提高施药质量，保证防治效果。

（五）“统”，推进统防统治

充分发挥病虫害专业化防治服务组织装备精良、管理规范、服务高效的作用，大力推进以穗期赤霉病防治为主的全程承包、代防代治等多种形式，大规模开展专业化统防统治和集中统一防治，适时组织开展应急防治，提高防治效率、效果和效益，解决小麦赤霉病预防控制窗口期短、时效性强，以及一家一户“打药难”“乱打药”等问题。

（六）“抢”，及时抢收入仓

小麦进入收获期，应及时收割、晾晒、筛选，如遇阴雨天气，应采取烘干措施，防止收获和储存过程中湿度过大，导致病菌再度大量繁殖，造成毒素二次污染。

四、工作要求

充分发挥行政推动主导优势、农业部门组织优势、植保机构技术优势、专业化防治组织的服务优势，切实做到“四个强化”。

（一）强化责任落实

小麦赤霉病防控事关“口粮绝对安全”和农民增收，各地要将防控工作纳入粮食生产省长负责制考核内容，切实落实“政府主导、属地管理”防控机制，层层建立防控考核和责任追究制度。加强组织领导，强化部门协调，加大财政投入，尽早落实防控资金，建立快速应急响应机制，确保防控工作有力有序开展。

（二）强化监测预警

各级植保机构加强监测调查，全面掌握苗情、墒情、病情，密切关注天气变化，及时会商分析、科学研判病害发生趋势，明确重点防控区域、关键防治田块和最佳防控时间，准确发布预报预警信息。同时，全面加强病菌抗药性监测，掌握病菌对多菌灵等连续多年使用的主打防控药剂的抗药性变化动态，及时制定抗药性治理预案，指导农民合理用药、科学防控。

（三）强化统防统治

发挥中央和地方财政支农资金作用，通过政府购买服务、发放防控物资等多种形式，大力扶持发展病虫害专业化防治服务组织等，强化装备水平、提高服务能力，发挥其在小麦赤霉病防控工作中的骨干和示范引领作用，推行统一组织发动、统一技术方案、统一药剂供应、统一施药时期、统一防控行动的“五统一”防控措施，切实提升防控组织化程度和科学化水平，提高防控效果、效率和效益。

（四）强化宣传指导

充分运用广播、电视、报纸、手机短信、明白纸等多种形式，全方位宣传赤霉病危害的严重性，以及综合防治、预防控制的必要性，为防控工作营造良好的氛围。组织技术人员深入基层一线，开展小麦赤霉病全生育期防控技术培训和指导服务。防控关键时期，组派精干力量，采取蹲点包片、进村入户等形式，“面对面”“手把手”开展防控指导服务，突出把好选药、用药关，确保防控技术措施落实到田。

关于加强草地贪夜蛾监测预警工作的通知

（农农（植保）〔2018〕18号）

广西壮族自治区农业农村厅、云南省农业农村厅：

据中国农业科学院植物保护研究所专家报告，12月初以来，我国西南边境邻近的孟加拉、缅甸等国家相继发生草地贪夜蛾，对当地玉米造成严重危害。该害虫是联合国粮食及农业组织全球预警的重大害虫，其食性杂、迁飞能力强，迁入我国西南地区危害的风险极高。为加强草地贪夜蛾监测预警工作，现就有关事项通知如下：

一、加密监测预警

充分认识做好草地贪夜蛾监测预警的重要性，切实加强领导，落实责任。组织各级农业部门加强对草地贪夜蛾的早期监测预警，在关键时期，要加密、加力开展专项检查。广泛发动技术干部和农民，发现、报告疑似虫情，做到早发现、早报告、早预警。

二、制定防控措施

组织专家开展草地贪夜蛾入侵风险评估、鉴定技术及预警技术研究，密切跟踪草地贪夜蛾在世界各地的发生与蔓延趋势，根据草地贪夜蛾在中国的适生区域和该害虫的发生特点，按照突发生物安全防控要求，提早制定预防和应急防控措施，防范草地贪夜蛾迁入造成危害。

三、加强宣传引导

积极开展宣传教育，利用媒体、微信公众号、宣传手册等途径，宣传草地贪夜蛾对农业生产的危害，普及草地贪夜蛾识别和防控知识，形成政府重视、群众参与、责任共担的良好氛围，保障当地农业生产安全。

全国农业技术推广服务中心防控行动落实

交流培训水稻螟虫绿色防控技术　切实降低稻田农药用量

针对近年来水稻螟虫在长江流域等稻区大发生、防治难度大及农药使用量居高不下等问题，全国农业技术推广服务中心联合国家重点研发计划“长江中下游水稻化肥农药减施增效技术集成研究与示范”项目组于 2017 年 12 月 20～22 日在江西省上饶市婺源县举办了全国水稻螟虫减药控害技术培训班，邀请国内有关专家学者与植保系统技术人员，共同研讨水稻螟虫暴发的机制与特点、抗药性发展及治理对策，以及螟虫的绿色防控技术，并对水稻主产区各级植保技术人员进行技术培训，统一思想，转变观念，推动各地认真落实螟虫等水稻重大病虫害绿色防控技术，切实降低稻田农药用量，恢复稻田生态平衡，保障水稻生产安全。

全国水稻螟虫减药控害技术培训班

来自河北、内蒙古、辽宁、吉林、黑龙江、上海、江苏、浙江、安徽、福建、江西、河南、湖北、湖南、广东、广西、四川、贵州省（自治区、直辖市）植保（植检）站（局）、螟虫重发市县植保站，以及全国水稻病虫害绿色防控技术示范区、长江中下游水稻化肥农药减施增效技术示范区的植保技术人员和项目负责人共 60 人参加了培训。培训班上，江西、湖南、湖北、浙江、安徽、江苏省植保（植检）站（局）交流了 2017 年水稻螟虫发生情况和绿色防控技术进展；浙江大学程家安教授、杜永均教授，中国水稻研究所傅强研究员，全国农业技术推广服务中心张帅高级农艺师，江西省植物保护植物检疫局钟玲推广研究员，浙江省农业科学院吕仲贤研究员，江苏省农业科学院方继朝研究员，北京市农林科学院张帆研究员等专家分别讲解了螟虫灾变机制及近年暴发原因、抗药性治理、生态调控、性诱剂和赤眼蜂防治技术；宁波纽康生物技术有限公司、武汉科诺生物农药有限公司、江西新龙生物科技股份有限公司、镇江市润宇生物科技开发有限公司、重庆聚立信生物工程有限公司和山西绿海农药科技有限公司分别介绍了性诱剂、微生物农药苏云金杆菌（Bt）、甘蓝夜蛾核型多角体病毒（MbNPV）、短稳杆菌、金龟子绿僵菌 CQMa421 和球孢白僵菌防治螟虫应用技术。学员和专家们还实地调查了水稻螟虫越冬生境，以及稻桩中螟虫越冬基数和虫态、龄期等状况。

水稻螟虫越冬生境调查

水稻螟虫越冬虫态和龄期观察

2018年农作物重大病虫害防控技术方案会商会在北京召开

2018年2月26～28日，全国农业技术推广服务中心在北京召开了2018年农作物重大病虫害防控技术方案会商会。来自中国农业科学院、河南省农业科学院、浙江省农业科学院、新疆农业科学院、华中农业大学、河北农业大学、中国计量大学等科研教学单位以及有关省（自治区、直辖市）植保（植检）站的专家共计40余人参加了会议。

2018年农作物重大病虫害防控技术方案会商会

全国农业技术推广服务中心党委书记魏启文出席会议并讲话。他指出：农业绿色发展是当前及今后的主导方向，2018年中央1号文件中关于实施质量兴农战略以及推进乡村绿色发展等要点都包涵了农业绿色发展、病虫害绿色防控的理念和要求；通过此次会议，要研讨形成可操作性强、技术成熟的农作物病虫害全程绿色防控技术模式，制定发布具有科普性、通俗易懂、有引领性和技术导向性的重大病虫害防控技术方案。

会议要求，制定技术方案要遵循绿色防控的技术原则，以作物健康栽培为基础，组装配套生态调控、生物多样性、保护利用天敌和科学用药等技术措施；要体现可持续治理理念，注重基础性、关键性和长远性防控技术措施的应用，吸收近年来病虫害防控技术进步和集成创新成果。全程绿色防控技术模式要在空间上覆盖全区域，时间上贯穿全过程，结构上体现整体性，功能上实现可持续，机制上支撑可循环农业。技术方案和技术模式的制定和形成，要对植保体系起到技术引领作用，对社会化服务体系起到技术导向作用，有效促进农作物病虫害防控技术进步。

参会专家分为粮棉油、果菜茶两组，从防控目标、技术模式、技术要点、适用区域等方面会商研究了典型的农作物病虫害全程绿色防控技术模式，为下一步完善和发布技术模式做了充分准备。参会专家还认真探讨了水稻、小麦、玉米、马铃薯、棉花、茶叶等重要作物病虫害以及蝗虫、草地螟、黏虫、柑橘大实蝇、苹果腐烂病、保护地蔬菜病虫害的主要防控策略、重点防控区域、关键技术措施等内容，制定了2018年重大病虫害防控技术方案。

参会专家会商研究防控技术模式和制定技术方案

刘天金主任会见联合国粮食及农业组织项目官员：继续做好降低农药风险项目

2018年3月2日，全国农业技术推广服务中心主任刘天金会见联合国粮食及农业组织亚太办官员 Jan Willem Ketelaar 先生和联合国粮食及农业组织驻华代表处减贫专家岳秋实女士。联合国粮食及农业组织与全国农业技术推广服务中心就进一步推动双方开展项目合作举行会谈。

刘天金主任会见联合国粮食及农业组织项目官员

会议中，双方首先回顾了20多年的合作历程。全国农业技术推广服务中心先后参与实施了联合国粮食及农业组织资助的棉花有害生物综合治理（IPM）项目、蔬菜IPM项目和降低农药风险项目，在全国10多个省（自治区、直辖市）举办各类农民田间学校6 100余所，培训学员183 500余人，培训涉及水稻、玉米、马铃薯、茶叶、甘蔗、柑橘、草莓、大蒜、玫瑰花等多种农作物。联合国粮食及农业组织多年来通过专家援助、项目支持等方式，特别是将农民田间学校这种新型技术推广模式带到中国，对中国不发达地区农业增产增收、降低化学农药使用风险等方面很有帮助。

双方就降低农药风险项目2018年合作计划达成共识。一是继续在海南、广西、云南开办以病虫害绿色防控、农药减量增效为主题的农民田间学校；二是梳理项目实施5年来的经验和成果，从各级政府支持、农民自身发展、农药替代典型模式等多角度总结提炼；三是计划2018年第三季度在海南、广西、云南举办降低农药风险项目研讨会，邀请参加项目实施的辅导员、农民学员代表交流经验和成果；四是2018年底在泰国举行亚太区域降低农药风险项目总结大会，届时全国农业技术推广服务中心将派员参会。

2018年联合国粮食及农业组织启动实施“生态农业＋互联网”扶贫项目，全国农业技术推广服务中心将作为合作伙伴以技术咨询的方式参与项目实施。

全国农业技术推广服务中心党委书记魏启文及病虫害防治处人员参加此次会谈。

2018 年宁夏春播化肥市场行情及购肥和施肥建议

当前宁夏春耕大幕正式拉开，化肥等农资产品需求渐旺。2018 年宁夏粮食播种面积计划 1 150 万亩*，其中小麦 190 万亩，水稻 110 万亩，玉米 430 万亩，马铃薯 240 万亩，杂粮 180 万亩；瓜菜播种面积计划 300 万亩。化肥总需求量约 90 万吨，春播化肥需求量约 6 万吨，仅占化肥总需求量的 6.7%。为确保春耕顺利开展，便于科学购肥、用肥，现就宁夏春耕备耕肥料需求、市场行情及春耕购肥施肥提出如下建议。

根据宁夏 7 个门市肥料信息网点上报数据，2018 年 1～2 月信息网点共销售各类化肥 13 514 吨，库存量为 29 020 吨，与 2017 年同期相比销量和库存量略有下滑。2 月 27 日统计，尿素、磷酸二铵、高浓度复混（合）肥等零售价格分别为 2 024 元/吨、3 100 元/吨和 3 067 元/吨，环比分别上涨 73 元/吨、17 元/吨和 107 元/吨，涨幅为 3.7%、0.6%和 3.6%；同比分别上涨 362.9 元/吨、285.7 元/吨和 355.3 元/吨，涨幅为 21.8%、10.2%和 13.1%。

随着供暖季节的结束，天然气供应紧张缓解，气头化肥生产企业陆续开工，产能增加，化肥市场供应充足，能够满足水稻、玉米、马铃薯等夏播生产。同时，化肥经营企业冬储化肥逐步投放市场，对化肥市场起到平抑作用。预计 4～5 月，尿素价格会下降，磷酸二铵、复混（合）肥价格呈现稳中有降趋势，当前化肥价格上涨对水稻、玉米等夏播生产用肥的影响有限。

“春耕不肯忙，秋后脸饿黄”，为确保农业丰产丰收，购肥、施肥要注意以下几点：一是坚持有机无机相结合，在施用有机肥的基础上合理施用化肥，化肥种类与数量要有针对性。二是建议用户到当地农技部门咨询或借助宁夏测土配方施肥手机 App、微信公众号及通过各地的社会化服务站，了解当地土壤养分状况和获取测土配方施肥方案，做到有的放矢。三是自流灌区控氮减磷，扬黄灌区及南部山区增施氮、磷；根据各地土壤钾素含量水平和作物对钾的敏感性针对性施钾。四是购买化肥时注意检查所购肥料的包装标识，索要正规的售货发票，并保留部分肥料样品，一旦发生纠纷可作为诉讼依据。

---

* 亩为非法定计量单位，1 亩=1/15 公顷。全书同。——编者注

宁夏“农药零增长”行动措施得力 成效显著

近年来，宁夏积极响应农业部“到2020年农药使用量零增长行动”的号召，以加强病虫害监测预报，推进农作物病虫害专业化统防统治与绿色防控融合示范区建设、农企合作共建示范基地、植保社会化服务等措施为抓手，全面推进宁夏农药减量控害工作，取得显著的成效。依据全国农业技术推广服务中心的《农药使用调查监测项目工作方案》进行农药实际用量调查和农药利用率计算：2014—2017年宁夏农药用量分别为3 152.1吨、2 979.88吨、2 918.22吨、2 916.9吨，2017年比2014年减少235.2吨；2017年宁夏小麦、玉米、水稻等三大粮食作物总体农药利用率为38.66%，与全国平均水平基本持平，比2014年提高7.45个百分点。

为将宁夏“农药零增长”行动落到实处，宁夏回族自治区农牧厅种植业管理局牵头成立了宁夏农药使用量零增长行动领导小组，制定了《到2020年宁夏农药使用量零增长行动方案》，确保了工作的有序推进。一是加强监测预警，提高预报准确率。在充分利用全国农作物重大病虫害数字化监测预警系统和宁夏马铃薯晚疫病监测预警系统的基础上，2015年组织开发建设了宁夏农作物病虫害数字化监测预警系统，宁夏病虫害长期预报准确率平均85%以上，中短期预报准确率平均95%以上，马铃薯晚疫病预报准确率95%以上，平均减少农药使用次数1～2次。二是专业化统防统治与绿色防控融合示范区建设稳步推进。2015年来，各级财政共投入项目资金4 500多万元，各类专业化统防统治与绿色防控融合示范区由2015年的96个增加到2017年的210个，增加114个；专业化统防统治与绿色防控融合面积由2014年的273万亩次增加到2017年的603.3万亩次，增加330.3万亩次，其中绿色防控面积由88.5万亩次增加到126.12万亩次。累计参与共建的新型农业经营主体316家，农药械生产企业103家，企业免费示范面积超过9 000亩。植保无人机发展势头迅猛，数量达到142架，较2016年增加111架，无人机防治面积190.97万亩，较2016年增加169.61万亩。据初步测算，植保专业化统防统治效果比农民自防效果提高10个百分点，平均每亩可多挽回粮食损失30千克，减少用药1～2次，每亩节省用药成本25元、用工成本10元，每亩为农民增收节支100元左右。三是全面推广拌种技术，减少农药用量。累计推广小麦拌种技术190多万亩；针对稻瘟病、水稻立枯病等，累计推广水稻种子包衣技术300多万亩；针对马铃薯旱、晚疫病，地下害虫等，累计推广拌种面积240多万亩；玉米种子全部包衣，无白籽下种，累计推广面积超过1 000万亩。四是加大宣传培训力度，扩大行动影响力。2016年与中国电信股份有限公司宁夏分公司联合举办“化肥农药使用量零增长技术进万家”宣传培训活动30多场次，参与企业10余家，培训人员3 000余人，发放培训资料5 000余份，县区培训覆盖率超过80%。2015—2017年，宁夏共召开各类防治现场会近百场。技术宣传、培训、服务等措施，对进一步推进宁夏“农药零增长”行动具有积极影响。

推广病虫害绿色防控技术　助力质量兴农和绿色兴农

2018 年 3 月 19～23 日，全国农业技术推广服务中心在内蒙古自治区呼和浩特市成功举办全国农作物种子处理及土壤生态修复技术培训班，来自河北、山西、内蒙古、黑龙江、湖北等省（自治区）的县级植保站的站长，果菜茶示范区相关负责人和企业代表等 100 余人参加了此次培训。

全国农作物种子处理及土壤生态修复技术培训班

培训班以农作物病虫害全程绿色防控技术培训为目标，注重农作物全生育期病虫害管理，从源头减少化学农药使用量，助力质量兴农和绿色兴农。内容涉及种子健康理论与实践、种子处理新技术，土壤健康生态修复技术、土壤消毒新技术，马铃薯土传病害综合防治技术。

巴彦淖尔市学员代表表示，此次培训内容是以往植保培训少有的涉及生产实际急需、减药控害有效的病虫害防治技术，其中的电解水、辣根素、微生态制剂等病虫害防治新技术更是让大家跃跃欲试。

培训班上，授课专家、植保站技术人员和企业代表开展了充分的对接和交流，产学研深度融合，进一步推动了绿色防控新技术在实际生产中的应用。

严防死守　主动作为　坚决打赢小麦重大病虫害防控攻坚战

2018 年 4 月 2 日，全国农业技术推广服务中心在河南省漯河市召开了全国 2018 年小麦病虫害防治现场会，贯彻落实国务院全国春季农业生产工作会议精神，部署小麦等农作物病虫害防治工作。来自全国 20 多个省（自治区、直辖市）和河南省主要地市植保站的 60 多位代表参加了会议。

全国 2018 年小麦病虫害防治现场会

会议代表观摩了河南省漯河市临颍县和郾城区病虫害防控现场、专业化防治组织和病虫害监测物联网，10 个主要小麦生产省（自治区、直辖市）和流行性病害菌源区代表交流了小麦病虫害发生及防控准备情况。全国农业技术推广服务中心党委书记魏启文到会并做了工作部署。

会议回顾了 2017 年小麦病虫害防控工作取得的显著成绩。2017 年全国小麦病虫害发生面积 8.27 亿亩次，防治面积 11.50 亿亩次；经防治，挽回小麦产量损失 1 671 万吨，专业化统防统治率增加 5 个百分点，绿色防控覆盖率达 13.6%。这一成绩的取得，可以归结为“一个重视、三个到位”，即领导高度重视，监测预警到位，资金投入到位和宣传发动到位。

会议强调，小麦是国家粮食安全的重要基石，是确保中国人的饭碗牢牢端在自己手里的关键所在。受小麦播种期推迟、局部地区降水量偏多的影响，小麦茎蘖数普遍低于往年，病虫基数居高不下，2018 年小麦病虫害呈偏高发生态势，预计发生面积 9 亿亩次，其中病害 4.8 亿亩次，虫害 4.2 亿亩次。各地要从实施乡村振兴战略、守护国家粮食安全战略底线出发，科学把握小麦病虫害发生防控的形势，切实增强做好防控工作的责任感和紧迫感。2018 年小麦病虫害防控，要力争做到小麦条锈病、赤霉病、纹枯病、白粉病和蚜虫、吸浆虫、麦蜘蛛等“四病三虫”防控处置率 90%以上，专业化统防统治率 38%以上，绿色防控覆盖率进一步提高，综合防治效果 85%以上，病虫危害损失率控制在 5%以内。

会议要求，各级植保机构要深入学习习近平总书记关于“三农”工作的重要论述，认真贯彻落实国务院全国春季农业生产工作会议精神，严防死守，主动作为，全力以赴，坚决打赢小麦重大病虫害防控攻坚战，实现农药减量增效。当前正值小麦病虫害防治关键时期，各地要再接再厉，攻坚克难，切实做到“五个坚持”：坚持发动农民，切实把生产者的积极性调动起来；坚持绿色发展，抓好绿色防控和安全用药；坚持精准服务，做好监测预警；坚持统防统治，提升服务效率；坚持严字当头，强化责任落实。

领导查看小麦病虫危害样株

防控现场大型机械作业

防控现场植保无人机作业

参观专业化防治组织

大会交流代表发言

全国粮食作物重大病害抗病性监控及区域布局培训班在黑龙江哈尔滨举办

为做好粮食作物重大病害抗病性监控及抗病品种布局利用，2018 年 4 月 11～12 日，全国农业技术推广服务中心在黑龙江省哈尔滨市举办了全国粮食作物重大病害抗病性监控及区域布局培训班。来自辽宁、吉林、黑龙江、湖北、湖南、四川省植保系统的技术人员参加了培训。

全国粮食作物重大病害抗病性监控及区域布局培训班

培训班邀请了西北农林科技大学康振生院士、中国农业大学彭友良教授、中国农业科学院作物科学研究所段灿星副研究员等教学科研推广一线的专家为大家介绍作物抗病性利用以及防控方面的研究成果和进展，并专门就稻瘟病病菌单孢分离与保存技术、稻瘟病抗性室内离体叶片鉴定及田间监控技术进行了实验室操作观摩和培训。

病虫害绿色防控是农业绿色发展的重要内容，也是农业绿色发展的重要标志。农作物抗病性监控是植保体系的重要职能。在农作物抗病性监控的基础上实施抗病品种的区域布局是一项实现农作物病虫害全程绿色防控的基础性、关键性和长远性工作，对于促进农药减量、农业生产节本增效、农业生态环境的改善以及农业绿色发展具有深远影响和重要意义。

西北农林科技大学康振生院士作报告

中国农业大学彭友良教授作报告

中国农业科学院作物科学研究所段灿星副研究员作报告

实验室操作观摩和培训

推广蜜蜂授粉技术　促进农业绿色发展

为做好蜜蜂授粉与绿色防控技术集成示范工作，全国农业技术推广服务中心于2018年4月20日在江西省吉安市吉水县召开了2018年全国蜜蜂授粉与绿色防控技术集成示范现场会。来自全国15个省（自治区、直辖市）的代表共50多人参加了会议。

2018年全国蜜蜂授粉与绿色防控技术集成示范现场会

会议代表观摩了吉安市吉水县蜜柚蜜蜂授粉与绿色防控技术集成示范基地，交流了2018年蜜蜂授粉与绿色防控工作进展，中国农业科学院植物保护研究所、蜜蜂研究所和全国农业技术推广服务中心的专家作了蜜蜂授粉和绿色防控等专题报告，全国农业技术推广服务中心副主任王戈到会并作了会议总结。

会议认为，自2013年启动蜜蜂授粉与绿色防控技术集成示范项目以来，项目工作取得了显著的成效。全国15个省（自治区、直辖市）开展了不同规模的试验、示范和整建制推进试点，累计示范了蜜蜂授粉作物16种，建立了整建制推广示范基地11个、不同作物试验示范区108个，示范推广面积1 000多万亩，促进了示范区农作物增产提质，提高了经济效益。各地逐步形成了蜜蜂授粉技术的推广机制；配套集成了绿色防控技术并形成了相应的技术模式；开展了系统的宣传培训，使蜜蜂授粉与绿色防控技术为广大农户和消费者所接受。

会议提出，目前我国蜜蜂授粉还处于起步阶段，对蜜蜂授粉重要性的认识还需加强，对蜜蜂授粉的政策支持和基础研究还应强化。2018年蜜蜂授粉与绿色防控技术集成示范以油菜、柑橘、樱桃、苹果等作物为重点，建立整建制集中连片示范区，其中油菜核心示范区面积5万亩以上，柑橘、苹果、樱桃、蓝莓、蜜柚、设施番茄、设施草莓等作物0.5万～1万亩；重点示范推广蜜蜂授粉与绿色防控技术模式，优化集成技术规程，探索建立不同地区、不同作物大面积推广应用的工作机制。

会议要求，2018年继续加大蜜蜂授粉与绿色防控技术集成示范推广力度，做到“四个推进”，为农业农村部“质量兴农、绿色兴农、效益优先”行动添砖加瓦，助力乡村振兴，促进生态文明。一是推进技术集成示范，熟化不同作物蜜蜂授粉单项技术，优化绿色防控配套技术，集成示范蜜蜂授粉与绿色防控有机融合的技术模式，切实发挥引领示范作用。二是推进标准化生产，根据实际需要，适应不同地区、不同作物特点，加快制定蜜蜂授粉与绿色防控技术规范和产品标准，通过标准化生产促进农民持续增收。三是推进农企合作共建，引导蜂农、新型经营主体、社会化服务组织、专业合作社、养蜂行业协会和绿色防控产品生产经营企业加强合作，集聚资源，共建示范基地，加快新产品和新技术推广应用。四是推进工作机制创新，发挥示范区作用，创建展示平台，加强服务引导，以新型经营主体、农民为重点，通过组织现场观摩等形式，培训和普及蜜蜂授粉与绿色防控技术，促进大面积推广应用。同时完善扶持政策，探索不同地区、不同作物大面积推广应用的长效机制。

观摩蜜柚蜜蜂授粉与绿色防控现场

专家作专题报告

各省（自治区、直辖市）交流工作进展

首届黄淮海小麦重大病虫害监测与防控联合考察活动圆满完成

为全面推进小麦重大病虫害监测与防控工作，2018年5月10～14日，受种植业管理司委托，全国农业技术推广服务中心在江苏、山东举办首届黄淮海小麦重大病虫害联合监测与防控区域协作组观摩考察活动。来自河南、山东、河北、安徽、江苏、山西、北京、天津、上海等9个省（直辖市）的20多位省、地市、县植保技术人员参加了活动。

首届黄淮海小麦重大病虫害联合监测与防控区域协作组观摩考察活动

与会代表深入田间地头，先后考察了江苏省金坛稻麦科技示范中心不同药剂对小麦赤霉病的防控效果示范、镇江市农业科学院行香基地不同品种对赤霉病的抗病性监测和镇江市农业示范基地不同药剂对麦田杂草的防控效果评价，山东省济宁市汶上县抗逆增产等试验示范及不同防控方式对小麦白粉病和蚜虫的防控效果比较和统防统治服务组织、菏泽市郓城县小麦高产创建示范区小麦病虫害全程解决方案示范等现场，实地查看了小麦赤霉病、白粉病、茎基腐病、秆腐病、麦蚜、杂草等病虫草害发生情况，详细了解了小麦病虫害防控效果，实地调查了赤霉病、白粉病等病虫害发生规律并交流了防控新技术研究进展。

小麦重大病虫害联合监测与防控区域协作组观摩考察现场

5月13日下午，与会代表进行了室内座谈，交流了各地当前小麦病虫害监测与防控工作进展，分析了当前小麦病虫害发生与防控工作存在的问题，并提出了有关建议。对于此次活动，代表们一致认为，由种植业管理司部署、全国农业技术推广服务中心组织开展的此项活动，促进了防控技术的进步，创新了防控工作机制，增强了体系凝聚力，拓宽了信息沟通渠道，推动了小麦重大病虫害监测与防控工作的深入开展。下阶段应充分发挥黄淮海小麦重大病虫害联合监测与防控区域协作组作用，强化协作，促进信息互通、技术共享，实现全区域小麦重大病虫草害的联防联控，促进小麦重大病虫害的可持续治理。

全国小麦重大病虫害联合监测与防控区域协作组座谈会

科学研判蝗灾防控形势　全力保障农牧业生产安全

2018年5月29日，农业农村部蝗灾防治指挥部办公室（全国农业技术推广服务中心）主任刘天金主持召开指挥部办公室会议，对2018年全国蝗虫防治工作进行研究部署。会议邀请了中国农业科学院植物保护研究所、中国农业大学信息与电气工程学院和中国科学院遥感与数字地球研究所有关专家作专题报告，全国畜牧总站和全国农业技术推广服务中心分别汇报了2017年蝗虫防控工作成效、2018年蝗虫发生趋势预测和防控工作计划。全国农业技术推广服务中心党委书记魏启文主持会议，种植业管理司植保植检处调研员王建强与会指导。

刘天金主任主持召开指挥部办公室会议

会议认为，近年来，我国蝗灾可持续治理取得了显著成效。一是政府主导的公共防控体系不断完善。各地基本建立了由政府分管领导为指挥长的蝗灾防控指挥部，组织指挥更加高效。二是规划引领的治蝗科技水平不断提升。蝗区勘测、绿色防控、蝗虫防控信息平台、防控装备更新进展迅速。三是项目推动的治蝗合作不断拓展。广泛与国内相关高校和科研院所、有关企业合作，研发和推广治蝗新技术、新产品、新装备。国际上，先后与哈萨克斯坦、俄罗斯、老挝、英国、澳大利亚开展交流与合作。四是坚持绿色防控，实现蝗虫可持续治理。大力推广绿色治蝗技术，农区蝗虫发生程度持续降低，草原蝗虫量持续被控制在较低水平，中哈边境蝗虫多年未迁入为害，初步实现了蝗虫不起飞、不扩散、不为害的目标。

会议指出，由于蝗灾发生具有迁移性、突发性和不确定性，长期防控压力小、容易产生麻痹松懈思想，蝗虫养殖产业带来蝗虫扩散新风险，机构改革导致草原蝗虫防控工作衔接问题等，蝗灾防控形势依然严峻，应务必保持永不懈怠的精神状态，采取更加有力举措，切实推进可持续治理。

会议强调，要扎实做好2018年蝗虫防治工作。一是层层落实治蝗责任。严格落实属地责任，重点关注省际交界区和省内新蝗区、非重点区的查蝗、治蝗工作。二是认真做好监测和值班工作。要密切关注国际国内蝗情动态，及时准确发布预报。积极开展蝗虫监测设备的试点应用，严格实行值班制度和蝗情报告制度，有重大灾情要及时报告，尽快向社会公布值班电话。三是做好治蝗资金和物资准备工作。要积极协调落实资金，提前做好物资器械准备和技术培训等工作。四是继续加大绿色治蝗力度。大力推广绿色治蝗技术，中央补助资金要更多用于绿色防控，推进统防统治与绿色防控的融合。五是着手解决出现的新问题。组织对新形成的大面积荒滩、草地等蝗区开展摸底调查，掌握蝗虫暴发的偶然因素，探索蝗虫养殖备案管理机制。六是及时开展防控督查指导。在蝗虫发生防控的关键时期，要及时开展防控督查和技术指导，同时关注作业安全，防止人畜中毒和其他伤亡事故发生。七是继续推进治蝗国际合作。继续实施中哈合作治蝗项目，深入推进中国与英国、澳大利亚、老挝的治蝗交流与合作，不断扩大我国治蝗工作的国际影响力。

据悉，2017 年，我国蝗虫共发生 1.95 亿亩，同比降低 7.7%。其中，农区蝗虫发生 5 944 万亩，同比降低 1.61%（飞蝗发生 1 704 万亩，同比下降 11.6%）；草原蝗虫发生 1.36 亿亩，同比降低 11.5%。根据预测，2018 年蝗虫总体发生程度较轻，预计东亚飞蝗夏蝗发生面积 878 万亩、西藏飞蝗发生面积 130 万亩、亚洲飞蝗发生面积 50 万亩、农牧交错区土蝗发生面积 3 000 万亩、草原蝗虫发生面积 1.3 亿亩，但在局部地区仍有高密度蝗蝻点片出现的可能，不排除境外蝗虫迁入为害的可能。

推进蝗虫可持续治理　确保农业生产安全

2018年6月12日，全国农业技术推广服务中心在河南省郑州市召开了全国农区蝗虫可持续治理工作会。来自全国20个蝗区省（自治区、直辖市）植保（植检）站的代表参加了会议，全国农业技术推广服务中心副主任王戈参加了会议并讲话，河南省农业厅副厅长邹庆鹏到会致辞，种植业管理司有关同志与会指导。

全国农区蝗虫可持续治理工作会

会议代表实地参观了郑州市中牟县蝗虫生态改善区和蝗虫适生区环境，华中农业大学雷朝亮教授作了蝗虫光陷阱机新技术报告，天津、内蒙古、吉林、山东、河南、四川等6个省（自治区）植保机构的代表分别作了典型发言，全国畜牧总站代表介绍了草原蝗虫发生与防控的情况，全国农业技术推广服务中心有关处室介绍了治蝗国际合作情况。

会议认为，近年来，各级蝗灾防治机构转变治蝗策略，加强防控体系建设，创新防控机制，推进绿色防控，加强国际合作，蝗灾可持续治理取得了显著成效，东亚飞蝗发生面积减少了300万亩次，其他蝗虫发生面积也持续减少，实现了蝗虫不起飞、不扩散、不为害的目标，为确保农业生产安全做出了积极贡献。

会议强调，蝗灾治理是一项长期的任务。各地要认真分析当前治理蝗虫存在的新情况，要从履行政府职能，保障农业生产安全、生态环境安全和社会和谐稳定的高度认识治蝗工作的重要性，要从自然生态环境、蝗虫生物学特性、治蝗工作实际等方面充分认识治蝗工作的长期性，要重视解决非重点蝗区突发蝗情可能性和蝗虫养殖产业过快发展的问题。

会议要求，各地要认真做好2018年蝗虫防治工作。一是认真贯彻蝗虫可持续治理规划；二是加强组织领导，全面落实治蝗责任；三是强化蝗情监测，严格执行值班制度；四是继续提高绿色治蝗和信息化治蝗水平；五是重视查治新蝗区，解决新问题；六是继续推进治蝗国际合作。

针对2017年吉林省长春市农安县和山东省潍坊市峡山水库突发高密度蝗情的情况，会议要求，各地要加大对新形成的沿湖、滨海、河泛区以及内涝地区和大面积荒滩、保护地等蝗区开展摸底调查，减少蝗虫暴发的偶然因素。针对蝗虫养殖业问题，各地要探索蝗虫养殖监管制度，在保证养殖产业健康发展的同时，防止人为因素造成蝗虫扩散。

与会代表进行实地参观

一张膜让韭菜跟农药说再见

——全国蔬菜病虫害农药减施技术培训班在河南洛阳举办

为推广公益性行业（农业）科研专项“作物根蛆类害虫综合防治技术研究与示范”的研究成果，2018年6月23～24日，全国农业技术推广服务中心在河南省洛阳市举办了全国蔬菜病虫害农药减施技术（韭菜专题）培训班。来自15个省（自治区、直辖市）、70多个韭菜生产县（市、区）植保站以及中国农业科学院蔬菜花卉研究所、国家特色蔬菜产业技术体系的专家近200余人参加了观摩培训。

全国蔬菜病虫害农药减施技术培训班

近几年，由于韭蛆的严重为害和不合理用药，在全国造成了多起“毒韭菜”事件发生，人们几乎是“谈韭色变”，严重影响了韭菜的生产和消费。中国农业科学院蔬菜花卉研究所联合国内30多家科研院所、教学单位研发了“日晒高温覆膜”防治韭蛆的新技术。6月24日上午，代表们观摩了河南省孟州市“日晒高温覆膜”防治韭蛆的示范现场，通过实地调查发现，覆膜技术对韭蛆的防治效果达到100%；下午，进行了室内的专家报告和交流。张友军首席专家就“日晒高温覆膜”防治韭蛆技术的研发和应用进行了详细的介绍，山东、北京植保站交流了韭菜病虫害的防治经验，全国农业技术推广服务中心介绍了全国韭菜病虫害防治情况。目前，“日晒高温覆膜”技术已在山东、甘肃、河北、天津、安徽等省（直辖市）示范推广达到300万亩次，得到了广大示范农户与各地农技推广人员的一致好评和高度认可。该技术具备绿色、经济、简便、实用的特点，且完全不使用任何化学农药，大大节省了常规防治所需的农药成本和人工成本，最关键的是突破了长期以来的韭蛆防治瓶颈。

培训班要求，一是加快成熟技术成果的转化。实践证明，“日晒高温覆膜”防治韭蛆技术成熟、简便易行，也是生产上急需的技术。建议各地植保站根据生产实际需要，加快技术成果转化，通过试验、示范和宣传培训等活动，让农民了解和掌握该项新技术，切身体会该技术的效果和效益，提高农户进行实践和推广应用的意愿。二是加强科研、推广、企业合作，探索有效的技术推广模式。强化产学研推的合作，通过政府引导、专业化防治组织、专业合作社、生产企业、基地等多种渠道开展统一防治，做好技术服务，确保防治效果。三是加大韭蛆等病虫害生物防治、物理防治、生态调控研发力度。通过试验、示范和集成，总结出可复制、可推广的韭菜绿色防控技术规程，为扩大推广应用范围提供依据。

张友军首席专家讲解“日晒高温覆膜”技术

学员现场调查韭蛆防治效果

山东省高密度蝗情得到快速有效处置

日前，山东省潍坊市峡山水库东南部落水荒滩发生高密度东亚飞蝗，至2018年6月27日，防控工作基本结束，突发蝗情得到快速有效处置。

接到山东省农业重大病虫害防治与农产品质量安全指挥部关于峡山水库蝗情报告后，农业农村部高度重视。蝗灾防治指挥部副总指挥（种植业管理司司长）曾衍德作出重要批示，“要紧盯蝗情，有效防控，确保不起飞成灾”。蝗灾防治指挥部办公室主任刘天金要求，“严格落实属地责任，科学做好蝗虫防控工作”。由种植业管理司副司长陈友权、全国农业技术推广服务中心党委书记魏启文带队的督导组及时赶赴现场察看蝗情，指导防控工作。

蝗虫防控现场

据调查，此次东亚飞蝗发生面积约3万亩，其中高密度片区5片，面积约7 000亩，一般密度50～60头/米^2，最高密度在100头/米^{2}以上。在防控行动中，峡山区成立了蝗情防控指挥部，组织乡镇街道1 200余人投入蝗虫查治工作，调集了10架无人机进行航拍监测，34架无人机、20架次直升机喷施微孢子虫、印楝素、苦参碱等防治药剂，防治面积10.2万亩次，防治效果达到96%以上，有效遏制了蝗虫重发态势。

蝗情发生后，山东省农业厅和潍坊市政府有关领导和专家第一时间进驻峡山区，峡山区管委会及时启动了应急响应，为蝗情快速有效处置提供了重要保障。下一步，峡山区将继续密切监测蝗虫动态，及时普查秋蝗发生情况，开展水库蝗区勘测，总结水源地等生态保护区蝗虫治理经验，推动新生蝗区可持续治理。

高密度蝗虫

蝗虫为害植株

指挥人员现场防控会商

无人机施药防治

哈萨克斯坦工作组来我国开展中哈边境蝗虫联合调查

根据2018年中哈合作治蝗工作计划，2018年7月10～17日，哈萨克斯坦农业部、东哈萨克斯坦州和阿拉木图州7名治蝗专家和官员组成工作组，分赴我国新疆维吾尔自治区伊犁哈萨克自治州、博尔塔拉蒙古自治州、塔城地区和阿勒泰地区等边境地区，会同中方工作组开展2018年中哈边境中国境内蝗虫联合调查工作。调查显示，中哈边境中国境内蝗虫保持轻发态势，以人工筑巢招引粉红椋鸟和牧鸡牧鸭为特色的生物防治效果显著，2018年蝗虫发生面积913.1万亩，防治面积179.34万亩，其中生物防治面积178.04万亩，未出现亚洲飞蝗迁飞进入哈萨克斯坦为害的情况。哈萨克斯坦工作组高度赞誉中国边境蝗虫防控工作和成效，并对中方生物治蝗技术和经验表示浓厚兴趣和引进意愿。

中国农业农村部蝗灾防治指挥部办公室主任刘天金专程到新疆会见哈方调查人员，参与联合调查并督导中方边境蝗虫防控工作，在伊犁哈萨克自治州召开中哈两国边境地区蝗虫联合调查交流会。刘天金主任表示，中国农业农村部高度重视蝗虫防控工作，持续推进中哈边境合作治蝗，合作成果集中体现在边境蝗虫由重发迁飞跨境为害转化为长期平稳轻发可控态势。一是双方加强了各自边境地区蝗虫治理工作，既保证了本国边境地区农牧业生产安全，又避免了蝗虫跨境迁飞为害；二是双方加强了各自边境地区蝗虫监测预报和蝗情信息交换，为实现边境地区蝗虫国际性联防联控夯实基础；三是双方加强了治蝗人员、技术、设施和药剂等互助交流，共同提升了边境地区蝗虫治理能力和水平。同时，双方深化了“以合作促交往，以交往固友好”的睦邻关系。刘天金主任希望双方以项目合作为抓手，进一步加强边境地区蝗虫监测能力建设、蝗情交换机制建设和其他农作物病虫害防治合作，实现两国边境地区蝗虫可持续治理，推动两国“一带一路”建设大背景下的农业互利合作。

中哈两国边境地区蝗虫联合调查交流会

中哈治蝗合作始于2002年，双方基于睦邻和互利合作精神，本着在植物保护领域建立合作关系的愿望，针对蝗虫及其他病虫害对农作物和牧场带来的严重危害，为保障中哈两国农业收成免受损失，达成并签署了《中华人民共和国农业部与哈萨克斯坦共和国农业部关于防治蝗虫及其他农作物病虫害合作的协议》。互派工作组开展边境地区年度蝗虫联合调查是合作协议的一项机制性工作安排，中方工作组也将于近期赴哈方边境地区开展蝗虫联合调查工作。

实地调查蝗虫发生情况

查看粉红椋鸟防治蝗虫示范区

参观草原蝗虫监测站

宁夏回族自治区农牧厅召开马铃薯晚疫病防控现场会安排部署防控工作

2018年6月以来，宁南山区各县区降水量与2017年同期相比偏多75.1%～106.1%，非常适宜马铃薯晚疫病的发生和蔓延。为切实做好马铃薯晚疫病防控工作，8月9日，宁夏回族自治区农牧厅在固原市西吉县马莲乡张堡塬村向丰家庭农场万亩马铃薯示范基地召开了2018年宁南山区马铃薯晚疫病防控现场会。宁夏回族自治区农业技术推广总站副站长杨明进主持会议，宁夏农林科学院植物保护研究所、固原市气象局专家，南部山区各市、县（区）农牧局、农技推广中心负责人及相关人员，马铃薯专业合作社负责人等80余人参会。

2018年宁南山区马铃薯晚疫病防控现场会

宁夏回族自治区农业技术推广总站植物保护科通报了当前宁南山区马铃薯晚疫病的发生防控情况并预测了后期发生趋势，宁夏回族自治区农牧厅种植业管理局对马铃薯晚疫病防控工作做了安排部署，固原市气象局介绍了未来几个月南部山区天气情况，宁夏农林科学院植物保护研究所所长沈瑞清就马铃薯晚疫病的识别及防控技术做了详细介绍。全体参会人员现场观摩了大疆无人机、极飞无人机及自走式施药器械对马铃薯晚疫病防控的演示。

无人机防控现场

无人机防控演示

会议强调：一要加强组织领导，落实防控责任；二要加强监测预警，做好技术服务；三要加强资金保障，做好物资准备；四要加强宣传培训，扩大技术知晓范围；五要加强督促检查，确保措施到位。

开展农药减量控害及专业化统防统治技术培训确保秋粮颗粒归仓

为进一步提升宁夏植保专业化防治能力及农药减量控害技术水平，确保秋粮颗粒归仓，2018 年 8 月 13～15 日，宁夏回族自治区农业技术推广总站在石嘴山市平罗县举办了宁夏农药减量控害及专业化统防统治技术培训班，宁夏各县（市、区）农业技术推广服务中心植保技术人员、专业化服务组织成员共计 80 人参加了培训班，中国农业科学院植物保护研究所袁会珠研究员和浙江大学唐启义教授等为培训班授课。

宁夏农药减量控害及专业化统防统治技术培训班

专家为培训班授课

袁会珠研究员就农药利用率测定和高效率植保施药器械使用技术进行了培训，唐启义教授对农药使用调查监测项目管理系统和专业化防治组织农药械信息系统使用进行了培训。培训班学员就农药使用调查监测项目管理系统和专业化防治组织农药械信息系统进行了实际操作，进一步掌握了两个系统的使用方法；现场观摩了平罗县盈丰植保专业合作社设施蔬菜病虫害绿色防控示范区及“物联网＋”应用模式、平罗县姚伏镇小店子村水稻病虫草害农药减量控害技术等示范推广区。

宁夏水稻农药减量控害技术示范现场

现场观摩绿色防控示范区

培训班要求：一是做好秋粮作物病虫害监测预警和防控工作；做好高效率植保施药器械使用技术培训工作，进一步推广农药减量控害技术，提高农药利用率。二是做好2018年度农药械实际使用量统计、农药利用率测定和2019年度农药械需求预测统计工作，摸清宁夏农药使用情况。三是做好专业化防治组织农药械信息系统使用培训工作，确保每一个服务组织能够熟练掌握系统的操作方法。

持续推进绿色防控　为农业绿色发展护航

——2018 年全国农作物病虫害绿色防控现场会在湖北宜昌召开

2018 年 8 月 15～17 日，全国农业技术推广服务中心在湖北省宜昌市召开了 2018 年全国农作物病虫害绿色防控现场会。全国农业技术推广服务中心党委书记魏启文、湖北省农业厅副巡视员欧阳书文等领导出席会议并讲话，农业农村部种植业管理司植保植检处、宜昌市农业局、宜都市委有关同志到会指导。

2018 年全国农作物病虫害绿色防控现场会

湖北、湖南、江苏、浙江、山东、吉林、陕西省植保部门的同志在会上做了经验交流，全国农业技术推广服务中心、中国农业大学、华中农业大学等单位的专家分别就绿色防控新技术进行了专题讲座。与会代表观摩了宜都市柑橘和茶叶病虫害绿色防控基地，参观了绿色防控技术及产品展示。

会议认为，在全国上下的共同努力下，农作物病虫害绿色防控工作成绩斐然。农民传统用药习惯初步改变，绿色防控新技术、新产品不断涌现，示范区化学农药减施达到 30％～50％，生态环境明显改善，有效地推动了全国农药使用量提前三年实现零增长，社会反响强烈。

会议强调，认真贯彻落实发展新理念，坚持底线思维，让过高的化学农药使用量降下来。坚持创新思维，依靠技术创新、机制创新，让农业绿起来、农产品质量高起来、亿万农民富起来。坚持系统思维，综合运用技术、政策、法治措施，让绿色防控基础更加牢靠、措施更加有力、效果更加显著。

会议要求，要紧扣全国病虫害绿色防控推进落实会所确定的目标任务和工作思路，扎实在“四绿”上下功夫。一要扩绿，让“景点”变“景区”。扩大绿色防控示范区建设，探索整建制推进，在规模上提速换挡。二要驱绿，让“单绿”变“全绿”。加快绿色防控产品、技术的研发，强化技术模式的集成与示范推广，提升绿色防控的技术含量。三要推绿，让“管理”变“服务”。加强政策创设研究，采取正向激励和逆向倒逼的方式，做实绿色防控的根基。四要增绿，让“优品”变“名品”。构建利益联结机制，让绿色防控所生产的优质农产品实现优价，激发亿万农民的参与热情和积极性。

会议还对2018年秋粮作物重大病虫害防控工作做出部署，要求紧盯水稻“两迁”害虫（稻飞虱和稻纵卷叶螟）、黏虫、草地螟、稻瘟病、马铃薯晚疫病等重大病虫害在部分地区流行态势，立足抗灾夺丰收，动员各方力量，全力打好防控攻坚战。要及早安排部署，层层压实防控责任；要加强监测预警，及时发布预报信息；要加强分类指导，科学指导防控行动；要加强统防统治，提高防控科学水平；要加强督查指导，确保技术落实到田。

会议现场考察

绿色防控示范区考察

绿色防控技术及产品展示

转变观念　实施棉花水稻病虫害绿色防控

为促进棉花和水稻病虫害绿色防控及农药减施增效技术的集成示范与推广应用，提高棉花和水稻病虫害防治技术的总体水平，全国农业技术推广服务中心联合国家重点研发计划“棉花化肥农药减施技术集成与示范”“水稻减肥减药协同增效关键技术研究与集成”项目组，于2018年9月2～5日在新疆维吾尔自治区乌鲁木齐市举办了棉花水稻病虫害绿色防控技术培训班。培训班现场考察了塔城地区沙湾县应用微生物农药、性诱剂、食诱剂、螟黄赤眼蜂、生态友好型药剂防治棉铃虫、棉蚜、棉蓟马等害虫技术示范区，硫丹替代技术试验现场，大型施药机械作业现场；考察了昌吉回族自治州昌吉市利用高效低毒农药、性诱剂防治棉花病虫害、降低农药使用技术集成示范区；培训了棉田主要病虫及危害症状的识别，蚜茧蜂、草蛉、食蚜蝇等自然天敌昆虫形态的识别及控害效果，观察了不合理用药导致的棉蚜再增猖獗现象等。培训班还邀请了中国科学院研究员戈峰、中国农业科学院研究员陆宴辉、浙江省农业科学院研究员吕仲贤等专家针对农田生态功能及生态工程控制水稻病虫害技术、棉花和水稻双减控害技术、天敌昆虫保护与利用技术、昆虫信息素监测与防治棉花和水稻害虫技术、硫丹替代技术集成、棉花和水稻主要害虫抗药性治理等专题进行了培训和田间辅导。

棉花水稻病虫害绿色防控技术培训

此次培训，旨在转变各级植保技术人员棉花和水稻病虫害防治的观念，强化生态调控、天敌保护利用、昆虫信息素诱杀、微生物农药等成熟的非化学防治技术在棉花和水稻病虫害防治中推广应用，保护农田生态环境，降低农药使用量，提高种植效益。

培训班由新疆维吾尔自治区植物保护站承办，来自天津、河北、山西、辽宁、新疆等25个省（自治区、直辖市）、新疆生产建设兵团和部分市县级植保机构，全国棉花和水稻病虫害绿色防控技术示范区，国家重点研发计划“棉花和水稻农药减施增效”项目示范县市植保站的植保技术人员共60人参加了培训。

现场技术讲解

现场田间考察

现场考察示范区

全国小麦秋播拌种及绿色防控新技术培训班在陕西西安举办

为加强秋冬种小麦病虫害综合防控工作，落实2018年冬小麦秋播药剂拌种工作，全国农业技术推广服务中心于2018年9月20～21日在陕西省西安市举办了全国小麦秋播拌种及绿色防控新技术培训班。农业农村部种植业管理司、全国小麦主产区各省（自治区、直辖市）植保（植检、农技）站（局、中心）有关人员和新型经营主体代表参加了培训。

全国小麦秋播拌种及绿色防控新技术培训班

培训班邀请了国家小麦产业技术体系病虫害岗位专家和中国农业科学院、西北农林科技大学、浙江大学、江苏省农业科学院和河南省农业科学院有关专家就小麦锈病、赤霉病、土传病害、重大虫害防控技术和其他农作物病虫害绿色防控技术进行了培训；有关绿色防控企业代表展示了病虫害绿色防控产品，并与参加培训的其他代表进行了深入交流。培训班还对2018年小麦秋播拌种与秋冬季小麦病虫害防控工作进行了部署。

培训班指出，针对2018年小麦病虫害发生情况，2018年秋播药剂拌种总体目标是：全国冬小麦秋播拌种总体与2017年持平，全国平均拌种比例85%以上，重点地区力争实现冬小麦种子处理90%以上，小麦条锈病越夏、越冬菌源区及地下害虫和根部病害重发区坚决杜绝“白籽下种”。小麦秋冬季苗期防控总体目标是：小麦条锈病菌源区和冬繁区全面落实“带药侦查、发现一点、控制一片”预防控制措施，秋苗防控处置率力争达到100%；长江中下游、黄淮海麦区小麦白粉病、纹枯病、蚜虫等重大病虫害防控面积达到发生面积的90%以上。

培训班强调，2018年是农业农村部“质量兴农、绿色发展”年，各地要进一步创新思路、创新机制，大力推广绿色防控，认真开展2018—2019年小麦病虫害全程绿色防控技术集成与示范工作，积极推进农药减量，实现节本增效。一是加强防控工作组织领导。贯彻落实农业农村部秋冬种工作的有关精神，积极争取领导重视和支持，力争做到统一发动、统一组织、统一实施。科学制定方案，细化工作措施，强化责任落实。二是加强拌种和秋冬季病虫害防控物资保障。小麦秋播拌种时间紧、任务重，各级农业植保部门要根据当地病虫发生特点，制定技术方案，指导农户，准备必要的药剂、拌种设备和防控机械，扶持发展专业化防治组织，进一步推进专业化防治工作。三是加强病虫情监测和防控信息服务。要全面分析本地区土传、种传病虫和苗期病虫发生情况，确定秋播拌种防控重点对象，指导农民科学拌种。小麦出苗后，要在开展系统监测的同时，加强大面积普查工作，准确、及时掌握病虫发生分布情况，科学指导防控行动。四是加强防治技术指导和防控工作督导。各地要通过建立综合防治示范片、举办培训班、召开现场会等多种形式，培训基层干部、种田大户和科技带头人。同时，要全面检查秋冬种工作落实情况，将小麦秋播药剂拌种实施情况作为督导检查的重要内容之一。各省（自治区、直辖市）要充分发挥巡回指导专家的作用，在秋播关键时期，组派督导组深入生产第一线检查指导，促进秋播拌种工作的稳步、有序开展。

培训绿色防控技术　助力茶叶提质增效

为贯彻绿色兴农、质量兴农要求，普及茶叶病虫害绿色防控技术，2018年9月27～28日，全国农业技术推广服务中心在浙江省湖州市安吉县举办了全国茶叶病虫害绿色防控技术培训班。浙江省农业厅副厅长王建跃同志和安吉县有关领导到班致辞，全国农业技术推广服务中心主任刘天金同志出席培训班并讲话。

全国茶叶病虫害绿色防控技术培训班

培训班邀请了我国著名茶学专家、中国农业科学院茶叶研究所陈宗懋院士，就茶叶质量安全和病虫害绿色防控进行了专题培训，还邀请了来自中国农业大学、中国计量大学、杭州电子科技大学和中国绿色食品发展中心的4位专家作了专题报告。浙江省湖州市安吉县、福建省南平市武夷山市、安徽省六安市霍山县和湖北省十堰市竹山县等4个全国茶叶病虫害绿色防控示范区的代表交流了工作经验，相关企业介绍了茶叶病虫害绿色防控新产品、新技术开发与推广应用情况。参加培训班的150余位代表还观摩了安吉县茶叶病虫害绿色防控示范现场，参观了绿色防控产品生产企业和系列绿色防控产品展示。

培训班认为，茶叶是我国重要的经济作物，也是大众健康饮品，其质量安全直接关系到老百姓“舌尖上的安全”。据统计，2017年我国茶园面积已达4 588.7万亩，产量突破260万吨，出口总量达35.5万吨，面积和产量均居世界第一。但长期以来，我国茶叶病虫害防控过度依赖化学农药，质量安全事件时有发生，已成为制约我国茶叶健康发展的瓶颈之一。

培训班指出，为有效解决农残问题，近年来，我国大力推进茶叶病虫害绿色防控工作，全国共建立各类茶叶病虫害绿色防控示范区2 600多个，示范推广绿色防控面积达6 500多万亩，绿色防控覆盖率超过50%。绿色防控作为替代化学防治的重要手段，其促进茶叶农药减量、助力茶叶提质增效的“绿色效益”正在逐步显现。

培训班要求，要加强对绿色防控的宣传引导、政策驱动、技术支撑和集成应用。绿色防控技术要在绿色性、高效性、集成性上下功夫。要紧密结合绿色、有机茶叶生产和品牌创建，积极构建优质优价市场化机制，进一步普及绿色防控技术，为做大做强我国茶产业，推进茶叶绿色可持续发展做出更大贡献。

田间考察诱捕器

聚焦水稻穗期新病害防治　全力保障水稻生产安全

针对近年来水稻穗期病害发生加重和新发生病害危害损失严重，植保技术人员田间识别诊断难度大和缺乏预防控害技术储备等问题，全国农业技术推广服务中心联合国家重点研发计划“长江中下游水稻化肥农药减施增效技术集成研究与示范”项目组，于 2018 年 11 月 6～9 日在黑龙江省哈尔滨市举办了全国水稻新病害发生与防治技术培训班。该培训班是全国农业技术推广服务中心继 2018 年组织开展 10 个稻区穗期病害调查和鉴定之后又一项专业性技术培训活动，旨在提高植保技术人员对水稻病害防治工作的认识，提升田间识别诊断和预防控害技术水平，抓好稻瘟病、纹枯病种子处理和孕穗期病害预防等关键技术环节，适时调整防治用药时期和药剂品种，确保稻谷生产安全和稻米质量安全。

培训班交流总结了近年来水稻穗期新病害发生情况与防治进展，通报了 2018 年水稻穗期病害调查和鉴定初步结果，分析了水稻穗期新发病害及危害加重的原因，专题培训了穗腐病、褐斑病、叶鞘腐败病、胡麻斑病、稻曲病、紫秆病等真菌性病害，穗枯病、白叶枯病、褐条病等细菌性病害，橙叶病、条纹花叶病等病毒和植原体病害以及线虫病的识别诊断、侵染流行规律和精准预防技术。

培训班由黑龙江省植物检疫植物保护站承办，来自内蒙古、辽宁、吉林等 19 个省（自治区、直辖市）植保（植检）站及部分市县级植保机构的植保技术人员共 50 多人参加了培训。

全国水稻新病害发生与防治技术培训班

中方工作组赴哈萨克斯坦完成中哈边境蝗虫联合调查工作

根据2018年中哈合作治蝗工作计划，2018年11月13～20日，全国农业技术推广服务中心、全国畜牧总站、新疆维吾尔自治区畜牧厅治蝗灭鼠指挥部办公室以及新疆维吾尔自治区阿勒泰地区和博尔塔拉蒙古自治州治蝗办7名专家组成工作组，分赴哈萨克斯坦与我国接壤的阿拉木图州和东哈萨克斯坦州，会同哈方工作组开展了2018年中哈边境哈萨克斯坦境内蝗虫联合调查工作。中方工作组实地调查了中哈边境地区蝗虫防控效果，参访了哈方农业监督委员会植保处和预测预报中心等蝗虫监测与防控机构，并与哈方专家举行了座谈，交流了蝗虫监测与防控技术，协商了2019年在中国召开第九次联合工作组会议有关事宜。

挖掘蝗虫卵块

调查显示，近年来，中哈边境哈萨克斯坦境内蝗虫发生程度呈下降态势，防控效果明显，2018年蝗虫发生面积289.31万亩，防治面积131.79万亩，双方确认了在中方边境县市不会有蝗虫迁入的可能性。哈方工作组充分肯定了中哈合作治蝗取得的良好成效，双方一致认为，双方建立了良好的合作治蝗机制，对确保边境地区农牧业生产安全、促进边境地区农牧民保持睦邻友好关系发挥了积极作用。

双方共同协商，中哈治蝗合作第九次联合工作组会议计划于2019年10～11月在中国深圳市召开，并共同邀请俄罗斯以观察员身份参加会议。

中哈治蝗合作始于2002年，双方基于睦邻和互利合作精神，本着在植物保护领域建立合作关系的愿望，针对蝗虫及其他病虫害对农作物和牧场带来的严重危害，为保障中哈两国农业收成免受损失，达成并签署了《中华人民共和国农业部与哈萨克斯坦共和国农业部关于防治蝗虫及其他农作物病虫害合作的协议》。互派工作组开展边境地区年度蝗虫联合调查是合作协议的一项机制性工作安排。此前在2018

年7月10～17日，哈方工作组已来我国完成中哈边境中国境内蝗虫联合调查工作。

进行座谈交流

确认调查结果

全国蝗虫防控信息系统和蝗区数字化勘测技术培训班在四川成都举办

为进一步加强蝗区管理，提高蝗虫防控信息化水平，推进蝗区数字化勘测工作，全国农业技术推广服务中心于2018年12月7～9日在四川省成都市举办了全国蝗虫防控信息系统和蝗区数字化勘测技术培训班。培训班邀请了中国农业大学信息与电气工程学院、中国科学院遥感与数字地球研究所、中国农业科学院植物保护研究所的5位专家授课，培训内容主要包括飞蝗分布及生物学特征、作物病虫害遥感监测与蝗虫遥感区划研究、蝗虫防控信息系统应用技术及蝗区数字化勘测技术、野外蝗虫监测研究进展、蝗虫防控指挥信息工作平台操作训练等，理论学习与实践操作相结合，同时各位参加培训的学员对治蝗工作及数字化勘测技术进行了沟通交流，培训效果显著。

全国蝗虫防控信息系统和蝗区数字化勘测技术培训班

培训班总结了2018年全国蝗虫发生与防控情况，安排了2019年蝗区勘测工作，要求有关蝗区重点做好四项工作：一是完成亚洲飞蝗区、西藏飞蝗区和部分重点土蝗省（自治区、直辖市）的数字化勘测工作；二是鼓励有条件地区自筹资金开展蝗区精细化管理，彻底摸清蝗区范围、区内植被、蝗情状况、障碍物位置、防控资源情况等信息；三是开展蝗情发生与防控信息上传工作；四是规范勘测行为，推广应用蝗区数字化勘测农业行业标准。

来自全国13个蝗区省（自治区、直辖市）植保（植检）站、部分县（市）植保站的90余人参加了培训。

治　蝗　行　动

山东潍坊峡山水库东亚飞蝗重发势头得到有效遏制

近期，山东省潍坊市峡山水库滩涂突发东亚飞蝗，蝗虫发生面积大，虫龄和虫口密度高，存在起飞为害的风险。农业农村部种植业管理司会同全国农业技术推广服务中心和山东省农业厅先后两次派出督导组，与当地政府和有关部门深入实地察看蝗虫发生情况，会商科学防控的具体措施。目前，7 000 多亩蝗虫高密度发生区普遍实施了应急防控，已基本见不着活的蝗虫；其余 2.3 万多亩低密度发生区全面实施了生物防控，虫口密度也大幅下降，蝗虫重发的势头得到了有效遏制。农业农村部党组副书记、副部长、蝗灾防治指挥部总指挥余欣荣作出重要批示：扑杀有力，下一步要从绿色防控上着力。

一、蝗虫发生情况及主要特点

峡山水库是山东省第一大水库，常年蓄水量 3 亿$米^3$，现有蓄水量 1.2 亿$米^3$，裸露的滩涂面积达 20 万亩左右。由于降水量不同，库区水位时高时低，滩涂时淹时干，容易滋生蝗虫。该水库滩涂 2017 年秋季首次发生东亚飞蝗为害，为 2018 年蝗虫发生提供了大量虫源，导致 2018 年夏季蝗虫暴发。从发生地点、时节和程度看，峡山水库蝗虫发生具有以下特点。

（一）地处水源保护区，防控难度大

峡山水库是国家一级水源保护区，供应市区生活用水。为了确保人民生活用水安全，峡山区管委会对该水库进行封闭管理，依法严禁在库区内使用农药。2017 年秋季，库区发生蝗虫时，始终未在发生蝗虫的滩涂施药防控，连微孢子虫等生物农药也不敢用，只有等蝗虫迁到堤坝外的玉米地里，才进行施药防控。这不仅影响蝗虫的及时、彻底防控，而且使发生蝗虫的滩涂成为虫源地，为下个季节发生提供更高的虫口基数，造成蝗虫发生为害逐步加重。

（二）时值夏季大发生，迁飞风险高

2017 年发生蝗虫时，已是秋季，库区周边种植的玉米尚未抽穗，叶片嫩绿，可以吸引滩涂的蝗虫前来取食。而 2018 年是夏季发生蝗虫，库区周边种植的玉米尚未出苗，滩涂的蝗虫一旦吃光了芦苇叶，容易向外成群迁飞觅食。督导组在重发现场看到，植被一旦受到扰动，大量蝗虫纷纷跳出，局部芦苇叶片已被取食一光。受无人机喷施生物农药侵扰，许多成虫在近植被冠层纷飞、盘旋。山东省植物保护总站治蝗专家任宝珍说："从事 30 多年治蝗工作，从未见过这么严重的情况，真担心起飞为害。蝗虫在空中可以飞 3 天，在哪里落地难以确定。"

（三）蝗虫发生程度重，暴食危害大

据监测调查，库区滩涂发现 5 处发生东亚飞蝗，发生面积 3 万亩，其中高密度蝗虫面积 7 000 亩，一般每平方米 50～60 头，最高每平方米达 100 头以上，远远大于每平方米 0.5 头的防治指标，且虫龄较高，成虫比例达 60%以上。据治蝗专家任宝珍介绍，蝗虫成虫在产卵前，是暴食和交配期，取食量是平时的数倍，容易因觅食和交配而迁飞，造成起飞为害，出现"禾草皆光"景况。

二、全力遏制蝗虫起飞成灾

针对峡山水库蝗虫发生态势及水源区保护的要求，农业农村部督导组会同当地政府和农业部门科学研判，有效应对，全力遏制蝗虫起飞成灾。

（一）及时组织发动，强化责任落实

2018 年 6 月 23 日下午，潍坊市副市长马清民根据会商意见，进行现场办公，针对严峻的防控形势和前期生物农药防控见效慢、效果不佳的实际情况，明确防控目标，落实防控责任，要求分类施策、科学防控，集中组织无人机和直升机，开展应急防治和全面控制，迅速把高密度蝗虫压下去。峡山区管委会连夜召开专题会议，成立蝗虫防控指挥部，下设集中飞防、环湖巡查、舆情管控、后勤保障、资源保障等小组，实行网格化管理，明确每一片区的相关责任人。

（二）加强虫情排查，确保不留死角

春季以来，当地组织力量在关键时期多次对蝗虫发生区域进行踏查、勘测，及时掌握飞蝗龄期、密度等发生动态。6 月 19 日发现 1 处 500 亩高密度点片。6 月 21 日下午，在踏查基础上，调用 5 架无人机，采用“空、地”结合方式，对 18 万亩适生区域航拍，拉网式排查，又相继发现 4 处蝗虫发生地。集中各乡镇街道力量投入蝗虫查治工作，将调查和防控任务分解到乡镇和责任人，确保每个片区有人查、有人管，避免漏查漏治问题。

（三）强化分类指导，推进科学防控

农业农村部督导组组织蝗虫专家，指导和帮助峡山区制定完善蝗虫防控技术方案，选择对症药剂，分类开展施药防控。对于离水面较近的区域，使用微孢子虫防控。对于离水面较远、虫口密度不高的区域，采用苦参碱、印楝素防控。对于离水面较远且虫口密度较高的区域，施用降解速度快的高效氯氰菊酯，进行应急防控。6 月 24 日，峡山区投入 34 架无人机，当天集中防控 1.2 万亩，其中有 7 000 多亩蝗虫高密度发生区。6 月 27 日，调用农用直升机对 2.3 万多亩虫口密度较低的发生区全面实施了生物防控。

（四）强化指导服务，确保措施到位

农业农村部种植业管理司会同全国农业技术推广服务中心组织中国农业大学、中国农业科学院、华中农业大学等单位的专家，驻点开展指导服务，及时解决蝗虫监测排查和科学防控的技术问题。指导作业人员做好安全防护，设立警示标志，提醒、告知当地群众库区蝗虫已喷药防控，严禁食用、饲用，以防人畜中毒。同时，根据农业农村部督导组建议，潍坊市副市长马清民表示，要抓住此次机构改革的契机，争取峡山区管委会设立专门机构或配置专业人员，负责库区蝗虫监测调查和防控技术工作，构建蝗虫持续治理长效机制。

三、抓住关键期科学防控

目前，已进入主汛期，也正是病虫防控的关键时期。要按照农业农村部党组的部署和要求，以实施乡村振兴战略为抓手，坚持质量兴农、绿色兴农，立足抗灾夺丰收，一手抓防汛抗旱，一手抓病虫防控，加大力度，强化措施，全力争取 2018 年粮食和农业获得好收成。当前，对蝗虫防控重点抓好以下工作。

（一）加强虫情监测

发挥农业农村部蝗虫防控指挥信息平台作用，组织全国 326 个蝗区县（市、区），做好蝗情监测预

警，落实治蝗值班、蝗情信息报送制度，密切掌握各地虫情动态，为及时、科学指导蝗虫防控工作提供决策依据。

（二）及时排查虫情

组织天津大港、河北黄骅、黄河滩区、吉林大安等东亚飞蝗常发、重发区，利用无人机、全球定位系统（GPS）等现代手段，进行网格化管理和拉网式排查。同时，继续组织中哈边境地区亚洲飞蝗联合监测，开展青海玉树等地西藏飞蝗和北方农牧交错区土蝗排查，做到及时发现、及早处置。

（三）推进科学防控

坚持生态控制、生物防控和科学用药相结合，因地制宜改造蝗区生态环境，推广绿僵菌、蝗虫微孢子虫、苦参碱、印楝素等生物农药和低毒低残留化学农药，大力实施绿色防控，实现持续治理，努力确保蝗虫不起飞为害，有效保护生态环境安全。

（四）强化综合治理

近几年，部分水源区因担忧水污染，防控措施落实不到位。分析水源区蝗虫滋生的条件，总结有效的综合治理经验，研究环境治理、生物防控等综合性措施，从根本上解决水源区的蝗虫滋生问题。

西藏阿里地区高密度西藏飞蝗蝗情得到及时有效防控

2018 年 7 月 9 日，西藏自治区阿里地区部分草场发生高密度西藏飞蝗，西藏自治区蝗虫防治指挥部高度重视，及时组织应急防控，高密度蝗情得到有效控制。

一、发生概况

经监测核实，确认阿里地区西藏飞蝗发生区域约 2.9 万亩，其中噶尔县 2.875 万亩、日土县 272 亩，重发区 1.6 万亩，每平方米蝗虫 50～400 头，最高密度每平方米 700 头以上。此次高密度西藏飞蝗发生与防控呈现四个特点：一是飞蝗密度高，蝗群大；二是龄期极其不整齐，从一、二龄幼虫至成虫普遍存在；三是发生地地形复杂，在海拔 4 200 米以上，地貌包括河流、草原及灌木丛生区，大型施药器械难以进入；四是防控人员专业化程度不高，农药、器械使用技术水平偏低，设备故障率高，作业效率低。

二、发生原因

此次西藏自治区阿里地区的高密度蝗情，主要发生原因：一是 2018 年春季以来，阿里地区狮泉河区域降水量偏少，仅为 7.4 毫米，只有 2017 年同期的 1/5；二是气温回升快，为蝗卵孵化发育提供了有利条件；三是发生区域多为沼泽草甸和高寒草甸草原区域，牧草生长良好，给蝗虫提供了充足的食源，导致噶尔县部分区域发生严重。

三、采取的主要措施

一是加强组织领导，认真研判形势。蝗情发生后，阿里地委、行署严格落实属地责任，主要领导第一时间现场指导防控工作，明确了各部门职责和任务。西藏自治区蝗虫防治指挥部连夜召开专题会议，立即向西藏自治区分管主席汇报，设立物资保障组和技术指导组，责任到人。西藏自治区主要领导和分管主席作出重要批示，要求盯紧防蝗工作，商相关部门提出防灾减灾工作方案，指导阿里地区做好灭蝗工作。阿里地区将灾害应急处理相应级别由县级提升至地区级，并要求其他县（市、区）加强蝗灾区域监测，增设督导人员加强对灭蝗工作落实情况的监督。

二是科学指导防控，紧急调度物资。由西藏自治区农业技术推广服务中心党委书记陈志群带队的工作组连夜赶赴阿里地区进行现场技术指导。工作组根据现场蝗虫发生情况，提出“抓大放小（龄期）、全面侦查、明显标记、集中围歼”的防控策略，明确当前工作重点和技术要点，并要求每天巡查防控现场，发现问题及时解决，现场整改。根据阿里地委、行署要求，经西藏自治区农牧厅工作组核实，西藏自治区农牧厅共分 3 次，累计调集 20.12 吨高效氯氰菊酯和 230 台机动喷雾器运往阿里地区，确保防控工作顺利开展。

三是实行报告制度，做好环保工作。为确保及时发现和处置蝗情，西藏自治区农牧厅要求阿里地区有关部门严格实行信息报送制度，明确报送人员，按照及时、准确、规范、全面的原则，严格执行每日报告和零报告制度，逐级上报，确保信息畅通、口径一致。同时，要求其他市执行周报告制度，安排专人于每周二上午 12 时前报送有关情况。在蝗虫主要发生区设立隔离区和消毒区，对周边乡镇所有草原和群众安全饮水点进行实地监测，并转移部分农牧民牲畜和饲草料。严格控制药、水配比，防止出现二次污染，组织专人每日对作业区域的农药包装和废弃物进行分类回收处理。

据统计，截至 7 月 22 日晚，阿里地区治蝗工作已累计作业 3.07 万亩次，投入资金 500 万元，作业人员 4 194 人次，防控药剂 31.4 吨，调运器械 1 097 台次，帐篷 130 余顶，实施人工降雨 2 次。目前，蝗虫发生面积未有扩大，高密度、高龄蝗群基本得到控制，飞蝗起飞成灾风险降低，部分严重发生区域已解除紧急警报，灭蝗工作取得阶段性成果。

下一步，阿里地区将继续全面监测、跟踪蝗情发生动态，做好灭蝗物资和人员调配工作，在保持灭蝗总体目标不变、力度不减、劲头不松的基础上，认真总结工作经验，加大分析研判和统筹部署力度，全面做好治蝗各项工作，确保蝗虫不起飞、不扩散、不为害。

2018 年农业农村部蝗灾防治指挥部办公室会议纪要

2018 年 5 月 29 日，农业农村部蝗灾防治指挥部办公室主任刘天金主持召开了指挥部办公室会议，总结了 2017 年蝗虫防控工作，分析了 2018 年蝗虫发生趋势，研究部署了 2018 年蝗虫防控工作。中国农业科学院植物保护研究所、中国农业大学信息与电气工程学院和中国科学院遥感与数字地球研究所有关专家参加会议。会议由全国农业技术推广服务中心党委书记魏启文主持。

会议认为，近年来，在各级党委、政府重视支持和农牧部门持续推动下，我国蝗灾防控体系日趋完善，防控能力、技术水平和信息化程度不断提升，国际交流和跨境合作持续深化，蝗灾可持续治理取得显著成效，实现蝗虫不起飞、不扩散、不为害的治理目标。一是政府主导的公共防控体系不断完善。中央财政每年投入 1.5 亿元资金补助蝗虫防控，河北、山东、天津、河南等省（直辖市）地方财政每年也安排经费支持蝗虫防控工作。全国 22 个主要的蝗区省（自治区、直辖市）基本建立由政府分管领导为指挥长的蝗灾防控指挥部。在蝗虫防控关键时期，各级党政领导深入治蝗第一线，安排、部署、指挥治蝗工作，召集有关部门解决实际问题，落实具体措施，体现治蝗工作的政府主导行为。二是规划引领的治蝗科技水平不断提升。2014 年印发的《全国蝗虫灾害可持续治理规划（2014—2020 年）》是近几年治蝗工作的指南针。按照规划要求，各地认真开展蝗区数字化和遥感勘测，摸清蝗区的位置信息和变迁情况；大力推进绿色防控，改变过度依赖化学农药防控的历史；开发应用蝗虫防控信息平台，提高防控指挥信息化水平；不断更新防控装备，大型施药器械、飞机、无人机已广泛应用于防控工作；推进防控机制创新，政府支持、企业参与、市场运作的防控机制逐步形成，蝗虫防控由过去政府直接承担防控向专业化统防统治组织承包防控转变。三是项目推动的治蝗国际国内合作不断拓展。近年来，在蝗灾可持续治理工作中，各级治蝗机构与中国农业科学院、中国农业大学以及各地高校、科研院所广泛合作，共同参与蝗虫科研项目；与相关企业开展深入合作，共同研发和推广治蝗新技术、新产品、新装备。同时，在实施中哈治蝗国际合作项目的基础上，积极开拓治蝗国际领域和空间，先后邀请俄罗斯以观察员身份参与中哈合作治蝗，援助老挝蝗虫防控，参与中英牛顿基金蝗虫合作项目研究，开展与澳大利亚治蝗技术交流。四是坚持绿色防控，促进蝗虫发生程度持续平稳。经过大力推进绿色防控，近年来，我国东亚飞蝗滋生面积持续下降，川藏、青藏高原西藏飞蝗发生密度持续降低，内蒙古、新疆等农牧交错区土蝗未迁移进入农田为害，草原蝗虫长期控制在较低水平，中哈边境蝗虫连续多年未迁飞进入我国。据统计，2017 年，我国蝗虫发生面积 1.95 亿亩，同比降低 7.7%。其中，农区蝗虫发生面积 5 944 万亩，同比降低 1.61%（飞蝗发生面积 1 704 万亩，同比下降 11.6%）；草原蝗虫发生面积 1.36 亿亩，同比降低 11.5%。2017 年全国共防控蝗虫 9 460 万亩，及时有效处置了吉林农安和山东峡山水库突发高密度蝗情，为我国农牧业生产安全做出了积极贡献。这些成绩的取得主要得益于各级政府的高度重视，财政资金的大力支持，农区、牧区的协调配合，现代科技的有效支撑，特别是各级农区、牧区治蝗人员功不可没。

会议指出，蝗灾发生本身具有迁移性、突发性和不确定性特点，加上长期防控压力小容易产生麻痹松懈思想，蝗虫养殖产业带来蝗虫扩散新风险，机构改革中工作衔接影响等新情况，蝗灾防控形势依然严峻，务必保持永不懈怠的精神状态，采取更加有力举措，切实推进蝗虫可持续治理。一是蝗灾发生本身有很大的不确定性。首先，宜蝗面积在局部地区有上升的趋势。近年来，一些地区实施退耕还湖、还草等生态保护工程，局部地区适宜蝗虫滋生区域的面积也呈由降转升的趋势。其次，蝗灾发生有周期性规律。全球变暖等气候因素复杂多变，蝗虫数量积累产生的周期性规律，导致每隔 8～10 年就会不同程度地暴发一次蝗灾。同时，非传统蝗区发生蝗虫的可能性也在增加。非传统蝗区生态环境复杂，基础工作薄弱，特别是对大面积滩涂、水库、沼泽等新生宜蝗区的勘测和排查力度不够，存在安全隐患。2017 年在山东峡山水库和吉林农安发生的蝗情就属于这种情况。二是蝗虫长期较轻发生容易产生麻痹松懈思想。蝗虫多年持续平稳发生，一些地方产生轻视或者忽视调查和防控工作的倾向。特别是一些新到岗人员，对治蝗工作不熟悉，缺乏紧迫感，思想易松懈，如果放松调查和防控，必将留下蝗灾大发生隐患。三是蝗虫养殖产业带来新风险。2017 年，山东费县强拆飞蝗养殖大棚的新闻报道，使近年飞蝗养殖产业无序发展的情况暴露出来，一些地方养殖户越来越多、规模越来越大、管理水平参差不齐、普遍缺乏应急预案等，如果监管措施不到位，存在人为造成蝗虫扩散的风险。这已成为蝗虫可持续治理的新问题，应引起高度重视。四是机构改革中工作衔接影响。随着草原管理职能划转国家林业与草原局，草原蝗虫防控工作存在梳理衔接问题，农区、牧区蝗虫协防工作需要跨部门协调，各地务必高度重视，确保无缝衔接。按照国务院关于机构改革中草原防火责任分工意见，2018 年的草原蝗虫防控工作仍由原责任部门负责。

会议强调，要扎实做好 2018 年蝗虫防控工作。根据预测，2018 年蝗虫总体较轻发生，预计东亚飞蝗夏蝗发生面积 878 万亩、西藏飞蝗发生面积 130 万亩、亚洲飞蝗发生面积 50 万亩、农牧交错区土蝗发生面积 3 000 万亩，草原蝗虫发生面积 1.3 亿亩。局部地区仍有高密度蝗蝻点片发生的可能，不排除境外蝗虫迁飞进入我国为害。要加强监测预警，密切关注蝗情动态，认真组织防控工作。一是层层落实治蝗责任。指挥部办公室要尽快联系各蝗区省（自治区、直辖市），掌握治蝗机构人员变动情况，及时向社会公布值班电话。严格落实属地责任，提醒地方高度重视省际交界区、新蝗区、非重点区的查蝗、治蝗工作。对于农牧交错区和草原蝗虫防控问题，农牧部门要加强协作、分工不分家。二是认真做好监测和值班工作。及时调度各省（自治区、直辖市）蝗情，加强监测预警，跟踪境内外蝗虫发生动态，及时准确发布预报。2018 年，要积极开展蝗虫监测设备的试点应用。在蝗虫发生与防控的关键时期，要督促各地严格实行值班制度和蝗情报告制度，有重大灾情要及时报告。三是做好治蝗资金和物资准备。2018 年中央治蝗补助资金已下达到各省（自治区、直辖市），各省（自治区、直辖市）治蝗部门要主动向政府汇报蝗情和防控任务，积极与财政部门协调落实资金。同时，要努力争取地方财政资金的投入，提前做好有关飞机调度、防控药剂采购、防控服务购买、技术培训以及后勤保障等工作，备足防控物资，为开展防控行动做好准备。四是继续加大绿色治蝗力度。要按照规划和环保督查的要求，大力推广微孢子虫、绿僵菌、印楝素、苦参碱等绿色治蝗技术，特别是在中低密度发生区、湖库及水源区、自然保护区和绿色农畜产品生产基地，要尽量不使用化学农药。要引导地方将中央补助资金更多地用于绿色防控。要加强绿色治蝗技术培训，推进统防统治与绿色防控融合。五是重视解决出现的新问题。要加大对非重点蝗区的勘测排查力度。2018 年要组织各地对新形成的沿湖、滨海、河泛区以及内涝地区和大面积荒滩、草地等蝗区开展摸底调查，减少蝗虫暴发的偶然因素。针对蝗虫养殖业问题，也要开展调查研究，探索蝗虫养殖备案管理制度，在保证养殖产业健康发展的同时，防止人为因素造成蝗虫扩散。六是及时开展防控督查指导。在蝗虫发生与防控的关键时期，要组织人员深入蝗区一线，开展防控督导和技术指导，确保突发蝗灾得到及时有效防控。同时，飞机作业和人工施药事关飞行安全和人畜安全，要求操作人员必须进行安全知识和操作规范培训，防止人畜中毒和其他伤亡事故发生。七是继续推进治蝗国际合作。继续实施中哈治蝗合作项目，积极参与中英牛顿基金蝗虫合作项目，并注重把研究成果进行推广应用；加强对老挝治蝗技术援助，组织开展同澳大利亚的蝗虫技术交流活动。同时，要积极开拓与俄罗斯、美国以及非洲和联合国粮食及农业组织的治蝗合作，不断扩大我国治蝗工作的国际影响力。

会议要求，蝗虫防控工作要充分依靠体系和基层，高度重视治蝗信息调度和经验总结，注重加强人员管理和培训，带好治蝗队伍，防止出现人员减少、技能缺失、能力弱化的现象。在当前蝗虫轻发生时期，要进一步提高警惕，克服麻痹和松懈思想，不断改进监测手段、增强防控能力、提高防控技术水平和拓展国际合作，努力实现我国蝗灾可持续治理再上新台阶，为保障我国农牧业生产安全做出应有的积极贡献。

调 研 报 告

2018年山东、河北小麦重大病虫害防控工作督导报告

2018年5月12～14日和5月17～18日，农业农村部小麦重大病虫防控督导组分别到山东、河北实地督导小麦病虫害防控工作，全国农业技术推广服务中心药械处处长王凤乐、病虫害防治处研究员赵中华，中国农业科学院植物保护研究所研究员张礼生，山东省农业科学院植物保护研究所研究员李长松，河北省农林科学院植物保护研究所研究员贾海民参加督导。

督导组在山东听取了山东省植物保护总站关于全省小麦重大病虫害发生和防控情况的汇报，观摩考察了济宁市汶上县、菏泽市郓城县小麦高产创建示范区及小麦重大病虫害防控药效、药械、“一喷三防”、抗逆增产等试验示范和统防统治服务组织，并召开了座谈会。在河北省实地考察调研了邯郸市临漳县和魏县小麦重大病虫害防控情况，与省、市县植保站有关人员进行了座谈。

通过座谈，督导组了解到：山东和河北两省针对小麦重大病虫害监测和防控工作，领导重视，监测和防控及时，统防统治效果显著，宣传推广到位，开辟植保新思路，绿色防控体系完善，防控方式转变快，为构建全国小麦病虫害绿色防控体系和粮食丰产丰收做出了积极贡献。

一、两省小麦重大病虫害发生情况

受小麦苗情差、2017年秋冬季气温偏低等因素影响，山东省小麦病虫越冬基数偏低。初春因气温偏低和变幅大，病虫害发生扩展速度减缓。后期气温快速回升，天气以晴天为主，没有出现明显的连续阴雨天气，不适合小麦条锈病、赤霉病发生。小麦病虫害总体属于偏轻发生，其中：麦蚜发生程度接近常年，低于2017年同期；麦蜘蛛发生程度高于2017年同期，部分地块严重发生；小麦纹枯病全省普遍发生，发生程度较2017年偏高；小麦白粉病发生程度轻于2017年同期；小麦条锈病、赤霉病轻微发生；小麦茎基腐病发生程度重于常年。

据山东省植物保护总站调查统计，山东省小麦病虫害发生面积约6 036.7万亩次。截至2018年5月，小麦茎基腐病，部分地区发生程度较重，其中：济南市商河县发病普遍，其病田率80%，发病地块病株率30.1%，严重地块达78.5%，最高达100%；德州市各县市均有发生，个别地块发生程度较重，齐河县严重地块达到30%以上，部分地块出现黄叶死苗，危害较重。小麦白粉病，发生面积388万亩次，其中：菏泽市4月12日始见病叶，病田率20%，发病田病叶率0.2%～1%，平均病叶率0.3%；东营市4月24日在广饶县发现病叶，平均病叶率0.5%，较2017年晚2天；济南市历城区、济阳区、长清区在田间查到病叶，一般病叶率0.2%～1%；滨州市邹平市于4月28日始见病叶，病株率0.2%。小麦叶锈病，菏泽市5月4日始见病叶，比2017年晚5天，病田率5%，发病田病株率1%～5%，病叶率0.1%～1%，最高3%；威海市3月26日始见叶锈病，病田率10%，病叶率0.5%，发病部位主要在下部老叶片。小麦条锈病，5月7日、8日在菏泽市东明县、曹县相继发现零星病叶，小麦品种为济麦22。小麦赤霉病，菏泽市、济宁市零星发生，其中济宁市平均病株率0.01%，最高0.03%。麦蚜，普遍发生，发生面积2 800万亩次，其中鲁西南、鲁中、鲁南地区虫量相对较高，菏泽市虫田率达100%，一般百株蚜量1 550头，济宁市部分田块高达25 600头/百株。

河北省中南部小麦开始进入灌浆期，北部处于扬花期。由于近期降水偏少，气温较高，利于麦蚜繁殖，发生面积和虫口密度均上升较快，当前主要集中在中下部为害，个别株上升到旗叶、穗部为害，发

生面积已达 2 568.3 万亩次；5 月 8 日，邯郸市大名县发现第一片小麦条锈病病叶，5 月 9 日，磁县也发现小麦条锈病病叶，当前条锈病在全省属于零星发生，预计后期面积将有所增加；小麦白粉病全省发生面积 382.5 万亩次，平均病叶率 2.1%，最高 24%（沧州市沧县）；小麦赤霉病主要集中在邯郸市、邢台市麦区，发生面积 235 万亩次，总体发病程度较轻；小麦纹枯病全省发生面积 506.2 万亩次，平均病株率 4.9%，最高 90%（衡水市饶阳县）；小麦茎基腐病全省发生面积 590 万亩次，严重地块侵茎率可达 98.9%。

二、两省的主要工作进展

2018 年山东、河北两省小麦病虫害防控工作开展积极主动，病虫害发生动态监测准确，预报发布及时，防控措施落实到位，特别是全国小麦重大病虫害防控现场会以后，两省认真贯彻落实会议精神，对小麦病虫害防控工作进行了再动员、再部署，细化了工作方案，强化了督导检查。两省的主要工作进展如下。

一是领导高度重视，及早组织发动。山东省财政整合中央财政农业生产救灾资金 1 亿元，专项用于小麦病虫害防控工作，于 2017 年 11 月 30 日提前下达各市，为防控提供了资金保障。同时，山东省积极建议农业部重新启动小麦“一喷三防”补助项目。山东省农业厅于 2018 年 2 月上旬印发了《2018 年全省小麦春季管理技术意见》，重点强调了适时进行化学除草和控制病虫害危害；3 月中旬召开了 2018 年上半年病虫害发生趋势会商会，及早分析预测 2018 年小麦病虫害发生趋势并作出预报；4 月 16 日召开了全省植保工作暨重大病虫害防控现场会，重点安排部署了 2018 年全省小麦病虫害防控工作。4 月 20 日，山东省农业重大病虫害防治与农产品质量安全指挥部办公室下发了《关于切实做好小麦中后期病虫害防控工作的通知》，要求各地科学把握小麦病虫害发生发展趋势，切实增强做好防控工作的责任感和紧迫感，坚决果断、科学高效地打赢小麦病虫害防控攻坚战。

河北省同样高度重视小麦重大病虫害防控工作。2017 年秋种后河北省农业厅召开了全省小麦冬前管理工作视频会议，强调了小麦病虫害防控工作的重要性；连续召开了全省植保工作会议与 2018 年上半年农作物重大病虫害发生趋势会商会，安排部署 2018 年全省小麦病虫害防控工作。2018 年 4 月 24 日河北省收到农业农村部《关于做好 2018 年小麦“一喷三防”工作的通知》（农农（行业）〔2018〕3 号）后，紧急下发了《河北省农业厅关于做好小麦“一喷三防”工作的通知》，要求各级农业部门把小麦“一喷三防”工作作为当前的首要大事来抓，强化对防控工作的组织领导，落实各项防控措施与责任，及时组织、发动群众与专业化合作组织开展防控工作。

二是狠抓措施落实，积极开展科学防控。2018 年 4 月 28 日，山东省农业厅下发了《关于贯彻农业农村部农明字〔2018〕第 9 号文件精神切实做好当前小麦病虫害防控工作的紧急通知》，要求各市高度重视小麦赤霉病、小麦白粉病、小麦条锈病、麦蚜等穗期重大病虫害的防控工作，要充分发扬 2017 年全省小麦条锈病防控“歼灭战”密切配合、通力协作的优良传统和不怕困难、拼搏奉献的担当精神，按照职责分工，落实各项工作措施。山东省植物保护总站先后发布了《小麦病虫害发生趋势预报》《小麦中后期主要病虫发生趋势预报》《小麦赤霉病发生趋势预报》等中长期预报；自 2017 年小麦秋播以来，先后发布了《小麦秋播及冬季病虫防治意见》《2018 年返青拔节期小麦病虫草害综合防治意见》《2018 年植保工作指导意见》《2018 年小麦穗期病虫害综合防治意见》。为严防小麦条锈病在山东省流行传播，5 月 7 日在菏泽市东明县发现小麦条锈病后，5 月 8 日山东省植物保护总站立即下发了《关于进一步加强小麦条锈病查治工作的通知》。为有效控制重大病虫害暴发流行，山东省植物保护总站下拨了重大病虫害应急防控农药物资 17 吨。

河北省在防控关键时期，充分利用电视、广播、手机短信平台、农业信息网等多种形式，及时发布病虫情报和预警信息，为推动科学防控提供有力支撑。2018 年小麦返青后，各地分别以会议、通知、现场会等形式安排部署小麦病虫害防控工作，要求充分认识到小麦病虫害防控工作的重要性和紧迫性，将此作为夺取 2018 年小麦丰收的关键措施。各地认真落实责任机制，层层分解任务，实行领导干部和技术人员包县、包乡、包村的办法，形成一套完整的领导、组织和服务体系，为工作开展打下坚实的基础。各级植保机构在严格按照测报调查规范开展系统监测的基础上，加大普查范围，做到不漏查、不误报，及时、准确掌握病虫害发生动态。结合全省的实际情况，2017 年秋种以来，河北省植物保护植物检疫站先后印发了《关于做好小麦秋冬季病虫害防控工作的通知》与《河北省 2018 年小麦重大病虫害防控技术方案》，要求各地务必高度重视，不等不靠、积极作为，加强组织领导、技术指导、宣传发动，最大限度减轻病虫危害损失，确保夏粮丰产丰收。

三是强化防控工作机制，加强督查与技术指导。山东省为落实防控工作，各级农业部门和植保机构派出督导组和技术指导组深入基层，督导检查小麦病虫害防控工作，落实技术措施，确保防控不留死角。山东省植物保护总站以及各市、区（县）小麦病虫害发生和防控情况实行一周一报制度，确保信息时效性。全省各市、区（县）也都已开展小麦穗期病虫害防控工作，通过现场会议、田间培训、下发文件、媒体宣传、应急演练等形式，对小麦病虫害防控工作进行部署发动。其中，滨州市、聊城市植保站制作《小麦中后期病虫害防治》电视节目，指导科学防治。全省 11 个小麦主产市成立了由主管局长任组长，以植保站为主要成员单位的小麦病虫害防控工作领导小组，植保站具体负责技术方案的制定和落实，并对相关工作进行综合协调和督导。

河北省充分利用电视、电台、报纸等新闻媒体，将病虫害发生情况和防控关键技术快速传递给基层干部和农民群众。各地通过手机短信群发、电话咨询、贴标语、拉横幅、发通知单、办示范样板等多种形式，全方位宣传重大病虫害发生信息与防控技术，充分发动群众，全面开展病虫害防控工作。河北省植物保护植物检疫站成立了由 3 位站长带队，站里全体技术人员组成的农药减量增效量化示范基地指导组，分片包干，在小麦病虫害发生防控关键期进行督导检查，确保政策措施落实到村、到户、到田。

四是大力推广小麦“一喷三防”技术。山东省植物保护总站在菏泽市安排小麦“一喷三防”试验，探讨不同药剂、不同组合“一喷三防”技术的防治效果、防治成本，对小麦的安全性、增产效果的影响。山东省植物保护总站督导组分赴各地市调研小麦穗期“一喷三防”的防治工作进展情况。各地高产创建示范区已陆续开展小麦穗期“一喷三防”的防治工作，济宁市的邹城、曲阜、嘉祥、汶上、梁山、任城、鱼台、金乡等县（市、区）以政府购买服务方式，对 95 万亩小麦陆续进行“一喷三防”，其中邹城市组织开展 10 万亩小麦无人机飞防。其他大部分市县都开展了不同规模的“一喷三防”统一作业，并举办启动仪式，扩大宣传，带动农民群众积极开展防治。截至 2018 年 5 月，鲁西南地区菏泽市、济宁市等已经完成一遍小麦“一喷三防”的防治工作。

2018 年 5 月 8 日在邯郸市大名县发现小麦条锈病后，河北省植物保护植物检疫站迅速下发了《严密监测小麦条锈病及时组织防控》的病虫情报，要求各地植保监测机构加大普查力度，做到发现小麦条锈病立刻向当地政府及上级主管部门汇报，并进行及时防治，做到“带药侦查、发现一点、控制一片”，坚决遏制其扩展蔓延。5 月 4 日河北省植物保护植物检疫站在田间调查时发现小麦茎基腐病发生严重，为摸清其发生情况，当日下发了《河北省小麦茎基腐病发生情况的紧急通知》，依据调查结果，提出了田间管理建议，以减轻此类根部病害给小麦带来的损失。

三、下一步工作安排及建议

山东、河北是小麦主产省，种植面积大，产量水平高，病虫危害损失也相对较高，为此，下一步小麦病虫害防治工作要以“一喷三防”为重点，加强组织领导和宣传发动，利用媒体宣传与现场培训相结合的方法做好小麦后期病虫害综合防治。加强信息调度和分类指导，继续实行周报制度，密切监测小麦蚜虫、条锈病、赤霉病、白粉病等发展动态，做好上报下达，特别是做好小麦赤霉病、条锈病监测和预防工作，按照“带药侦察、发现一点、控制一片”的查治原则，发现病情，迅速上报，并及时消灭发病中心。科学开展防控，大力推进专业化统防统治，针对小麦穗期株高穗密，大型机械进地防治易造成小麦倒伏等情况，推广飞防作业。及时开展检查督导工作，协调解决防控中遇到的困难和问题，做到应防尽防，不留空白、不遗死角，确保防控工作扎实有效，坚决打赢小麦后期病虫害防控战役，把好小麦安全生产最后一关。

建议两省植保部门：一要准确监测、及时预警。准确掌握病虫害发生动态，及时发布预报。特别注意对小麦条锈病、赤霉病、白粉病、蚜虫的监测，适时开展拉网式普查，加强与气象部门沟通，及早判断流行趋势，提出科学应对措施。确保病虫信息沟通渠道畅通，重大信息及时向上级领导报告，确保不贻误决策时期。二是统防统治、科学防控。根据气象部门预报，结合各麦区实际情况，加强对危害较大的小麦蚜虫、吸浆虫、条锈病、赤霉病、白粉病等病虫害的防控。要严格按照《小麦病虫防治技术意见》的要求，督促各地做好技术宣传指导工作，及时组织统防统治，进行科学防控。三是要高度关注近年发生程度呈上升趋势的小麦新病害。小麦茎基腐病、根腐病等因秸秆还田加重发生的新病害，危害大，造成的损失重，各地要高度重视，及时优化小麦品种和种子包衣药剂，确保小麦稳产丰收。

开展田间调查

考察田间病虫害

现场考察无人机使用情况

2018年东北四省区秋粮作物重大病虫害防控工作督导报告

根据农业农村部种植业管理司《关于开展秋粮作物重大病虫防控督导工作的通知》（农农（植保）〔2018〕12号）要求，为最大限度降低病虫危害损失，实现"虫口夺粮"，赢得秋粮丰收主动权，秋粮作物重大病虫防控督导第一组，分批分次亲赴内蒙古中西部、辽宁西南部、吉林中东部区和黑龙江松嫩平原区进行了督导。同时，督导组还按照通知要求，在2018年8～10月保持与四省区的沟通，多次了解秋粮作物病虫害发生防控情况，现将四省区防控工作报告如下。

一、主要秋粮作物病虫害发生情况

内蒙古自治区秋粮作物病虫害总体中等发生，局部地区蝗虫、黏虫、草地螟、地下害虫偏重发生。其中，蝗虫发生625万亩次，防控47万亩次；玉米螟发生1 471万亩次，防控320万亩次；草地螟一代幼虫发生538.8万亩次，防控471万亩次；黏虫发生442万亩次，防控141万亩次；地下害虫发生479万亩次，防控1 500万亩次；双斑萤叶甲发生119万亩次；玉米红蜘蛛发生80万亩次，防控10万亩次；马铃薯晚疫病发生19.54万亩次，防控157.8万亩次；三代棉铃虫发生27.74万亩次。

辽宁省秋粮作物病虫害总体中等发生，初步统计发生面积达到1亿亩次以上。其中，水稻病虫害发生程度相对较轻，水稻穗颈瘟、水稻纹枯病、水稻细菌性褐条病在部分地区危害较重，水稻穗颈瘟发生面积20多万亩次，水稻细菌性褐条病发生面积20多万亩次，二代二化螟、稻飞虱等中等发生。玉米病虫害总体中等发生，主要病虫害为玉米螟、黏虫、棉铃虫、蚜虫及叶部病害。二代玉米螟发生面积1 100万亩次，二代、三代黏虫局部偏重发生，发生面积约300万亩次。

吉林省秋粮作物病虫害中等偏轻发生。黏虫、草地螟等重大虫害在局部地区造成一定的危害。全省病虫害发生面积1 749.32万亩次，防控面积2 129.14万亩次。其中，玉米病虫害，地下害虫发生程度较轻，发生面积13.32万亩次，防控面积302.93万亩次；玉米螟发生1 150.39万亩次，达标防控973.71万亩次；玉米大斑病发生81.64万亩次，达标防控0.87万亩次。水稻病虫害，稻水象甲发生40.61万亩次，防控51.25万亩次；潜叶蝇发生52.27万亩次，防控48.96万亩次；水稻二化螟发生156.9万亩次，防控279.78万亩次；稻瘟病发生10.30万亩次，防控237.40万亩次。大豆蚜虫轻发生，发生15.02万亩次，防控10.43万亩次；大豆食心虫发生1.32万亩次，防控1.51万亩次。

黑龙江省秋粮作物重大病虫害总体中等发生，发生程度略轻于2017年。其中，玉米螟偏重发生，呈明显回升态势，目前发生面积为1 914.8万亩次。蝗虫中等发生，在农田周边荒地、草场发生面积142.6万亩次。水稻二化螟偏轻发生，发生面积198.2万亩次。马铃薯晚疫病由于前期干旱，发生期较晚，总体发生程度也轻于常年，发生面积45万亩次。草地螟在西部地区偏轻发生，发生面积82.1万亩次；黄草地螟在中东部地区发生面积86.8万亩次。

二、防控工作进展

四省区农业行政和技术部门高度重视秋粮作物病虫害防控工作，强化防控组织领导，强化病虫害监测预警，强化防控技术指导，强化防控行动督导，有力促进了2018年秋粮作物病虫害防控工作，取得了成效。据初步统计，四省区各类病虫害防控面积达1.5亿亩次以上，有效控制了秋粮病虫危害，为2018年秋粮丰收奠定了基础。

（一）强化组织领导

四省区坚持“政府主导、属地责任、联防联控”的工作机制，发挥政府在重大病虫害防控组织发动、指挥协调、督查指导等方面的行政推动作用。一是建立健全领导干部分片包干制度，明确防控组织、防控责任、防控措施和防控目标，确保各项防控措施落到实处。如黑龙江省委省政府高度重视全省粮食生产安全，分管副省长召开会议，专门听取重大病虫害发生防控工作汇报。黑龙江省农委召开6次由各级政府领导参加的全省电视电话会议或全省性工作会，主要领导和分管领导反复强调重大病虫害监测预警与防控工作，并对黏虫、稻瘟病等重大病虫害监测与防控工作下发6个工作通知。吉林省各地都成立了重大病虫害防控领导组织，实行领导、部门分片包保责任制，制定和完善防控预案，落实防控责任。二是加强防控工作部署，制定下发重大病虫害防控方案。如辽宁省印发了2018年主要农作物玉米、水稻病虫害以及黏虫、蝗虫、黄化曲叶病毒病、马铃薯晚疫病等病虫害方案；内蒙古自治区农牧业厅组织专家全面会商，制定下发了《关于印发2018年全区农作物重大病虫害防控方案的通知》（内农牧种植发〔2018〕99号），指导病虫害防控工作。三是强化防控组织发动。辽宁省农委办公室在重大病虫害发生和防控的关键时期，先后印发了《关于加强农作物迁飞性害虫监测与防控工作的紧急通知》（辽农办农发〔2018〕237号）、《关于进一步加强二代黏虫防控工作的紧急通知》（辽农办农发〔2018〕263号）、《关于做好当前二代黏虫应急防控工作的紧急通知》（辽农办农发〔2018〕278号）、《关于加强全省农作物中后期重大病虫害应急防控工作的通知》（辽农办农发〔2018〕316号）、《关于加强高温条件下全省秋粮作物中后期重大病虫害应急防控工作的紧急通知》（辽农办农发〔2018〕326号）等文件。

（二）强化监测预警

针对秋粮作物部分病虫害偏重发生的形势，四省区农业植保系统发挥专业优势，加大监测预警工作力度。一是加大了对黏虫、稻瘟病、玉米大斑病、玉米螟等重大病虫害监测力度，要求各地及时排查病虫害发生情况，及时上报病虫信息，及时发布预警预报。二是严格执行24小时值班制度、病虫信息上报制度和重大灾情随时报告制度，为领导防控决策提供依据。三是充分发挥病虫害监测预警信息发布体系的优势，通过电视、网络、手机短信、电话、纸介等形式将病虫情报及防控工作进展信息及时向社会发布，指导防控工作高效、有序开展。据统计，内蒙古自治区组织会商并发布《2018年农作物主要病虫害长期发生趋势预报》，在病虫害发生期间及时组织专家会商、网络会商10多次，发布病虫情信息600余期次，发布手机信息20万余条。辽宁省发布电视预报200余期，其中辽宁省植物保护站发布20余期；全省发布纸介预报350余期，辽宁省植物保护站发布15期；全省手机短信预报80余期，辽宁省植物保护站发布10期；网络发布300余期次，电话咨询近1万人次。吉林省在重大病虫害防控关键时期，下发了《关于做好秋粮作物重大病虫害防控工作》的明传电报1期，吉林省病虫害测报站共制作病虫害长期预报1期、短期预报8期，各基层测报站共发布地方短期预报250余期。黑龙江省共发布省级预报22期、市县级预报960余期，向农业农村部上报重大病虫周报69期，做到预报及时准确，指导防控措施得力。

（三）强化技术服务

在重大病虫害发生的关键时期，四省区农业行政和植保技术部门组织专家和技术人员深入防控第一线，开展防控技术指导和安全用药培训，提高技术到位率。为避免因夏季高温而引发农药中毒事故，各地加强了安全用药技术培训，累计下乡指导数千人次，确保安全用药。如内蒙古自治区在病虫害发生期间，自治区、盟市、旗县各级领导和技术人员深入生产一线进行技术指导。各发生区不断强化技术人员的专业知识，邀请全国知名专家和自治区、盟市的植保专家开展专项培训，并在田间进行现场指导。同时通过举办专题技术培训班、农民田间学校，现场观摩，发放“明白纸”、宣传手册、科技资料等形式，普及绿色防控、农药安全使用等技术，进一步提高了农民对病虫害防控的认识。黑龙江省农委充分利用新闻媒体，广泛宣传，适时指导农户开展查田与防控工作。黑龙江省电视台《新闻联播》播报“三代黏虫开始为害，查田防虫进入关键期”要闻，《三农最前线》节目10多次播出稻瘟病、三代黏虫等病虫害查田与防控技术。各地也通过各类新闻媒体、现场会、培训班等进行宣传培训和技术指导。据各地植保部门统计，黑龙江省各地电视台仅播放稻瘟病、三代黏虫防控技术专题讲座就达 136 期，新闻播报 187 期，滚动字幕 2 300 条，各地举办培训班 218 期。

（四）强化检查督导

为落实防控行动，配合农业农村部种植业管理司组织的秋粮作物重大病虫防控督导工作，四省区加大了督查指导力度，全面开展了病虫害实地督查和各地防控信息报送等工作。内蒙古自治区在病虫害发生期间，自治区、盟市、旗县各级领导和技术人员深入生产一线进行防控督导和技术指导。辽宁省农委先后组织了 20 个督导组，近 40 人次，分赴玉米、水稻重大病虫害发生重点地区，巡回督查各地玉米、水稻重大病虫害防控的组织发动、监测预警和技术指导工作，特别是各项防控措施的落实工作，帮助解决在重大病虫害防控过程中存在的实际问题，检查各地防控技术的到位情况，总结各地防控工作的经验做法，纠正各地防控工作的不规范行为。吉林省针对 2018 年部分地区干旱少雨、苗小苗弱、前期苗情不好的特点，各级农业部门组织技术人员深入防控第一线，落实防控责任，督导防控行动。黑龙江省成立 10 个工作组，在发生防控关键时期，先后 3 次深入各重点县市，持续开展防控工作督导，及时掌握各地发生防控情况，确保各项工作要求落实到位。

（五）强化绿色发展

我国东北地区具有作物种类相对单一、病虫害发生次数相对较少的特点，是病虫害绿色防控、农业绿色发展的优势区。四省区农业行政和植保技术部门深入学习贯彻落实习总书记“两山理论”，加强绿色防控工作，开展绿色防控基地建设。吉林省 2018 年共落实混合赤眼蜂防控水稻二化螟示范区 11 个，示范面积 100 万亩，补贴资金 1 500 万元；落实性信息素防控水稻二化螟示范区 12 个，示范面积 60 万亩，补贴资金 1 560 万元；开展农田统一灭鼠 1 142 万亩，农舍统一灭鼠 114.2 万户，补贴资金 1 400 万元；在辉南县等建设省级水稻全程绿色防控技术示范区 4 个、在四平市建设全国绿色防控技术示范区 1 个、在公主岭市等建设全国果菜茶绿色防控示范区 4 个。

统防统治是实现农药减量的有效措施，黑龙江省利用 2018 年中央财政拨付的重大病虫疫情统防资金 3 100 万元，及时完成水稻重大病虫统防 310 万亩。同时，地方政府也高度重视、加大投入。如五常市地方财政投入 2 000 多万元，利用大型直升机开展统防作业 150 万亩；虎林市政府投入 500 万元，统防稻瘟病 50 万亩；方正县投入 175 万元、肇源县投入 150 万元统防稻瘟病。据统计，2018 年重大病虫害防控，利用大型飞机作业 277.62 万亩、无人机作业 1 231.92 万亩，而且对统防中产生的农药包装废弃物实现了 100%回收处置。

三、存在的问题与对策建议

四省区在开展病虫测报与防控工作中也发现存在一些问题：一是随着机构改革的不断深入，各地均处于事业单位改革期，部分地区农业部门对植保工作重视程度不够，目前基层植保专业人员少，技术力量薄弱，工作量大，各地多年没法补充年轻专业技术人员，各级植保部门人员结构老化、断层现象普遍。我国东北地区监测区域大，任务繁重，监测指导不到位问题仍较突出，现有的专业化防控队伍也难以及时有效应对重大病虫害大面积暴发。二是病虫害监测力度不够，存在体系不健全、人员缺失、仪器设备老化等问题，病虫测报为防控的基础，没有良好的测报，不能很好地指导防控工作。多数地区施药机械多是农户自制、跑冒滴漏严重的喷杆喷雾机，虽然植保无人机数量快速增加，但旱田适于后期田间作业的高杆喷雾机严重短缺，水田仍以人工背负式喷雾机为主，作业效率低、农药浪费大，监测和防控设施设备水平亟待提高。三是监测体系运行和统防经费不足。我国东北地区耕地面积大，国家区域测报站和省级监测网点多，每年测报经费仅几百万元，很难有效维持监测网络体系运行。在重大病虫害防控方面，稻瘟病、三代黏虫等水稻重大病虫害频繁暴发，强度大、范围广，防控任务重。如黑龙江省 6 000 万亩水稻、9 000 万亩玉米、5 000 万亩大豆，中央财政每年拨付的统防经费仅能完成 300 万亩左右统防面积，防控资金缺乏制约了防控工作的开展。四是现代化监测预警技术水平有待提高。东北地区的迁飞性害虫黏虫、草地螟等的专性智能化性诱监测技术目前还不够成熟，迁飞规律和使用的监测技术需要尽快明确，且缺少有效实用的防控技术；对稻瘟病等重大病害的抗病性监测和科学预警技术，急需整合力量，加大研究投入。

针对以上问题，经过与各地农业部门、植保机构座谈和基层实地调研，提出四点建议：一是加强乡村监测网点建设，增强监测预警和科学防控指导能力。建议水田每 3 万～5 万亩、旱田每 5 万～10 万亩要设立一个监测网点，建立网格化全覆盖的监测网络预警体系，同时发挥监测调查员的作用，较好地解决植保技术不到位与植保技术指导“最后一公里”问题。二是加大资金投入，改进更新监测防控设施装备，提升监测预警和防控能力。加大植保工程建设力度，特别是加大基层网点建设数量和监测设备投入，提升监测防控水平。由于东北地区地大人少，对先进高效地面施药机械和无人机需求量大，建议在国家农机补贴中增加对该地区的专项补贴额度和补贴比例，逐步解决施药机械落后、防控能力不足等问题。三是建立生物、物理等非化学绿色防控措施补贴机制。生物与物理措施存在防效不稳定、使用技术要求高、易受气候环境影响等问题，以及多数技术防控成本也高于化学药剂，均制约非化学防控技术普及使用。建议建立非化学防控措施补贴机制，提高农户主动应用的积极性，有效减少化学农药用量。四是产学研联合，共同研究生产中急需解决的问题。对重大病虫害加大技术研究力度，多层面融合，从根本上解决技术难题，快速提高监测预警和防控的智能化与现代化水平，以适应现代农业快速发展的需要。

2018年湖北、河南小麦重大病虫害防控工作督导报告

按照农业农村部种植业管理司《关于开展小麦重大病虫防控督导工作的通知》要求，自2018年4月20日以来，小麦重大病虫防控第一督导组加强与湖北省植物保护总站、河南省植物保护植物检疫站的日常联系，每周报送小麦病虫发生防控调度情况，及时掌握湖北、湖南小麦病虫发生防控情况。5月9～13日，督导组赴湖北荆门、襄阳和河南南阳、信阳共4个地市9个县（市、区）实地查看小麦病虫发生防控情况。5月12～13日，全国农业技术推广服务中心党委书记魏启文同志又赶赴湖北襄阳、十堰开展督导工作。督导人员向当地种植户、基层农技人员了解小麦病虫防控情况及存在的困难，与市、县两级农业植保部门负责人交流防控经费落实及工作开展情况，并深入田间地头查看病虫发生情况与防控效果。两省植保部门领导以及省内指导专家全程参与督导活动。现将督导组了解的情况报告如下。

一、小麦重大病虫发生情况

督导组从湖北、河南省了解到，2018年小麦病虫中等偏重发生，病害重于虫害，特别是赤霉病发生程度较重。

（一）湖北省小麦赤霉病发生程度偏重，条锈病、穗蚜、白粉病发生程度较轻

湖北省受2017—2018年冬春季天气条件、病虫基数、品种抗性等多种因素影响，截至2018年5月中旬，小麦病虫发生面积2 669.4万亩次。其中条锈病在14个地市41个县（市、区）发生，处于发生末期，面积300.8万亩次。蚜虫发生面积266.8万亩次，平均百株蚜量49头，最高田块1万头（宜城市）。纹枯病发生面积917.8万亩次，平均病株率5.6%，最高97%（曾都区）。白粉病发生面积180万亩次，平均病叶率1.1%，最高95%（南漳县）。赤霉病发生面积657.2万亩次，平均病穗率13.8%，最高田块91%（钟祥市）。督导组在湖北督导时发现：条锈病、穗蚜、白粉病发生程度轻，有少量田块可见茎基腐病和全蚀病发生，个别田块的纹枯病发生程度较重；小麦赤霉病发生普遍，且发生面积大，一般田块的病穗率在20%～40%，发生严重的田块在80%以上，并且半穗或3/4穗发病占比较高，危害损失较重。防控赤霉病选用的药剂以戊唑醇、咪鲜胺为主，并且受5月初小麦扬花期连续3天阴雨天气影响，防效不是很理想。

（二）河南省小麦病虫发生程度总体轻于2017年，部分地区赤霉病发生程度较重

截至2018年5月中旬，河南省小麦病虫发生面积16 948.02万亩次，较2017年同期减少2 067.59万亩次。条锈病发生面积160.59万亩次，在南阳、信阳、驻马店、平顶山、许昌等市的57个县（市、区）见病。纹枯病发生面积4 322.12万亩次，较2017年同期减少320.28万亩次，南部和北部灌区发生程度较重。赤霉病发生面积1 368.8万亩次，比2017年同期增加1 108.43万亩次。麦蜘蛛发生2 263.88万亩次，较2017年同期减少206.52万亩次，北部、中部等地密度较高。麦蚜发生3 732.15万亩次，较2017年同期减少761.15万亩次，北部和西部密度较高。白粉病发生1 299.7万亩次，比2017年同期增加146.74万亩次，豫北、豫西及周口等地发生面积较大。督导组在河南小麦田块查看时发现：赤霉病一般田块病穗率10%左右，重发田块在60%以上，病穗上多以小穗发病，防控药剂以戊唑醇和氰烯菌酯复配制剂效果较好，防效能达到60%～70%；有少量田块可见小麦纹枯病、全蚀病和黏虫的发生。

二、主要做法与经验

针对2018年小麦中后期病虫发生特点与态势，湖北、河南各级行政和农业植保部门高度重视，采

取多种措施与行动，全力防控小麦重大病虫。

（一）各级政府高度重视，加强组织发动

两省政府和农业部门对 2018 年小麦病虫，特别是赤霉病防控工作高度重视。有关领导多次指示，要求各地层层落实属地管理责任，坚决打赢病虫防控攻坚战，把小麦病虫危害损失控制在最低程度。

河南省政府于 2018 年 4 月 10 日专门下发《关于做好赤霉病预防工作》的明传电报。4 月 15～16 日，河南省农业厅在商水县召开了小麦重大病虫统防统治现场会。5 月 2 日在安阳市启动千人千机 200 万亩小麦病虫航空植保统防行动。为确保重大病虫防控工作顺利进展，河南省于 2017 年 11 月提前下拨 6 735 万元重大病虫防控资金，在申请“一喷三防”经费的同时，充分整合多项涉农资金，加大政府购买病虫防控服务力度。如南阳市筹措防控资金 3 084 万元，政府购买防控服务 90 万亩，储备大中型植保机械5 100 台。

湖北省坚持“预防为主，综合防治”的防控策略，小麦病虫防控从秋播抓起。2018 年 3 月中旬，湖北省农作物病虫草鼠害防治指挥部办公室下发《关于加强小麦条锈病等重大病虫防控工作的通知》。3 月 28 日湖北省农业厅在襄阳市组织召开 2018 年全省两夏作物病虫害防控现场会。4 月 4 日，湖北省植物保护总站下发《2018 年湖北省小麦赤霉病防控指导意见》。2018 年中央下拨湖北省小麦病虫防控经费 2 260 万元，已落实 2 154.6 万元，各级政府投入 2 086.5 万元，为小麦病虫防控提供有利资金保障。襄阳市防控经费落实到位率最高，全市落实小麦病虫防控资金 1 919.3 万元，其中地方配套 1 352.3 万元。

（二）严密监测预报，做好技术指导

在小麦穗期病虫防控的关键时期，各级植保部门高度重视，采取系统调查和大田普查相结合的方式，充分组织农民测报员、基层农技人员等开展田间调查，及时发布病虫情报；积极组织专家、技术人员深入田间地头，指导农户和统防统治组织抓住病虫防控关键时期及时防控。

河南省于 2 月 26 日启动了小麦病虫发生防治信息周报制度，河南省植物保护植物检疫站先后 5 次邀请“三农”和河南省气象局专家对小麦中后期主要病虫进行趋势会商，在河南广播电视台发布 6 期电视预报。截至 5 月中旬，全省组织开展 7 次大范围普查活动，累计出动技术人员 4 500 多人次，普查田块 3.5 万余块，基本明确病点分布，累计印发病虫情报和防治警报 1 600 期，牢牢掌握监测防控工作的主动权。河南省农业厅成立的 18 个小麦生产专家技术指导工作组前往小麦主产区开展技术指导。

湖北省于 3 月 12 日组织召开全省农作物病虫发生趋势会商会进行专题会商，3 月 16 日以来先后发布了《2018 年湖北省农作物主要病虫害发生趋势预报》《小麦条锈病和赤霉病发生趋势预报》。截至 5 月中旬，全省各市、州、县（区）发布小麦病虫趋势预报 200 多期。3 月中旬，组派 6 个督导组分赴小麦主产区开展技术指导和督查工作。各市、县派出技术人员 5 000 多人次深入基层现场指导。

（三）组织科学防控，推动统防统治

河南省植物保护植物检疫站于 2 月 7 日印发了《河南省 2017 年小麦中后期病虫防控技术指导意见》，明确防控对象、防控策略和具体措施。4 月以前重点组织开展纹枯病、麦蜘蛛的普防和条锈病病点的封锁控制工作，4 月中旬以来主要做好小麦赤霉病的预防控制工作。据不完全统计，全省防控小麦病虫害 25 873.65 万亩次，占发生面积的 152.66%，在抽穗扬花期普遍进行了赤霉病、条锈病、白粉病和蚜虫的防控，其中赤霉病预防控制面积 4 950.3 万亩次，占全省小麦种植面积的 60.36%。全省建立应急防治专业队 564 个，专业化防治组织 2 158 个，小麦病虫统防统治面积达 2 683.07 万亩次。

湖北省与省农业科学院加强合作，开展小麦农药减量技术研究，积极开展小麦病虫绿色防控新技术的试验示范。同时注重培训专业防治服务人员和种植大户，举办无人机操作培训班。如襄阳市利用天合、极飞、农飞客、农田管家等植保无人机 343 架次开展小麦“一喷三防”工作。截至 5 月 9 日，全省各地小麦病虫防控面积 3 084.72 万亩次，其中小麦条锈病防控 1 073.7 万亩次，小麦赤霉病防控 1 353.2 万亩次。小麦病虫统防统治 1 187.2 万亩次，其中小麦条锈病、赤霉病分别为 420.1 万亩次、586.6 万亩次。

三、存在的问题与建议

从督导组与湖北、湖南省及市县植保技术人员交流以及省里调度情况来看，小麦病虫防控工作中仍存在一些问题。

一是小麦品种抗病性差异明显。督导组在实地查看中发现，扬麦系列的小麦在赤霉病抗性方面表现较好，在品种区试验中，未防治的一般品种赤霉病病穗率为10%～30%，而感病品种往往在70%以上。

二是持续阴雨给防治用药带来困难。在小麦穗期病虫防治关键期遇到连续阴雨天气，防治作业无法实施，同时药剂防治病害的效果也会大打折扣，再补喷补防一遍人力物力储备不足。

三是农民认知及防控能力不足。如督导组在田间调查时遇到一位农户，交流中发现他对于赤霉病没有准确的认知，只知道小麦长了白穗，具体也不清楚用什么药剂防控；有些地区特别是农户自防田块，打的药剂主要还是针对小麦条锈病和蚜虫的防控药剂，没有选择针对赤霉病的防控药剂；在信阳平桥查看一位种粮大户，承包土地种植小麦2 700亩，防控上采用的是四轮药罐车，需要3人一组作业，效率不高，费时费工。

针对上述问题，结合两省的意见，督导组分析讨论后，提出如下建议。

一是继续加强小麦抗病品种合理布局利用。对于小麦病虫防控，抗性品种选择利用十分重要，特别是针对条锈病、赤霉病这样的重要病害，各地要结合实际开展抗病品种布局利用。

二是加强专业化统防统治与防控新技术的研究与结合。建议在充分利用农业专业化服务组织的同时，要因地制宜，针对不利气候条件等因素，选用和探索合适的技术和设备。在农户自防意识和能力不足的地区，有条件的开展土地流转承包，加强技术指导，更加有针对性地开展统防统治工作。在防控药剂的选择、使用时期和次数及施药器械方面，与有关科研单位开展联合试验，优化技术细节，提高防控效果和药剂利用率。

三是全面恢复小麦“一喷三防”工作。建议在小麦主产省恢复小麦“一喷三防”补助项目，通过“一喷三防”，可以有效预防小麦赤霉病和防控小麦条锈病等重大病虫害，推动统防统治大面积推广，提高小麦重大病虫防控效果，确保小麦生产安全。

四川水稻抗稻瘟病监测及抗性品种布局调研报告

为启动并做好农作物抗病性监测工作，2018 年 1 月 23～25 日病虫害防治处杨普云、朱晓明赴四川省成都市开展稻瘟病抗性监测与抗性品种布局工作调研。1 月 24 日，病虫害防治处杨普云、朱晓明在四川农业大学成都校区与四川省农业厅植物保护站、四川农业大学水稻研究所、四川省农业科学院植物保护研究所以及中国农业大学的 17 位专家一同参加座谈会。座谈会上，四川省农业厅植物保护站介绍了四川省稻瘟病发生防控概况、生理小种及抗性监测现状，中国农业大学彭友良教授团队介绍了稻瘟病抗性基因布局技术、稻瘟病抗病性室内鉴定技术和田间监测抗性基因型鉴定技术，四川农业大学黄富教授团队介绍了优质多抗超级稻宜香优 2115 选育及示范推广情况。现将有关情况汇报如下。

一、四川省稻瘟病发生防控与抗瘟性监测现状及问题

四川省常年水稻种植面积 3 000 万亩左右，是我国西南地区稻瘟病的主要发生区，常年发生面积 300 多万亩次，重发年份可达 1 000 万亩次以上。稻瘟病防控后，常年仍造成稻谷产量损失 4 亿多千克。四川省稻瘟病发生有三个特点：一是区域性强。近年来偏重的发生区主要集中在川东的南充、巴中、广元，川西的天全，川南的泸州。二是具有周期性。从 1980 年以来的统计数据看，每 10 年左右大流行一次，分别是在 1984—1985 年（2 400 万亩次）、1993 年（1 050 万亩次）和 2005 年（500 万亩次）。主要是由水稻主栽品种的抗性忽然丧失导致。三是危害重。近年来，稻瘟病在四川省流行蔓延快，发病品种多，灾害性突出。稻瘟病防控的主要措施是药剂浸种、带药移栽、挑治叶瘟、预防穗瘟、多样性栽培和推广应用抗病品种。

1991 年以来，由四川省农业厅植物保护站和四川省农业科学院植物保护研究所牵头，全省 20 余个县市级植保站协同建立病菌毒性和品种抗性监测网络，开展稻瘟病的抗性监测。截至 2018 年 1 月底，四川省农业厅植物保护站共计投入经费 400 万元，进行了 27 年的水稻抗性监测。27 年来，在营山县、资中县、雅安市、蒲江县、叙永县 5 个县（市）的 20 个稻瘟病圃对全省水稻主栽品种进行抗瘟性定点跟踪监测，每年组织标样采集，开展田间和室内监测。迄今测定了 5 074 个稻瘟病菌的毒性，在全省 20 个病圃监测了 3 200 余份次水稻品种的稻瘟病抗性，监测杂交稻致病菌系的生理小种组成及其来源，为全省稻瘟病防控提供测报依据。

目前四川稻瘟病的抗性监测存在如下主要问题。一是采用的方法与材料有缺陷。27 年来，随着水稻品种的更换，在全省 20 个病圃经常变换采取稻瘟病菌的感病品种，采集的稻瘟病菌没有反映当地的实际种群，所测定的毒性没有代表性。对稻瘟病菌的毒性评价采用四川水稻主栽品种在 20 个点的田间抗病性表现来推导生理小种，没有采用单基因系列品种，没有深入到基因水平，监测结果经常含混不清，甚至年份间相互矛盾。对稻瘟病的毒性与生理小种的监测以水稻主栽品种在田间的稻瘟病发生程度来评价，而稻瘟病的发生与气候条件和栽培水平密切相关，受气候和人为因素干扰，评价结果可靠性差。二是生理小种及品种抗病性监测结果与品种的田间实际抗病性表现对应关系不明确，对实际生产的指导意义不大。四川省农业厅植物保护站对 27 年来稻瘟病菌生理小种、品种毒力频率、品种抗性与稻瘟病发生的数量关系运用数理统计分析，结果表明其相关性很低，对主栽品种的田间抗性表现，以及稻瘟病发生预测的预见性不强。三是利用品种抗性布局来控制稻瘟病缺乏有效的技术和手段。品种抗病性监测尚停留在生理小种监测的水平上，一方面品种抗性布局与病菌毒性演化关系不明确，品种抗性基因型不明确；另一方面抗病品种布局的方式比较单一，不能做到心中有数。这导致的结果是：目前防控稻瘟病依然以打保险药为主，预防药剂使用量大，农药减量控害压力大。尤其是遇到偏重至大发生的年份，穗颈瘟必须在破口前至抽穗初期至少用药预防 2 次，否则损失严重。

二、水稻抗稻瘟病研究新进展为稻瘟病防控提供了新策略

Flor 在 1954 年提出了农作物品种抗病性的“基因对基因”学说，即在寄主植物中控制抗病性或感病性的基因与在病原菌中控制无毒性或毒性的基因是一一对应的，毒性基因只有克服其相应的抗性基因，才能表现毒性反应。早在 20 世纪 60 年代，日本学者就证实了水稻与稻瘟病之间存在“基因对基因”关系并在水稻中鉴定了 13 个抗稻瘟病基因。最近的研究结果表明水稻有 80 个以上的抗稻瘟病主效基因，对应的稻瘟病菌存在 80 个以上的无毒基因，这就表明稻瘟病的致病型生理小种的理论数量是（$2^{80}-1$）个，面对这样的天文数字，推论稻瘟病菌在田间不可能存在优势小种。中国农业大学彭友良教授团队通过 10 多年对稻瘟病菌病样采集、分离、鉴定的研究工作，得出的结果是相邻植株上的分离物是不同小种，同一叶片不同病斑的分离物是不同小种，相同病斑的分离物是相同小种，从而证明了上面的推论。同时，彭友良教授团队发现，稻瘟病菌群体存在优势无毒基因型，不同地区不同群体优势无毒基因型不同，对应于优势无毒基因型的主效基因介导的水稻抗病品种在田间抗性表现良好。该团队还总结形成了稻瘟病抗性室内鉴定技术规范，于 2017 年与病虫害防治处合作，联合申报了国家行业标准，目前已通过专家审定报批。

近年来，彭友良教授团队通过数十万次室内接种，对来自各地的抗性主栽品种进行抗谱鉴定，发现以抗谱 70%作为阈值，可确定水稻抗瘟病品种，并经过近 3 年来的多地验证，室内鉴定结果与品种的田间抗性表现高度一致。利用抗谱鉴定技术结合田间单基因系列品种监测技术，就能确定某一品种的水稻是否在当地具有抗病性，在稻瘟病一般发生年份，根本不需要用药预防，可有效降低农药使用量和抵御稻瘟病的危害。

三、四川水稻抗稻瘟病监测及抗性品种布局下一步工作计划

通过此次调研与交流活动，四川省农业厅植物保护站牵头，与四川农业大学水稻研究所、四川省农业科学院植物保护研究所达成以下共识和协作计划。

一是采用新的监测方法和材料。①在水稻主产区的稻瘟病“病窝子”（稻瘟病发生程度最重的地区）设立病圃，种植经筛选得到的对稻瘟病普感品种（丽江新团黑谷），采集当地的稻瘟病菌小种，分离、纯化、保存。②利用采集的稻瘟病菌小种，对当地的主栽品种或是拟推广品种进行室内离体叶片划伤接种鉴定，抗谱超过 70%的为抗病品种，适合在当地推广。抗谱介于 50%～70%的品种为中抗品种，一般年份种植问题不大，遇稻瘟病大发生流行年份仍需关注，做好药剂防控。抗谱低于 30%的品种不适宜在当地推广和大面积种植。③通过分析采集的稻瘟病菌小种，采用单基因系列品种检测当地的优势无毒基因型，利用抗优势无毒基因型的主要抗性基因进行抗病育种，指导抗稻瘟病基因育种和布局。④在此基础上，建立稻瘟病发生和危害的精准预报技术体系（针对不同地区、不同主栽品种），有针对性地指导预防用药。

二是由四川省农业厅植物保护站牵头，四川农业大学水稻研究所和四川省农业科学院植物保护研究所参与成立四川稻瘟病监测治理协作组。中国农业大学和全国农业技术推广服务中心病虫害防治处提供技术指导和支持。在 3 月前制定协作方案，2018 年的工作目标是初步在四川 20 个县（市、区）完成稻瘟病菌收集，鉴定当地稻瘟病无毒基因型优势群体；利用采集的稻瘟病菌，初步鉴定四川 2018 年种植面积在 20 万亩以上的水稻主栽品种的抗谱。

三是病虫害防治处拟于 2018 年 4 月在黑龙江举办稻瘟病抗性监测及品种抗性基因的区域布局技术培训班，以黑龙江试点县植保人员为重点，同时邀请辽宁、吉林、四川、湖北的主要植保技术人员参加培训，全面培训稻瘟病抗性监测室内鉴定和田间监测技术；随后再组织四川试点县的植保人员进行省内培训，必要时可邀请中国农业大学和全国农业技术推广服务中心的专家进行授课和指导，培养建立一支应用新理论和新方法进行稻瘟病监测防控的队伍。

四是从 2018 年启动工作开始，争取利用 3～5 年的时间，检测四川各水稻主产县（市、区）稻瘟病重发区的病菌优势无毒基因型，鉴定各县（市、区）水稻主栽品种的抗谱，指导抗稻瘟病基因育种和田间布局。

《农作物病虫害绿色防控覆盖率测算指南》的实施可行性调研报告

2018年10月10～12日，病虫害防治处杨普云结合《农作物病虫害绿色防控覆盖率测算指南》的实施开展可行性调研，赴山东省栖霞市调研了苹果园绿色防控技术示范工作，实地考察了位于栖霞市丰粟村的苹果绿色防控示范区，查阅了苹果绿色防控示范区与农民常规防治区（对照区）的病虫害防治记录，现场调查了示范区与对照区病虫发生情况和苹果理论产量，并与青岛农业大学、山东省植物保护总站和山东省农业科学院植物保护研究所有关专家及基层植保技术人员和种植大户分别举行了座谈。现将调研情况汇报如下。

一、示范区与对照区的病虫防控概况与效果

考察的山东省栖霞市苹果绿色防控示范区与常规防治区均是典型的矮化密植苹果园，定植4年。

绿色防控示范区集成应用了杀虫灯、果园生草、苹果病虫害精准监测与科学施药技术等关键绿色防控技术。常规防治区为农民常规管理的苹果园，病虫害防治以化学防治为主。

2018年绿色防控示范区防治病虫害平均施用农药6次，农药使用16种·次。常规防治区平均施用农药10.2次，农药使用31种·次。绿色防控示范区较常规防治区减少化学农药使用量48.7%。

绿色防控示范区病叶率低于5%，病虫果率低于3%，虫梢率低于2%，防治效果与常规防治区无显著差异。

绿色防控示范区与常规防治区苹果理论产量无显著差异，但绿色防控示范区优质果率提高6.2%～12.8%。

二、示范区与对照区的病虫防控评价

病虫害防治处受种植业管理司委托，于9月12日组织有关专家进行研讨，初步制定了《农作物病虫害绿色防控覆盖率测算指南（征求意见稿）》，在指南中提出了果园绿色防控的评价标准。根据指南建议的判别标准，现场请参加调研的青岛农业大学、山东省植物保护总站和山东省农业科学院植物保护研究所有关专家对山东省栖霞市的绿色防控示范区与对照区绿色防控水平打分，绿色防控示范区得分在67～89分，常规对照区得分在32～49分。

三、收获和体会

山东省栖霞市农民常规防治苹果园过量使用农药现象比较严重，盲目使用农药特别是打保险药普遍。使用的农药以化学农药为主，种类多，成分复杂，甚至相当多的一部分化学农药未在果树上登记。

对比绿色防控示范区，山东省栖霞市苹果园农药减量具有巨大潜力。可以通过绿色防控关键技术，如杀虫灯、果园生草等技术，减少农药使用，也可以通过提高病虫害精准监测水平，指导农民科学施药以减少农药使用。

各地大力推进绿色防控，绿色防控已深入人心，绿色防控技术体系不断完善，农作物病虫害绿色防控取得显著进展。为科学评价农作物病虫害绿色防控，准确测算绿色防控覆盖率，促进农业绿色发展，制定病虫害绿色防控覆盖率测算与统计调查指南很有必要。

目前病虫害防治处组织专家研讨提出的思路是：对于具体每块田是否计入绿色防控面积，根据作物

种类，以绿色防控评判标准进行打分评判，总得分60分以上的田块可计入绿色防控面积；凡采用一项或多项非化学防治措施达到控害效果，不需使用化学农药防治的，可直接得90分以上，直接计入绿色防控面积。通过此次调研，并与青岛农业大学、山东省植物保护总站和山东省农业科学院植物保护研究所有关专家及基层植保技术人员和种植大户进行了座谈，参加人员均认为基本可行，同时提出建议：对于各种主要作物的绿色防控评判标准，由各地根据当地种植结构及病虫发生防控情况、绿色防控水平提出符合本地的具体标准，通过专家论证后，报农业农村部审核批准后执行。

联合国粮食及农业组织降低农药风险项目总结研讨会报告

在联合国粮食及农业组织降低农药风险项目的资助下，全国农业技术推广服务中心病虫害防治处杨普云处长和朱晓明农艺师于2018年11月26～30日赴泰国曼谷参加了“大湄公河流域”降低农药风险项目总结研讨会。

此次会议目的：一是交流和总结由瑞典政府资助的联合国粮食及农业组织降低农药风险项目实施10年（2007—2018年）以来的经验和成果；二是探讨下一步亚太地区在化学农药以及有害化学品监控和管理政策等方面的国际合作途径与可能性；三是探讨下一步亚太地区如何进一步加强区域合作，实现农业绿色发展和可持续发展。

一、会议概况

此次会议由联合国粮食及农业组织亚太区域代表处、瑞典化学品管理局（KemI）和亚太地区农药行动网（PANAP）联合举办。降低农药风险项目成员国柬埔寨、中国、老挝、缅甸、泰国、越南的项目执行机构人员，以及参与项目实施的非政府组织（NGO）代表和部分国际组织联合国粮食及农业组织、瑞典化学品管理局、亚太地区农药行动网、田间联盟官员和专家等共计130余位代表参加此次会议。为期3天的会议议程围绕亚太地区的农药及其他化学品管理的主题进行专家报告、海报展示、分组汇报、交流问答等活动环节。

11月27日，来自瑞典驻泰国大使馆、泰国政府和瑞典化学品管理局的高级官员致欢迎词，共同表达了对项目执行的肯定，认为项目实施目标及成果与联合国可持续发展目标高度契合，期待进一步加强国家和地区间的合作，应对未来农药和化学品管理方面的挑战。会议强调，在亚太地区倡导化学品科学规范化管理，不仅有利于生态环境和人类健康，并且能够带来发展新机遇。国家和地区之间乃至全球范围内的国际合作是促进化学品有效管控的重要措施。专家报告和交流的关注点有四个方面：一是化学品管理涉及政府不同部门，必须加强政府部门间的协调和合作；二是针对化学品的风险评估能力不足，十分有必要加强能力建设，特别是在东南亚地区；三是迫切需要建立可持续的保障和政策体系来加强农药和有毒化学品的管理；四是需要加强执法和立法，推动农药和有毒化学品的管理政策落实和相关法律制定。27日下午进行了海报展示交流环节，瑞典化学品管理局、亚太地区农药行动网、田间联盟和联合国粮食及农业组织分区域展示了项目实施以来的主要内容和成果。全国农业技术推广服务中心作为降低农药风险项目在中国的牵头实施单位，以宣传海报和案例手册的形式向参会代表介绍了我国执行项目的主要成果。

11月28日，研讨会分为两组同步进行：第一组主要探讨农业可持续发展大背景下，如何科学管理和使用农药来促进生态农业发展以及保护农田生态系统多样性；第二组主要讨论普通化学品的管理，重点是关于在全球范围内控制和减少汞排放的《水俣公约》的实施情况。由于我国实施的降低农药风险项目是针对农作物病虫害防控中减少化学农药使用的技术推广和培训，所以我方专家参与了第一组的讨论。概括起来有五点主要内容：一是学龄期儿童和孕妇是最容易受高风险农药（HHPs）影响的群体，研究表明在农田或农业主产区附近生活的儿童和孕妇的血液和尿样中检测出比一般区域更高浓度的HHPs残留。二是东南亚地区农药包装废弃物管理缺乏明确有效的机制和清晰的权责划分，成为农药使用风险的重要环节。三是基于生态农业的示范项目表明IPM是降低农药风险的有效措施和途径，研究表明采用IPM技术的农户获得了显著的经济效益。四是为加强农药管理，推动生态农业发展，减少化学品投入，必须积极利用农民田间学校这一模式开展农民培训和宣传推广活动。五是需要进一步加强农药登记管理和农药使用管理，逐步取消 HHPs 的登记使用。在交流研讨环节，我方专家介绍了我国特别是农业农村部针对化学农药减量控害开展的系列行动，包括修订《农药管理条例》，实施《到 2020 年农药使用量零增长行动方案》，大力推进病虫害绿色防控和果菜茶病虫害全程绿色防控试点工作。我国将降低农药风险项目与绿色防控技术示范培训相结合，有力地促进绿色防控技术推广应用和降低农药使用风险，受到参会代表的认可和肯定。

11 月 29 日对研讨会做了总结概括，通过此次总结研讨会，与会各方对降低农药风险项目实施达成以下共识。一是 IPM 理念在亚太地区农业领域得到广泛认可和应用，推动了相关政策法规的制定和对农户培训和能力建设的持续性支持和投入。二是降低农药风险项目培训了 1 800 多名田间学校辅导员，培训了大约 80 000 名农民。三是通过项目实施，鼓励引导农户减少化学品投入，促进了农业绿色可持续发展。四是项目推动了国家层面农业政策措施采用 IPM 理念。五是项目促进了实施国家和地区对农药管理和登记政策法规的完善，促进了对 HHPs 的禁限用。

二、主要收获

一是学习了实用新技术。老挝为帮助农户提升水稻种植效率，减少人工成本投入，Sayabouly 省的项目实施团队研发了一种水稻播种器（Drum Seeder），这是一种适用于低洼地及灌溉水稻系统的人力器械，妇女单独也可以操作使用。一个 12 行的播种器最大重量 15 千克，售价在 60～100 美元，使用年限 6 年左右。相较于当地传统的育苗移栽和手工撒播，利用播种器使当地水稻种植户的工作效率明显提升，并且节约了人工成本。有数据表明，使用播种器后，每公顷水稻种子用量从 60 千克左右下降到 17 千克，每公顷水稻的投入产出纯利润能达到 601 美元，而育苗移栽的生产方式只有 454 美元。

二是了解了项目实施好的典型经验。泰国教育基金会（TEF）着力开展农村生态农业培训（REAL），旨在提升人们对农业生态多样性重要性的认识，促进保护性耕作和农业可持续发展，倡导使用生态农业措施减少高毒农药使用。泰国教育基金会率先采用 IPM 理念开展正规和非正规培训，将其融入中小学的教学课程，并推广到泰国的农民田间学校和社区学习中心（CLCs）。2015—2018 年泰国教育基金会着重关注食品安全、营养的问题，鼓励在校学生与当地社区开展合作，研究经济、社会、文化、生物多样性、气候变化、食品安全和传统文化保护方面的问题，并邀请国外专家交流分享经验。田间联盟是一个致力于通过教育培训来推广生态农业技术和提升农村人居环境的政府与非政府组织的联盟。近 10 年来，田间联盟重点开展的活动包括降低农药风险、消除贫困和倡导性别平等意识，主要在东南亚的柬埔寨、老挝、菲律宾、泰国、越南开展国家间、区域间合作，培养田间学校辅导员，开办农民田间学校，提升农民素质能力，促进粮食增产、农民增收和农业生态环境保护。

三是系统了解了联合国粮食及农业组织实施农民田间学校项目的长期影响和结果。联合国粮食及农业组织基于柬埔寨和越南的调查结果做了长期的实施农民田间学校项目影响力评估研究，从投入、活动、产出、结果、影响、目标六个方面，层层深入，系统调查研究农民田间学校影响力。从短期影响看，提升了政府官员和农户的知识水平，减少了农药的整体用量以及高毒农药的使用量，减少了农药的混配使用，促进了农药废弃包装物的处理，增强了用药防护，降低了农药使用风险，规范了农药经销商的农药储藏存放。从长期影响看，改变了农户的用药选择和使用技术习惯，持续提升了官员和农户的知识水平，使高毒农药减量直至禁用。

三、主要体会

此次总结研讨会的主题是“走向无毒的东南亚”，来自国际组织、政府部门、科研院所、技术推广机构等的多领域专家学者汇聚一堂，共同探讨化学品特别是农药对人类生活方方面面的影响。降低农药风险项目实施的出发点是减少农业领域的化学农药特别是高风险农药的使用，解决化学农药过量使用和滥用的问题，帮助农民学会采用基于 IPM 的各种手段措施来增产增收，改善生活环境。

回顾降低农药风险项目实施的历程，我国经历了学习、摸索、实践、完善的过程。项目自 2007 年实施以来，据不完全统计，联合国粮食及农业组织共资助82万美元支持我国项目实施，全国农业技术推广服务中心及各级农业植保部门也拿出近450万元人民币在广西、云南、海南开展项目活动，培养农民田间学校辅导员300多名，开办农民田间学校800余所，培训农户23 000多人。我国项目实施团队根据国情编写田间学校培训手册、挂图等宣传培训资料，总结分析典型案例，取得了较好的成效。在执行项目过程中，我国与国际组织、非政府组织以及周边国家、地区的合作相对较少，对项目的宣传也做得不够。因此，在今后执行其他项目的过程中，我国需要加强与国内外政府及非政府组织的沟通交流，谋求更多的合作伙伴，寻求契合的领域开展合作，同时要注重宣传，谋求政策决策者的支持，获得项目参与方的关注。

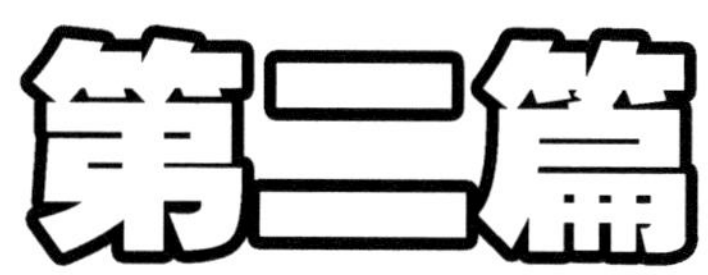

第二篇

防控工作总结

FANGKONG GONGZUO ZONGJIE

第二篇　防控工作总结

FANGKONG GONGZUO ZONGJIE

全国主要农作物病虫害防控工作总结

2018 年重大病虫防控与绿色防控工作总结

2018 年，各级植保机构紧紧围绕乡村振兴战略，以推进农业绿色高质量发展为目标，以持续推进农药使用量零增长为主线，突出抓好重大病虫防控保粮食丰收、绿色防控促农药减量、推进防治立法谋长远等重点工作，实现了绿色防控覆盖率持续提升、农药使用量持续下降，为保障国家粮食生产安全、农产品质量安全和农业生态环境安全做出了积极贡献。据初步统计，2018 年全国病虫害发生面积 44.3 亿亩次，防治面积 58.9 亿亩次，绿色防控实施面积 5.8 亿亩次，绿色防控覆盖率为 29.4%，提高 2.2 个百分点。通过防病治虫，挽回粮食损失 544 亿千克，棉花 7.6 亿千克，油料 26 亿千克，水果 171 亿千克，蔬菜 400 亿千克。

一、主要工作成效

（一）“虫口夺粮”保丰收有新成效

2018 年小麦条锈病、赤霉病防控积极主动，水稻“两迁”害虫和稻瘟病防控成效显著，山东峡山水库突发蝗情处置及时有效，得到余欣荣副部长的批示肯定。通过“虫口夺粮”保丰收行动，全面实现了飞蝗不起飞成灾、土蝗不扩散为害、重大病虫不造成重大损失的总体目标，实现了全国粮食作物病虫危害损失率控制在 3%以内。据初步统计，2018 年全国累计防治病虫害面积 58.9 亿亩次，累计挽回粮食损失 544 亿千克。其中，水稻防治面积 17.2 亿亩次，挽回产量损失 237.2 亿千克；玉米防治面积 9.1 亿亩次，挽回产量损失 125.9 亿千克；小麦防治面积 11.3 亿亩次，挽回产量损失 149.3 亿千克。特别是飞蝗应急处置及时，黏虫、草地螟和小麦赤霉病等预防到位，水稻病毒病、水稻“两迁”害虫和小麦条锈病等重大病虫害区域联防联控成效显著，为农业生产安全做出突出贡献。

（二）病虫害绿色防控有新亮点

推动国务院于 2018 年首次将绿色防控覆盖率纳入地方政府食品安全考核指标。将病虫害全程绿色防控示范工作写入农业部 2018 年 1 号文件，列为农业部重点工作。制定了绿色防控覆盖率评价与考核指标体系，统一了全国测算标准。积极引导各级植保机构，转变过去过度依赖化学农药防控的观念，更加重视绿色防控技术的应用，将绿色防控贯穿于重大病虫害防控的全过程，减轻了重大病虫害发生程度，推动了农药使用量连续 4 年减少，促进了农业绿色发展。据统计，2018 年病虫害防治处共组织建立全程绿色防控集成应用示范区 855 个，示范面积 461 万亩。其中，统防统治与绿色防控融合示范基地 600 个；果菜茶全程绿色防控试点县 150 个，示范面积 140 万亩；病虫害全程绿色防控模式集成示范区 52 个，示范面积 250 万亩；蜜蜂授粉与绿色防控技术集成示范区 53 个，示范面积 71 万亩，辐射带动推广面积 4 073 万亩。通过中央带动，推动全国各省（自治区、直辖市）共建立各类绿色防控示范区 9 793 个，主要农作物病虫害绿色防控实施面积 5.8 亿亩，绿色防控覆盖率达到 29.4%，比 2017 年提高 2.2 个百分点。

（三）病虫防控国际合作有新拓展

中哈合作治蝗项目推动了中哈边境地区以生物防治为主的绿色防控技术广泛应用，截至 2018 年底，已连续13年未出现蝗虫大规模迁入对方境内为害现象，保证了边境地区农牧业生产安全，为边境地区社会稳定提供了有力支撑。中英牛顿基金项目在以前项目工作基础上，申请获批了国家重点研发计划政府间国际科技合作新专项“粮食作物重大病虫害遥感监测预警与防控技术”项目。中国/联合国粮食及农业组织降低农药风险项目人员总结了我国的实施经验。近20年来，全国农业技术推广服务中心在实施农民田间学校过程中，在参与式农业技术普及理论与方法上进行了一系列创新，制定了农民田间学校质量监控与评估方法，完善了农民学用农业科学技术的参与式研究辅导方法和实施步骤，并开发了农民参与式农产品营销培训方法，形成了较为完善的具有中国特色的农民田间学校理论及操作体系。

（四）处室创先争优有新成绩

一年来，病虫害防治处按照农技中心好单位建设总要求，围绕“以人为本、以事为要、内强认同、外树形象”主线，高举“团结包容、协同交融、奋进争荣”旗帜，积极营造和谐处室氛围，处室全体成员团结协作、敢于担当、甘于奉献，积极总结工作经验与技术成果，积极为中心争取荣誉、为中心创收做贡献。一年来，病虫害防治处为中心集体争取获得国家科技进步二等奖1项、省部级科技进步二等奖1项，病虫害防治处1人获得国家科技进步二等奖、1人获得省部级科技进步二等奖，发表科技论文20多篇，其中科学引文索引（SCI）论文3篇，编著技术图书3部，编印科普画册1册，制定国家和行业标准6项。此外，病虫害防治处任彬元同志积极为部系统病危职工献血行为得到部系统广大职工的好评，为农技中心好单位建设争得荣光。

二、重点工作开展情况

（一）认真做好农作物重大病虫防控工作

围绕小麦条锈病和赤霉病、玉米黏虫、飞蝗、水稻“两迁”害虫等重大病虫害，及早制定方案，在重大病虫防控策略和技术路线、技术导向和技术引领上做好谋划，布局和把关工作。适时组织防控行动，及时处置突发灾情，有效控制危害损失。一是制定农作物重大病虫防控工作方案。制定了2018年小麦、水稻、玉米、棉花、马铃薯、茶叶重大病虫害和蝗虫、草地螟、黏虫等重大病虫害防治技术方案13个，于2018年3月初以中心文件印发各地执行，为重大病虫防控提供技术支撑。二是组织重大病虫防控行动。2月下旬至12月先后召开了全国农作物重大病虫防控技术方案专家会商会、小麦病虫害防治现场会和秋粮作物病虫害防控工作会，先后部署了春季以及秋季农作物病虫防控工作。11月初在安徽举办了小麦赤霉病防治新药剂应用技术培训班。11月上旬在黑龙江举办了水稻穗期新病害发生与防治技术培训班。三是参与重大病虫防控督导行动。积极组织和参加小麦和秋粮作物重大病虫及蝗虫等防控工作督导。1月派出2人次赴黑龙江、四川开展作物抗病性监测和布局调研。4～6月先后派出3人次赴湖北、河南、山东、河北开展小麦重大病虫防控督导。8～9月派出6人次赴13个省（自治区、直辖市）开展秋粮重大病虫防控工作督导。四是组织重大病虫害防治新技术开发与试验示范。印发水稻、小麦和玉米等作物重大病虫害防治新技术开发与试验示范方案15个、调查方案1个，1～6月布置和安排水稻、小麦、玉米、茶叶、蔬菜、水果等作物重大病虫害防治新技术开发与试验示范任务70多项。

（二）认真履行农业农村部蝗灾防治指挥部办公室职责

积极组织蝗虫监测与防控工作，推进蝗区数字化勘测，认真处置突发蝗情。5月18日，召开了农业农村部蝗灾防治指挥部办公室会议，交流了2017年蝗虫防控工作成效，安排部署了2018年农区和牧区的蝗虫防控工作。6月12日在河南郑州召开了全国农区蝗虫可持续治理工作会议，部署了全国农区蝗虫防控工作。6月20日，调整了治蝗指挥部人员名单及值班电话，印发了《全国农区2018年蝗虫可持续治理工作要点》。6月20～26日，成功处置山东峡山水库突发东亚飞蝗蝗情，魏启文书记亲临现场研究防控方案并督导防控工作，得到余欣荣副部长肯定批示：扑杀有力，下一步要从绿色防控上着力。7月中旬，刘天金主任赴新疆开展了中哈边境蝗虫联合调查及边境蝗虫防控督导。8月下旬在北京召开水源保护地治蝗座谈会，研究针对性应急与可持续防控方法。12月上旬，在四川成都举办了蝗虫信息系统和蝗虫数字化勘测技术培训班。认真实施蝗虫信息值班制度，5～9月编发《治蝗快报》3期，确保蝗虫可持续治理进展顺利。

（三）积极推进农作物病虫害绿色防控工作

认真贯彻落实绿色兴农、质量兴农要求，全面推进全程绿色防控技术模式集成示范，大力推进统防统治与绿色防控融合推广工作。一是制定绿色防控技术示范推广工作方案。5月印发了《关于做好2018年农作物病虫害绿色防控技术示范推广工作的通知》，布置开展2018年绿色防控技术模式集成与示范推广工作。二是落实果菜茶全程绿色防控试点，制定了《果菜茶全程绿色防控试点工作推进落实方案》，在全国22个省（自治区、直辖市）150个县（市、区）开展果菜茶全程绿色防控试点工作。三是召开绿色防控现场会。4月9日，协助种植业管理司在北京召开了全国病虫绿色防控推进落实会，布置了全国绿色防控工作；8月16日，在湖北召开了2018年全国农作物病虫害绿色防控现场会，安排部署了绿色防控技术推广工作。四是举办绿色防控技术培训。3～11月，病虫害防治处共举办了农作物种子处理及土壤生态修复技术、粮食作物重大病害抗病性监控及区域布局技术、理化诱控技术、免疫诱控技术、手机微植保应用技术以及水稻、小麦、马铃薯、棉花、蔬菜、苹果等作物病虫害绿色防控与农药减施技术培训班19个，累计培训各级植保技术人员1 650人次。五是开展蜜蜂授粉与病虫害绿色防控技术集成与示范。3月印发了示范方案，4月20日在江西吉安召开了蜜蜂授粉与绿色防控技术集成示范现场会，布置了蜜蜂授粉工作。六是组织制定绿色防控覆盖率测算指南。分别于2月和9月组织两次专家会商活动，研究制定全国病虫害绿色防控覆盖率测算指南，以及病虫害绿色防控考核指标打分表和绿色防控覆盖率调查方法。

（四）认真实施农作物病虫害防控国际合作项目

一是实施中国/联合国粮食及农业组织降低农药风险项目。赴广西、云南开展降低农药风险项目执行情况调研，了解各地开办降低农药风险农民田间学校具体情况，研讨典型案例素材并收集编写规范，协商讨论项目总结评估活动方案。二是执行全球环境基金“中国硫丹淘汰项目”。制定了硫丹替代技术筛选、试验及集成研究方案，落实了田间研究基点，在新疆召开了项目启动会和田间试验示范观摩培训会，组织开展了相关田间试验示范。三是实施中英牛顿基金病虫遥感技术合作项目。分别参加了在英国和我国杭州举办的项目研讨会，在东营落实了2018年项目技术试验示范方案。四是实施中哈合作治蝗项目。邀请哈方8位专家于7月来我国开展蝗虫联合调查，交换了蝗情信息3期，配备了边境蝗虫调查监测设备13台。11月组织7名专家赴哈萨克斯坦境内中哈边境地区开展蝗虫联合调查，确认了边境蝗虫没有迁飞进入我国为害。

（五）积极主持或参加科研合作项目课题研究

主持实施国家重点研发计划“粮丰工程”所属课题“粮食主产区主要农作物病虫草害统防统治策略和绿色防控技术规程研究”。组织中国农业大学、黑龙江省植物检疫植物保护站、河南省植物保护植物检疫站、湖南省植物保护植物检疫站和江苏省植物保护站等单位开展研究，完成了我国粮食作物五大主要种植模式下病虫草害发生现状及农民防控知识现状、态度与行为调研基线数据库的建设；组织实施了五大主要种植模式下病虫草害关键绿色防控技术应用研究与评价，制定了绿色防控技术模式地方标准3项；完成了黑龙江、河南和湖南粮食主产区专业化统防统治策略调研任务；开发了“互联网＋专业化统防统治”信息服务平台2个。参与执行水稻、设施蔬菜、梨桃、苹果、油菜等的药肥双减项目课题12个，严格按照项目课题计划实施有关工作，认真完成年度研究任务。

（六）认真开展茶叶病虫害技术集成示范创新项目

2018年病虫害防治处积极申报了“茶叶病虫害全程绿色防控技术集成示范”创新项目，认真完成了创新项目各项任务。一是开展茶叶病虫绿色防控田间应用技术试验。在7个省（自治区、直辖市）开展了金龟子绿僵菌可分散油悬浮剂防治茶小绿叶蝉试验，在3个省（自治区、直辖市）开展了全降解诱虫板试验，在5个省（自治区、直辖市）开展了茶小绿叶蝉智能虫害防治系统试验。二是建立茶叶病虫害全程绿色防控技术示范区。制定并细化了全程绿色防控示范方案，结合果菜茶全程绿色防控试点项目及全国农业技术推广服务中心绿色防控示范工作，在浙江、安徽、福建、湖南、湖北、四川、贵州、河南、广东、江西等10个省建立了24个茶叶病虫害全程绿色防控技术集成示范区，示范面积57.3万亩，辐射带动163.4万亩。三是集成全程绿色防控技术模式。通过对各单项绿色防控技术的集成、优化、完善，组织浙江、湖南、湖北、四川、贵州集成了5套轻简化、可复制的茶叶病虫害全程绿色防控技术模式，可在其他茶园进行大面积推广应用。四是开展技术培训和宣传。9月，在浙江安吉举办了全国茶叶病虫害绿色防控技术培训班，交流全程示范成效和经验，培训技术人员70人。同时，各示范区也通过举办农民田间学校的形式，对基层技术人员和茶农开展培训和宣传。五是编写绿色防控技术挂图。组织湖南省植物保护植物检疫站根据开展全程绿色防控技术示范的结果，会同湖南省茶叶研究所编写了《湖南省茶叶病虫害绿色防控技术集成与示范挂图》8套，并印发5 000份给茶农，普及茶叶病虫害全程绿色防控技术。

2018年全国果菜茶病虫害全程绿色防控试点工作总结

为加快推进绿色兴农、质量兴农，2018年种植业管理司会同全国农业技术推广服务中心，在全国果菜茶优势产区150个县（市、区），以实现农药减量、提质增效为目标，以熟化技术模式、创新推广机制为重点，继续开展果菜茶病虫害全程绿色防控试点工作。据统计，累计实施面积140万亩，辐射带动470万亩，集成全程绿色防控技术模式49套，熟化技术模式10套；示范区化学农药使用量平均减少37.1%，平均每亩使用量减少179克。现将有关工作总结如下。

一、取得的主要成效

（一）绿色防控覆盖率进一步提高

据统计，150个县（市、区）累计实施面积140.4万亩，辐射带动470万亩。其中，果树示范县（市、区）54个，建立示范区54个，实施面积51万亩，辐射带动197万亩；蔬菜示范县（市、区）77个，建立示范区89个，实施面积34万亩，辐射带动127万亩；茶叶示范县（市、区）19个，建立示范区19个，实施面积55万亩，辐射带动146万亩。调研表明，试点县（市、区）果菜茶病虫害绿色防控覆盖率得到显著提高，示范区达到93.3%，整县（市、区）平均为37.1%，比全国平均高出7.7个百分点。如江苏4个蔬菜示范区实现绿色防控全覆盖，4个蔬菜示范县（市）平均绿色防控覆盖率达到42.3%，比全国平均高出12.9个百分点。

（二）化学农药使用量进一步降低

通过优先采用农业、物理、生物防治等措施，合理使用生态兼容、环境友好型高效低风险农药，大力推行病虫害统防统治，化学农药使用量大幅度减少。据统计，162个示范区亩均减少农药使用量179克，累计减少420吨，辐射带动150个试点县（市、区）果菜茶化学农药使用量减少4 691吨。如陕西省苹果示范区较常规农民防治区平均化学药剂用药品种减少1～2种，防治次数减少1～3次，亩施药液量由常规的200千克以上降为120～150千克，达到了规范技术、减量用药、提质增收的效果。试点县10个示范区平均化学农药使用量减少30.9%，全县平均减少20.3%；10个示范区总计减少化学农药用量（商品量）35.42吨，示范县减少化学农药用量（商品量）1.38万吨。

（三）提质增效更加明显

一是增收效果明显。统计表明，果菜茶全程绿色防控示范区亩均增产156.25千克，亩均增收772.7元。如福建省安溪县通过茶叶全程绿色防控示范，构建茶叶质量可追溯机制，打造10个茶庄园，建设有机茶园3.9万亩，茶产品价格平均每千克提高50元以上，每亩茶叶增收达1 000元以上；霞浦县举办第三届霞浦沙江柑橘（蜜柚）节，示范区推出“津田”“锦丰源”等多个绿色品牌产品，产品每千克提高2元还供不应求。二是提质效果明显。示范区农产品均不存在农药残留污染，全部符合无公害农产品标准。如湖南省洞口县柑橘示范园柑橘果面色泽明亮，商品率、销售价格提高，商品率高出对照区8个百分点，果实销售价格高1.2元/千克。三是生态环境改善明显。由于减少化学农药使用量和优先选用生态兼容、环境友好型农药，较好地保护了生物多样性，改善了农田生态环境。

（四）熟化了一批全程技术模式

在2017年集成的49个全程绿色防控技术模式基础上，进一步通过示范熟化，集成创新10套轻简化、可复制的全程绿色防控技术模式，其中果树3个、茶叶2个、粮食作物3个、蜜蜂授粉2个，可以在其他地方进行大面积推广应用。如陕西省洛川县熟化的西北黄土高原区苹果病虫害全程绿色防控技术模式，采用健康栽培技术，以合理修建、科学施肥、合理负载为基础，综合采用免疫诱抗、病虫基数控制，包含剪除病虫枝梢和彻底清除果园内枯枝、落叶、僵果、落果、杂草等，并集中烧毁，在主干、大枝杈和主枝上刷抹涂白剂，冬前、早春结合施肥深翻树盘有效杀灭土壤中的越冬害虫，以及“以螨治螨”、灯光诱杀、捆绑幼虫带等生态生物防治措施，实现病虫害全程绿色防控。

二、开展的主要工作

（一）细化示范落实方案

根据《果菜茶病虫全程绿色防控试点方案》要求，细化示范落实方案，使示范目标更加明确具体，示范基地细化到乡镇和村，实施主体明确到具体单位，牵头承担示范任务的单位明确到服务组织或新型经营主体。要求列明示范任务负责人和技术指导负责人。要求各地按照绿色兴农、质量兴农要求，建好示范基地，继续集成以理化诱控、生物防治、生态调控、高效低风险农药等技术为重点，适应不同地区、经济实用、可复制推广的果菜茶病虫害全程绿色防控技术模式。同时，发挥示范作用，通过组织现场观摩、农民田间学校等形式，培训果菜茶病虫害全程绿色防控技术，辐射带动大面积推广应用。

（二）开展调研指导

组派6个调研督导组，赴15个省（自治区、直辖市）、30个县（市、区）、70个示范区开展专题调研和技术指导活动，了解每个示范区的技术模式、试点成效，总结经验做法，分析存在的问题，并提出技术指导意见。

（三）组织交流活动

结合全国农作物病虫害绿色防控现场会、全国茶叶病虫害绿色防控技术培训班等，分别邀请四川、湖南等5个承担试点任务的省（自治区、直辖市）和浙江西湖、福建武夷山等5个具体承担试点任务的县（市、区）交流工作进展、做法经验和试点成效，相互借鉴、相互促进，共同推进试点工作。

（四）多层次开展宣传培训活动

举办全国果菜茶病虫害绿色防控技术培训班5期，累计培训试点县（市、区）植保技术人员510人、示范基地和合作社负责人162人。各地也采取多种形式，多层次举办绿色防控技术宣传培训活动，培训技术、宣传效果。如河北省邀请新华社、中央电视台、农民日报社等多家媒体的记者赴山海关大樱桃等绿色防控示范区，实地采风，进行现场观摩和樱桃品尝活动。通过中央媒体宣传，带动其他多种新媒体转载，营造良好社会氛围。

三、存在的问题与建议

（一）专项经费缺乏

全程绿色防控技术环节多、技术含量高、投入大，2018年是农业农村部实施果菜茶病虫害全程绿色防控试点工作的第2年，支持经费很少，各省财政配套经费也较少。建议设立果菜茶全程绿色防控示范专项，每县（市、区）补助100万元，150个县（市、区）总投入1.5亿元，或将“有机肥替代化肥”一减项目改为“有机肥替代化肥、绿色防控替代化学农药”二减项目，每县（市、区）补助100万元不变，切实减少化肥、农药使用量，从源头上确保农产品品质安全。

（二）技术集成度不高

果树、蔬菜、茶叶病虫害防治中的理化诱控、生物防治、天敌控制等各项绿色防控单项技术应用效果比较好，但集成度不高，缺乏轻简化的配套技术模式。49个技术模式中只总结了10个轻简化、可复制、可推广的技术模式，对其他大部分，示范基地只能示范单项技术，或将几项单项技术简单地拼凑在一起使用。建议针对果菜茶全生育期的病虫害，进一步完善技术体系，逐步向标准化、规范化、轻简化方向发展。

（三）市场化推广机制不健全

全程绿色防控技术的推广目前大多还依赖财政项目的支撑，多为行政推动型或项目推动型，还处在小范围示范层面上。应在农民专业合作社、种植业大户、产业园区和基地上下功夫，将全程绿色防控技术作为园区建设的硬要求，作为提高品质、打造品牌的内容，建立优质优价市场机制，促进绿色防控大面积推广应用。

2018 年全国蜜蜂授粉与绿色防控技术集成与示范项目总结

2018 年全国蜜蜂授粉与绿色防控技术集成与示范项目工作继续开展，示范区建设范围进一步扩大，试验示范作物进一步增加，蜜蜂授粉增产效果进一步明确，绿色防控技术进一步集成，促进农业绿色发展的作用进一步突显。全国 13 个省（自治区、直辖市）及 2 个科研单位参与了项目实施，开展了试验示范。该项目示范了大田、设施油料、蔬菜、果树等 10 多种蜜、粉源作物增产提质效果，集成了多种作物不同种植方式的蜜蜂授粉与绿色防控技术模式，探索了名特优作物整建制推广的机制，开展了 20 多种作物蜜蜂授粉技术试验，为实施乡村振兴战略、精准扶贫和践行习总书记“两山理论”做出了积极贡献。

一、项目实施情况

2018 年农业技术推广项目支持的全国蜜蜂授粉与绿色防控技术集成与示范项目，分别由河北、安徽、湖北、江西、陕西等 5 个省实施；北京、山西、内蒙古、山东、四川、新疆、黑龙江和海南等 8 个省（自治区、直辖市）自筹资金，参与了该项目。2018 年全国共建立各类试验示范区 189 个，试验示范作物 20 种，试验示范面积 875 万亩，辐射带动开展蜜蜂授粉与绿色防控技术应用面积 2 000 多万亩。

二、项目实施效果

（一）明确了蜜蜂授粉的增产增收作用

2018 年是蜜蜂授粉与绿色防控技术集成与示范项目的第 5 年，各地在以往试验示范的基础上，进一步明确了蜜蜂授粉的增产作用，绿色防控的安全和减药作用，从而实现了增产增收目标。2018 年 5 个项目实施省的主要作物油菜、苹果、脐橙、蜜柚、樱桃、蓝莓、草莓、番茄的增产增收效果如下表。

2018 年蜜蜂授粉与绿色防控增产增收情况

作物	省	对照区（亩）	示范区（亩）	增产（千克）	增幅（%）	增收（元）	备　注
油菜	安徽	202	217	15	7.43	310.8	含蜂蜜收入
	江西	135.7	185	49.3	36.33	266.2	不含蜂蜜收入
樱桃	河北	1 550	1 775	225	14.52	4 500	—
	陕西	450	548.6	98.6	21.91	2 532.5	含提质增收和节支
苹果	陕西	3 057	3 259	202	6.61	2 111.6	含提质增收和节支
脐橙	湖北	2 773.3	2 934.4	161.1	5.81	1 280.5	含提质增收和节支
蜜柚	江西	912.3	1 179.82	267.5	29.32	1 292.6	纯收益
草莓	湖北	233.3	300.0	66.7	28.58	2 418	含提质增收和节支
蓝莓	安徽	795.06	1 318.09	523.03	65.78	38 547.4	含蜂蜜收入
番茄	河北	10 200	11 200	1 000	9.80	1 400	—

从增产情况看，所有作物、不同地区蜜蜂授粉均表现为增产，2018 年 5 个整建制示范省的测试结果，最大增幅可达 65.78%，最小为 5.81%。从提质情况看，大部分地区对蜜蜂授粉农产品品质进行了测定，多数品质指标优于常规对照区。从增收情况看，大田作物增收值较低，但增幅不低，果树和蔬菜等园艺经济作物的收益平均每亩都在 1 000 元以上。

（二）促进了绿色防控技术集成应用

绿色防控技术的应用是保证蜜蜂授粉安全、降低农药使用风险、保障农产品质量安全的重要措施，是实现农药零增长、减少农业面源污染、促进农业绿色发展的关键技术。绿色防控以生态调控、物理防治、生物防治等替代或部分替代化学农药，从而降低了蜜蜂农药中毒风险。据统计，全国13个省（自治区、直辖市）在20种作物上，针对主要病虫害防治，集成了60多种绿色防控技术模式。如内蒙古自治区通过与种植业绿色生产示范相结合，形成了全域蜜蜂授粉与绿色防控的“时空二维一提一控”技术集成模式，以全县域主要作物生育进程为主线，优化了向日葵和西甜瓜两种作物从播种期到成熟期蜜蜂授粉和多种病虫害全程绿色防控技术，创建了以作物生育期为时间轴、以病虫防控措施为空间轴的“二维”管控，着力农产品质量提高和控药减害保蜜蜂“一提一控”目标及全程病虫害绿色防控，控制使用化学农药、减轻病虫危害、保证蜜蜂安全授粉的技术模式。

（三）建立了技术模式示范推广机制

自2015年起，项目实施方案就提出整建制推广机制的探索要求，4年来，北京、湖北、山西、内蒙古、山东、四川、新疆、河北、安徽、江西、陕西等省（自治区、直辖市）经过不断探索，建立了多种因地制宜、适应不同经营主体的技术推广机制。

一是“政府＋市场”推广机制。为建立蜜蜂授粉与绿色防控技术推广机制，北京等地区结合本地的重大项目开展授粉蜜蜂、防虫网、生物农药、理化诱控等产品补贴工作。同时，着力促进授粉蜜蜂商品化，形成政府引导与扶持、授粉蜜蜂企业推广的“政府＋市场”推广机制。二是政府主导型推广机制。内蒙古地方政府组织农业植保部门和蜂业协会、统防统治服务组织、种植大户，分工协作，实行统一规划、统一播种、统一施肥、统一使用绿色防控产品、统一蜜蜂入场的“五统一”，形成政府主导型推广机制。三是“新型经营主体＋技术服务”推广机制，即“承担单位（农技推广部门）＋新型农业经营主体（合作社）”“植保专业合作社＋种植专业合作社”等植保社会化服务的推广机制。四是配套项目引领机制。山西为配套国家蜜蜂授粉与绿色防控技术集成与示范项目，省级财政专项设立科技成果转化项目，连续支持全省果树蜜蜂授粉与绿色防控技术推广，形成良性的技术推广机制。

三、各地主要做法

（一）整建制示范推广

2018年在河北、安徽、江西、湖北、陕西5个省开展了以油菜、番茄、草莓、蓝莓、樱桃、苹果、蜜柚、脐橙为主要作物的整建制蜜蜂授粉与绿色防控技术集成与示范。2018年5个省建立53个试验示范区，在12种作物上开展了蜜蜂授粉与绿色防控技术集成与示范，辐射带动了2 000多万亩应用面积。同时，探索了以新型经营主体、专业合作组织为主的新经营模式下，以绿色生产、农产品质量安全、农药零增长为目标的技术推广机制。5个省17个市县参加了蜜蜂授粉与绿色防控技术整建制示范，创新了新形势下面对新经营主体的技术推广模式。

（二）新技术集成试验

全国13个省（自治区、直辖市）开展了以特色经济作物和大田蜜、粉源作物为主的10多种作物的蜜蜂授粉技术试验和相应的绿色防控技术集成试验。一是开展蜜蜂授粉蜂群数量与授粉率的相关性试验研究，以明确不同生态区同一作物蜜蜂授粉单位面积所需蜂群的数量；二是开展主要蜜、粉源作物不同品种蜜蜂授粉依赖度的试验研究，以确保不同品种授粉效果；三是开展大田蜂群分布与授粉效果关系的试验研究，以指导生产上授粉蜂群的田间分布；四是开展不同授粉作物的主要病虫害种类及其发生规律研究。

（三）组织示范效果展示活动

为扩大项目影响，展示示范效果，各地都利用示范区开展了系列观摩学习活动。全国农业技术推广服务中心在江西省蜜柚示范区组织召开了全国蜜蜂授粉与绿色防控示范区现场观摩会，重点观摩了蜜蜂授粉与绿色防控集成技术模式的应用效果和当地项目带动技术推广的机制。河北省在秦皇岛市山海关区召开了京津冀大樱桃蜜蜂授粉与病虫害绿色防控技术集成应用成效观摩暨研讨培训会，陕西省在延安市宜川县召开了苹果蜜蜂授粉与病虫害绿色防控技术集成示范项目现场会。

（四）开展宣传与培训

为做好示范工作，各地结合示范观摩活动开展宣传培训，与媒体合作进行系列报道。据不完全统计，2018年培训44 956人次，培训387场次，发布各种媒体报道110多篇。其中，主流媒体如《人民日报》、新华社、《农民日报》等分别以《蜜蜂授粉，樱桃更甜（创新故事）》《小蜜蜂推动农业绿色发展》《绿在树尖甜在舌尖》为题进行了报道。

四、主要问题建议

（一）基础研究与技术支撑有待加强

一是蜜蜂授粉技术方面，关于授粉蜜蜂的适应性问题，目前我国专门研究授粉蜜蜂的报道还不多，在生产中常遇到一些技术上的问题。二是绿色防控技术方面，目前绿色防控技术基本上有了较明确的分类，但在健康栽培、生态调控等方面还存在一些界定不清的问题，在应用上还存在多种措施随意叠加、缺乏科学组配的问题，一些生物防治技术还不够完善，需要加强研究。三是两种技术的集成方面，对蜜蜂授粉与各种绿色防控技术的整体性还有待研究，特别是在设施环境下，技术集成问题更为突出。因此，加强技术研究，加大对基础研究的支持力度，十分必要。

（二）项目支持与推广力度有待加大

蜜蜂授粉与绿色防控技术集成与示范项目自设立以来就只是一个很小的项目，支持经费最多时也只有550万元。经费微薄，严重制约蜜蜂授粉与绿色防控技术的推广应用。绿色防控成本高、蜜蜂授粉需要补贴是项目推广的重要问题。建议结合生态恢复、农作物增产等项目经验，设立蜜蜂授粉专项，设立蜜蜂授粉补贴和绿色防控生态补偿专项经费，促进蜜蜂授粉与绿色防控技术的推广应用，助力农业绿色发展。

（三）公众对蜜蜂授粉与绿色防控作用的认识有待加强

蜜蜂授粉增产、提质、增收、减药作用，经过5年来的试验示范已十分明确，但对其作用的认识仍仅限于参加项目的相关人员，目前还未达到普遍认识的程度。当前亟待解决的问题是：如何把蜂农的兴趣和收益引向授粉，让蜂农从蜜蜂授粉中受益；如何把绿色防控变成种植者的自觉行为，为蜜蜂授粉提供安全的授粉环境，实现双赢。建议政府部门加强宣传引导，营造良好社会氛围，使蜂农、种植者进一步解放思想，在工作中进一步协调配合。通过舆论引导，科普蜜蜂授粉知识，引导消费者选择蜜蜂授粉农产品，通过需求刺激生产，从而促进蜜蜂授粉与绿色防控技术的推广应用。

2018年全国水稻病虫害防控工作总结

2018年全国水稻播种面积4.5亿亩，水稻病虫害发生面积10.8亿亩次，比2017年减少1.2亿亩次，其中，病害发生3.5亿亩次，虫害发生7.3万亩次，分别比2017年减少0.2亿亩次、1亿亩次。水稻病虫害总体较为平稳，为中等程度发生，比近年趋轻，个别病虫在局部稻区重发并造成危害。发生普遍、面积大、危害严重的病虫包括：二化螟、稻纵卷叶螟、稻飞虱、纹枯病、稻瘟病、稻曲病等，大螟、三化螟、稻蓟马、稻叶蝉、稻秆潜蝇、细菌性条斑病、白叶枯病、病毒病、恶苗病等次要病虫在局部稻区发生，穗腐病、穗枯病、水稻橙叶病、条纹花叶病毒病、跗线螨、稻瘿蚊等新发生和回升病虫在个别稻区发生较突出。经大力防治，病虫危害导致稻谷产量损失约288万吨，比2017年少损失稻谷52万吨。

一、发生危害特点

1. 重大病虫发生普遍、面积大、危害严重

受耕作制度、栽培方式和管理水平、水稻品种、气候条件以及生态环境等因素的影响，2018年病虫害在全国各稻区普遍发生，发生范围广、面积大且危害严重的病虫主要有二化螟、稻纵卷叶螟、稻飞虱、纹枯病、稻瘟病、稻曲病。

二化螟全国发生1.9亿亩次，与2017年相当，重发生区主要分布在长江中下游单双季稻混栽区和西南北部单季稻区，湖南和江西的局部、浙江南部等单双季稻混栽区，四川局部偏重发生，湖南衡阳、江西赣州和吉安等稻区早稻大发生，害虫越冬基数高，田间一代虫量大，中稻和晚稻虫口密度下降。江西万安和南昌早稻抛秧田枯鞘丛率达30%以上，直播田枯鞘株率达15%，赣南安远、大余、于都等地枯鞘丛率一般30%～90%，未防田块高达100%。其他稻区中等程度至中等偏重发生。

稻纵卷叶螟全国发生1.7亿亩次，比2017年减少3 280万亩次，发生程度总体中等程度至中等偏重，轻于2017年和近年。水稻中后期在江苏南部和沿江稻区、浙北迟插单季晚稻和连作晚稻田重发，局部大发生，其他稻区中等至偏轻发生。江苏环太湖和沿江稻区五（3）代大田卷叶率0.1%～3.3%，六（4）代苏南和沿江稻区成虫峰期虫量高、持续时间长，田间虫卵量500～600头（粒）/百丛。

稻飞虱总体中等程度发生，为近年最轻年份，但西南稻区的贵州北部、重庆和四川局部出现重发田，导致“冒穿”倒伏。全国发生面积2.5亿亩次，比2017年减少4 545万亩次。重庆为近5年最严重年份，以白背飞虱为主，西南气流条件不利于白背飞虱迁出，导致白背飞虱在渝中、渝南等地定殖危害，局部“冒穿”绝收。四川19个市（州）的82个县发生，发生面积仅次于特大发生的2012年，川南、川东稻区普遍发生，川西北、川西平原稻区受到波及，重发生田虫量1万～3.14万头/百丛。海南三亚早稻，保亭、万宁、琼海晚稻均出现1万头/百丛以上的高密度田，个别田块“冒穿”绝收。

纹枯病为水稻病害中发病面积最大、分布最广、危害最严重的病害，受适宜气候、种植密度、肥水管理等因素影响，各稻区普遍发病，总体呈偏重程度，略轻于2017年，全国发病面积2.3亿亩，比2017年略有减少。江西早、中、晚稻均重发生，病丛率全省平均5%～24%，重病田病丛率100%。湖北东南部和东部稻区晚稻严重发生，9月下旬平均病株率、病丛率分别为3.7%、7.5%，蕲春未防治田病株率最高78.5%，病丛率最高98.6%。

稻瘟病全国发病面积4 464万亩，比2017年减少678万亩，其中穗颈瘟发病1 900万亩，总体为平稳年份，未出现大范围流行，山区、半山区和感病品种种植区等局部稻区发病严重。海南东南部早稻发病严重，病株率一般10.7%～13.1%，重病田70%～80%，病穗率8%～9%，重病田39%～80%。贵州北部、东南部和中南部老病区，优质稻品种发病较重，叶瘟病叶率一般10%，最高100%，穗瘟病穗率一般6%，最高65%以上。

稻曲病全国发病面积2 900万亩，比2017年减少500万亩，总体为偏重发生程度，但轻于2017年和近年。江苏丘陵、沿江、沿淮及淮北稻区的粗秆大穗型品种偏重发病。

2. 次要病虫在局部稻区发生并造成危害

常发性次要病虫如稻蓟马、大螟、三化螟、稻叶蝉、负泥虫、细菌性条斑病、白叶枯病、细菌性基腐病、病毒病（南方水稻黑条矮缩病、条纹叶枯病、黑条矮缩病）、恶苗病等在局部稻区发生，发生程度总体偏轻至中等，个别防治不及时田块造成危害。三化螟发生面积1 258万亩次，呈下降趋势，总体轻发生，主要在广西中部、西南和南部局部、四川中部和东北部、海南北部和西部等稻区以及湖北、江西个别田块发生。海南晚稻枯心率平均3.6%。四川全省平均螟害率1.45%，略高于2017年，川东北重发田块螟害率11.4%。稻蓟马在长江流域稻区苗期轻发生，发生面积1 992万亩次。负泥虫在黑龙江偏轻发生，发生面积524万亩。恶苗病在东北和长江下游稻区总体偏轻发生。

受台风、强降雨、连阴雨等极端天气因素影响，细菌性条斑病、白叶枯病、细菌性基腐病等细菌性病害总体呈加重态势，在广东、广西、海南、福建、浙江、湖北、安徽等东部沿海和中部局部稻区低洼泡水和风口区域田块流行，总体中等偏重程度，重于2017年，预防不及时田块出现大流行。海南、广东受“百里嘉”“山竹”等台风暴雨影响，晚稻细菌性条斑病局部大流行，海南病株率一般8%～12%，最高80%。南方水稻黑条矮缩病在广东、广西、福建、海南、江西、湖南、云南、贵州轻发生，南方局部稻区与锯齿叶矮缩病混合发病，见病田多但程度轻，轻于2017年和近年，发病面积188万亩。海南三亚、琼海、万宁、澄迈、儋州、东方、保亭和陵水等地轻发病，发病市县比2017年增加，病丛率一般3%～5%。广西南部沿海、东南部、中部、东部、西南部局部稻区见病，病丛率一般为0.01%～3%，重发区3.8%～10%，个别田块达22%～30%。江西见病县33个，比2017年增加8个，主要发病区为赣州、吉安和抚州，宜黄、浮梁等地早稻病丛率平均0.4%，最高1.2%，病株率平均0.3%，最高4%；中稻在24个见病县零星发生，病丛率平均2.2%，最高11%；晚稻病株率平均0.1%，宜黄最高2.6%，病丛率平均0.3%，于都最高8%。福建轻发生，全省平均病丛率1.5%～6.1%，病株率0.5%～2.5%，严重田块病丛率50%～70%，病株率12%～54%，建宁中稻病丛率2.7%～17.2%，晚稻病丛率2.7%～18.35%。灰飞虱传播的黑条矮缩病和条纹叶枯病均轻发病。江苏黑条矮缩病在里下河及淮北地区发病，条纹叶枯病在苏南、沿江、里下河及淮北等稻区发病。

3. 偶发病虫出现回升，新病害在局部稻区发生

穗腐病在长江中下游、华南、西南、东北稻区呈点状发病，由于基层对该病症状识别技术的掌握有所欠缺，易与稻飞虱危害状或生理性病害混淆。偶发性病害中，细菌性褐斑病和叶鞘腐败病在东北稻区、胡麻叶斑病在长江中下游稻区局部见病，但未出现严重流行。干尖线虫病、根结线虫病、水稻跗线螨、水稻紫秆病、水稻橙叶病发生回升，发生面积增加，范围扩大。水稻橙叶病在广东、广西、海南发病，电光叶蝉和黑尾叶蝉均可传播，见病区域北扩至粤北稻区，广西水稻橙叶病发病面积约5万亩，除桂北以外的大部分稻区均有发生，桂西、桂中、桂东南局部稻田发生较重，病丛率一般0.02%～15%，高的达到20%～40%；广东罗定未防治田病株率50.2%。由电光叶蝉传播的病毒病新种水稻条纹花叶病毒（*Rice stripe mosaic virus*，RSMV）在华南稻区的广东、广西、海南个别田块流行，未防治田块病株率5.4%。细菌性穗枯病在浙江、广东、广西、江西、安徽等稻区零星发病。

二、防治技术进展

1. 防治成效

2018年全国水稻病虫危害得到有效控制，保障了水稻生产安全，各地未出现大面积成灾绝收现象，全国病虫害防治面积17.2亿亩次，比2017年减少2亿亩次，挽回稻谷损失2 372万吨，稻田化学农药使用量实现了零增长，绿色防控和专业化统防统治覆盖率提高。

2. 主要措施和活动

围绕中共中央、国务院《关于实施乡村振兴战略的意见》和农业农村部《关于大力实施乡村振兴战

略 加快推进农业转型升级的意见》提出的农业绿色发展、质量兴农、绿色兴农战略，以及农业农村部种植业工作要点（农办农〔2018〕1号文件），全国农业技术推广服务中心于2018年3月7日印发了《全国水稻重大病虫害防控技术方案》（农技植保〔2018〕7号），提出了2018年水稻重大病虫防治处置率达到90%以上，总体防治效果达到85%以上，病虫危害损失率控制在5%以内，绿色防控技术应用面积占比达到30%以上，专业化统防统治面积达到40%以上，实现化学农药使用量零增长的防控目标；针对水稻螟虫、稻飞虱、稻纵卷叶螟、稻瘟病、纹枯病、稻曲病等重大病虫害和次要病虫害，提出了以稻田生态系统为中心，综合运用抗性品种、健身栽培、生态调控、生物防治等非化学防治技术，协调合理使用高效、低风险农药的病虫害防治策略与主推技术。2018年，中央财政继续安排转移支付资金支持水稻主产省（自治区、直辖市）开展水稻重大病虫害防控工作。

2018年全国农业技术推广服务中心针对水稻病虫害绿色防控技术、穗腐病等穗期新病害发生与防治技术、农药减量控害技术、螟虫长持效固体诱芯性诱剂应用技术等生产上的重大问题和新问题，分别于3月在四川内江举办了水稻螟虫性信息素应用技术现场培训暨研讨会、9月在新疆乌鲁木齐举办了棉花水稻病虫害绿色防控技术培训班、11月在黑龙江哈尔滨举办了水稻新病害发生与防治技术培训班、12月在安徽泾县举办了水稻重大病虫害减药控害技术培训班，共培训来自各级植保技术部门、农业合作社技术人员397人次，推动了稻田生态调控和生态工程、生物防治、性诱剂、农药减量控害等新技术的应用。

3. 防治技术进展

一是开发水稻病虫害防治新技术。2018年，全国农业技术推广服务中心组织开展了7项水稻病虫害防治新技术试验示范，包括：在辽宁等6省开展新型超剂量喷雾释放昆虫性信息素交配干扰法防治二化螟、稻纵卷叶螟、大螟技术试验，长效固体诱芯群集诱杀防治二化螟应用技术试验；在江苏等4省开展40%咪铜·氟环唑悬浮剂防治水稻纹枯病、稻曲病和稻瘟病应用技术试验；在浙江等3省开展3%噻霉酮微乳剂防治水稻细菌性病害效果试验；在吉林开展人工释放赤眼蜂防治二化螟应用技术示范；在上海等8省（直辖市）开展80亿孢子/毫升金龟子绿僵菌CQMa421可分散油悬浮剂防治稻飞虱、稻纵卷叶螟和二化螟应用技术示范；在湖北、四川开展30亿PIB/毫升甘蓝夜蛾核型多角体病毒悬浮剂与稻螟赤眼蜂协同应用防治二化螟、稻纵卷叶螟应用技术示范。新技术试验示范取得了初步进展，丰富了水稻病虫害绿色防控技术体系，推动了防治新技术、新产品的示范和推广应用。

二是开展水稻病虫害绿色防控和农药减量控害技术示范。全国农业技术推广服务中心在河北秦皇岛建立了水稻病虫害绿色防控示范区，开展以抗性品种、性诱剂诱杀、天敌保护利用、微生物农药为主要内容的全程绿色防控技术模式示范，示范区化学农药使用量减少20%以上，稻谷质量抽检合格率100%。长江中下游7省（直辖市）稻区参与国家重点研发计划“长江中下游水稻化肥农药减施增效技术集成研究与示范”项目的“长江中下游水稻减肥减药协同增效技术研究与集成”子课题的研究示范工作，分别在长江中下游的江苏如东、上海金山、浙江萧山、安徽宁国、湖北应城、湖南衡南、江西崇仁建立大面积示范区，针对稻—油（麦）轮作或冬闲（绿肥）单季稻区、单双季稻混栽区、双季稻区的主要病虫害，开展以增苗减氮、缓控释肥、耕沤灭蛹、种植蜜源植物和诱集植物、昆虫性诱剂、释放天敌赤眼蜂、农药“三防两控”、稻鸭共育等为主要技术内容的试验、示范。示范区与非示范区相比，病虫害得到有效控制，农药使用次数和使用量大幅度下降，生物农药用量增加，氮肥使用量下降，稻谷产量持平或略增，种植效益增加。以安徽宁国示范区为例，核心示范面积3 000亩，辐射5万亩，示范区比农户自防区平均减少用药1.3次，农药用量减少56.3%，生物农药用量占农药总量的40%以上，农残检测合格率100%，稻田优势天敌种群数量是农户自防田的4.4～5.5倍，亩纯收益增加341元。

三是推进生态调控和生物防治技术的应用。经过近些年的研究开发和试验示范，水稻病虫害绿色防控技术体系不断丰富，已经形成了一系列防效显著、经济实用、可操作性强的生态调控和生物防治技术，并在各稻区得到广泛应用，对有效控制病虫危害、恢复和保护稻田生态、减少农药使用、保障农产品质量安全、实现水稻病虫害可持续治理发挥了重要的作用。据初步统计，2018年，全国稻田应用人工释放稻螟赤眼蜂面积560万亩次，比2017年增加50万亩次，增长6%；应用昆虫性诱剂诱杀二化螟、大螟、稻纵卷叶螟面积898万亩次，比2017年增加9%。吉林省财政投入1 500万元，专项用于人工释放赤眼蜂和性诱剂诱杀防治二化螟，释放混合种群赤眼蜂100万亩，应用二化螟性诱剂50.4万亩，两项措施对二化螟的防效全省平均分别为68.4%和68.9%。全国水稻生态调控应用面积9 500万亩，以建立天敌植物支持系统、保护利用自然和人工天敌、种植蜜源和诱集植物为核心内容的水稻生态工程技术，在全国15个省（自治区、直辖市）稻区进行示范与应用，实施区寄生性和捕食性天敌种类和种群量增加，天敌控害作用明显提高。浙江省在水稻病虫害专业化统防统治与绿色防控融合示范区中，种植蜜源植物和诱虫植物24.7万亩，田埂留草112.4万亩，释放稻螟赤眼蜂1.1万亩，翻耕灌水杀蛹82.9万亩，培育健康稻田，推进绿色防控技术的应用。采用防虫网和无纺布物理阻隔介体昆虫传播病毒病技术，在江苏、上海、广东、广西、江西、贵州、云南等条纹叶枯病、黑条矮缩病、南方水稻黑条矮缩病等病毒病流行区应用，对抑制病毒病的扩散流行发挥了重要作用。广东省在水稻瘤矮病、水稻条纹花叶病毒病流行区，推行种子集中处理、防虫网覆盖育秧、带药移栽等病毒病轻简化预防措施，每季减少农药使用1～2次，病毒病总体防效85%以上，有效抑制了病毒病流行的态势。

四是开展水稻穗期新病害调查工作。针对近年来水稻穗期发生新病害以及一些次要或偶发病害回升的问题，2018年，全国农业技术推广服务中心组织吉林、黑龙江、浙江、安徽、福建、江西、湖南、四川、贵州、广东共10个省，每省选取3个县，开展水稻穗期病害田间调查和室内鉴定，中国水稻研究所、福建农林大学、福建省农业科学院、四川省农业科学院、广东省农业科学院等科研教学单位共同参与，为各省植保技术部门提供病原鉴定和技术指导。

2018年全国小麦病虫害防控工作总结

2018年全国小麦种植面积3.5亿亩以上，小麦病虫害发生面积约8.0亿亩次，总体发生程度中等偏轻，部分病虫害在局部地区偏重发生。农业农村部和全国各小麦生产省（自治区、直辖市）高度重视小麦病虫害防控工作，坚持“预防为主、综合防治”的植保方针，贯彻落实“公共植保、绿色植保”理念，加强小麦重大病虫害监测预警，大力开展专业化统防统治及绿色防控技术推广，强化防控技术培训和示范区建设，积极开展防控行动，全国防控面积11.3亿亩次，占发生面积的141%，有效控制了病虫危害。经防控，挽回小麦产量损失1 493万吨，占全国小麦总产的11.6%，为保障小麦生产安全做出了显著贡献。

一、小麦病虫害的发生概况

2018年全国小麦病虫害总体中等偏轻发生，发生面积8.0亿亩次，较2017年减少7 957万亩次，减少9.05%。其中，小麦病害发生面积总体减少。小麦赤霉病在局部地区重发生，全国发生面积9 152万亩次，发生面积较2017年增加4 188万亩次，增幅达84.36%；小麦条锈病发生2 451.0万亩次、小麦白粉病发生8 160.4万亩次、小麦纹枯病发生11 686.9亩次，较2017年分别减少5 701万亩次、966万亩次和1 145.3万亩次，减少发生比例分别为69.9%、10.59%和8.92%；小麦其他病害发生5 726.9万亩次，较2017年增加1 368.15万亩次，增幅31.39%，其中根腐病、茎基腐病等增加明显。小麦虫害总体偏轻发生，小麦蚜虫发生19 483.3万亩次、麦蜘蛛发生8 222.84万亩次、吸浆虫发生1 445.3万亩次、地下害虫发生5 739.7万亩次，分别较2017年减少14.93%、6.28%、12.16%和10.75%。2018年小麦病虫害发生的特点：一是病害重于虫害，赤霉病在局部地区重发生；二是条锈病发生早、前期重，后期受高温抑制，总体偏轻发生；三是全国范围内根部病害发生程度呈明显上升趋势。受天气条件、小麦苗情、品种抗性、病虫基数等因素综合影响，2018年小麦赤霉病在江淮、黄淮花期遇雨，秸秆直接还田菌源量充足，病害发生范围广、自然发生程度重，后期病情上升快，但实际危害程度轻。受越夏菌源等影响，条锈病在陕、甘、川、鄂菌源区局部发生程度较重，但由于播种晚、春季气温回升快等，条锈病向东传播受阻，发生范围未扩大。由于中后期降雨、秸秆还田等因素，根腐病、茎基腐病发生范围大，发生程度重，应引起高度重视。受大部分地区中后期降雨等因素影响，2018年虫害总体偏轻发生，蚜虫发生程度较常年明显减轻。

二、采取的主要防控行动

针对2018年小麦病虫害发生特点，尤其是以赤霉病等为主的小麦穗期病虫害重发态势，全国各地全力以赴、迅速行动，强化行政推动、强化监测预警、强化宣传发动、强化服务指导、推进统防统治，全力打好小麦病虫防控战。

一是加强防控工作的组织领导。党中央、国务院及农业农村部高度重视夏粮生产和病虫害防控工作，“两会”结束不久，就召开了国务院春耕生产和农业农村部春耕备耕生产视频会议，种植业管理司和全国农业技术推广服务中心及时组织有关专家制定了小麦重大病虫防控技术方案，各省委省政府有关领导也在各种春季生产会议上强调病虫防控的重要性，部署2018年防控工作。如江苏省政府分管负责人在全省春季农业生产工作会议上专题部署小麦赤霉病防控，要求各地把小麦赤霉病防控工作作为当前农业农村工作的重中之重来抓。河南省武国定副省长在几次会议上重点强调小麦病虫防控。针对小麦赤霉病重发态势，各有关省政府和农业行政部门都发出了《关于做好小麦赤霉病防控工作的通知》。为加强小麦病虫防控工作，全国农业技术推广服务中心在河南召开了小麦重大病虫防控现场会，部署了2018年病虫防控工作。各省农委、农业厅也相继召开小麦病虫防控现场会，全面贯彻落实和进一步部署病虫防控工作。

二是加强小麦病虫的监测预警。全国各省各级植保机构在做好小麦重大病虫规范监测调查工作的基础上，积极开展小麦条锈病、赤霉病等监测预警，为指导防治提供科学依据。全国农业技术推广服务中心在发布趋势预报的基础上，根据病虫情动态，及时组织印发了小麦病虫情报和预报。各省农业厅、植保站组织有关专家对小麦条锈病、赤霉病等重大病虫发生趋势进行分析会商和科学研判，及时印发病情通报、防治警报；组织开展重大病虫发生监测，强化系统监测和大田普查，准确掌握病虫发生信息，特别是根据天气情况，及时发布小麦赤霉病预警信息，指导开展病害预防工作。如江苏省利用江苏省农业有害生物监控信息系统，坚持系统调查1天一次，面上普查2～3天一次，加强病虫情、苗情和防治信息的调度，确保及时准确掌握小麦穗期病虫发生动态和不同类型田块抽穗扬花期，为科学防治提供依据。安徽省农委先后2次组织召开以赤霉病为主的小麦病虫害发生趋势会商会，及时发布长期、中期和短期趋势预报，科学指导防治；加强与安徽省气象台、安徽广播电视台合作，开展赤霉病、纹枯病等可视化预报。四川、湖北、陕西、甘肃等省从2017年冬季开始，一直坚持开展小麦病虫害的调查，并且系统调查与大田普查相结合，及时发布《小麦条锈病发生趋势预报》，为领导决策提供依据。

三是加大病虫防控的经费投入。为确保小麦重大病虫防控工作顺利进行，农业农村部协调中央财政提早下达了农业防灾救灾重大病虫防控资金1.5亿元。各小麦主产省（自治区、直辖市）和病虫防控重点省（自治区、直辖市），积极筹措资金，整合绿色高产创建、优质小麦生产补助等涉农资金，加大政府购买病虫防控服务力度，用于小麦条锈病、赤霉病等重大病虫防控补助。安徽省阜阳市、亳州市、宿州市、六安市、淮北市等小麦主产区约筹措资金1.2亿元，对规模经营主体、专用品牌小麦生产基地、农业科技示范户、贫困户、植保社会化服务组织实施病虫防控物化补贴和现金补贴。河南省安阳市、驻马店市、周口市、平顶山市等市级财政筹措资金5 000多万元，用于小麦条锈病、赤霉病、麦穗蚜的统防统治。山东省中央拨付农业生产救灾补助资金4 350万元，省级财政整合其他资金5 650万元，与该项资金统筹使用，共计1亿元，专项用于2018年小麦病虫防控。其他各省（自治区、直辖市）也通过中央救灾资金和地方财政筹措，确保了小麦病虫防控的资金需求。

四是提高统防统治病虫的覆盖率。为提高小麦病虫防控的效率和效果，各地在农业农村部的要求下，进一步加大统防统治推进力度，强化对服务组织的培育和统防统治财政扶持，充分调动各类植保、农机社会化服务组织全力投入到防控工作中，有效提高小麦病虫统防统治覆盖率。据统计，全国小麦主要产区统防统治的服务组织已达6万多个，2018年小麦病虫专业化统防统治服务面积4亿多亩次，占防治总面积的38%以上。如河南省小麦重大病虫统防统治面积达到3 476万亩次，出动无人机4 500多架，飞防作业面积792万亩次，政府购买服务喷防面积869万亩次；山东省小麦病虫专业化统防统治面积3 000万亩次以上；江苏省小麦穗期病虫专业化统防统治服务面积3 698.5万亩次，占穗期防治总面积的63.8%；安徽省小麦病虫统防统治面积覆盖率41.0%，11 360个专业化统防统治组织、157 585个专业防治人员参与小麦赤霉病等病虫防治，投入施药器械205 664台套。小麦病虫的统防统治，极大地提高了防控效率和效果。

五是强化病虫防控的服务指导。为及时指导防控，确保各项防控措施落实到位，农业农村部种植业管理司组织全国农科院、农业大学和植保推广系统有关专家，组成督导组深入小麦主产区河北、山东、江苏、安徽、陕西、山西、甘肃、河南、湖北、云南、贵州、四川等省开展技术指导和工作督导。各省也在小麦病虫防控关键时期，组织下派服务指导组，分赴各地开展小麦病虫防控服务指导工作，实时跟踪了解病虫发生情况，检查指导小麦病虫防控工作，做到防控工作不结束，服务指导不收兵。同时，江苏、湖北等省植保部门下派多个明察暗访组分赴各地开展小麦穗期病虫防控督查。河南、山东、河北等地，挂钩到村、驻点包片，将具体技术指导到田块，提高群众防控的主动性和科学性。

六是开展病虫防控的宣传发动。为提高广大农民群众主动防控小麦病虫的意识，营造良好的防控氛围，有效提高技术到位率，农业农村部、全国农业技术推广服务中心与中央电视台、农民广播学校、农民日报社、农业信息网等媒体合作，宣传报道防控知识和技术，以及各地防控行动和做法。各地在广播、报纸、网站等媒体宣传的基础上，通过开通病虫防控流动广播车、LED宣传车、专家热线等宣传培训小麦病虫防控。据统计，江苏在电视、电台等媒体上开展防控技术宣传2 099期；河南媒体宣传657期，印发资料487.5万份；贵州累计出动宣传车广播宣传860次，召开培训会120次，发放各类“明白纸”、宣传资料20.33万份，张贴标语横幅268条，举办现场咨询培训32场次，现场咨询群众2.368万人次。

七是开展防控新技术的试验示范。2018年根据乡村振兴、绿色发展的需要，全国农业技术推广服务中心在河南、江苏、安徽、陕西、甘肃等地开展了小麦绿色防控技术集成示范，形成了具有地域特色的绿色防控技术模式；为促进小麦重大病虫防控技术的进步，在河北、山东、河南、江苏、安徽、陕西、山西、湖北等省开展了生态调控技术、诱导抗性技术、抗逆减药技术、生物农药防治技术和新药剂应用技术试验30多个，完善和验证了全程解决方案，明确了绿色防控技术的防控效果；针对小麦条锈病菌源变异，在西部10个省（自治区、直辖市）开展了小麦条锈病有性世代寄主小檗的全域调查和条锈病菌变异区综合治理试验示范，形成了“砍、盖、喷”治理技术体系；针对小麦吸浆虫和孢囊线虫病，与专家一起开展了技术攻关，并在生产上形成了指导意见，写入了技术方案，印制了专门技术挂图和“明白纸”。

三、取得的显著防控成效

小麦是国家粮食安全的重要基石，是确保中国人的饭碗牢牢端在自己手里的关键所在。2018年小麦病虫防控，从促进产业振兴、守护国家粮食安全战略底线、推动小麦产业高质量发展出发，科学把握小麦病虫发生防控的形势，切实增强做好防控工作的责任感和紧迫感，取得了小麦主要病虫防控的显著成效。全国小麦病虫面积11.3亿亩次，挽回小麦产量损失1 500万吨，占小麦总产的11.7%。全国小麦病虫防控处置率90%以上，专业化统防统治比例达到了38%以上，病虫危害损失率2.41%，达到了控制在5%以内的目标。

在确保小麦产量安全的同时，更加注重质量安全，小麦病虫绿色防控覆盖率进一步提高。据安徽省小麦赤霉病防治评估结果，防治后平均病穗率为6.7%，平均病粒率为1.5%，防治后病粒率较不防治下降3.42个百分点，不完善率下降10.82个百分点，容重提高26.16 g/L，小麦品质提高1～2个等级，经济效益、社会效益和生态效益显著。

通过技术研究与试验示范，制定并颁布了小麦全生育期病虫综合防治技术规程1项，集成了小麦病虫全程绿色防控技术模式6个，筛选了赤霉病防治新药剂2个并形成了相应的应用技术，验证和完善了小麦病虫全程解决方案4个，明确了生态调控、免疫诱抗和生长调节剂减药抗逆的作用和效果。

2018年小麦病虫防控工作取得如此显著的成效，主要的成功经验是以下五个坚持。

一是坚持了发动农民，切实把生产者的积极性调动起来。目前农业生产经营主体仍然以广大的农民为主，他们既是生产经营的主体，也是病虫防控的主力军。在小麦病虫防控工作中，各级政府、植保技术部门注重强化公共服务意识，增强防控物资与技术的保障能力，在整合各方力量、聚集多方资源的基础上，充分发动群众，发挥农民主力军防控积极性，确保各项防控措施落实到位。

二是坚持了绿色理念，选好农药和技术措施。质量兴农、绿色兴农，是农业农村的工作重点，也是小麦病虫防控工作的指导方向。在防控工作中，各地强化绿色发展理念，大力推广绿色防控技术，科学选药、安全用药。针对小麦病虫特点，优先选择有效的绿色防控技术，以及生物农药和高效低风险化学农药。严肃查处违法生产经营行为，确保农民用上“放心药”。通过加强对农药市场的监管，对不合规农药坚决查处，对农药安全使用进行宣传，做到了农业经销环节不夸大宣传，不出现伪劣农药，广大农民不乱买、乱用不合规农药，确保了小麦生产安全和质量安全。

三是坚持了精准服务，准确监测预警。监测预警是病虫防控决策的重要依据，全国植保系统根据实际病虫发生情况，加大监测力度，加密监测网点，确保了监测到位、信息到位、指导到位。

四是坚持了统防统治，提升服务效率。专业化统防统治组织是病虫防治的精锐部队，在应急防治和提高防治水平等方面具有独特优势。各地在资金紧、任务重的情况下，进一步加大力度，推进专业化统防统治工作，引导、扶持发展了一批拉得出、用得上、打得赢的专业化统防统治队伍。各地强化了对专业化防治组织的技术培训和防治信息服务，并引导专业化统防统治组织采用绿色防控技术措施，有效降低了农药使用量，确保了防治效果，充分发挥了专业化统防统治组织在病虫防治中的重要作用。

五是坚持严字当头，强化责任落实。病虫防控既是农业生产经营主体的本职工作，也是确保国家粮食安全、促进农民增收和生态文明建设的重要组成部分。各地在防控工作中切实落实防控属地责任，强化政府服务职能，争取地方财政投入，指导防控物资采购供应，培训指导防控人员，准备对路药剂和药械，指导广大农民群众合理用药、科学施药，采取综合防控措施，控制病虫危害，保护生态环境，确保粮食数量和质量安全。

四、存在的问题与下一步计划

从 2018 年小麦病虫防控实践中发现，目前小麦病虫防控还存在秸秆深翻和小麦种子处理等需进一步加强，小麦病虫统防统治覆盖率和绿色防控覆盖率仍然偏低，小麦赤霉病等重大病虫防治技术有待进一步优化，一些次要病虫发生程度上升较快等问题。下一步需要进一步加大力度，一是争取秸秆深埋作业、种子处理专项补助政策，积极推动小麦赤霉病、纹枯病、根腐病等病害预防控制技术全面落实。二是优化防控资金管理，提前拨付防控资金，加大对高效施药机械和统防统治作业的补贴，推进小麦病虫专业化统防统治和绿色防控工作。三是加强小麦赤霉病、根腐病、茎基腐病等的防治技术创新，推广高效防治药剂和药械，进一步完善航空植保技术。

2018年全国玉米病虫害防控工作总结

2018年全国玉米播种面积近5.7亿亩，主要种植区域为东北、黄淮海、西南和西北地区。受气候、品种、种植模式等因素影响，玉米病虫中等发生，部分地区病虫危害较重。据统计，2018年全国玉米病虫累计发生面积9.06亿亩次，较2017年减少0.8亿亩次。在各级农业、植保部门及广大种植户的共同努力下，挽回产量损失近1 259万吨，防灾减灾和虫口夺粮成效显著，有效保障了玉米生产安全与有效供给。

一、玉米病虫发生概况

2018年全国玉米病虫中等发生，总体上虫害重于病害，在全国各玉米产区危害较重或发生面积较大的病虫害有：玉米螟、地下害虫、棉铃虫、玉米大（小）斑病、蚜虫、双斑长跗萤叶甲、黏虫、锈病、蓟马、褐斑病、弯孢叶斑病、叶螨、纹枯病等。据统计，北方春播玉米区以玉米螟、大斑病、双斑长跗萤叶甲和地下害虫为主，发生面积分别为10 731.8万亩次、2 547.9万亩次、2 117万亩次和2 882万亩次。山西、内蒙古、吉林大斑病发生较重，分别占全省病害发生面积的53%、96.4%和72.7%；辽宁地下害虫、大斑病中等至偏重发生；吉林草地螟发生重于往年，黏虫在局部地区发生较重；黑龙江玉米螟中等发生，发生面积3 178万亩次，玉米大（小）斑病发生面积997万亩次，占全省病害发生面积的65%。黄淮海夏播玉米区以玉米螟、棉铃虫、锈病为主，发生面积分别为13 814万亩次、6 640万亩次和1 719万亩次。河北玉米螟偏重发生，发生面积3 877万亩次，蓟马在中北部地区偏重发生，发生面积877万亩次；江苏、安徽淮北地区玉米螟、棉铃虫中等发生局部偏重；山东棉铃虫、穗期害虫发生较重（局部重发），后期玉米南方锈病和普通锈病混合发生，蓟马在山东半岛、鲁中和鲁西南偏重发生，发生面积1 226万亩次；河南玉米螟、棉铃虫、地下害虫在局部重发，病害整体偏轻。西南丘陵玉米区以玉米螟、纹枯病、锈病为主，发生面积分别为1 187万亩次、823万亩次和517万亩次。云南玉米锈病、灰斑病偏重发生，发生面积分别为382万亩次和182万亩次；重庆玉米螟、纹枯病发生程度较重；贵州玉米螟发生面积大、危害重，纹枯病、大（小）斑病、锈病发生范围广，大螟、黏虫、地老虎在部分地区为害重；四川玉米病虫总体偏重发生，玉米螟发生面积523万亩次，纹枯病发生面积365万亩次。西北玉米区以玉米螟、棉铃虫、黏虫、双斑长跗萤叶甲、大斑病为主，发生面积分别为1 493万亩次、523万亩次、598万亩次、538万亩次和612万亩次。陕西玉米螟发生面积990万亩次，以田边多草地区发生较重，双斑长跗萤叶甲在关中玉米产区集中发生；甘肃蚜虫、地下害虫、锈病中等发生。

二、主要做法经验

2018年，全国各级农业植保部门认真开展监测调查，发布病虫防控技术指导意见，适时开展技术培训宣传，在关键时期派出专家深入田间地头进行技术指导。各地积极开展绿色防控试验示范，集成玉米病虫害绿色防控技术模式，提升玉米病虫防控的时效性和技术水平，促进农药减量增效。据统计，2018年全国玉米病虫防控面积9.12亿亩次，挽回产量损失1 259万吨。

（一）各级部门早部署

农业农村部全国农业技术推广服务中心于2018年2月26～28日在北京组织召开了全国重大病虫防控技术方案专家会商会，邀请科研推广体系的专家，遵循绿色防控的技术原则，以作物健康栽培为基础，利用配套生态调控、生物多样性、保护利用天敌和科学用药等技术措施，针对玉米重大病虫在全国不同区域发生情况制定防控方案，指导各地生产实践。河北省4月制定印发了玉米重大病虫防控技术方案，加大绿色防控示范与推广力度，强化专业化统防统治与群众联防联控结合。山东省重大病虫防治与农产品质量安全指挥部领导机构，实行纵向分级负责、横向联合协作的工作机制，确保重大病虫防控工作顺利开展。

（二）监测预警求实效

在玉米重大病虫易发高发的关键时期，全国各级植保部门真抓监测预警工作，以全国病虫测报标准化区域站、病虫观测场、乡镇农科站为抓手，扩大普查范围，增加调查频次，及时发布预报，为玉米病虫防控工作的决策部署提供技术支持。安徽省共建立12个玉米病虫监测点，实行系统调查与面上普查相结合，认真做好病虫情报调查，及时发布预警信息。河南省从6月上旬开始，全省50个重点区域监测站，897个基层测报点的1 139名测报员坚持每周开展病虫调查，3天一次定点调查，5天一次大田普查，及时发布趋势预报，牢牢掌握防治工作主动权。内蒙古全区植保系统共发布玉米病虫情报900多期次，制作可视化预报专题片15期，发布手机信息3 000多条，网络会商20次，为领导、相关部门决策和及时组织开展防治工作提供了科学依据。

（三）整合资源搞示范

各级农业植保部门多渠道争取政策及人、财、物支持，整合优化项目资源，精心谋划，开展玉米重大病虫害绿色防控技术示范与集成，推动了玉米病虫防控技术进步和发展。2018年全国农业技术推广服务中心在安徽、吉林等地区设立了玉米重大病虫害绿色防控示范区，针对钻蛀性害虫、地下害虫、刺吸式害虫、玉米叶斑病等积极开展新药剂、新技术的集成示范。黑龙江省积极开展玉米病虫害专业化统防统治与绿色防控融合示范，亩均挽回产量损失42千克，减少化学农药使用2次，用量减少20%以上。山东省大力推广玉米“一防双减”项目，全省投入资金2 571万元，开展以飞防为主的统防统治作业，有效解决玉米中后期病虫防治难题。山西省建立各级玉米绿色防控示范区97个，其中国家级6个，省级9个，示范区建设面积29万亩。采取“白僵菌封垛＋杀虫灯诱杀＋性信息素诱杀＋球孢白僵菌灌芯＋食诱剂诱杀”防治玉米螟、捕食螨、红蜘蛛等绿色防控技术模式，有效控制了玉米螟、红蜘蛛为害，示范区防控效果95%以上，化学农药使用量降低80%，亩增产10%以上。重庆市2018年玉米病虫害专业化统防统治覆盖率达30.36%。

（四）督导培训两手抓

农业农村部种植业管理司为加强秋粮作物生长关键期的病虫防控，会同全国农业技术推广服务中心、中国农业科学院植物保护研究所组派7个督导组，其中3个督导组对10个玉米主产省（自治区）开展防控技术指导，督促并协助各地做好防控工作。

各省（自治区、直辖市）通过专题培训、手机短信、印发明白纸、电视讲座、网络宣传等多种有效途径开展玉米病虫防控技术宣传和推广。陕西省举办玉米黏虫防治技术培训会1 176场次，印发各类宣传材料29万余份，培训人员14.5万人次，开展电视预报、广播140多期。河南省召开防治现场会202次，印发技术资料209万份，进行广播、电视、报纸等宣传192次，有效地促进防治工作开展。内蒙古自治区各级植保部门累计组织专家1 650人次深入防病治虫一线，开展技术指导服务，现场宣传培训农民累计达2.3万人次。甘肃省各级植保、农技部门围绕重大病虫防控、绿色防控等开展各类技术培训650期次，发放防治技术明白纸30万份，培训人员13.6万人次，切实提高防治技术的普及率和到位率。

三、2019年工作建议

各地要坚持农业绿色发展、农药减量控害的指导思想，进一步推动专业化统防统治及绿色防控工作。重视由于种植业结构调整、气候环境因素、种植技术装备水平影响下的玉米病虫的动态变化，以及种植人员变化所带来的防控指导对象、策略的调整。关注潜在突发、暴发的病虫发生发展动态和变化规律。

要积极倡导玉米病虫的绿色防控技术集成应用，推荐采用成熟度高、防治效果好的生物防控、理化诱控等技术手段，配合隐蔽用药、科学安全用药的综合防控技术体系。针对玉米生长中后期病虫防治难度大的问题，科研、推广部门和技术产品企业要加强协作攻关，积极研究探索技术措施。

2018 年全国马铃薯病虫害防控工作总结

马铃薯作为我国第四大粮食作物，产量仅次于水稻、玉米、小麦。在马铃薯主粮化战略的有力推进下，马铃薯产业已经成为加快农业结构调整、保障粮食安全、促进农民增收、推动区域经济发展的支柱产业。在各级党政和农业部门的共同努力下，2018 年马铃薯病虫害防控工作以病虫害数字化监测预警为基础，以提高病虫害科学防控能力为中心，以减少化学农药投入、推广绿色防控技术为手段，努力探索马铃薯晚疫病等重大病虫害防控技术，积极推动马铃薯病虫害专业化统防统治与绿色防控融合平台的建设，不断增强服务现代农业、农村和农民能力，最终实现了马铃薯生产“优质、高产、高效、生态、安全”的总目标。现将 2018 年工作情况汇报如下。

一、马铃薯病虫害发生概况

2018 年全国马铃薯病虫害发生程度总体略低于 2017 年，呈中等偏轻至中等发生，局部中等偏重至大发生，总发生面积 8 691.0 万亩次，其中病害发生面积 5 608.98 万亩次，虫害发生面积 3 082.03 万亩次，病害重于虫害。

据统计，2018 年全国马铃薯主要病害有：晚疫病、早疫病、病毒病、环腐病、黑胫病、疮痂病等。其中，晚疫病和早疫病为绝对优势种，晚疫病发生面积 3 045.6 万亩次，占病害发生面积的 54.30%，甘肃、贵州、云南、湖北、重庆、四川等省份疫情较重；早疫病发生面积 1 318.32 万亩次，占病害发生面积的 23.50%，甘肃、贵州、宁夏、内蒙古、河北等省份疫情较重；另外，病毒病发生面积 471.61 万亩次，环腐病发生面积 155.6 万亩次，黑胫病发生面积 139.47 万亩次。马铃薯主要虫害有：二十八星瓢虫、蚜虫、豆芫菁、蛴螬、金针虫、地老虎等。其中，地下害虫发生面积 1 426.48 万亩次，占虫害发生面积的 46.28%，主要发生在甘肃、河北、陕西、山东、内蒙古等产区；蚜虫发生面积 778.31 万亩次，占虫害发生面积的 25.25%，甘肃、河北、宁夏、四川、山东、贵州等地受害较重；二十八星瓢虫的发生面积 512.9 万亩次，占虫害发生面积的 16.64%，陕西、山西、甘肃、河北等省份灾害发生较重。

二、马铃薯病虫害防治概况

2018 年全国马铃薯病虫防治工作依据不同种植区重大病虫发生特点，贯彻“预防为主，综合防治”的植保方针，大力推进绿色防控，选用合格脱毒种薯，优先采用抗病品种、种薯处理和健身栽培等技术，根据预测预报科学用药，加强专业化统防统治与群众联防联控相结合，力争将马铃薯病虫危害损失率控制在经济允许阈值以下。依据马铃薯不同种植区重大病虫发生特点，确定以马铃薯晚疫病、病毒病、黑痣病、黑胫病、地下害虫、二十八星瓢虫、蚜虫等“四病三虫”为重点防控对象，兼顾环腐病、早疫病、疮痂病、粉痂病等病虫的防控。据统计，2018 年全国马铃薯病虫害防治面积 9 598.51 万亩次，防治率 110.4%，其中病害防治面积 6 629.27 万亩次，防治率为 118.19%，虫害防治面积 2 969.24 万亩次，防治率为 96.34%。通过防治挽回产量损失约 184 万吨，其中病害防控挽回 143 万吨，虫害防控挽回 41 万吨。

同时，各产区继续加强马铃薯绿色防控示范区建设，积极开展新技术试验示范，加快植保技术集成与创新，示范带动绿色防控技术普及应用，有效地提高了当地马铃薯病虫害绿色防控效果，对促进马铃薯病虫害防治技术的提升，确保防治效果起到巨大推进作用。如湖北省在恩施市、襄州区、崇阳县、云梦县、宣恩县、鹤峰县建立 6 个马铃薯绿色防控示范区，推进绿色防控技术落地生根；重庆市建立马铃薯主产区县绿色防控示范区 15 个，示范面积 2.39 万亩，辐射带动面积 25 万亩；河北省承德市实施马铃薯病虫害绿色防控面积 30 万亩，占总播种面积的 40%，马铃薯绿色防控示范园区的亩产量高出非示范园区 20%，最高亩产达到 3 100 千克；贵州省马铃薯晚疫病预警及信息发布系统技术应用面积为 279.32 万亩，项目区涉及全省 9 个市（州）41 个马铃薯主产县，其中 29 个示范区面积 35.515 万亩，平均防治效果 75%～89%，取得了较好的应用效果。

三、主要做法

（一）领导高度重视，安排部署及时

“小土豆成就大产业”。从中央到地方，马铃薯主产区的各级党政和农业部门把发展马铃薯产业作为实现打赢脱贫攻坚战、促进农业增产、农民增收的重大举措，而病虫害防控工作被纳入重要日程，被视为重中之重。一是部分主产省区建立了有力的领导指挥机构，如黑龙江省为进一步完善全省农作物重大病虫防控指挥机构，成立了以主管副省长为组长的全省重大生物灾害防控领导小组，全面领导和组织协调重大病虫防治工作，确保粮食生产的安全。二是各主产省区会商及时，部署防控工作有力。如河北、云南、山西、黑龙江、内蒙古等省份农业主管部门在年初根据本省实际情况纷纷制定下发《农作物重大病虫害防控技术方案》，方案根据马铃薯种植区重大病虫发生种类与特点，提前制定了具体的防控技术措施；四川省农业农村厅年初与各市（州）农业农村局签订了重大病虫防控目标责任书，要求技术人员深入田间地头，准确掌握病虫发生动态，落实各项关键防控技术措施；内蒙古自治区植物保护植物检疫站年初召开了全区马铃薯病害研讨会，会同比利时埃诺省农业推广中心、内蒙古农业大学、马铃薯繁育中心的有关专家、马铃薯主产区植保工作人员，共同商讨马铃薯主要病害防控技术，落实防控示范工作。

（二）保障经费投入，落实督查指导

2018 年全国马铃薯病虫害防控工作中，各主产省区克服自身财政困难，保障了持续的经费投入，确保了防控工作的顺利开展。如甘肃省在马铃薯晚疫病防控关键期，全省共计投入各类资金 3 531.2 万元，平均每亩挽回鲜薯 140 千克；经过近年来的努力，四川凉山彝族自治州累计统筹各类资金 1 亿多元用于马铃薯产业基地建设、良繁体系建设、种薯补贴、病虫害综合防治和基础设施建设，促进了当地马铃薯产业的发展。各级农业部门在积极争取本级财政资金支持的同时，不断拓宽筹措经费途径，保证项目经费及时足额投入，保障项目有序顺利地开展。同时，在发生与防治关键时期及时开展督导检查，发布病虫动态情报，及时组织防治工作，同时认真执行马铃薯病虫害发生、防治周报制度，对在马铃薯生育期内马铃薯病虫害发生情况实现全面掌控，为马铃薯病虫害防控工作的开展奠定坚实的基础。

（三）强化监测预警，指导病虫防控

病虫害监测预警是植保工作的重中之重。近年来，马铃薯主产区高度重视马铃薯病虫害的监测预警工作，贵州、四川、云南、重庆所有田间气象站均接入马铃薯晚疫病监测预警系统，在马铃薯种植重点区域设立监测点并安排专人定期监测，及时发布预警信息，指导本区域马铃薯晚疫病防控工作。如贵州运用“指示品种”方法，使得该地区在马铃薯晚疫病预警及信息发布系统的指导下，在中心病株预警出现时间和防控上以费乌瑞它、宣薯 2 号、青薯 9 号 3 个抗性不同的品种作为指示品种，指导田间不同品种开展防治工作，实现中心病株预测准确率在 95%以上。经过测产，项目区平均单产 1 210～2 680 千克/亩，平均亩挽回损失 271.79 千克，超出计划 171.79 千克，推广应用面积为 279.32 万亩，超出计划 179.32 万亩，总挽回损失 75.916 万吨，按薯块 1.2 元/千克计，累计总经济效益 91 099.2 万元，经济效益显著。

（四）加强宣传培训，强化技术落地

各级植保部门充分利用广播、电视、网络、手机短信、报纸等信息媒体报道晚疫病发生态势和防控

重要性，发布马铃薯病虫危害规律，大力宣传选用抗病脱毒优良品种的重要性，介绍实用防控技术。通过培训班、现场会等形式，及时发放马铃薯病虫害防控宣传资料，让马铃薯种植大户掌握本地病虫害发生情况、了解最新病虫害防控技术，有效地指导了病虫害的防控工作。据统计，陕西省共举办马铃薯晚疫病防治技术专场培训会40多场次，印发各类宣传材料4万余份，培训人员1.5万多人次，开展电视、广播预报60期，普及、推广了病虫防治技术，促进了防治工作的有序开展；河北省举办培训班80余场次，培训人员近一万人次，特别是对专业化防治队进行统一的业务培训，大大提高了技术到位率和整体控害水平。

（五）持续推进绿色防控与统防统治相融合

各主产省区持续推进农作物病虫害专业化统防统治与绿色防控融合试点示范工作，研究提出适合本地专业化防治与绿色防控融合推进机制，带动大面积病虫害专业化统防统治与绿色防控工作的开展。在各地植保专业合作社的协作下，积极推广高效、低毒、低残留农药，在马铃薯晚疫病防治关键时期，按照统一组织、统一发动、统一时间、统一技术、统一实施的"五统一"原则，大力开展马铃薯晚疫病统防统治与绿色防控融合，客观上减少了化学农药的投入，使得田间生态环境得到了改善。

三、存在问题

（一）财政投入区域间不平衡，基施设施建设滞后

目前，尽管国家财政每年对重大病虫监测、防治给予一定数额的补助，但对于一些地方财政比较困难的种植大省还是杯水车薪，工作经费严重不足。例如，在马铃薯晚疫病预警技术推广方面，目前全国植保系统建设的站点只有401个，指导应用面积不足1 000万亩；西南、西北地区贫困地区较多，市县财政困难，农民收入水平低，让地方财政和农民投入大量资金用于晚疫病的防控，难度较大。建议增加资金投入，加强和气象等部门合作，同时注重薯农在马铃薯病虫害防控工作中的主体地位。持续的资金投入可以不断促进马铃薯病虫害防控技术，特别是物理防治和生物防治等绿色防控技术的推广应用，打造优质品牌，实现优质优价，让薯农真正享受到技术发展带来的红利，从而形成技术推广的良性循环。

（二）植保药械落后，机械化水平低

目前，广大马铃薯种植农户受财力、物力和认识程度的影响，缺乏控害减灾的配套设施，防御自然灾害能力弱，尤其在施药机械上落后，机械化水平偏低。在生产上，低容量静电喷雾药械具有雾化效果好、防效高及节药、节水、节工等诸多优点，但是价格相对较高、推广难度大。建议加大植保机具补贴力度，提升植保药械水平。

（三）基层专业技术匮乏，专业人员严重不足

马铃薯种植区多处于我国经济相对欠发达地区，受地理环境、防治习惯等影响，部分地区的薯农在马铃薯病虫害防控意识上还较为欠缺，而马铃薯病虫害防控技术性极强，在农户主动防控意识还不够高的实际情况下，宣传培训、技术指导在马铃薯病虫害防控中显得尤为重要，但防控资金主要用于采购防控农药、器械和施药补助，未列支技术培训及田间指导费用，导致基层因工作经费紧缺，无法很好地开展培训指导工作。同时，基层特别是乡镇农技服务人员缺失，使得病虫情报信息、科学的防治方法无法及时有效地普及到户，有时因此错过防治关键时期而造成较大损失。建议在马铃薯病虫害防控投入中列支一定额度的技术培训经费，以支持基层开展技术指导工作，同时多渠道开展宣传，充分调动薯农的生产积极性。

2018年全国蝗虫防控工作总结

2018年全国治蝗工作认真贯彻落实全国农区蝗虫可持续治理会议精神，依照《全国蝗虫灾害可持续治理规划（2014—2020年）》要求，严格落实属地防控责任和蝗情值班报告制度，实现了“飞蝗不起飞成灾，土蝗不扩散危害，入境蝗虫不二次起飞”的治蝗目标，为确保农业生产安全、生态安全和边境地区的稳定发展做出了重要贡献。

一、总体概况

2018年，全国蝗虫总体中等偏轻发生，局部地区中等偏重发生。据统计，全国飞蝗发生面积1 503.3万亩次、防治面积988.4万亩次，挽回损失15.28万吨，实际损失3.8万吨。其中，东亚飞蝗发生面积1 348.46万亩次，防治面积843.6万亩次，挽回损失15.17万吨，实际损失3.79万吨；亚洲飞蝗发生面积29.17万亩次，防治面积17.71万亩次，挽回损失209.77吨，实际损失131.67吨；西藏飞蝗发生面积125.66万亩次，防治面积127.09万亩次，挽回损失937.40吨，实际损失147.36吨；土蝗发生面积2 500.62万亩次，防治面积803.38万亩次，挽回损失7.45万吨，实际损失5.38万吨。

一是东亚飞蝗常发区蝗情持续减轻，非传统蝗区突发高密度蝗情。以环渤海湾沿海、黄河滩区、华北内涝湖库区以及海南岛蝗区为代表的主发区，发生面积和发生程度逐年下降。山东省峡山区水库滩涂2017年秋季发生东亚飞蝗为害，为2018年蝗虫发生提供了大量虫源，导致2018年夏季蝗虫暴发。据监测调查，库区滩涂有5处发生东亚飞蝗，发生面积3万亩，其中高密度蝗虫发生面积7 000亩，一般每平方米蝗虫50～60头，最高每平方米蝗虫达100头以上，远远大于每平方米蝗虫0.5头的防治指标，且虫龄较高，成虫比例达60%以上。

二是西藏飞蝗中等发生，局部重发生。四川甘孜藏族自治州、阿坝藏族羌族自治州和西藏大部、青海玉树等地中等偏轻发生，西藏阿里地区局部重发生。在阿里地区，西藏飞蝗发生区域约2.9万亩，其中噶尔县2.875万亩、日土县272亩，重发区1.6万亩，每平方米蝗虫50～400头，最高密度为每平方米700头以上，飞蝗密度高，蝗群大，龄期极其不整齐，发生地为河流、草原及灌木丛生，海拔4 200米以上，防治难度较大。

三是亚洲飞蝗偏轻发生。黑龙江、吉林农安、新疆阿勒泰、塔城、吐鲁番、阿克苏、喀什等地发生较轻。

四是北方农牧交错区土蝗中等偏轻发生。河北、山西、内蒙古、辽宁、黑龙江等地区总体发生较轻，内蒙古呼和浩特市武川县农田周边草滩虫口密为5～20头/米^2，最高达80头/米^2，农田虫口密度为40～60头/米^2，最高达100头/米^2；固阳县、达茂旗一般虫口密度为10～24头/米^2，最高达50头/米^2；锡林郭勒盟南部旗县农田及周边草滩虫口密度为10～30头/米^2，最高达65头/米^2。

二、治蝗工作措施

一是加强组织领导和动员部署。在治蝗工作开展之前，农业农村部蝗灾防治指挥部办公室就根据农业农村部及有关蝗区工作人员变动情况和工作需要，对指挥部和省级治蝗指挥机构有关人员进行了调整。2018年3月，全国农业技术推广服务中心组织专家会商，印发《2018年农区蝗虫防控技术方案》，5月底，农业农村部蝗灾防治指挥部办公室（全国农业技术推广服务中心）主任主持召开指挥部办公室会议，部署了2018年蝗虫防控工作。6月，全国农业技术推广服务中心印发了《全国农区2018年蝗虫可持续治理工作要点》，并于上旬在河南郑州召开全国农区蝗虫可持续治理会议，分析蝗虫发生态势，安排部署蝗虫防治工作。8 月底，在北京邀请专家召开了水源保护地蝗虫防控会，研讨水源保护地蝗虫防控针对性措施。各省治蝗机构主动作为，防患于未然，如广西壮族自治区农业农村厅组织开展全区农业重大有害生物突发事件应急预案演练，根据灾情模拟启动应急响应，载人直升机、植保无人机、水旱两用自走式喷杆喷雾机、手动式喷雾器等施药设备同时开始大面积防控作业，检验了植保应急防控队伍。

二是强化蝗情监测和防治技术指导。农业农村部和各蝗区均建立健全了蝗情报告和治蝗值班制度，公布治蝗值班电话、传真和电子信箱，确保治蝗信息畅通。在蝗虫发生与防治的关键期间，严格实行值班制度和蝗情报告制度，安排专人负责值班，全面准确地掌握蝗虫的发生动态，为治蝗指挥部决策和地方防控工作提供及时、准确、全面的信息。山东、西藏在发现高密度蝗群后，各级农业、草原、植保部门尽职尽责，第一时间组派专家到现场指导防治，确保防治效果、不留隐患。据统计，农业农村部和各地先后派出督导及技术指导组 252 个，发布治蝗有关情报 685 期，出动人员 26 万人次，圆满完成了监测和防治任务。

三是注重推广绿色治蝗技术。近年治蝗工作中，持续强化绿色防控在蝗虫可持续治理中的重要作用，中央蝗虫防控补助资金优先支持选择蝗虫绿色防控技术，保证飞机防治全部采用生物农药。在蝗虫中低密度发生区、湖库及水源区、自然保护区和绿色农畜产品生产基地，大力推广微孢子虫、绿僵菌、印楝素、苦参碱等生物防治技术，有条件地区因地制宜应用生态控制技术，加大蝗区面貌改造力度。各地大力推广应用微生物农药、植物源农药、低毒低残留化学农药替代高毒高残留农药，推行精准科学施药和专业化统防统治。新疆等地区积极采用招引粉红椋鸟治蝗、牧鸡牧鸭治蝗等天敌保护利用技术。

四是提高信息化治蝗水平。全国农业技术推广服务中心会同中国科学院遥感与数字地球研究所、中国农业大学等有关单位在全国各蝗区应用卫星遥感技术对东亚飞蝗常发区进行区划，定量提取蝗区分布范围及面积，并结合蝗区生境条件划分核心蝗区和一般蝗区，完善勘测模型，逐步应用于防治指导。制定并发布了《蝗虫滋生区数字化勘测技术规范》（全文附后），在成都举办了全国蝗虫防控信息系统和蝗区数字化勘测技术培训班，对蝗虫信息化勘测技术等进行了培训。

五是开展蝗灾治理国际合作。继续巩固中哈治蝗双边合作机制，双方交换 3 期边境地区蝗虫发生和防治信息。2018 年 7 月中旬，哈萨克斯坦治蝗专家在我国新疆开展蝗虫联合调查工作，农业农村部蝗灾防治指挥部办公室（全国农业技术推广服务中心）主任专程赴新疆会见，并在伊犁召开中哈两国边境地区蝗虫联合调查交流会；11 月中旬，中方调查组参访了东哈萨克斯坦州和阿拉木图州蝗虫监测与防治机构，在中哈边境线实地调查了哈方蝗虫防治效果，并在阿拉木图市举办了联合调查工作交流会。会同中国科学院一道参与的中英牛顿基金国际合作项目“主要作物病虫害遥感监测与防治方法研究”持续开展，在蝗虫野外监测和绿僵菌生物防治模型构建方面取得显著进展，进一步提高了治蝗信息化水平。

近年，治蝗工作取得显著成绩，蝗虫发生面积和发生程度逐年下降，但非重点蝗区突发蝗情的可能性依然存在，常发区在组织发动、经费安排、专技人员配备等方面均存在不同程度的松懈现象，蝗区生态环境日趋复杂，查蝗员交通工具受限，治蝗人员新老交替等因素存在，要求我们不能放松警惕，要牢固树立长期治蝗、可持续治理的思想。

附：《蝗虫滋生区数字化勘测技术规范》

1 范围

本标准规定了蝗虫滋生区数字化勘测技术的术语和定义、勘测方法、勘测内容和蝗虫滋生区专题图制作。

本标准适用于我国农区及农牧交错区蝗虫的滋生区勘测。

2 规范性引用文件

下列文件对于本文件的应用是必不可少的。凡是注日期的引用文件，仅注日期的版本适用于本文件。凡是不注日期的引用文件，其最新版本（包括所有的修改单）适用于本文件。

GB/T 34975—2017 信息安全技术　移动智能终端应用软件安全技术要求和测试评价方法

NY/T 2736—2015 蝗虫防治技术规范

3　术语和定义

GB/T 34975—2017、NY/T 2736—2015 界定的以及下列术语和定义适用于本文件。为了便于使用，本文件重复列出了相关术语和定义。

3.1

飞蝗 locusts

指能够远距离迁飞和聚集成群的蝗虫。在我国主要包括东亚飞蝗［*Locusta migratoria manilensis*（Meyen)］、亚洲飞蝗［*Locusta migratoria migratoria*（Linnaeus)］和西藏飞蝗［*Locusta migratoria tibetensis* Chen］。

［NY/T 2736—2015，定义 3.1］

3.2

土蝗 grasshoppers

直翅目蝗总科除飞蝗属和沙漠蝗属以外的蝗虫。

［NY/T 2736—2015，定义 3.2］

3.3

蝗虫滋生区 breeding region of locusts and grasshoppers

具有稳定适宜蝗虫栖息和繁殖条件的区域。该区域常年有蝗虫发生，判定蝗虫发生的标准为东亚飞蝗发生密度 0.5 头/米^2 以上，亚洲飞蝗、西藏飞蝗发生密度分别为 1 头/米^2 以上，土蝗混合种群发生密度 10 头/米^2 以上。

3.4

移动智能终端 smart mobile terminal

接入公众移动通信网络、具有操作系统、可由用户自行安装和卸载应用软件的移动通信终端产品。

［GB/T34975—2017，定义 3.1］

3.5

蝗虫滋生区边界点 boundary points in the breeding regions of locusts and grasshoppers

蝗虫滋生区边界的所有经纬度坐标点。

3.6

飞防障碍物 obstacle for aerial control

在蝗虫滋生区内影响飞防作业的地物和工程设施的统称。分为点状飞防障碍物、线状飞防障碍物、面状飞防障碍物。

3.7

点状飞防障碍物 punctate obstacle for aerial control

超过农用航空器作业的最低高度、具有一对坐标标识影响飞机作业的地物。

3.8

线状飞防障碍物 linear obstacle for aerial control

超过农用航空器作业的最低高度、具有 2 对及以上首尾不相连的坐标标识，影响飞机作业的地物。

3.9

面状飞防障碍物 areal obstacle for aerial control

具有 3 对及以上首尾相连的坐标标识，影响飞机作业的地物。

3.10

蝗虫滋生区专题图 thematic map of breeding region of locusts and grasshoppers

用于反映蝗虫滋生区边界、面积和飞防障碍物等信息的地图。

3.11

数字化勘测 digitized survey

采用具有全球导航卫星定位系统（GNSS）、精度优于5米的移动智能终端，采集蝗虫滋生区边界点和飞防障碍物的经纬度坐标及飞防障碍物信息。

4 勘测方法

4.1 勘测软件

安装具备蝗虫滋生区勘测技术需要的软件，且具有以下性能：

(a) 调用移动智能终端的GNSS；

(b) 调用拍照功能；

(c) 调用1∶50 000地图服务；

(d) 每90秒采集1次GNSS值。

4.2 数据采集

4.2.1 边界

填写待勘测蝗虫滋生区的名称，环绕蝗虫滋生区边界移动勘测，直线勘测速度小于20千米/时，转弯勘测速度小于10千米/时。

4.2.2 飞防障碍物

4.2.2.1 点状飞防障碍物

至点状飞防障碍物处，获取经纬度坐标，输入蝗虫滋生区名称，填写障碍物信息。

4.2.2.2 线状飞防障碍物

从线状飞防障碍物一个端点处开始，获取经纬度坐标，沿着线状障碍物勘测，到另外一个端点结束。直线勘测速度小于20千米/时，输入蝗虫滋生区名称，填写障碍物信息。

4.2.2.3 面状飞防障碍物

环绕面状飞防障碍物边界勘测，直线勘测速度小于20千米/时，转弯勘测速度小于10千米/时，输入蝗虫滋生区名称，填写障碍物信息。

5 勘测内容

5.1 蝗虫滋生区信息

优势蝗虫种类、天敌种类、优势植物种类、植被覆盖度、地形、土壤类型、水文条件、蝗虫滋生区照片等。

5.2 飞防障碍物信息

障碍物名称、高度、长度、面积和照片等。

6 蝗虫滋生区专题图制作

移动智能终端采集的信息上传至蝗虫滋生区信息管理系统软件，应用该软件制作蝗虫滋生区专题图。

蝗虫滋生区信息管理系统参见附录A。

附录A（资料性附录）

蝗虫滋生区信息管理系统

A.1 主要功能

A.1.1 用户管理

依据属地管理原则，设计本软件所使用的用户，编辑用户信息。

A.1.2 蝗虫滋生区管理

A. 1. 2. 1　基础信息管理

滋生区类型、命名、编码和概要信息等。

A. 1. 2. 2　障碍物管理

编辑障碍物和障碍物概要信息。

A. 1. 2. 3　专题图制作

选定省（市、县、关注区域）制作所关注区域的专题图。

A. 1. 2. 4　蝗虫滋生区检索

采用图属互查方法，以不同关键信息检索蝗虫滋生区信息。

A. 1. 2. 5　统计分析工具

具备以不同关键信息进行分类、汇总、排序、求和和计数等常用统计功能。

A. 1. 2. 6　测量工具

具备测量长度、周长、面积的功能。

A. 1. 2. 7　统计图表工具

具备制作柱图、饼图和折线图等统计图的功能。

具备自定义统计表内容的功能。

A. 2　系统运行约束

A. 2. 1　地图数据服务精度

比例尺不小于 1∶50 000。

A. 2. 2　数据交互

与蝗虫滋生区采集系统数据实时交互。

A. 2. 3　软件运行环境约束

A. 2. 3. 1　软件环境

Windows Sever 2003 及以上环境。

A. 2. 3. 2　硬件环境

CPU：1 吉赫以上；

硬盘空间：50 G 以上；

内存：2 G 以上。

2018 年中哈治蝗合作项目工作总结

2018 年，在国际合作司和其他司局指导下，全国农业技术推广服务中心组织有关项目参加单位，及时开展边境地区蝗虫联合调查，及时与哈方交换边境蝗情信息，为中哈边境地区蝗虫联合监测工作配备蝗虫监测调查设备，有效阻止了边境蝗虫相互迁飞为害，保护了边境地区农牧业生产安全。

一、完成的主要工作

一是完成中方边境地区蝗虫联合调查活动。2018 年 7 月 10～17 日，哈萨克斯坦农业部派出 7 名治蝗专家，分赴我国新疆伊犁、博尔塔拉、塔城和阿勒泰等边境地区，开展了 2018 年中哈边境中国境内蝗虫联合调查工作。农业农村部蝗灾防治指挥部办公室主任专程到新疆参与联合调查工作，并督导中方边境蝗虫防控工作，并在伊犁召开中哈两国边境地区蝗虫联合调查交流会。哈萨克斯坦工作组查看了中方蝗虫防治效果，参观了草原蝗虫监测与防控机构，高度赞誉中国边境蝗虫防控工作和成效，并对中方生物治蝗技术和经验表示浓厚的兴趣和引进意愿。

二是完成边境地区蝗情调查与交换。2018 年 6～8 月，中方在与哈萨克斯坦交界的伊宁、塔城、布尔津等 20 余个地区定点定期开展了意大利蝗、亚洲飞蝗、西伯利亚蝗等主要蝗虫发生和防治情况调查工作，并与哈方相互交换了边境地区蝗虫发生和防治信息 3 期。

三是开展了中哈边境蝗虫联合监测。采购了 13 台蝗虫监测调查设备，用于边境地区蝗虫联合监测工作，并组织蝗虫监测人员参加了蝗区数字化勘测技术培训。

四是完成哈方边境地区蝗虫联合调查活动。2018 年 11 月 13～20 日，由全国农业技术推广服务中心牵头组团，会同全国畜牧总站和新疆维吾尔自治区畜牧厅治蝗灭鼠指挥部办公室以及新疆阿勒泰、博尔塔拉蒙古自治州治蝗办等单位选派 7 名专家组成工作组，分赴哈萨克斯坦东哈萨克斯坦州和阿拉木图州中哈边境地区，调查了哈萨克斯坦境内与我国接壤地区蝗虫发生和防治情况。调查组参访了东哈萨克斯坦州和阿拉木图州蝗虫监测与防治机构，实地调查了东哈萨克斯坦州与我国毗邻的阿亚古兹、塔尔巴哈泰、库尔丘姆、乌尔加、斋桑等 5 个地区，以及阿拉木图州与我国毗邻的阿拉库勒县、热依姆别克县、伟古尔县、番菲洛夫县、塔尔迪库尔干等 5 个地区的蝗区，并到中哈边境线实地调查了哈方蝗虫防治效果。在阿拉木图市举办了联合调查工作交流会，并就 2019 年拟在我国深圳召开的中哈合作治蝗第九次联合工作组会议和第七次专家技术研讨会筹备事宜进行了友好协商，达成共识。通过调查，确认了中哈边境地区哈萨克斯坦境内蝗虫防控效果良好，没有出现蝗虫迁飞进入我国的情况，确保了中哈边境地区农牧业生产安全。

二、取得的主要成效

一是及时掌握了中哈边境地区蝗情。经过与哈方蝗情信息交换和边境地区蝗虫联合调查，我们了解到，2018 年中哈边境地区气温与常年相似，亚洲飞蝗、意大利蝗和西伯利亚蝗出土正常，蝗虫发生普遍，局部发生高密度蝗情，均未成灾，2018 年在中哈边境，中方境内共发生蝗虫面积 913.1 万亩。哈方境内东哈萨克斯坦州蝗虫发生面积 408 万亩，其中亚洲飞蝗发生面积 121.5 万亩，意大利蝗发生面积 119 万亩，西伯利亚蝗发生面积 120.5 万亩；阿拉木图州蝗虫发生面积 543.6 万亩，其中亚洲飞蝗发生面积 41.5 万亩，意大利蝗发生面积 298.5 万亩，西伯利亚蝗发生面积 275.3 万亩。2018 年中哈双方均未出现亚洲飞蝗相互迁飞跨境为害的情况。

二是有效推动了双方边境地区蝗虫防治。通过边境地区蝗情调查，及时掌握了中哈边境地区蝗虫发生动态，适时开展防治行动。2018 年，我国在中哈边境地区共防治意大利蝗、亚洲飞蝗、西伯利亚蝗等 3 种主要蝗虫面积 179.34 万亩，其中生物防治面积 178.04 万亩，防效达 80%以上，有效地控制了蝗虫为害。哈萨克斯坦边境东哈萨克斯坦州防治蝗虫 265.7 万亩，阿拉木图州中哈边境地区防治蝗虫 375.8 万亩。防治工作主要在哈方边境线境内进行，意大利蝗、亚洲飞蝗等主要蝗虫得到了有效的控制，避免了蝗虫迁飞进入我国为害。

三是提高了边境蝗虫联合监测与绿色防控水平。我国在中哈边境地区建立了蝗虫绿色防控示范区，开展牧鸡牧鸭、保护利用粉红椋鸟和生物防治等绿色治蝗技术试验示范，并结合联合调查，邀请哈方人员参观，得到哈方的认可。累计为中哈边境蝗虫联合调查人员配备蝗虫调查设备 50 多台，捐赠哈方专用蝗虫监测调查设备 25 台，提高了中哈边境蝗虫监测信息化水平。

四是保护了边境地区农牧业生产、生态环境安全和社会稳定。中哈双方通过联合治蝗，减少了蝗灾对边境地区畜牧业和农业生产的影响，同时通过推广绿色治蝗技术，减少了化学农药的使用，保护了蝗区生态环境，对确保边境地区农牧民安居乐业、社会稳定发挥了积极的作用。

果蝇、实蝇绿色防控工作总结

2018 年农业技术试验示范项目果蝇、实蝇绿色防控工作总结

2018 年，全国农业技术推广服务中心病虫害防治处承担了农业农村部财务司下达的农业技术试验示范项目，主要开展果蝇、实蝇发生种群动态调查和防控技术试验示范及果蝇、实蝇防控调研和咨询服务等工作。主要工作内容包括以下方面。

防控调查：在果蝇、实蝇发生期间，赴湖南、湖北、山东等发生区域进行发生、为害、防控情况调查研究。

技术试验示范：2018 年在湖南永顺、湖北枝江、重庆万州建立柑橘大实蝇绿色防控示范区开展示范培训活动；在贵州修文建立柑橘小实蝇绿色防控技术试验示范点；在云南石屏、湖北十堰建立斑翅果蝇示范点。主要试验、示范推广食物诱杀、性信息素诱杀、天敌释放为主的绿色防控技术。每个示范点面积 500～1 000 亩，每个示范点举办一次现场培训，辐射带动 3 万亩。

咨询服务：委托云南农业大学开展咨询服务，主要进行了进一步开展斑翅果蝇田间生物习性观察、成虫诱杀技术改进，探索了利用避雨设施的控害技术；通过开展技术示范与培训，进一步激发了果农学习新型栽培管理技术的热情，带动了害虫绿色防控技术的推广与应用以及技术培训和咨询服务。

一、开展广泛的培训和宣传，提高防控技术水平

按照工作计划和要求，各地开展了形式多样的培训和宣传活动。一是贵州省通过在龙场镇牛角土、谷堡镇平滩村和红星村设立 3 个猕猴桃实蝇固定监测点，通过监测在防控关键时期共计发布防控信息 5 期，及时组织发动果农开展防控。二是加强培训，通过加强与修文当地猕猴桃种植合作社、种植大户的合作，举办猕猴桃主要有害生物绿色防控技术培训会 4 期，培训 227 人次，发放资料 400 余份，提高了一线农技人员和种植农户的防控能力和绿色防控理念。湖南省永顺县把大实蝇绿色防控与精准扶贫有机结合，全年共举办技术培训 25 次，培训橘农及机防手 2 280 人次，示范区实行全民机防手，发放技术资料 12 000 份，悬挂宣传条幅 30 条，办展板 25 块、展示牌 2 块，利用新闻媒体进行宣传报道 3 次。

二、建立示范区，提高防控效果和效益

在湖南永顺、湖北枝江、重庆万州、贵州修文建立实蝇绿色防控技术试验示范点，核心示范面积 2.7 万亩，辐射面积 23.52 万亩，平均虫果率 1.2%。万州经济损失控制在 7.04%，共减少损失 1 500 万余元，实现了发展橘产业带动精准扶贫的目标。永顺示范区减少虫果 0.6 万余吨，按 2.4 元/千克计算，共减少损失约 1 500 万元。

修文县建立柑橘小实蝇绿色防控技术示范区 1 个，核心示范面积 300 亩，辐射带动周边种植区果农开展柑橘小实蝇绿色防控 2.12 万亩。核心示范区内柑橘小实蝇的防治效果达 90.06%，经过治理虫果率由 15.42%下降至 4.6%。示范区施药次数减少 2～3 次，减少化学农药使用量 51.2%，减少了用工量，减轻了劳动强度，亩节约防治成本 30～50 元。经测产，示范区亩挽回产量 39.68 千克，按猕猴桃每千克 10 元计算，亩新增收 397 元。辐射带动农户防控区柑橘小实蝇防治效果达 85.7%，经过防控平均虫果率由 6.72%下降至 1.21%。通过项目实施，增加了农民收入，取得了较好的经济效益。

永顺县示范区2013年防控前蜜橘平均虫果率达46.5%，椪柑平均虫果率达18.8%，脐橙平均虫果率达66.2%。2018年防控后示范区平均虫果率下降到0.2%，辐射区平均虫果率降低了12.8个百分点，减少虫果0.6万余吨，按2.4元/千克计算，全县柑橘共减少损失约1 500万元。实现了发展柑橘产业带动精准扶贫的目标。创办大实蝇"两防"示范点，引领带动大面积科学防治。

枝江市在顾家店镇蔡家溪村创办柑橘大实蝇绿色防治与统防统治融合示范点1个，示范面积2 000亩，示范区大力推广"0.1%阿维菌素饵剂点喷诱杀成虫+虫果处理+统防统治"的防治技术模式；同时，各镇也举办了绿色防控示范点1～2个，大力推广生物农药和诱蝇球等绿色防控技术。通过示范，辐射带动大面积开展联防统治、群防群治。枝江市分别于6月1日、8日、15日、22日组织发动广大群众开展大实蝇喷药防治，全年实施绿色防控面积19.3万亩次，联防面积35.7万亩次。

十堰市开展斑翅果蝇防控技术示范。从3月26日开始正式定点挂糖醋液诱集监测樱桃斑翅果蝇，一直到樱桃全部采摘完（5月初）后的5月8日结束，同时建立了100亩的樱桃斑翅果蝇绿色防控示范区，辐射带动了周边两个区樱桃主要集中栽种村组约1.3万亩相继开展了绿色防控，并在樱桃开始成熟时首次应用新型生物药剂短稳杆菌防治果蝇的试验示范。示范区的虫果率为0～0.21%，辐射防控区的虫果率为0.31%～0.54%，未防控区（包含市场销售的）的虫果率为0.63%～0.98%。

三、结合精准扶贫，实行整体推进

湖南省永顺县结合精准扶贫，实行整体推进。为了确保整体防治效果，在小溪镇、芙蓉镇示范区，把精准扶贫与大实蝇绿色防控有机结合，建档立卡，实行整乡（镇）整村推进，共涉及18村（居委会）84组，共2 276户，面积达2.4万亩（其中小溪镇2.3万亩、芙蓉镇0.1万亩），同时2018年9～11月在全县处理虫果面积3万亩，免费发放大实蝇虫果处理袋6.0万个、敌百虫2.0吨，实现防控工作安全、高效、环保的目标。

四、积极开展生物防治，提高生态效益

项目实施按照"科学植保，绿色植保，以人为本"的理念，大力示范推广绿色防控技术，选用了100亿孢子/毫升短稳杆菌替代了常规使用化学农药，在示范区中选择30亩地开展100亿孢子/毫升短稳杆菌悬浮剂800倍液防治效果调查试验，结果显示平均防治效果为65.49%，证明短稳杆菌对猕猴桃园柑橘小实蝇有较好的防治效果。据统计，每亩减少化学农药使用次数2～3次，减少化学农药使用量51.2%。项目的实施，做到了对柑橘小实蝇的可持续治理，减轻环境污染，有益于环境保护和有益生物保护，切实维护生态平衡，达到了项目预期效果。

五、存在的问题

（一）防治工作开展不平衡，潜在风险大

由于柑橘大实蝇具有能够飞行、易于扩散的生物学特点，并且主要采取食物诱杀等技术措施，所以不能单户防控，需政府主导进行统防统治，在当今农村种植制度下，如无政府投入，加上果品市场价格波动影响农户防控积极性，防治效果易造成反弹。柑橘主产区开展联防联控的地方防控工作做得好的，如湖北宜昌市、丹江口及重庆、湖南等部分柑橘主产县；而其他非柑橘主产区以及山区零星产区，防控重视程度不够，虫源基数高。

（二）传播扩散风险加大

由于柑橘品种、气候等种植条件的变化及物流等传播途径的多样化造成大实蝇的扩散和突然暴发的潜在风险进一步加大。虽然加大了检疫及防控的力度，创新防控措施，运用绿色防控集成技术在主要发生区控制了柑橘大实蝇的为害，降低了损失，但虫源不能消除，始终存在扩散的隐患。柑橘主产区要高

度重视实蝇监测工作，争取早发现、早谋划、早处置。

（三）认识不到位，缺乏防控的主动性和持续性

由于对果蔬实蝇为害认识不到位，农户一般要在虫量累积到较高水平后会主动才开展防控，缺乏防控的主动性，极易出现高虫量虫源地。同时，一旦防控取得效果，虫量降低后，农户缺乏防控的持续性，导致果蔬实蝇发生与为害反复出现。此外，柑橘价格也在一定程度上影响农户防控的主动性。建议加大宣传力度，让农户主动参与防控。

（四）缺乏工作经费支持

实蝇类成虫飞翔能力较强，常规单家独户分散防治方式效果不好，若一户不防治或者一些庭院门前零散橘树没防治等都会对整个实蝇的防治效果有较大影响，必须统防统治和联防联治。因此，在防控工作的组织管理上需要经费支持。此外，柑橘小实蝇、南亚实蝇等实蝇的防控技术研究和集成方面以及加强对公众的宣传和引导，也是目前需要加强重视的工作。

2018年永顺县柑橘大实蝇绿色防控技术集成创新与示范项目工作总结

永顺县位于湖南省西北部、湘西土家族苗族自治州北部，属国家扶贫开发工作重点县，也是武陵山片区区域发展与扶贫攻坚试点县和湘西土家族苗族自治州最大的农业生产县。柑橘种植面积15.8万亩，其中椪柑12万亩、脐橙2.5万亩、蜜橘0.8万亩、柚类0.5万亩，主要分布在芙蓉、小溪、灵溪、首车、颗砂、泽家等个6个乡镇，以连片和分散形式种植。近年来由于种种原因柑橘大实蝇已成为永顺县柑橘生产上的主要虫害之一，并呈逐年加重的趋势。据统计，2013年全县柑橘大实蝇发生面积达4.2万亩，平均虫果率达22.3%，严重的达95%，全县因大实蝇落果达2.5万余吨。2018年受全国农业技术推广服务中心委托，永顺县植保植检站承担了柑橘大实蝇绿色防控技术集成创新与示范项目，现将项目实施情况总结如下。

一、各级部门高度重视

为了加强柑橘大实蝇绿色防控工作，在植保部门的大力支持下，2018年永顺县植保植检站积极向县委、县政府、人大、政协等相关部门汇报有关柑橘大实蝇在永顺县的为害情况，得到了县委、县政府高度重视，在全国农业技术推广服务中心项目资金的支持下，永顺县人民政府从财政资金中划拨资金10万元用于柑橘大实蝇绿色防控工作，同时整合省级移民专项资金138万元用于柑橘大实蝇绿色防控。

二、加强组织领导

县、乡（镇）成立柑橘大实蝇防控领导小组，县里成立柑橘大实蝇绿色防控工作指挥部，由主管农业副县长任指挥长，移民局、农业农村局、财政局、审计局、县纪委、乡镇人民政府相关负责人为副指挥长，组织实施由县移民局牵头，县农业农村局负责项目实施的具体工作（包括柑橘大实蝇防控技术培训、定点虫情测报、扶持柑橘合作社进入专业化统防统治服务领域、大力推行柑橘大实蝇联防联控等事宜)；实行“政府领导、部门组织、新型农业主体负责、农户参与”的防控合作模式。

三、加大宣传发动，注重技术培训

重视柑橘大实蝇防控工作重要性的宣传发动，全方位地搞好技术培训，实行统防统治、联防联控。把柑橘大实蝇绿色防控与精准扶贫有机结合，全年共举办技术培训25次，培训橘农及机防手2 280人次，示范区实行全民机防手，发放技术资料12 000份，悬挂宣传条幅30条，办展板25块、展示牌2块，利用新闻媒体进行宣传报道3次。

四、大力推广两项绿色防控技术

近几年的实践证明，成虫诱杀、捡拾并无害化处理虫果是防治柑橘大实蝇上两项行之有效的绿色防控技术。第一，在柑橘大实蝇羽化始盛期至盛末期用0.1%阿维菌素饵剂，采用树冠点喷诱杀；第二，在落果期（一般为9月底至11月）全面实行捡拾虫果并无害化处理虫果；第三，加强了对柑橘交易市场等流通场所的监管与指导，严防虫果入市。

五、确保“一落实两统一”，实行统防统治、联防联控

对柑橘大实蝇这种防治要求高、防治时间长、防治难度大的害虫，实行“政府领导、部门组织、公司负责、农户参与”的防控合作模式，一定区域内的统防统治、联防联控的防治效果都要明显好于单家独户分散防治。要达到好的防治效果必须确保“一落实两统一”。“一落实”，即防控面积落到实处，不留死角死面；“两统一”，即统一防控物质、统一施药时间。

六、结合精准扶贫、实行整体推进

为了确保整体防治效果，在小溪镇、芙蓉镇示范区，把精准扶贫与柑橘大实蝇绿色防控有机结合，建档立卡，实行整乡（镇）整村推进，共涉及 18 村（居委会）84 组，共 2 276 户（其中精准扶贫户 1 306 户，移民 870 户），面积达 2.4 万亩（其中小溪镇 2.3 万亩、芙蓉镇 0.1 万亩），同时 2018 年 9～11 月在全县处理虫果面积 3 万亩，免费发放大实蝇虫果处理袋 6.0 万个、敌百虫 2.0 吨，实现防控工作安全、高效、环保的目标。

七、资金的使用情况

全国农业技术推广服务中心项目总投入专项资金 3 万元。具体使用在：①技术资料印刷 0.39 万份，需经费 0.39 万元；②柑橘大实蝇绿色防控示范区购买防控物质，需经费 0.8 万元；③开展试验及技术培训会，需经费 1.0 万元；④开展相关工作，需经费 0.81 万元（包括差旅费、交通费、劳务费等其他费用）。

八、成效显著

1. 经济效益 示范区 2018 年防控前蜜橘平均虫果率达 46.5%，椪柑平均虫果率达 18.8%，脐橙平均虫果率达 66.2%。2018 年防控后示范区平均虫果率下降到 0.2%，辐射区平均虫果率降低了 12.8 个百分点，减少虫果 0.6 万余吨，按 2.4 元/千克计算，全县柑橘共减少损失约 1 500 万元。实现了发展柑橘产业带动精准扶贫目标。

2. 生态效益 柑橘大实蝇绿色防控技术集成创新与示范项目遵循“绿色植保、公共植保”方针，符合生态农业持续发展要求，以精准施药技术替代传统落后的施药技术，农药使用量减少 50%以上，实现了农药“零增长”，生态环境得到明显改善。

3. 社会效益 该项目实施以来，柑橘品质明显提高，产业得到健康、持续发展；通过与精准扶贫有机结合，有效控制柑橘大实蝇发生和为害，提高了柑橘大实蝇防治工作的预见性、主动性和科学性，确保了永顺县柑橘生产安全和广大橘农增产、增收。未发生因柑橘大实蝇为害引起的群体性事件，实现社会稳定、百姓安居乐业。

九、存在问题

在柑橘大实蝇工作中，由于永顺县柑橘大实蝇发生面积大、分布广、涉及农户多，经费紧张，防控工作难度较大。

2018年农业技术试验示范与服务支持项目委托业务项目总结报告

2018年，贵州省承担全国农业技术推广服务中心农业技术试验示范与服务支持项目，开展实蝇类害虫绿色防控技术集成创新与示范工作。通过扎实工作，取得了明显成效，现总结如下。

一、资金使用情况

根据项目委托合同，全国农业技术推广服务中心下发贵州省植物检疫植物保护站农业技术试验示范与服务支持项目资金4万元，主要用于开展柑橘小害虫绿色防控技术集成创新与示范工作。其中，站内统一采购了3.96万元的果实蝇专用诱引饵剂、自控式害虫诱捕器，以及柑橘小实蝇性诱剂、信息素粘虫板、可降解黄板和100亿孢子/毫升短稳杆菌悬浮剂用于监测防控，0.04万元用于调查的差旅费。省、市、县三级共计投入调查与防控差旅费、示范牌制作及培训费用约1万元。贵阳市修文县植保站从其他项目中争取了5万元的防控器械、药剂。

二、资金使用成效及经验

（一）资金使用成效

（1）经济效益显著。在修文县谷堡乡下硐村建立柑橘小实蝇绿色防控技术示范区1个，核心示范面积300亩，辐射带动周边种植区果农开展柑橘小实蝇绿色防控2.12万亩。核心示范区内柑橘小实蝇的防治效果达90.06%，经过治理虫果率由15.42%下降至4.6%。示范区施药次数减少2～3次，减少化学农药使用量51.2%，减少了用工量，减轻了劳动强度，亩节约防治成本30～50元。经测产，示范区亩挽回产量39.68千克，按猕猴桃每千克10元计算，亩新增收397元。辐射带动农户防控区柑橘小实蝇防治效果达85.7%，经过防控平均虫果率由6.72%下降至1.21%。通过项目实施，增加了农民收入，取得较好的经济效益。

（2）社会效益显著。一是通过在龙场镇牛角土、谷堡镇平滩村和红星村设立3个猕猴桃实蝇固定监测点，通过监测在防控关键时期共计发布防控信息5期，及时组织发动果农开展防控。二是加强培训，通过加强与修文当地猕猴桃种植合作社、种植大户的合作，举办猕猴桃主要有害生物绿色防控技术培训会4期，培训227人次，发放资料400余份，提高了一线农技人员和种植农户的防控能力和绿色防控理念。三是推进联防联治，在防控关键时期，以专业合作社为单位，统一推进防控工作，实现了柑橘小实蝇绿色防控的整体推进。

（3）生态效益显著。项目实施按照“科学植保，绿色植保，以人为本”的理念，大力示范推广绿色防控技术，选用了100亿孢子/毫升短稳杆菌替代了常规使用化学农药，减少化学农药的使用次数和施用量，降低防治成本。据统计，每亩减少化学农药使用次数2～3次，减少化学农药使用量51.2%。项目的实施，做到了对柑橘小实蝇的可持续治理，减轻环境污染，有益于环境保护和有益生物保护，切实维护生态平衡，达到了项目预期的效果。

（4）生物农药面上防控调查试验效果较好。在示范区中选择30亩地开展100亿孢子/毫升短稳杆菌悬浮剂800倍液防治试验，结果显示平均防控效果为65.49%，证明短稳杆菌对猕猴桃园柑橘小实蝇有较好的防治效果。接下来将对施药时间、施药气候环境因子等进行研究。

（二）主要经验

1. 加强组织领导，强化责任落实 承接项目后，贵州省植物检疫植物保护站制定了项目实施方案，明确了防控目标和工作任务。项目实施期间，该站 3 次赴示范区检查、指导工作，进一步推进了项目实施。

2. 整合资源，加大支持 为切实做好实蝇类害虫绿色防控技术集成创新与示范工作，省、市、县三级共计投入调查与防控差旅费、示范牌制作及培训费用约 1 万元。贵阳市修文县植保站从其他项目中争取了 5 万元的防控器械、药剂，累计投入经费 10 万元，极大地推动了示范区各项工作正常开展。

3. 示范带动作用明显 通过示范带动，示范区周边果农直观地认识到了开展监测与防控的重要性及获得的经济效益，主动参与到防控工作中，使示范区周边柑橘小实蝇发生为害明显减轻，防控取得了良好的成效。

4. 加大宣传培训和技术指导 搞好宣传培训是确保防控效果的关键，只有领导重视、农户掌握防控技术，把群众发动起来，才能真正地做好防控工作。

三、问题及建议

1. 技术推广面不足 虽然贵州省是柑橘小实蝇的老发生区，但柑橘小实蝇在猕猴桃上为害是 2015 年才被监测发现。贵州省植保部门虽然通过发布监测预警信息、建设示范区和开展技术培训等进行技术推广，但推广面较低。因此，很多农户没有掌握柑橘小实蝇在猕猴桃上的监测与防控方法，或未完全掌握柑橘小实蝇在新型作物上的监测与防控技术。建议进一步加大宣传培训力度，强化示范区建设，使得农户进一步掌握柑橘小实蝇在猕猴桃上的监测与防控方法，能自行有效地开展防控。

2. 防控经费投入不足 实蝇类害虫是对我国果蔬生产造成严重影响的一类害虫。近年来，全国农业技术推广服务中心每年都投入经费建立防控示范区开展防控示范，但是远远不能满足实际防控需要。建议政府部门设立防控专项资金，用于支持实蝇类害虫监测预警与统防统治工作。

2018年十堰市樱桃斑翅果蝇监测和绿色防控示范工作汇报

十堰市2018年承担了全国农业技术推广服务中心委托的开展樱桃斑翅果蝇监测和绿色防控示范工作，十堰市植物保护和检疫站在早春深入实地调查、选点、宣传和早期培训等基础上，从3月26日开始正式定点挂糖醋液诱集监测樱桃斑翅果蝇，一直到樱桃全部采摘完（5月初）后的5月8日结束，同时建立了100亩的樱桃斑翅果蝇绿色防控示范区，辐射带动了周边两个区樱桃主要集中栽种村组约1.3万亩相继开展了绿色防控，并在樱桃开始成熟时首次应用新型生物药剂短稳杆菌防治果蝇的试验示范。现将有关工作汇报如下。

一、樱桃斑翅果蝇的定点监测

此项工作在十堰市已经连续开展了两年，2018年为第三个年度。2017年冬季十堰市经历了一定时段的极端低温，2018年早春气温回升也较缓慢，樱桃的初花期比2017年晚一周左右。因此，2018年相应地将初次利用糖醋液诱集果蝇的时间由以前的3月上、中旬推迟到下旬，从3月26日开始，仍然在张湾区汉江街办柳家河村选早熟、中熟品种两个相对集中栽种区域各定3个点（基本与2016年、2017年一致）挂糖醋液（装入红色小塑料碗，上口径10.7厘米、深6.8厘米，上面有防雨盖）诱集监测樱桃斑翅果蝇，每间隔一周左右取诱虫样本后随即更换糖醋液，一直到樱桃全部采摘完（5月初）后的5月8日结束。

利用糖醋液诱集果蝇

2018年樱桃斑翅果蝇定点诱集监测原始记录

单位：头

镜检日期		早熟品种			中熟品种		
		定点1	定点2	定点3	定点1	定点2	定点3
4月3日	斑翅果蝇	5	14	12	15	8	20
	其他果蝇	47	67	66	52	88	34
4月9日	斑翅果蝇	18	5	11	42	9	10
	其他果蝇	69	53	74	114	121	81
4月16日	斑翅果蝇	30	14	22	27	20	21
	其他果蝇	207	129	138	146	277	95
4月23日	斑翅果蝇	31	21	56	（丢失）	16	23
	其他果蝇	247	214	211		416	151
5月2日	斑翅果蝇	1	12	9	7	4	7
	其他果蝇	51	156	86	37	71	61
5月8日	斑翅果蝇	141	98	56	122	34	151
	其他果蝇	191	96	104	105	160	181

注：资料来源于十堰市植物保护和检疫站。从3月26日开始定点挂糖醋液，每间隔一周左右取诱虫样本后随即更换糖醋液；（丢失）——被农户意外移到别处（无数据）；2018年的定点挂糖醋液位置与2017年的相同。

用上表数据与2017年相同位置的相近时间段诱集斑翅果蝇数据（见下表）进行对比显示：在樱桃全部采摘完之前的各诱集点斑翅果蝇数量，除首次差别不大外，几乎都显著少于2017年同期（最少的相差10倍多），表明冬季的极端低温对樱桃斑翅果蝇越冬存活数量是有一定抑制作用的；而在樱桃全部采摘完之后（5月8～10日）的新一代斑翅果蝇诱集虫量却又显著多于2017年同期（最多的达3倍多），是由于2018年樱桃在开始进入成熟期时气候持续以晴为主，气温稳定回升，樱桃相对集中成熟，期间又遇到2～3天的连续低温、阴雨天气，导致大量落果，转晴后也引起一定量的裂果（一般不采摘），都十分有利于斑翅果蝇的相对集中产卵和新一代虫量的增加。

樱桃大量落果

2017—2018年樱桃斑翅果蝇相同定点相近时间段诱集数据对比

单位：头

镜检日期	早熟品种			中熟品种		
	定点1	定点2	定点3	定点1	定点2	定点3
2017年4月5日	5	22	37	8	4	5
2018年4月3日	5	14	12	15	8	20
2017年4月12日	58	37	203	90	71	91
2018年4月9日	18	5	11	42	9	10
2017年4月18日	160	232	（丢失）	103	75	（丢失）
2018年4月16日	30	14	22	27	20	21
2017年4月27日	116	115	84	57	54	16
2018年4月23日	31	21	56	（丢失）	16	23
2017年5月4日	18	（丢失）	40	12	（丢失）	37
2018年5月2日	1	12	9	7	4	7
2017年5月10日	39	29	75	40	19	51
2018年5月8日	141	98	56	122	34	151

注：资料来源于十堰市植物保护和检疫站。

二、绿色防控示范和新型生物药剂的试验

早在3月上旬，针对定点开展樱桃斑翅果蝇系统监测的区域（汉江街办柳家河村）还有另一种较重发生（在幼果内蛀食）的害虫（李实蜂，又称樱桃实蜂），从樱桃进入开花期（2018年偏迟）即开展了

统一挂黄板诱粘李实蜂成虫，效果良好（查到单个黄板双面最多诱粘 242 个李实蜂）。

黄板诱粘李实蜂

同时，十堰市植物保护和检疫站还在柳家河村建立了 100 亩的应用糖醋酒液诱杀樱桃斑翅果蝇绿色防控示范区，技术人员多次到现场详细讲解糖醋酒液的配制及挂诱液方法，每个村民小组都指定 1～2 个作为业务骨干的明白人参加现场培训和观摩；并在随后正式开展全面防控时，十堰市植物保护和检疫站将印好的数百张技术资料及时分发到组、重点户，以及进行巡回检查、指导；各村由村委会组织业务骨干、明白人等分散到每个村民小组统一开展配制和挂糖醋酒液防控；郧阳区农业农村局还与湖北省农业科学院合作，联合在全国美丽乡村之一、省旅游名村的茶店镇樱桃沟村开展樱桃斑翅果蝇绿色防控示范村，统一配制，免费为每个樱桃种植户挂糖醋液；同时，十堰市植物保护和检疫站提前在农业信息网上发布防控技术和病虫情报，进一步扩大广泛宣传，推动本地樱桃斑翅果蝇综合防控工作的全面展开，辐射带动了周边两个区樱桃主要集中栽种村组约 1.3 万亩相继开展了绿色防控。

统一配置好糖醋液，远距离车载运输

另外，十堰市植物保护和检疫站还承接了全国农业技术推广服务中心委托的应用新型生物药剂短稳杆菌防治果蝇的试验示范，严格按照药剂提供厂方的试验方案，在樱桃开始成熟时首次进行了应用试验示范，取得了相关数据，验证了其确实有比较好的效果（只是在第二次喷药后的翌日遇到一阵小雨，影响了最终效果）。当然，由于使用中需要自己按比例加水配制和背喷雾器，这对于许多家中无青壮劳动力（外出劳务）的来说并不愿意接受，或感觉比挂糖醋酒液麻烦，也不愿意在樱桃开始成熟时还要喷“农药”，担心影响销售和鲜食。因此，樱桃种植户们还是更愿意接受挂糖醋酒液来防控樱桃斑翅果蝇（也与多年的宣传、集体统一开展防控有关）。

背喷雾器喷施短稳杆菌

三、效益分析

整体来说，2017 年冬季十堰市经历的一段极端低温天气对降低樱桃斑翅果蝇越冬基数是有一定作用的，表现为 2018 年樱桃采摘完之前的诱虫量明显少于 2017 年同期，实际的虫果率也低于前两年。但即使这样，防控与未防控区域的实际虫果率差别也较明显。在樱桃大量成熟后开始采摘、销售时（4 月 20 日）分别在防控示范区、辐射防控区和未防控区（包括市区内市场销售的）采摘（或市场购买）一定量的新鲜樱桃，在室内分装于塑料碗中（带有许多细小孔的盖子）进行观察、记录、镜检最后羽化出的果蝇。结果是：核心防控示范区的虫果率为 0～0.21%，辐射防控区的虫果率为 0.31%～0.54%，未防控区（包含市场销售的）的虫果率为 0.63%～0.98%。2018 年樱桃的市场销售价格为 16～50 元/千克，而且是在短短的 10 天左右即基本结束，也未听到或反映“蛆多”（虫果）的（可以说是自从樱桃“生蛆”事件以来虫果最少的一年），这与较大范围开展防控密不可分。

如果按照不防控或价格下降 4 元/千克、平均每亩樱桃 100 千克、辐射防控区 1.3 万亩计算，通过开展较大范围的防控，也可以增收 520 万元。

柑橘大实蝇绿色防控技术集成创新与示范工作总结

根据与全国农业技术推广服务中心签订的柑橘大实蝇绿色防控技术集成创新与示范委托合同书，重庆市万州区植物保护站严格遵照合同要求完成相关工作，现将2018年防控工作总结如下。

一、工作开展情况

为完成好委托任务，重庆市万州区植物保护站认真准备，安排专业技术人员，制定实施方案，按照方案逐项落实。通过实施，建立柑橘大实蝇绿色防控技术示范点1个，示范面积1 000亩，举办农民培训2次，示范带动全区柑橘大实蝇绿色防控面积14余万亩，示范区柑橘大实蝇防控效果达93%，虫果率控制在2.68%，经济损失控制在7.04%，减少化学农药使用66.7%。

二、技术体系示范情况

（一）示范点基本情况

柑橘大实蝇绿色防控技术示范点位于重庆市万州区新田镇小岭社区，面积1 000亩，平均海拔300米，栽植品种为塔罗科血橙，栽植时间为2012年，2014年发现有柑橘大实蝇为害，发现时蛆果率达80%以上，2015年开始进行防控，2017年蛆果率控制在5%以内。

（二）技术体系

1. 成虫羽化监测 4月中旬悬挂柑橘大实蝇监测诱捕器20个，4月25日开始第一次监测收虫，以后每周收虫一次，持续监测至8月底。根据监测，柑橘大实蝇始见期在5月2日，高峰期集中在5月23日至6月6日，监测期间共收集柑橘大实蝇105头。

2. 成虫诱杀 根据监测动态分析成虫产卵为害时间，在5月27日组织果瑞特农业科技有限公司到社区对当地果农进行第一次培训，重点讲解柑橘大实蝇的生物学特性和防控方法，并对施药过程进行示范，要求在每年5月下旬至7月上旬，由各专业防控主体统一使用果瑞特实蝇诱杀剂进行树冠点喷诱杀成虫，每亩均匀选取10个点，每7天用药一次，连续用药5次。在每次施药前编辑施药信息通过短信形式发送给各防控主体，提高技术的到位率。

3. 蛆果无公害处理 在8月29日组织当地果农进行第二次培训，重点讲解蛆果的识别和无公害处理技术，要求在9月下旬至10月下旬摘除虫果、捡拾落地果，统一装入塑料袋中进行闷杀。

三、效益分析

通过示范培训，一是提高了广大果农对柑橘大实蝇的认识；二是示范带动万州区柑橘大实蝇防控的积极性，经济效益提升明显；三是减少化学农药使用，农产品质量安全明显提升；四是强化了万州区专业化统防统治队伍的建设；五是提升了区级植保部门的信息化创新建设。

枝江市 2018 年柑橘大实蝇绿色防控技术集成创新与示范工作总结

按照全国农业技术推广服务中心和湖北省植保总站的安排布置，2018 年枝江市继续承担实施了“柑橘大实蝇绿色防控技术集成创新与示范”，示范区在各级政府的组织领导和植保部门的科学指导下，充分发挥柑橘专业合作社的统防服务功能，大力推广“成虫诱杀和虫果处理＋统防统治”的绿色防治技术模式，提高了防治效果，减少了虫果损失，增加了产量和农民收入，提升了果品安全质量，取得了显著成效。

一、资金使用情况

（一）实施地点及规模

1. 实施地点 顾家店镇蔡家溪村。

2. 实施规模 核心面积 2 000 亩，辐射面积 5 万亩。

（二）资金使用情况

共投入项目资金 9.6 万元，其中全国农业技术推广服务中心下拨 3 万元，市财政配套 6.6 万元，用于购买果瑞特实蝇诱杀剂 8 000 袋。

二、资金使用成效及经验

（一）资金使用成效

1. 经济效益 9 月下旬，枝江市植保站分区对柑橘大实蝇的防治效果进行了调查，按照投入产出效益计算，示范区共增收 3 693 万元，经济效益显著。

柑橘大实蝇绿色防控技术集成创新与示范效果

处理	虫果率（%）	防效（%）	挽回损失（千克/亩）	增收（元/亩）	防治成本（元/亩）		投入产出效益（元/亩）
					药剂	人工	
示范区	0.6	97.7	564.2	789.9	48	3.3	738.6
自防区	4.3	83.8	483.9	532.3	25.5	72.6	434.2
不防治（对照）	26.6						

注：2018 年枝江市柑橘平均产量为 2.17 吨/亩，示范区、自防区均价分别为 1.4 元/千克、1.1 元/千克。

2. 社会效益 通过示范，促进了柑橘大实蝇绿色防控技术的推广应用，提高了防治效果，减少了虫果损失，促进了农民增产增收，保障了农村的和谐稳定，受到了各级领导的充分肯定和农民群众的广泛好评。

3. 生态效益 示范区全程使用生物农药，减少了化学农药对农田生态环境的污染，保障了农产品质量安全及农业生态环境安全。

（二）主要经验

1. 加强组织领导 3 月，市政府成立了以副市长为组长，市政府督查专员、市农业农村局局长为副组长，各镇分管农业负责人为成员的柑橘大实蝇防控工作领导小组。5 月，市农业农村局印发了《关于印发枝江市柑橘大实蝇联防工作方案的通知》，对全市柑橘大实蝇防控工作进行了部署和动员，召开了全市柑橘大实蝇防控工作会，强调要高度重视柑橘大实蝇防治工作，明确防控目标和工作责任，科学落实各项防控技术措施。

2. 加强虫情监测　4月下旬，在安福寺、仙女、董市镇橘园挖蛹117头查虫口基数。5月1日开始，采取室内埋蛹、橘园埋果罩网和橘园挂诱蝇球3种方法监测柑橘大实蝇成虫羽化情况。5月21日，在《枝江植保》上发布柑橘大实蝇发生预报，指导农民开展科学防治。9月19日，在《枝江植保》上发布“抓住时机，迅速行动，及时开展柑橘大实蝇虫果捡拾处理工作”通知，推进柑橘大实蝇虫果处理工作的深入有序开展。

3. 加大宣传和技术指导　3～5月，市植保站、各镇农业服务中心以村为单位，开展柑橘大实蝇防控技术培训35场，培训农民3 000余人次。5月，市农业农村局印发了《枝江市柑橘大实蝇联防工作方案》《枝江市2018年柑橘大实蝇防控工作考评细则》《2018年全市柑橘大实蝇重点防控目标任务分解表》和《2018年全市柑橘大实蝇防控经费分配表》等。5月21日，市植保站免费发放《枝江植保》1期4万份。5月底和6月初，先后在枝江电视台新闻栏目播发柑橘大实蝇防治专题1期，滚动播出柑橘大实蝇防治电视字幕6天，出动柑橘大实蝇防治宣传车巡回各镇、村、组5天，广泛宣传柑橘大实蝇防治技术，努力营造柑橘大实蝇群防群治、统防统治和联防联治的浓厚氛围。6月和9～11月为柑橘大实蝇防治关键时期，市植保站、镇农业服务中心技术员深入田间地头，指导农民开展科学防治，确保柑橘大实蝇成虫诱杀和虫果处理技术到位到田。

创办大实蝇“两防”示范点，引领带动大面积科学防治。2018年，枝江市在顾家店镇蔡家溪村创办柑橘大实蝇绿色防治与统防统治融合示范点1个，示范面积2 000亩，示范区大力推广“0.1%阿维菌素饵剂点喷诱杀成虫＋虫果处理＋统防统治”的防治技术模式。同时，各镇也举办了绿色防控示范点1～2个，大力推广生物农药和诱蝇球等绿色防控技术。通过示范，辐射带动大面积开展联防统治、群防群治。枝江市分别于6月1日、8日、15日、22日组织发动广大群众开展大实蝇喷药防治，全年实施绿色防控面积19.3万亩次，联防面积35.7万亩次。

4. 强化经费和物质保障　市委、市政府高度重视柑橘大实蝇防控工作，2018年市财政共安排柑橘大实蝇防控以奖代补资金70万元，各镇、村配套防治资金70万元，采购果瑞特实蝇诱杀剂、诱蝇球、敌百虫、糖等防控物质，保障了全市柑橘大实蝇防控工作的顺利开展。

5. 加强督办检查　2018年，市工作领导小组对柑橘大实蝇防控工作实行百分制量化考评，考评结果在全市通报，并作为2018年市政府考核各镇政府“三农”工作内容之一，确保防治取得实效。6月及10～11月，市农业农村局督导组深入基层一线对全市柑橘大实蝇防控工作进行了多次督导检查，促进了柑橘大实蝇防控工作的顺利开展。

三、存在问题及建议

存在问题：一是少数农民施药次数和技术不到位，影响了防治效果；二是部分农民在外打工，喷药不及时，贻误了最佳防治时期；三是柑橘打蜡加工企业跨区域收购柑橘鲜果，增加了柑橘大实蝇传入和扩散风险。

对策建议：一是加强球形诱捕器等新技术的推广应用；二是加强对打蜡厂和临时交易点的监管，使废弃果无害化处理达到100%；三是加强组织领导，落实关键防控技术措施。

科研项目工作总结

粮食主产区主要病虫草害统防统治策略和技术规程课题2018年度总结

一、本年度总体进展情况

发布了1项河南省地方标准《玉米螟绿色防控技术规程》（DB41/T 1631—2018），发布了4项黑龙江省地方标准《水稻病虫草全程绿色防控技术规范》《玉米病虫草全程绿色防控技术规范》《农用植保无人机施药技术规程》《稻瘟病田间监测调查技术规范》，申报了1项技术规程《南方双季稻种植模式下病虫草害绿色防控技术规程》。

建立了黑龙江省统防统治工作信息服务系统、互联网＋统防统治信息服务系统、多作业场景可视化系统、实时监控防治过程系统等信息平台及相关数据库。课题承担单位完成了方正县、五常市、北安市和肇东市的2018年度的全生长季调查，并对2017年度的农户调研进行了数据分析，完成了初步的调研报告，发现当地种植户老龄化严重，受教育程度偏低，接受新技术的能力差异大，对绿色防控技术自觉采用的意愿不高，过分注重药物防治，忽视综合防治和绿色防控。

通过对近年来东北地区水稻和玉米病虫草害发生、分布、危害和防控的基础数据和文献的整理和分析发现。①在水稻方面。调查表明2014—2016年东北三省水稻病虫害的发生面积呈下降趋势，但草害的发生面积呈明显的上升趋势。纹枯病、稻瘟病、二化螟、负泥虫和稻秆潜蝇是东北地区主要的病虫害。目前，稻瘟病的发生呈下降趋势，纹枯病的危害程度已超越稻瘟病上升为该地区最主要的病害，且有加重趋势。二化螟仍然是东北地区最主要的虫害，但发生呈下降趋势。辽宁省的虫害发生种类最多，所造成的损失也最严重。此外，稻飞虱仅在辽宁省发生，这与水稻病毒病在辽宁省发生有关，因此需要注意防范稻飞虱北迁造成病毒病向吉林省和黑龙江省蔓延。目前，东北三省水稻病虫草害主要的防治措施仍是化学防控，绿色防控相对薄弱，尤其对杂草的防治主要依赖化学除草剂。②在玉米方面。2014—2016年东北三省玉米病害的发生面积呈下降趋势，但虫害和草害的发生面积呈明显的波动，且病害的挽回损失率偏低，而虫害的实际损失率仍处于较高水平，说明玉米病虫害的防治还有较大的进步空间。大斑病、丝黑穗病、玉米螟、地下害虫和双斑萤叶甲是东北三省玉米主要的病虫害。

在黄淮海地区进行了农户态度行为调查，并进行初步分析。①被调查农民基本情况：老龄化严重，被调查农户80%以上为50岁以上，39岁以下农户仅占3.2%。部分农户年轻成员仅在农忙时节回家务农。务农多为老年人，其年龄较大，已经不适合其他工作，不忍心土地荒废，亦不愿租赁给他人，还在勉强耕种。由于务农收入较低，调查中发现年轻人都从事副业，务农意愿普遍偏低。另外，被调查农户受教育程度普遍偏低，75%农户为初中及以下教育程度。被调查农户平均每户耕地10亩左右，一般分为2～3块，不集中，不适合大规模作业。被调查农户自己防治比例高，植保器械保有量高，在未形成统防统治的绿色示范区，农户自己防治与绿色防控冲突。在绿色示范区内，防治成本为35～40元/亩，在对照区，防治成本为45元/亩，防治成本方面具有优势，并且示范区内喷药次数减少。②农户植保知识情况：本调查列举了小麦玉米的常见病害、虫害、杂草、农药各10种，以及41种禁用农药。农户平均认识6.9种病害、7.2种虫害、7种杂草、3.9种农药、3种禁用农药。调查发现，农户对于病虫草具有普遍识别能力，但是对于农药成分则缺乏必要的知识，尤其对于禁用农药，52%农户不知道有禁用农药。对病虫害防治的依据，50%农户做田间调查，41%农户凭借以往经验来防治病虫草害；31%农户参考邻居的防治方法；29%农户会听从农资经销商的建议，7%农户会咨询技术人员。对于防治时期，70%农户田间发现病虫草害时就进行防治；50%农户在邻居防治时也跟着防治；28%农户根据发生情况适时用药；2%农户根据农技人员指示进行防治。对于农药的选择，78%农户听从农资经销商的推荐；32%农户根据自己用药经验来选择品种；10%听从邻居或亲友的推荐；4%听从农机人员的推荐。对于农药的购买，76%农户从村里个体商店购买；18%农户从乡镇正规农资部门购买。购买农药时，72%农户不注意农药的标签内容；28%会关注标签，平均关注内容为3项，关注最多的是稀释倍数、适用作物、保质期等。76%农户不知道农药“三证”，仅有6%农户知道农药“三证”，并正确选择对于绿色防控知识。普通农户已经认识到农药使用过量与农药残留的危害，也具有种植无公害作物的想法，但是缺乏对绿色防控知识的了解。80%农户认为过量使用农药会危害人和动物的健康，77%农户认为农药残留具有危害或危害严重。92%农户不了解绿色防控概念，但是70%农户愿意使用生物防治的方法来防治病虫害，说明农户已经意识到农药危害性，并且有改变的意愿。对于绿色防控产品，74%农户表示不了解或者没有使用过。虽然农户认识天敌，但是96%农户没想过采取措施保护天敌。

黄淮海地区在8个示范区（安阳县、许昌市、镇平县、西平县、民权县、淮阳区、清丰县、博爱县）内对可用的小麦、玉米绿色防控技术进行再次筛选，与当地种植模式进行整合，已形成以下模式。①小麦种植绿色防控形成模式有：许昌示范区模式、民权示范区模式、清丰示范区模式。许昌示范区模式主要利用生物防治技术防治小麦蚜虫，利用生物药剂调控田间病害。其核心绿色防控技术有：选择抗性品种西农729；全程使用有机肥料，不使用化学农药；采用宽窄行播种模式，边行种植甘蓝型油菜作为天敌载体植物；使用井冈霉素、阿维菌素、烟碱等生物农药防治纹枯病及麦蜘蛛等；抽穗期释放异色瓢虫，使用氨基寡糖素。民权小麦种植示范模式，主要绿色防控技术有：播前农业防治技术，播前秸秆还田，整地前施用有机肥，选用郑麦7698、周麦16等抗性品种，宽幅播种，播种期种子保健技术（主要为种子包衣技术）。清丰示范区模式，主要绿色防控技术包括农业生态防治技术，加强麦田管理（清园、中耕锄草、追肥等），配合科学用药，推广高效、低毒、低残留农药，推广新型高效植保器械。②玉米形成绿色防控模式有：博爱示范区模式、安阳示范区模式、淮阳示范区模式等。博爱示范区模式，主要技术有选择优良品种粒收1号、适期迟播、合理密植、种植诱集植物、水肥调控等。安阳示范区模式，主要技术有物理灯光诱集技术、配合高效低毒化学农药防治技术。淮阳示范区模式，主要技术有田间清洁、优良品种选择、合理密植、玉米螟性诱技术、利用赤眼蜂防治二代玉米螟技术、配合高效化学防治技术。

鉴于近年小麦赤霉病发生普遍、危害严重，课题参与单位调查了当前主推小麦品种的抗感病表现及主要杀菌剂的防治效果。为了快速准确地检测赤霉病菌，建立了基于病菌基因组核酸特异性的分子检测技术（DNA环介导恒温扩增），该项技术正在申请发明专利。此外，正在研究优化水稻恶苗病菌的分子检测技术，也准备申请发明专利。这些技术可用于种子带菌情况及侵染初期的病菌检测，利于及时处理或防控病菌的传播与致病。

二、项目社会效益和经济效益

项目实施以来，在河南省各单位示范区内使用小麦、玉米病虫害绿色防控集成技术，同时推广到周边地区，2016—2018年，共推广面积22.8万亩，平均新增纯收益82.22元/亩，平均经济效益665.87元/亩，为农民增收做出突出贡献。同时，主推农业措施及其他绿色防控技术，减少化学农药使用量30%以上，对改善环境和提升粮食品质意义重大。在黑龙江省，小麦、玉米病虫害绿色防控集成技术累计推广面积10.2万亩，经济效益达4 232.39万元，培训农民1 990人次，培训技术人员256人次。在湖南省，小麦、玉米病虫害绿色防控集成技术累计推广面积7.2万亩，培训农民1 400人次，培训技术人员400人次。

三、问题及建议

首先，由于项目经费有限，很多研究不能深入进行，如问卷调查样本量不足，代表性会受到影响；

为了更好地做好本项目，不得不跟其他项目整合进行，单项技术试验数量受到影响；集成的绿色防控技术示范面积小等。

其次，当地财务制度与项目资金支出不相容，项目资金受制于当地财务制度，如河南省规定当年费用当年花完，但是如果是5年项目，后期项目没有资金，难以运行。

最后，个别课题参与单位反应劳务费支出受限。因计算机行业薪资水平高，软件平台开发需要支付大量的劳务费，导致劳务费单向支出超出预算。

全国设施蔬菜化肥农药减施技术示范推广2018年工作总结

一、课题任务

1. 设施蔬菜农药减施技术推广 依托全国农业技术推广服务中心200个蔬菜病虫害绿色防控示范区，在内蒙古、山东、山西、辽宁等省份开展项目组形成的各主产区设施蔬菜农药减施技术及模式的推广应用工作。

2. 设施蔬菜化肥减施技术培训 针对设施蔬菜化肥农药减施增效技术开展培训，扩大技术推广范围，实现设施蔬菜化肥减施技术的规模化应用。

考核指标：①综合技术模式推广示范5万亩；综合技术辐射推广10万亩；示范区农药减施35%，蔬菜平均增产3%。②培养200名农技人员。

二、考核指标及完成情况

考核指标	计划	实际完成
示范面积（万亩）	5	5.05
辐射面积（万亩）	10	12
农药减施（%）	35	35～51.2
平均增产（%）	3	5～20
培养农技人员（人）	200	1 131

三、关键技术与熟化

（一）设施蔬菜病害粉尘法防治技术

传统设施蔬菜生产中主要采用喷雾方法防治病害，其弊端是能增加棚内湿度，防治效果受影响，而且大型植保机械难于深入设施中施药。新型弥粉法是利用精量电动弥粉机施药所产生的特有的粉粒漂浮效应，使农药颗粒在温室大棚中自由、均匀地落在植物叶片上，可以有效解决高湿病害问题。该技术通过在山西省曲沃县、内蒙古宁城县、辽宁省铁岭市、山东省泰安市、淄博市5个市（县）开展技术示范，示范结果表明，黄瓜霜霉病防治效果达66.89%，黄瓜白粉病防治效果达66.74%，有效控制了黄瓜霜霉病、白粉病发展危害。弥粉法防治效果高于传统的喷雾法，比喷雾防治每次节约用工成本15元/亩，降低棚室内的湿度，黄瓜霜霉病防治效果比喷雾防治提高了10%。

（二）改善土壤微生态　预防土传病害

定植前使用枯草芽孢杆菌+胶冻样类芽孢杆菌菌剂，改良土壤，预防土传病害。经对比试验，定植后10天进行调查，处理植株比对照高3.4厘米，植株健壮，叶片大，没有病害发生。

（三）棉隆等高效土壤消毒技术

重点针对老棚区设施番茄、辣椒、黄瓜、茄子、草莓等作物土传病害重的病棚，于7～8月棚室休茬期开展土壤消毒处理。每亩用98%棉隆微颗粒剂25～30千克或10%辣根素水剂2千克，防治枯萎病、黄萎病、疫病、根结线虫病等重要土传病害。

（四）氨基寡糖素诱导免疫技术

植物免疫诱抗剂具有显著防病、防冻、增产、改善品质的效果，可有效提高农作物抗性和防控农作物病害能力，减少农药用量。经山东省岱岳区和临淄区示范，在其他管理措施相同的条件下，使用植物免疫诱抗剂氨基寡糖素处理可减少发病率76%，减少农药使用量50%。

（五）丽蚜小蜂、球孢白僵菌防治烟粉虱

对虫害以白粉虱为主的棚室采用释放丽蚜小蜂进行防控，每亩棚室释放蜂卡10张，每7天释放1次，共释放3次。温室番茄使用丽蚜小蜂、球孢白僵菌等生物防治技术防治烟粉虱，防治效果达到70%～90%。

（六）黄板防治粉虱技术

设施蔬菜棚室内悬挂黄板80片/亩，每次用工成本为50元/亩，比喷雾防治节约用工成本90元/亩，并能减少农药药害，比喷雾防治白粉虱防效提高8%。

四、技术示范与应用

1. 建立示范区，开展技术示范推广 在山东省临淄区皇城镇东科蔬菜专业合作社、敬仲镇同春园农产品专业合作社，在岱岳区金石林果蔬专业合作社，以番茄为核心建立设施蔬菜农药减施技术示范推广示范区，示范区面积2万亩，辐射带动面积4万亩。在内蒙古宁城县大城子镇、赤峰市松山区老府镇蔬菜绿色防控基地、呼和浩特赛罕区金河镇蔬菜绿色防控基地，建立示范区1万亩，辐射带动面积3万亩。在辽宁铁岭市蔡牛镇兴民蔬菜合作社、开原市三家子乡敬民蔬菜种植合作社，设施番茄示范区面积1万亩，辐射面积达到2万亩以上。在山西浮山县华栋蔬菜种植专业合作社（种植黄瓜、西葫芦）、曲沃县绿玉大棚作物病虫害综合防治专业合作社、太原市小店区绿茵种植专业合作社，建立示范区，示范面积1.05万亩，辐射带动3万亩。四省综合技术模式推广示范5.05万亩，综合技术辐射推广12万亩，超额完成课题任务指标。

2. 举办技术培训班 山东省分别于5月、7月、9月举办一期培训班，就蔬菜病害诊断与防控要点、蔬菜健身栽培技术、蔬菜病害绿色防控技术、天敌昆虫应用防治蔬菜害虫技术和韭菜病虫害绿色防控技术进行了系统讲解。内蒙古自治区全年组织现场观摩培训3次，培训农技人员及农业种植人员360余人次，专家实地指导基地技术人员和工作人员15人次，发放绿色防控技术资料3 000余份，积极开展宣传推广活动，充分利用简报、报纸、广播、电视、互联网等媒体，宣传设施蔬菜病虫害全程绿色防控的重要意义，营造良好的氛围，使示范基地的示范效果起到立竿见影的作用。辽宁省结合本省土传病害综合防控技术推广项目，完成培训班1次和现场操作培训3场，下发植保明白纸和宣传资料2 000份，培训农民技术骨干和大户约200人次，制作防控技术电视节目3期。全年通过专家培训、现场观摩等方式共组织培训11次，培训农技人员及农业种植人员2 070人次。

五、经济效益、社会效益、生态效益

1. 通过开展农药减施技术示范和应用，有效地控制病虫害，农药使用量显著降低 山东示范调查表明，化学农药使用量减少40%以上，辐射带动化学农药使用量减少28%以上；每亩增产20%左右。据内蒙古测算，示范区危害损失率控制在10%以内，减少农药使用量2.59吨，减少51.2%，平均每亩棚室减少施药次数3～5次，减少费用80～114元，综合防治效果达到86.7%，亩增产490千克，亩增收3 920元。山西省示范区的示范效果是，黄瓜常发的霜霉病、白粉虱、根结线虫等病虫得到有效控制，主要病虫的防治效果均达到85%以上；示范田比对照田亩增收黄瓜2 000千克，亩增加收入4 000元；农药使用量有效减少，示范区农药使用次数比常规用药减少3～5次，每亩化学农药使用量

（商品量）降为4.4千克，比常规防治减少2.4千克，降幅达到35.2%。

2. 技术应用规模扩大，人员素质得到提高 通过示范园区的示范带动，带动各蔬菜生产区农户普遍接受并应用病虫害绿色防控技术，提高了绿色防控覆盖率。通过示范带动，宁城全县蔬菜生产减少化学农药使用量64.92吨，减少30.80%，绿色防控覆盖率达到51%，全县共推广频振式杀虫灯0.32万亩、防虫网1.06万亩、黄板1.86万亩、嫁接栽培2.65万亩、生物农药2.8万亩及低毒低残留农药15.8万亩。

六、存在问题及其原因

1. 技术带动效果有待提高 在示范带动区域，虽然也实施了绿色防控技术，但是有些技术落实不到位。例如，对土传病害防治没有提前预防，发病后才防治；另外，丽蚜小蜂释放时间掌握不好，影响防治效果。原因是对技术的宣传、指导和培训力度不够，需要进一步加大宣传力度，开展多层次的技术培训，提高基层农技人员的绿色防控技术水平，普及绿色防控技术。

2. 经费使用进度不理想 主要原因是由于经费列项不能下拨，需要基层提供发票到单位报账。建议2019年要在严格预算管理的前提下，加快预算完成进度。

3. 新技术和成果展示不够 项目的很多优秀技术和成果还需要进一步得到示范推广。需要进一步加强与其他课题以及技术产品企业的合作，共同开展示范推广。

“苹果农药减量增效技术大面积示范推广”课题2018年工作总结

一、基本情况

“苹果农药减量增效技术大面积示范推广”课题（2016YFD0201139）是国家重点研发项目“苹果化肥农药减量增效技术研究与示范”（2016YFD0201100）的一个课题。自2016年以来，按照项目任务书要求，在项目主持单位的指导下，重点开展了新型经营主体示范区建设、苹果减药技术集成示范、化学农药主要替代技术试验研究、新药械施药技术研究和集成技术模式的推广应用，以及对示范区农民的技术培训等。2018年，严格按照项目管理要求和课题任务书规定，圆满完成了各项研究和示范内容，现总结如下。

二、2018年度开展的主要工作及成果

（一）技术研发内容

为满足农药减施增效技术示范推广需求，项目组根据课题目标与考核指标，集中围绕当地苹果病虫害防控实践中的减药技术难点，研究示范了多项农药减施增效技术。从各示范区的技术研发来看，这些新技术对苹果园用药次数的减少、农药利用率的提高、树体抗逆抗病能力的提升以及果品的提质增效等作用明显。例如，万荣县开展的高效植物精油助剂——臻油试验表明，该新型农药助剂具有明显的减量增效效果；临猗县开展的新型植物生长调节剂——碧护（0.136%赤・吲乙・芸薹可湿性粉剂）试验表明，该植物生长调节剂对果树抗逆抗病以及农药减量控害作用显著，示范区病虫危害率控制在5%以内，平均增产5%以上，苹果优质率明显提高。普兰店通过释放巴氏新小绥螨示范调查发现，释放捕食螨后21天，示范区果园内红蜘蛛数量下降很快，平均减退率达到95.62%，平均防效达到95.24%，农药使用次数减少2次。示范中还发现，因没有施杀螨剂，园内天敌繁殖很快，草蛉、瓢虫、捕食螨很多，对红蜘蛛种群下降起到了关键作用。陕西省在悬挂金纹细蛾和苹小卷叶蛾性诱捕器的果园调查发现，示范园内金纹细蛾百叶虫斑9～11个，苹小卷叶蛾虫叶率0.83%～1.05%，而农民常规药剂防治区金纹细蛾百叶虫斑和苹小卷叶蛾虫叶率分别为22～24个、1.1%～1.8%，说明性诱捕器诱杀效果明显。甘肃省采取农业、物理和生物等多种非农药措施，研究探索了苹果叶螨综合控制效果，并示范调查了异色瓢虫对苹果蚜虫的防控效果。

为了进一步探讨施药器械对农药的利用率问题，项目组于6～7月在山东招远、牟平两个示范区又分别安排了以苹果叶螨和苹果黄蚜为标靶的喷枪喷头试验，试验用同一种药泵，分别配置美制（特杰特）、欧制（津韬）、本地常用3种喷枪喷头，在相同压力下进行喷雾。招远市以苹果叶螨为标靶，结果显示：对于雾化效果、药剂叶面附着率，欧制最高；对于药液雾滴密度，欧制最大；对于防治效果，欧制最高，本地次之，美制最差；对于用药量，本地常用喷枪喷头最大，欧制次之，美制最小。牟平区以苹果黄蚜为靶标，结果发现：欧制喷枪在喷施药液时呈现小扇面，半径在50～80厘米，喷射距离可以达到1.5～2.0米，雾滴较粗，在单位时间内喷施的药液量较大，防治苹果黄蚜效果最好，可以在苹果园喷干枝时使用；美制喷枪喷施药液呈现近似直线，半径在10～20厘米，喷射距离可以达到1.8～2.4米，雾滴较粗，在单位时间内喷施的药液量最大，不适宜在苹果园使用。因美制喷枪喷头的试验结果不理想，试验后基地向经销商咨询，发现经销商当时发货时不知道是用在苹果上，寄发的产品是一个用于园林植物上的，故结果不理想。

（二）关键技术集成

项目组在2017年减药增效技术大面积示范的基础上，于2018年对各项技术进行了优化集成，共优化集成了6个技术模式，分别为晋南地区苹果农药减施增效技术模式、辽南地区苹果农药减量增效技术模式、招远市“农业防治+生态调控+理化诱控+统防统治”农药减施增效技术模式、牟平区“理化诱控+精准施药+生态控制”农药减施增效技术模式、洛川县苹果病虫害全程农药减施增效技术模式、甘肃省苹果农药减量增效技术模式。这几个技术模式分别是在当地病虫害发生实际的基础上，将各种最新技术研究成果融入当地绿色防控实践中进行优化集成的，体现的是各地区当前最为高效的农药减施增效技术水平。具体技术模式简述如下：

1. 晋南地区苹果农药减施增效技术模式 山西示范区将健身栽培、果园生草等生态调控、免疫诱抗、理化诱控及科学用药等技术集成配套使用，形成适合当地的苹果园农药减施增效技术模式，从根本上提高了晋南地区苹果病虫无害化综合治理水平。

2. 辽南地区苹果农药减量增效技术模式 普兰店根据当地气候特点、立地条件和栽培模式，探索了以桃小食心虫、梨小食心虫、叶螨、苹小卷叶蛾、蚜虫、苹果轮纹病和苹果腐烂病等7种病虫害为主线的全程绿色防控技术模式，集成了辽南地区苹果农药减量增效技术模式。

3. 招远市“农业防治+生态调控+理化诱控+统防统治”农药减施增效技术模式 招远市示范区根据山东省植物保护总站印发的《关于做好2018年度“苹果农药减施增效技术大面积示范推广”工作的通知》（鲁保函〔2018〕10号）要求，着重将农业防治、生态调控、理化诱控、统防统治等各单项农药减施增效技术与绿色控害技术进行组装配套，形成了“农业防治+生态调控+理化诱控+统防统治”农药减施增效技术模式。

4. 牟平区“理化诱控+精准施药+生态控制”农药减施增效技术模式 烟台市牟平区根据当地实际，将病虫害发生动态全程监测、“四诱一迷向”理化诱控、植物免疫诱抗、自然生态环境控制、精准施药和健身栽培农业等单项技术优化集成了“理化诱控+精准施药+生态控制”的苹果农药减施增效技术。

5. 洛川县苹果病虫害全程农药减施增效技术模式 陕西省坚持“集成技术、减量增效”的原则，抓住苹果花芽露红期、落花后1周、套袋前1周、幼果期、果实膨大期等关键生育期，针对主控病虫及其发生危害特点，以“健身栽培、生态调控、免疫诱抗和理化诱控”等技术为基础，以“精准测报、科学药剂组合和高效器械应用”为关键，集成苹果病虫害全程农药减施增效技术模式。

6. 甘肃省苹果农药减量增效技术模式 甘肃省则围绕当地主要病虫害，有针对性地引进相关技术、产品，通过非农药措施和农药措施的有机组装，形成适合当地的果树病虫防控减药增效技术模式：早春健身栽培技术、诱虫带诱杀技术、黑膜地面覆盖技术，以及果树生长季果园生草配合土壤管理、悬挂粘虫板、安装太阳能杀虫灯、悬挂性诱剂、以螨治螨、以虫治虫、果实套袋技术，冬季清洁田园、树干涂白、刮除树皮、束（覆）草诱集技术等。

（三）示范培训推广

1. 示范基地建设（类型、数量、基地地点、名称、面积等） 2018年共建设：①千亩“示范方”1个：陕西省洛川县绿塬红示范园周边，绿塬红苹果专业合作社，1 016亩。②新型经营主体10个，分别是：山西省万荣县贾村乡五福村，万荣县福旺苹果种植专业合作社，4 000亩；山西省临猗县北辛乡北辛村，临猗县小军苹果种植专业合作社，4 000亩；辽宁省大连市普兰店区墨盘乡，墨盘乡水果专业合作社，4 000亩；山东省辽宁省大连市普兰店区沙包镇，沙包镇祥丰农业专业合作社，4 500亩；山东省招远市金岭镇、阜山镇、齐山镇、蚕庄镇等，以招远市大户庄园农林专业合作社和招远市春竹果品专业合作社为主体的5家新型经营主体，共4 200亩；山东省烟台市牟平区高陵镇，烟台市丰坤农业合作社，4 000亩；陕西省洛川县凤栖街道办桥西村，绿佳源果畜专业合作社，4 013亩；陕西省永乡镇堡子头村，绿塬红苹果专业合作社，4 052亩；甘肃省静宁县余湾乡，静宁县万里果品专业合作社，4 000亩；甘肃省礼县盐官镇，礼县太平山果业合作社，4 000亩；新型经营主体示范面积共计41 781亩。

2. 培训（场次、总人数、果农数和基层技术人员数、涉及面积） 2018 年共开展培训 41 场次，共培训 5 099 人次，其中果农 4 385 人次，基层技术人员 714 人次，涉及面积 514 152 亩，其中示范区面积 41 781 亩，辐射带动面积 472 371 亩。

3. 现场观摩会（时间、会议名称、地点、参加人、观摩内容） 2018 年举办观摩会 1 场：8 月 31 日至 9 月 1 日，在大连普兰店举办了现场观摩培训班，各省植保站课题参加人、市县植保站负责人和示范区新型主体技术人员参加了培训。项目主持人等专家为培训班授课并进行了现场观摩指导，培训取得了预期效果。

（四）与“双减”专项其他项目/课题的合作与交流

与青岛农业大学开展了技术协作，在两大主产区开展了苹果叶部主要病害的综合防治技术试验示范，并共同制定并申报了国家农业行业标准。

（五）其他

课题组根据项目大面积示范推广的目标要求，充分发挥政府部门和农业技术推广机构的优势，结合农业部门系统内项目培训、业务督导等，着重在新型经营主体和果树病虫害绿色防控技术方面开展培训，并充分利用本部门或本机构网站，加强对“双减”政策和项目宣传，大大提高了全社会农药减施增效意识和对项目重要性的认识。

2018 年向项目组办公室报送简报 3 期。①第 97 期：2018 年 4 月 16 日山东及时部署 2018 年苹果农药减施增效技术大面积示范推广工作；②第 99 期：2018 年 4 月 29 日甘肃进行苹果早春冻害和苹果病虫调研；③第 132 期：2018 年 9 月 2 日苹果农药减施增效大面积示范现场观摩暨培训班在大连举办。

除报送简报外，各地还利用电视、网络及微信平台等形式广泛开展宣传。例如，洛川植保站通过电视预报、洛川植保微信平台和明白纸等方式将技术方案向全县发布；在利用各种媒体宣传指导的同时，巡回开展现场培训，指导全县苹果病虫害科学防治。据洛川植保站 2018 年 6 月 14 日报道，陕西洛川把精准用药贯彻病虫防治全过程，大面积推广苹果农药减施增效技术，以精准用药作为关键技术措施，切实改变了果农见虫就打药、一病（一虫）多药、打保险药的施药观念和习惯，把不该打的药停了下来，把重复用的药减了下来，推动了全县苹果农药减施增效大面积推广。山西省运城市农业农村委员会、山东省烟台市农业技术推广服务中心、辽宁省大连市农村经济委员会等项目示范区均利用本机构网站进行培训宣传报道。如根据运城市农业农村委员会报道，2018 年 10 月 16 日全国农业技术推广服务中心研究员，山西省植物保护植物检疫总站站长、副站长、防治科科长一行 4 人在分管副主任的陪同下，对万荣县果树病虫害绿色防控示范区建设工作进行考察指导。再如，根据烟台市农技推广网 12 月 14 日报道，为实现 2020 年果业农药使用量零增长目标，深入开展绿色防控技术推广，解决普遍存在对绿色防控技术认识不清晰和使用不规范、不科学等问题，烟台市农业技术推广服务中心植物保护站、农药检定所于 2018 年 12 月 12～13 日，联合举办了全市果蔬害虫绿色防控及安全用药培训班，为确保烟台市实现果园农药减量、农产品提质增效奠定了基础。再如，大连市农村经济委员会于 2018 年 7 月 18 日和 9 月 3 日分别报道了“普兰店区举办果树农药使用情况调查暨农药减量控害技术培训班”和“普兰店成功举办国家苹果农药减施增效大面积示范现场观摩暨培训班”。这些丰富多彩的宣传报道，极大地提高了全社会农药减施增效意识和对苹果化肥农药“双减”项目重要性的认识。

各省（自治区、直辖市）防治工作总结

北 京 市

2018 年全市粮食作物病虫草害总体轻发生，受种植面积缩减的影响，病虫发生面积大幅减少，总发生面积 321.85 万亩次。其中，小麦病虫发生面积 29.02 万亩次，防治面积 47.14 万亩次，挽回损失 4 179.16 吨，实际损失 541.11 吨；玉米病虫发生面积 292.83 万亩次，防治面积 236.35 万亩次，挽回损失 16 894.05 吨，实际损失 5 632.01 吨。

一、2018 年主要病虫草害发生情况

（一）小麦病虫草害

2018 年，北京市冬小麦进一步缩减，播种面积 13.64 万亩，主栽品种有农大 211、农大 212、中麦 175、轮选 987、京生麦 1、农大 5 181、中麦 12 和京冬系列等。小麦病虫害主要以麦蚜、吸浆虫、地下害虫、白粉病等为主。

1. 麦蚜 偏轻发生，发生面积约 13.5 万亩次，防治面积 11.4 万亩次。受气象和周边发生情况的影响，2018 年蚜虫发生期比常年偏晚 1 周，顺义区蚜虫始见期最早，为 4 月 3 日，始见期与 2017 年接近，比常年偏晚近 1 周，且大部分地区蚜虫始见期比常年偏晚约 10 天。4 月中旬，全市麦田普遍见蚜，普遍见蚜期接近 2017 年。受气温起伏较大等因素影响，麦田蚜量呈波浪式增长，增长速度较慢。5 月 10 日调查发现，平谷区、大兴区、通州区虫量明显高于其他区，平均有蚜株率分别为 47%、60%、71%，平均百株蚜量分别为 415 头、428 头、478 头，最高百株蚜量分别为 638 头、485 头、599 头。此后，蚜量一直不高，且田间蚜虫自然天敌相比往年明显偏多，对蚜虫的控制效果较为明显，后期基本无须药剂防治。

2. 吸浆虫 轻发生，发生面积约 5.9 万亩次，防治面积 8.2 万亩次。2018 年春季，对全市 8 个冬小麦主产区 34 块麦田进行淘土普查，发现虫田率为 51.2%，比 2017 年（45.2%）略高。每样方平均虫量为 0.43 头，低于常年（6.5 头）和 2017 年（0.6 头）。4 月下旬平均气温比常年同期略偏高，降水量比常年偏多；5 月上旬平均气温比常年同期略偏高，吸浆虫羽化出土期有小雨，气象因素利于吸浆虫出土羽化。此外，吸浆虫为害期也与小麦抽穗期基本吻合。剥穗调查表明，小麦吸浆虫发生分布不均衡，区域间、田块间差异较大，且有上升趋势。全市被害穗率为 10.7%，平均百穗残虫 41.2 头，最高 268 头。

3. 地下害虫 大部轻发生，发生面积约 3.4 万亩次，防治面积 7.7 万亩次，田间被害率平均为 0.25%，最高为 0.33%，田间密度一般为 0.7 头/米^2，最高为 5 头/米^2，前茬是豆类、花生的地块虫量偏高，发生较重，种类以金针虫、蛴螬为主。

4. 白粉病 偏轻发生，发生面积 3.4 万亩次，防治面积 9.2 万亩次。主要发生在小麦生长中后期，5 月下旬，全市平均病株率为 0.7%，最高病株率为 13%，平均病叶率为 0.2%，最高为 5%，主要发生区为房山区、顺义区、通州区等，其中轮选 987、京生麦 1 号发病较重。

5. 其他病害 小麦叶锈病轻发生，发生面积 1.3 万亩次，防治面积 1.0 万亩次。

6. 杂草 中等程度发生，发生面积 11.7 万亩次，防治面积 11.5 万亩次。平均杂草密度为 4.9 株/米^2，最高密度为 109 株/米^2。返青期主要发生的杂草有麦蒿（播娘蒿）和荠菜，部分区域雀麦点片发生。

（二）玉米病虫草害

1. 玉米螟 偏轻发生，发生面积65.3万亩次，防治面积27.4万亩次。冬季后存活虫量调查发现，全市平均百秆活虫4.4头，低于2017年的7.2头和常年的9.8头。2017年全市冬季秸秆存储量较低，冬季后部分区域很难找到秸秆，受此影响，玉米螟越冬幼虫总基数较低。此外，2017—2018年，玉米螟越冬幼虫死亡率较高，达39.5%，明显高于2017年（30.5%）和历年平均值（26.1%）。5月底化蛹羽化进度调查发现，全市平均化蛹率为66.9%，略高于2017年（65.4%），明显高于常年（48.3%）。羽化率为19.1%，高于2017年的13.1%。黑光灯下5月10日始见成虫，与常年基本持平，比2017年偏晚。5月中下旬多个监测点都出现了蛾峰，蛾峰期接近2017年，比常年偏早约1周。一代玉米螟轻发生，平均被害株率为1.8%，比历年平均值（13.0%）低，比2017年（2.9%）偏低。一代玉米螟残虫量低，平均百株活虫1.8头，比常年（3.4头）减少47.1%，比2017年（2.4头）减少25%。7月上中旬，气温略偏高，日照偏少，降水较多，田间湿度较大，气象条件有利于玉米螟幼虫发育、化蛹和羽化。但是受基数少的影响，全市二代玉米螟轻发生，发生面积约29.7万亩，平均被害株率2.7%，最高被害株率为6%。三代玉米螟、桃蛀螟偏轻发生，发生面积27.9万亩，全市平均被害率6.1%，最高13%，百株虫量平均6.1头，最高12头。

2. 黏虫

（1）二代黏虫。轻发生，2018年，本市黏虫成虫迁入量显著高于2017年，3个杨树枝把监测点（平谷、密云、通州）平均累计诱蛾量为216.6头，接近常年同期（280.8头），是2017年同期（38.6头）的5.6倍。通过杨树枝把监测到的迁入高峰期为6月5日，接近常年。延庆高空探照灯累计诱蛾1 337头，是2017年同期的12.7倍，存在2个明显的迁入峰，分别在5月20日和6月9日前后，以后一个高峰期为主，迁入量占82.1%，高空探照灯监测到的高峰期为6月10日，比常年偏晚约1周。卵巢解剖发现，1级雌虫占26%，2～3级占72%，数据表明部分黏虫有在本地产卵的可能。小麦田调查表明，平均幼虫密度为0.9头/米^2，比常年同期（1.5头/米^2）减少40%，是2017年虫量（0.3头）的3倍，最高密度为6头/米^2。麦田幼虫以低龄（1～2龄）幼虫为主，约占86.9%。值得庆幸的是5月31日至6月5日北京出现大范围高温热浪天气，个别观测站日最高气温突破6月上旬历史同期最高值，阶段性高温、少雨不利于黏虫产卵孵化及存活，因此后期田间高龄幼虫较少。受综合因素影响，二代黏虫轻发生，发生面积10.8万亩次，防治面积10.8万亩次。田间被害率平均为0.25%，最高为1.8%，田间残虫量非常低，平均百株虫量为0.2头。

（2）三代黏虫。大部偏轻发生，发生期比常年偏早，发生面积8.5万亩次，防治面积0.9万亩次。平谷、密云、通州3个系统监测点对成虫进行监测，杨树枝把累计诱蛾量平均为12头，比2017年平均值略偏低，明显低于常年平均值（79头）。但是空中种群仍然较高，延庆监测点高空探照灯累计诱蛾570头，7月17日和21日各出现一次明显的迁入峰，数量分别为57头和246头。迁入蛾量明显高于2017年同期，蛾峰比2017年偏早约3天，但本次迁飞种群未在本地降落，因此三代黏虫轻发生，8月中旬，田间调查只看到少量的被害株，不足1%，未发现幼虫。

3. 二点委夜蛾 轻发生，发生面积0.5万亩。黑光灯下4月1日开始见蛾，与2017年持平，截止到9月中旬，顺义监测点累计诱蛾189头，数量低于2017年，4月下旬至5月初、6月底7月初分别出现1次高峰期，但大部分地区田间未查到幼虫。

4. 地下害虫 偏轻发生，发生面积19.4万亩次，防治面积35.4万亩次。田间调查地下害虫发现，虫量普遍较少，每平方米不足1头。

5. 其他害虫 蓟马轻发生，发生面积6.3万亩次；玉米蚜轻发生，发生面积约14.8万亩次；叶螨轻发生，发生面积0.3万亩次；双斑萤叶甲在北部山区呈加重发生趋势，发生面积14万亩次，褐足角胸肖叶甲轻发生，发生面积约5万亩次。

6. 玉米大（小）斑病 偏轻发生，发生面积38.8万亩次，防治面积26.3万亩次。7月底8月初，田间陆续出现病株，9月中旬田间大斑病平均病株率为2.5%，最高病株率为20%；小斑病平均病株率为6.4%，最高病株率为30%。

7. 褐斑病 大部地区偏轻发生，发生面积 26 万亩次，防治面积 18.3 万亩次。2018 年玉米生长季节，降水多，田间湿度较大，玉米褐斑病在部分地区见病早，发生较重，病害发展迅速。盛发期平均病株率为 8.3%，最高病株率达 100%。

8. 其他病害 纹枯病偏轻发生，发生面积 14.9 万亩次，防治面积 15.1 万亩次。弯孢菌叶斑病轻发生，发生面积 20.7 万亩次，防治面积 9.6 万亩次，顺义区、房山区局部发病重，最高病株率达 100%。玉米瘤黑粉病轻发生，发生面积 6.2 万亩次，防治面积 17.6 万亩次，平均病株率 0.4%，最高病株率达 3%。

9. 杂草 中等程度发生，发生面积 49.9 万亩次，防治面积 50 万亩次。发生种类主要有马唐、稗草、反齿苋、鸭跖草、马齿苋、狗尾草、灰藜、苦荬菜、葎草等，平均每平方米有草 41 株，最高杂草密度每平方米 162 株。

（三）其他

1. 草地螟 轻发生。据内蒙古、吉林等地区信息，6 月初，虫源地内蒙古兴安盟和吉林白城附近出现大量成虫，单日诱蛾最高接近 2 万头。据分析，6 月 1～5 日，虫源地高密度区域受东北冷性低涡控制，草地螟成虫不能向南进入北京。根据北京延庆昆虫雷达监测点，6 月 1～14 日累计诱蛾 80 头，创近 5 年新低，田间调查也未发现幼虫为害。

2. 土蝗 各区上报的发生面积均为 0。

天津市

在全国植保植检工作要点指导下，始终遵循“公共植保、绿色植保、科学植保”理念，深入贯彻各项植保方针政策，紧紧围绕天津市植物保护植物检疫站全年工作计划及防治科全年防治工作实施方案，有条不紊完成了全年工作，挽回了巨大的粮食损失，实现了既定工作目标，取得了显著成绩。

一、农作物病虫害发生防治概况

全市主要农作物病虫害总体呈中等程度发生，发生程度与 2017 年相当，各类病虫害发生总面积 1 809.74 万亩次，防治面积 1 818.93 万亩次。其中，小麦病虫害发生面积 335.53 万亩次，防治面积 322.4 万亩次；玉米病虫害发生面积 686.49 万亩次，防治面积 508.64 万亩次；水稻病虫害发生面积 157.74 万亩次，防治面积 229.25 万亩次；棉花病虫害发生面积 196.28 万亩次，防治面积 211.54 万亩次；蔬菜病虫害发生面积 189.01 万亩次，防治面积 297.36 万亩次；果树病虫害发生面积 105.76 万亩次，防治面积 145.93 万亩次。蝗虫发生面积 73.4 万亩次，防治面积 49.74 万亩次，东亚飞蝗呈中等偏轻发生，北大港水库夏蝗和秋蝗偏重发生，最高密度达 193 头/米^2；三代黏虫偏重发生；小麦蚜虫、棉铃虫、三代玉米螟中等程度发生；二化螟、二代玉米螟、小麦吸浆虫、棉蚜、玉米褐斑病、小麦白粉病、水稻恶苗病、水稻纹枯病等偏轻发生，程度与 2017 年基本持平。

二、圆满完成蝗虫防治工作

2018 年，天津市蝗虫总体中等偏轻发生，发生总面积 73.4 万亩次。其中，夏蝗中等偏轻发生，发生面积 37.7 万亩次；秋蝗中等偏轻发生，发生面积 35.7 万亩次。滨海新区北大港水库蝗区夏蝗偏重发生，其他蝗区偏轻发生。夏蝗一般密度为 0.05～0.15 头/米^2。高密度区集中在北大港水库蝗区，最高密度为 181 头/米^2，密度为 0.5～10 头/米^2 的面积达 9.6 万亩，密度为 10 头/米^2 以上的面积达 2.1 万亩。滨海新区北大港水库蝗区秋蝗偏重发生，其他蝗区偏轻发生。秋蝗一般密度为 0.35 头/米^2。高密度区集中在北大港水库蝗区，最高密度为 193 头/米^2，密度为 3～10 头/米^2 的面积达 3.8 万亩，密度为 10 头/米^2 以上的面积达 2.6 万亩。2018 年夏蝗发生特点：一是出土盛期偏晚 1 周左右，龄期不整，出土盛期为5月22～28日；二是发生区域较集中，主要集中北大港水库和七里海两大蝗区。秋蝗发生特点：一是受气候影响出土盛期偏早、龄期不整，出土盛期为7月底8月初，较2017年偏早3天左右，至8月中下旬防治时期，3龄至成虫均存在；二是发生区域较集中，重发区主要集中在北大港水库，其他蝗区轻发生；三是8月雨水偏多，北大港水库长期积水，给查蝗和治蝗带来极大困难。

全市蝗虫防治面积49.74万亩次，其中夏蝗26.74万亩次，秋蝗23万亩次。全市出动直升机2架，飞防380架次，出动大型药械8台，防治1 020台次。全市重点防治区域为北大港水库、独流减河、七里海等蝗区。2018年蝗虫防控主要采取飞防和大型药械防治相结合，全部采用生物防治。根据蝗区环境分别采取不同的防控措施，北大港水库地势平坦，蝗虫密度高，以大型药械和飞机喷施苦参碱、蝗虫微孢子虫为主；七里海蝗区沟壑纵横，蝗虫密度低，以飞机喷施蝗虫微孢子虫为主。

为做好2018年蝗虫统防统治工作，天津市植物保护植物检疫站做了大量的准备工作及组织落实工作。一是领导重视、责任明确。为做好2018年蝗虫防控工作，天津市种植业发展服务中心和各区成立了防蝗领导小组，协调防蝗所需人员、资金、物资等，严格按照“政府主导、属地负责、联防联控”的要求，切实加强蝗虫防控各项工作。4月24日在滨海新区召开了“天津市2018年东亚飞蝗应急防控桌面演练暨蝗虫防控工作推进落实会”，安排部署2018年蝗虫防控工作。6月12日在滨海新区召开了“天津市2018年夏蝗防控现场会”，滨海新区、宁河区、静海区、西青区、武清区有关负责人参加了会议。为做好2018年蝗虫防治工作，天津市植物保护植物检疫站及时下发了《关于做好2018年蝗虫防控工作的通知》《关于做好2018年秋蝗防控工作的紧急通知》《市种植业中心关于印发天津市2018年度种植业重点项目（第一批）实施方案的通知》（津农计〔2018〕6号）。二是监测严密、预报准确。为做好2018年蝗虫监测工作，切实掌握蝗情，避免漏查、漏报、漏防，天津市涉蝗9个区自4月下旬开始，每周开展拉网式踏查1～2次，设专人值班、实行周二零报告。天津市植物保护植物检疫站采取电话督导和实地踏查督导两种方式督促全市蝗情监测工作严密有序开展。截至9月20日，电话督导35次，深入北大港水库蝗区、宁河七里蝗区、静海团泊洼水库蝗区、武清大黄堡蝗区等重点蝗区实地督导40余次，切实准确掌握了蝗情。三是准备充分、保障到位。资金保障到位，使用规范。滨海新区、宁河区、静海区能够严格按照资金使用管理办法合理规范使用资金，对农药和飞防公司、专业合作社都进行了招投标政府采购。物资保障到位。采购的农药和飞防公司、专业化合作社都能按时到位，确保了防蝗工作顺利进行。安全保障到位。滨海新区和宁河区均召开了本区涉蝗乡镇防蝗协调会议，提高各乡镇防蝗认识，争取支持和配合，并要求各乡镇在防治前以告示的形式向村民告知防治期间不允许在防治区域内开展放牧、放蜂、渔猎等活动，避免各种纠纷发生，切实保证防蝗工作顺利进行。滨海新区、宁河区、静海区为防蝗人员、飞行员均配备了防蝗服、手套、口罩、眼镜、防暑药品等必要的防护用品，避免人员中毒事件发生，切实做好了人员安全防护工作。

三、完成设施蔬菜病虫害全程绿色防控示范项目

在蓟州区、宁河区、静海区3个区选建示范区，示范面积共计1 500亩次。试验示范了6种绿控技术，包括使用多抗霉素、寡雄腐霉、鱼藤酮、除虫菊素、印楝素等生物药剂和熊蜂授粉技术。主要示范作物有番茄、黄瓜、辣椒、茄子、草莓、甜瓜等。示范效果非常理想。3%多抗霉素可湿性粉剂在草莓、黄瓜、番茄、辣椒、茄子、甜瓜、芹菜上应用，对灰霉病、白粉病、霜霉病、疫病、叶斑病等真菌性病害防治效果达83%～87%；100万孢子/克寡雄腐霉菌可湿性粉剂在草莓、黄瓜、番茄、空心菜、韭菜、辣椒、茄子、甜瓜上应用，对霜霉病、灰霉病、早疫病、晚疫病、立枯病、根腐病等真菌性病害防效均达86%～89%；5%鱼藤酮可溶液剂在草莓、番茄、辣椒、茄子上示范防治红蜘蛛、黄曲条跳甲，防效达87%～90%，效果理想；1.5%除虫菊素水乳剂在茄子、黄瓜、辣椒、番茄、甜瓜上示范防治蚜虫效果理想，防效达73%～87%，防治粉虱效果较差，防效为46%～79%；0.3%印楝素乳油在茄子、草莓、辣椒、黄瓜上示范防治菜青虫效果理想，防效达85%以上，防治红蜘蛛和蓟马效果效差，防效为35%～60%；熊蜂授粉大大降低了灰霉病的发病率，大大提高了坐果率，提高了果实品质，减少了人工。

河北省

在农业农村部、省委、省政府、农业农村厅党组的正确领导下，全省植保机构团结协作，勇于创新，积极进取，通过全省植保工作者的共同努力，圆满完成了2018年主要任务目标，现总结如下。

一、小麦重大病虫害得到有效遏制

河北省2018年冬小麦种植面积3 410万亩。小麦条锈病、纹枯病、赤霉病、吸浆虫、麦蚜等重大病虫危害得到了有效控制，最大限度地降低了危害损失，为保障小麦生产安全做出了应有的贡献。

（一）周密部署，高度重视

河北省高度重视小麦重大病虫害防控工作，2017年秋播后河北省农业厅召开了全省小麦冬前管理工作视频会议，再次强调了小麦病虫害防控工作的重要性。年后连续召开了全省植保工作会议与上半年农作物重大病虫害发生趋势会商会，安排部署2018年全省小麦病虫害防控工作。4月24日河北省收到农业农村部《关于做好2018年小麦“一喷三防”工作的通知》（农农（行业）〔2018〕3号）后，紧急下发了《河北省农业厅关于做好小麦“一喷三防”工作的通知》，要求各级农业部门把小麦“一喷三防”工作作为当前的首要大事来抓，强化对防控工作的组织领导，落实各项防控措施与责任，要及时组织、发动群众与专业化合作组织开展防治。

（二）严密监测，加强指导

各级植保机构在严格按照测报调查规范开展系统监测的基础上，加大普查范围，做到不漏查、不误报，及时、准确掌握病虫发生动态。在防治关键时期，充分利用电视、广播、手机短信平台、农业信息网等多种途径，及时发布病虫情报和预警信息。目前全省植保系统发布小麦病虫情报300多期，为推动科学防控提供了有力支撑。结合河北省的实际情况，2017年秋播以来河北省植物保护植物检疫站先后印发了《关于做好小麦秋冬季病虫害防控工作的通知》与《河北省2018年小麦重大病虫害防控技术方案》，要求各地务必高度重视，不等不靠、积极作为，加强组织领导、加强技术指导、加强宣传发动，最大限度地减轻病虫危害损失，确保夏粮丰产丰收。

（三）强化领导，科学防控

全省各级农业部门对小麦病虫防控工作高度重视。小麦返青后，各地分别以会议、通知、现场会等形式安排部署小麦病虫防控工作。要求充分认识到小麦病虫防控工作的重要性和紧迫性，以此作为夺取2018年小麦丰收的关键措施。全省11个小麦主产市成立了由主管局长任组长、以植保站为主要成员的小麦病虫防控工作领导小组，植保站具体负责技术方案的制定和落实，并对相关工作进行综合协调和督导。各地认真落实责任机制，层层分解任务，实行领导干部和技术人员包县、包乡、包村的办法，形成了一套完整的领导、组织和服务体系，为工作开展打下了坚实的基础。

（四）大力宣传，强化督导

充分利用电视、电台、报纸等新闻媒体，将病虫发生情况和防治关键技术快速传递给基层干部和农民群众。通过手机短信群发、电话咨询、贴标语、拉横幅、发通知单、办示范样板等多种形式，全方位宣传重大病虫发生信息与防治技术，充分发动群众，全面开展病虫害防治工作。河北省植物保护植物检疫站成立了由3位站长带队，站上全体技术人员组成的农药减量增效量化示范基地指导组，分片包干，在小麦病虫发生防控关键期进行督导检查，确保政策措施落实到村、到户、到田。

（五）迅速行动，效果明显

5月8日，大名县发现小麦条锈病后，河北省植物保护植物检疫站迅速下发了《严密监测小麦条锈病及时组织防控》的病虫情报，要求各地植保监测机构加大普查力度，做到发现条锈病立刻向当地政府及上级主管部门汇报，并进行及时防治，做到“带药侦查、发现一点、防治一片”，坚决遏制其扩展蔓延。

（六）及时提出突发病害防控指导建议

5月4日河北省植物保护植物检疫站在田间调查时发现2017年小麦茎基腐病发生严重，为摸清其发生情况，当日下发了《河北省小麦茎基腐病发生情况的紧急通知》。5月11日，提交了《2018年河北省小麦茎基腐病发生情况报告》。茎基腐病在全省11个冬小麦主产区发生面积590万亩次。其中，邯郸市发生面积168万亩次，最高病株率为25%、最高侵茎率为25%（广平县）；邢台市发生面积146万亩次，最高病株率为62%、最高侵茎率为53%（宁晋县）；石家庄市发生面积5万亩次，最高病株率为7.6%，最高侵茎率为3.6%（藁城区）；衡水市发生面积152万亩次，最高病株率为37.6%、最高侵茎率为25.7%（故城县）；沧州市发生面积89.5万亩次，最高病株率为15%、最高侵茎率为6%（吴桥县）；保定市发生面积10亩次，最高病株率为34%、最高侵茎率为19%（蠡县）；廊坊市发生面积5.3万亩次，最高病株率为35%、最高侵茎率为1%（大城县）；辛集市发生面积14.2万亩次，最高病株率为15.6%、最高侵茎率为98.9%；唐山市、秦皇岛市、定州市没有发现小麦茎基腐病。

调查发现，小麦茎基腐病在品种间发生无显著差异，但在瘠薄地、盐碱地及水质差、秸秆还田量大、抢墒播种地块发病较重；经过拌种的地块，发病较轻；实施统一管理、开展专业化统防统治的麦田，发病较轻。

2018年小麦茎基腐病发病偏重的原因分析：一是整地时未进行土壤消毒处理。二是2017年播种期地温低、出苗时间长，病菌侵染条件适宜。三是秸秆还田量大、耕翻土层浅、整地质量差，苗情弱，抗逆性低。四是抢墒播种、未浇越冬水、冬季旱情严重，安全越冬不达标。五是2018年“倒春寒”，早春气温变化幅度大，为病菌春季侵染提供了适宜的环境条件。六是“白籽下种”，没有进行拌种处理，早春不注重病害预防措施的落实。

二、及时制定印发主要农作物病虫防控方案

（一）制发全省主要农作物重大病虫防控工作指导意见

年初起草制定了《2018年河北省主要农作物重大病虫防控工作指导意见》。提出了总体要求：以减少危害损失、保护粮食产能为目标，提早安排部署，紧盯主要作物和重大病虫制定防控技术方案；坚持科学防控，突出主要作物、重点区域、重大病虫、关键环节，推进统防统治和群防群治，落实“政府主导、属地责任、联防联控”工作机制。任务目标：准确把握农作物重大病虫害发生发展态势，及时开展各项防控工作。小麦重大病虫害防控处置率95%以上，平均防控效果85%以上；玉米重大病虫害防治处置率90%以上，病虫害总体防控效果80%以上；蔬菜绿色防控面积达到30%以上；其他主要农作物绿色防控覆盖率达到27%；蝗虫防控达到“飞蝗不起飞，土蝗不成灾”目标。巩固21个专业化统防统治与绿色防控融合示范基地和25个蔬菜全程绿色防控示范区的建设成果，整建制推进大樱桃、番茄蜜蜂授粉工作。意见还明确了8项重点工作和4个保障措施。

（二）制定印发马铃薯病虫防控方案

印发《河北省2018年马铃薯重大病虫害防控技术方案的通知》（冀农植保〔2018〕16号）。为切实做好2018年马铃薯重大病虫害防控工作，降低危害损失，助力质量兴农、绿色兴农和农业转型升级，制定了《河北省2018年马铃薯重大病虫害防控技术方案》，明确了防控目标：病虫防控处置率95%以上，专业化统防统治占防控面积的30%以上，总体防治效果达80%以上，危害损失率控制在8%以下。以及明确了防控对象、防控策略和防控技术措施。针对晚疫病，结合系统监测及田间调查结果，马铃薯现蕾期至开花期，组织专业化防治队，开展“统一时间，统一指标，统一技术”的统防统治，将晚疫病重发流行风险降至最低。

（三）制定印发农区蝗虫防控方案

印发《河北省2018年农区蝗虫防控技术方案》（冀农植保〔2018〕18号）。为有效控制河北省农区蝗虫灾害，推进农药使用量零增长行动，保证河北省农业生产和社会稳定，制定了防控方案。明确了防控目标：农区飞蝗达标区处置率达100%，专业化统防统治比例达90%以上，生物防治占70%以上；土蝗达标区处置率70%以上，专业化统防统治占比60%以上，生物防治占比60%以上；危害损失率控制在5%以下。实现“飞蝗不起飞成灾、土蝗不扩散危害”总体目标。以及制定了防控策略、防治措施、安全措施等。

（四）制定印发玉米病虫防控方案

印发《河北省2018年玉米重大病虫害防控技术方案的通知》（冀农植保〔2018〕17号）。为切实做好2018年玉米重大病虫害防控工作，降低危害损失，助力质量兴农、绿色兴农和农业转型升级，制定了《河北省2018年玉米重大病虫害防控技术方案》。明确了防控目标：玉米重大病虫害防治处置率90%以上，病虫害总体防治效果80%以上，危害损失率控制在5%以下，专业化统防统治覆盖率达到39%以上。进一步扩大绿色防控示范与推广面积，有效减少化学农药使用量。以及制定了防控策略、防控措施、专业化统防统治主推技术等。

（五）制定印发棉花病虫防控方案

印发《河北省2018年棉花重大病虫害防控技术方案的通知》（冀农植保〔2018〕21号）。根据全国农业技术推广服务中心的《2018年棉花重大病虫害防控技术方案》的文件精神，为进一步做好全省棉花重大病虫害防控工作，结合河北省实际，制定了《河北省2018年棉花重大病虫害防控技术方案》，要求有关市高度重视，强化组织领导和技术培训指导，降低化学农药用量，切实保证棉花的产量与品质。确定了重大病虫防治处置率达到95%以上，绿色防控技术应用面积和专业化防治面积分别达到18%以上和20%以上，总体防治效果达到85%以上，化学农药使用量明显下降。针对棉花各生育期的主要病虫种类，本着优化、简化的原则，预防为主，充分发挥棉田生态调控和棉花自身补偿作用，突出抓好抗（耐）病品种合理布局，压低秋冬病虫基数，保护和利用天敌，制定苗期预防、生长期控害、铃期保铃保产等技术措施。注重合理用药、隐蔽用药、精准用药，降低化学农药用量，增强棉田的可持续和安全控害减灾作用。

（六）制定印发水稻病虫防控方案

为切实有效做好2018年河北省水稻的病虫害防控技术工作，根据全国农业技术推广服务中心《2018年水稻重大病虫害防控技术方案》的要求，结合河北省实际，制定了《河北省2018年水稻重大病虫害防控技术方案》（冀农植保〔2018〕20号），要求有关市高度重视，加强领导，因地制宜抓好各项防控技术措施的落实，有效控制水稻病虫的发生与危害，降低病虫危害损失。确定了重大病虫防治处置率达到90%以上，总体防治效果达到85%以上，绿色防控技术覆盖率达到30%以上，专业化统防统治面积达到40%以上，水稻化学农药使用量零增长。坚持“预防为主、综合防治、分区治理、绿色增效”。以稻田生态系统为中心，优先采用抗（耐）病虫品种及健身栽培、生态调控、生物防治等非化学防治技术，提高稻田生态系统控害能力。协调应用高效、低风险农药合理使用技术。推进绿色防控与专业化统防统治相融合，促进重大病虫害可持续治理，保障水稻产量、质量和稻田生态安全。

（七）制定印发玉米中后期病虫防控方案

河北省农业农村厅印发《2018年玉米中后期“一喷多效”减灾技术集成项目实施方案的通知》（冀农业财发〔2018〕29号）。为切实做好玉米中后期“一喷多效”减灾技术的示范与推广工作，提升玉米中后期综合防治技术水平，制定了《河北省2018年玉米中后期“一喷多效”减灾技术集成项目实施方案》。方案明确了目标任务、实施区域及资金用途、时间及进度安排、实施要求及注意事项等。

三、积极争取资金支持，科学安排中央资金

（一）最大限度发挥中央资金的作用

为有效控制农业重大病虫危害，提高农业防灾减灾能力，按照财政部《关于提前下达 2018 年农业生产救灾及特大防汛抗旱补助资金预算指标的通知》（财农〔2017〕153 号）和《中央财政农业生产防灾救灾资金管理办法》（财农〔2013〕3 号）要求，制定 2 500 万元资金使用方案。2 月初，河北省农业厅、财政厅印发《河北省 2018 年病虫防治资金使用方案》（冀农业财发〔2018〕11 号）。明确了指导思想和目标任务：坚持“预防为主、综合防治”的植保方针，贯彻落实“公共植保、绿色植保、科学植保”的理念，实行“政府主导、属地责任、联防联控”工作机制，针对农区蝗虫、草地螟、黏虫、小麦条锈病、蚜虫、赤霉病等重大病虫害，全面提升河北省农作物重大病虫应急防控能力和科学防病治虫水平，有效预防控制病虫发生、蔓延危害，确保农作物重大病虫不大面积暴发成灾，保障粮食安全、农产品质量安全和生态环境安全。

中央补助资金 2 500 万元全部下达到市县，其中 1 000 万元主要由各市用于组织应急防控农区蝗虫、草地螟、黏虫、小麦条锈病、蚜虫、小麦赤霉病等具有迁飞性、暴发性和流行性重大病虫灾害；下达到有关县（市、区）1 500 万元，重点扶持一批管理规范、服务能力强、作业面积大的专业化防治服务组织、农民专业合作社等新型农业生产经营主体，开展统防统治和绿色防控融合。市县农业部门根据农作物重大病虫发生情况，组织专家论证，确定统防统治的实施区域，科学合理安排使用补助资金。补助资金主要用于购置大型施药机械、农药及其他防控物资。补助对象为承担农作物重大病虫预防和控制任务或遭受病虫危害并造成损失的农户、家庭农场、统防统治专业合作组织及相关企业、事业单位。

（二）最大限度争取资金支持

2017 年入冬以来，河北省降水较常年同期偏少 4～9 成，土壤表墒不足。据气象部门预计，2018 年春季河北省降水仍然偏少，气温回升较快，加之河北省麦区主栽品种对锈病、白粉病、纹枯病、吸浆虫、蚜虫等主要病虫害的抗性普遍较差，立足抗灾夺丰收是 2018 年河北省小麦生产的现实选择。为有效控制重大病虫为害，保证夏粮丰收，3 月初，河北省农业厅、财政厅印发《关于申请 2018 年小麦中后期病虫害防控补助资金的请示》（冀农业财发〔2018〕6 号）。申请小麦重大病虫应急防控补助资金 3.41 亿元，以政府购买服务的方式实施应急防控，平均每亩 10 元，包括购买所需的农药、叶面肥等物资和统防统治所需的作业补助。

四、绿色防控工作成效显著

（一）制发实施方案，及早安排部署全年工作

一是印发《关于印发河北省蜜蜂授粉与绿色防控技术集成示范方案的通知》（冀农植保〔2018〕10 号）。按照全国农业技术推广服务中心《关于 2018 年蜜蜂授粉与病虫害绿色防控增产技术集成示范方案的通知》（农技植保函〔2018〕62 号）要求，根据河北省实际情况，制定了《河北省蜜蜂授粉与病虫害绿色防控技术集成示范方案》，明确了指导思想、目标任务、示范区布局、重点任务以及保障措施等。

二是转发全国农业技术推广服务中心《关于做好 2018 年农作物病虫害绿色防控技术示范推广工作的通知》。秦皇岛市承担水稻全程绿色防控技术模式示范，核心示范面积 0.5 万亩，辐射带动 5 万亩，主要防控对象为二化螟、稻飞虱、稻瘟病、稻曲病、纹枯病，示范内容为抗性品种使用、性诱剂诱杀、天敌保护、赤眼蜂释放、微生物农药使用。河北省康保县开展马铃薯综合防控技术模式示范，核心示范面积 0.5 万亩，辐射带动 10 万亩，主要防控对象为马铃薯土传病害、晚疫病等病害和主要害虫，示范内容为轮作倒茬、选用健康种薯、催芽晒种、药剂拌种、播种药剂喷沟、合理密植、应用马铃薯晚疫病实时监控系统指导统防统治、科学施肥、适时收获。

（二）组织召开现场观摩培训会，加大宣传推广绿色防控新技术

1. 成功召开蜜（熊）蜂授粉与病虫害绿色防控集成示范现场观摩研讨会 印发《关于召开蜜（熊）蜂授粉与病虫害绿色防控技术集成示范现场观摩研讨会的通知》（冀农植保〔2018〕24号）。蜜（熊）蜂授粉与病虫害绿色防控集成示范在河北省开展以来取得了较好的增产增效示范效果。2018年农业农村部决定在河北省进行整建制大面积示范，为了做好2018年的整建制推进工作，使相关技术在河北省进一步大面积推广应用，河北省植物保护植物检疫站与河北省农林科学研究院旱作农业所、经济作物所联合决定，于5月12～13日在衡水市召开蜜（熊）蜂授粉与病虫害绿色防控集成示范现场观摩研讨会，150余人参加了会议，现场观摩了蜜（熊）蜂授粉与绿色防控集成示范基地，进行了西瓜蜜蜂授粉技术培训，以市为单位交流研讨了设施番茄熊蜂授粉与绿色防控技术应用。

2. 成功组织京津冀大樱桃蜜蜂授粉与病虫害绿色防控技术集成应用成效观摩暨研讨会 在6月初，河北省植物保护植物检疫站邀请农业农村部种植业管理司、全国农业技术推广服务中心、中国农业科学院、中央电视台、新华社、《农民日报》、河北电视台、《河北日报》等机关与新闻媒体以及北京、天津、河北各市植保站负责人70余人齐聚山海关，组织开展大樱桃蜜蜂授粉与病虫害绿色防控技术集成应用成效观摩暨研讨培训。大樱桃蜜蜂授粉与病虫害绿色防控技术集成示范在河北省开展以来，取得了较好的增产增效示范效果。培训会首先现场观摩了山海关区大樱桃蜜蜂授粉与绿色防控集成整建制推进示范基地。有关专家对樱桃蜜蜂授粉与绿色防控技术进行了讲座；各市交流当地大樱桃种植情况与技术推广应用情况。6月26日，《农民日报》以“绿在树尖，甜在舌尖”为题进行了报道；6月28日，新华社以“小蜜蜂推动农业绿色发展”为题进行了报道。

3. 成功举办全省绿色防控技术观摩与培训会 为了丰富河北省绿色防控技术内容，提升设施栽培病虫害的绿色防控水平，6月下旬河北省植物保护植物检疫站与河北省植保技术推广协会成功举办全省绿色防控技术观摩与培训会议。100余人参加会议，会议取得了圆满成功。6月26日，《河北农民报》以“空气灭虫杀菌，果蔬照样飘香——河北省蔬菜病虫绿色防控现场观摩会上看新鲜”为题进行了报道；6月21日，《河北科技报》以“绿色防控让果蔬找回童年的味道”为题进行了专门报道。

4. 成功举办全国生物食诱剂区域防治与源头防治技术培训班 为推进农药减量增效，加快农作物害虫绿色防控技术研发及推广应用，全国农业技术推广服务中心与中国农业科学院植物保护研究所于11月14日在河北省沧州市联合举办了生物食诱剂区域防治与源头防治技术培训班。中国农业科学院副院长、全国农业技术推广服务中心副主任、全国农业技术推广服务中心病虫害防治处处长、河北省农业农村厅总农艺师等莅临培训班指导。全国15个省（自治区、直辖市）农业农村厅植保站负责人、技术人员和相关重点市县农业部门负责人，以及国内农业高等院校、科研单位的相关专家，共计150余人参会。中国农业科学院副院长在培训班上作了题为“昆虫花源性食诱剂的研发”的报告，介绍了昆虫食诱剂的研发和推广应用进展。全国农业技推广服务中心研究员介绍了当前主要农作物有害生物全程绿色防控技术的集成与应用进展，河北、江苏、浙江、吉林、山东等省的植保技术人员汇报了食诱剂试验示范工作情况。在随后召开的专家咨询座谈会上，与会专家充分肯定了昆虫食诱剂防控效果，一致认为食诱剂具有良好的广阔的应用前景，对于推进农药减量增效、保证农产品质量安全和生态安全意义重大，应进一步加大昆虫食诱剂产品研发和推广使用力度。同时，建议食诱剂产品在使用方法上能够进一步简化优化，针对不同区域靶标害虫，使用技术上进一步提升，在灭杀药物选择上向低毒无害化方向发展，在食诱剂成分专化性和效果持续性方面进一步研究完善。全国农业技术推广服务中心副主任在培训班总结时强调，农作物有害生物绿色防控是植保工作的重中之重，符合绿色农业发展要求，因此植保部门及相关研发机构要抓住当前农药减量增效为绿色防控发展提供的良好机遇，进一步加快绿色防控技术的集成与创新，扩大绿色防控新技术新产品的应用规模，不断降低成本，要加大产学研的结合力度，发挥生产企业、科研单位的各自优势，研发更多更好的产品服务于我国绿色农业发展。

5. 开展韭蛆绿色防控技术培训与示范 2018年8～9月在韭蛆防控关键期之前，与河北农业大学植保学院专家一起，在河北省韭菜主要种植区（香河县、乐亭县、临漳县、沧县、青县、永清县等地）进行了6期培训，培训主要对象为当地植保技术人员和种植大户，培训针对性强，大多采取的绿色防控技

术措施，对提高韭蛆防治技术水平和保障韭菜安全生产意义重大。11 月在廊坊的永清县、香河县绿色防控技术及新型农民培训班上又进行了两次韭蛆专题技术培训。并在河北省的 15 个韭菜种点种植大县开展黑色诱虫板监测诱杀法、日晒高温覆膜法、昆虫病原线虫生物防治法和化学农药减量防治法等韭蛆防治新技术示范。

五、玉米中后期“一喷多效”减灾技术集成项目圆满完成

（一）完成情况

2018 年，永年、景县、泊头、容城 4 个县（市、区）承担了玉米中后期“一喷多效”减灾技术集成项目。项目实施面积 9.8 万亩，辐射带动河北省中南部玉米产区玉米中后期的病虫害防治 500 万亩。各项目县针对当地气候和生产条件、玉米生育进度、病虫害发生情况，在玉米大喇叭口期至乳熟期，选择适合当地实际情况农药品种，科学配比具有长效低毒的杀虫剂、杀菌剂以及具有控旺或增产作用的植物生长调节剂和叶面肥等，进行一次性喷施，达到防治棉铃虫、黏虫、穗蚜、红蜘蛛、玉米螟、褐斑病、大（小）斑病、弯孢菌叶斑病、玉米顶尖腐烂病等多种玉米中后期病虫害的目的，具有防止倒伏和增产的多重效果。同时，充分利用各类植保机械，尤其是大型植保机械，包括植保无人机等现代机械集中统一作业，发挥专业化统防统治优势，大幅度提高玉米生产的组织化程度和社会化服务水平，特别是植保无人机的加速推广使用成效明显，由于玉米中后期玉米植株高大密集，植保无人机具有高效、便捷、不破坏作物的特点，加之专业化服务组织对其认可度的提高，2018 年植保无人机的利用率明显高于前两年，已经成为植保机械防治作业的主要力量。据统计，在玉米中后期“一喷多效”防治作业中动用植保无人机 550 台次、自走式高地隙喷杆喷雾机 600 台次。在项目田间喷施作业期间，植保机构组织技术人员进行现场指导，并做好跟踪调查，以保证项目实施效果。该项目的实施有力地带动了河北省玉米病虫防治工作开展，效果十分显著，有效地控制了玉米中后期病虫危害，展现了新型植保机械在高秆农作物田作业的巨大优势，实现了农药控害，对提升全省秋粮农作物防灾减灾能力、病虫害专业化统防统治水平起到积极推动作用，为保障河北省秋粮作物生产安全做出了积极贡献。

（二）主要做法

1. 强化责任，落实实施内容 为抓好项目落实，各项目县成立了项目工作领导小组、技术指导小组，按照方案要求的时间节点，积极主动开展工作。每个项目区都统一插标立牌，标牌均注明职责单位、责任人、地域规模和技术要求等内容。为保障资金使用发挥实效，各项目县（市、区）农业植保机构负责项目组织落实，以公开招标方式确定实施主体，选择有能力的植保专业化服务组织具体实施，并与其签订委托合同，登记造册，签字存档，加强项目资金管理，严格资金使用程序。项目作业期间，通过招标产生的项目实施主体（农业合作社、农业公司、种粮大户等新型农业经营主体）进行统一防治。永年区确定永年自强农业科技有限公司为实施主体，实施作业面积 2.3 万亩；容城县确定容城县民富农牧产品专业合作社为实施主体，实施作业面积 2.5 万亩；景县确定景县惠丰种植业农民专业合作社和景县志清种植农民专业合作社为实施主体，实施作业面积 2.5 万亩；泊头市确定河北茂动兴腾无人机科技有限公司为实施主体，实施作业面积 2.5 万亩。项目实施主体提供“一喷多效”作业喷施效果、作业面积核查与监察监测互联网系统操作平台，以及农户作业合同、作业面积、满意度调查等文字资料，实现植保植检站对喷施作业现场、作业质量及作业面积的时时监控和核查，做到有的放矢，使项目真正落到实处，杜绝了弄虚作假的情况出现。

2. 加大宣传，提高思想认识 为了推动项目工作开展，8 月上旬，全省玉米中后期“一喷多效”技术现场观摩及研讨会在邯郸市永年区成功召开。衡水市、邢台市、唐山市、沧州市、保定市先后召开项目田间实施作业现场培训会，对“一喷多效”技术进行大力宣传，各地的新闻和报纸媒体也纷纷进行了宣传报道。另外，还有其他一些自发组织的县（市、区）在玉米高产示范区组织实施“一喷多效”技术应用。为了加大影响力度，各项目地适时组织观摩现场培训活动，组织专业技术培训，推进项目的实施，加快玉米产区“一喷多效”技术的应用推广，扩大辐射带动效果。

3. 开展绿色防控示范，推进农药减量 为了推进农药减量控害，减少面源污染，提高农产品质量等级，在实施玉米“一喷多效”项目过程中，一是从用药组合上坚持“首推绿色及生防制剂，提倡高效低毒制剂，严禁中毒制剂”的原则；二是玉米“一喷多效”作业全部采用新型高效植保机械，实现精准用药，降低残留污染；三是结合农药减量示范基地建设，设立了杀虫灯、诱捕器、食诱剂、赤眼蜂等绿色防控技术示范田。在示范区开展了不同用药组合病虫防效对比、赤眼蜂对玉米中后期玉米螟的防效、杀虫灯对玉米中后期虫害的防效、诱捕器对玉米螟的防效、食诱剂对玉米螟的防效、不同药械对玉米中后期病虫的防效等试验。同时，项目区实现了两项绿色防控技术全覆盖，一是机械清垄防治二点委夜蛾，普遍节省用药一次；二是农药助剂增效技术，在农药减量10%～20%的情况下，防效不减。

4. 验收考核，评价实施效果 9月底，各项目县（市、区）组织项目总结验收。验收小组均由高级农艺师以上职称的专业技术人员组成。通过听取汇报、查看档案资料、试验地田间测产及效益分析等对项目进行了全面考核，严格按照评分标准，公平、合理地进行评价，所有项目地考核均达到了优良标准。

（三）效益估算

1. 经济效益 项目区平均增产79.16千克/亩，增产率10.24%。按单价1.8元/千克计算，直接经济效益1 400万元。

2. 社会效益 一是实现精准用药。项目区全部采用大型机械统防统治，采用统一测报、统一配方、统一防治、统一采购的“四统一”管理技术，实现了精准用药，避免了因防治时期不当和剂量不准带来的防效低、效果差的现象。二是提高种植效益。“一喷多效”增加了产量，降低了成本，提高了农产品投入产出比，种植效益进一步提高。三是保障生产安全。机械作业和规范操作规避了人畜中毒等安全事故的发生。四是促进科技转化。项目区通过组织科技培训等一系列活动，培养了一批科技骨干，提升了农民的科技素质，有力地促进了农业科技转化和利用。

3. 生态效益 一是产品提档升级。采用高效低毒和绿色制剂，降低了农药残留，提高了农产品质量。二是利于环境整治。统防统治采用大包装循环利用，杜绝了包装物随地丢弃、污染资源的现象发生。三是助推农药减量。玉米“一喷多效”倡导绿色防控、科学用药、精准用药，成为农药减量控害的重要措施，必将推动农药减量进程。

山西省

2018年，山西省农作物病虫防控工作紧紧围绕农业供给侧结构性改革主线，以“质量兴农、绿色兴农、品牌强农”为目标，守住粮食安全底线，聚焦质量提升发力，着力提升现代植保装备水平，大力推进绿色防控技术应用，全方位进行技术集成与推广机制创新，大规模实施病虫害专业化统防统治与绿色防控，在有效遏制重大病虫危害、保障粮食生产安全的同时，降低了农药使用量，为提升农产品质量安全水平、改善农业生态环境做出了积极贡献。

一、主要农作物病虫发生概况

2018年山西省农作物病虫害总体偏轻发生，局部中等至偏重发生，全省农作物病虫害总发生面积1.05亿亩次，较2017年减少0.17亿亩次。受清明冻害、6月上中旬持续高温干旱、8～9月降雨偏少、降水分布不均匀、全年气温偏高等气候因素影响，病虫总的发生特点是常发、重发病虫危害轻于常年，部分病虫呈现区域性暴发，病虫盛期时间晚，持续时间短。局部或大部偏重以上发生的病虫有小麦白粉病、麦蚜、玉米大斑病、茎腐病、二代玉米螟、双斑萤叶甲、玉米蚜虫、红蜘蛛，马铃薯晚疫病、马铃薯二十八星瓢虫、高粱蚜、苹果腐烂病、苹果褐斑病、果树叶螨、黄蚜、辣椒疫病，其中棉铃虫、双斑萤叶甲呈逐年加重态势。

（一）小麦病虫害

2018 年山西省小麦病虫总体偏轻发生，局部中等发生，程度略轻于 2017 年。据初步统计，全年小麦病虫累计发生面积 2 240 万亩次，较 2017 年减少 568 万亩次。病虫种类主要有麦蜘蛛、麦蚜、麦叶蜂、棉铃虫、白粉病、纹枯病、条锈病、叶锈病、赤霉病。小麦白粉病中等、局部偏重发生，重于 2017 年，发生面积 424 万亩次，较 2017 年减少 11 万亩次。纹枯病轻发生，发生面积 122 万亩次，较 2017 年减少 87 万亩次，发生区域主要集中在运城、临汾两市的高水肥地块。条锈病轻发生，发生面积 28.25 万亩次，较 2017 年减少 75 万亩次。叶锈病轻发生，发生面积 170.25 万亩次，较 2017 年增加 47.9 万亩次。麦蜘蛛偏轻发生，发生面积 390.64 万亩次，较 2017 年减少 65.46 万亩次。麦蚜中等发生，局部偏重发生，发生面积 501.21 万亩次，较 2017 年减少 217.2 万亩次。

（二）玉米病虫害

2018 年全省玉米病虫害中等发生，轻于 2017 年。全省玉米病虫发生面积 3 693.1 万亩次，较 2017 年减少 570.22 万亩次。发生特点为：总体呈点轻片重发生，常发性病虫重于暴发性病虫，虫害重于病害，中北部重于南部。在山西省玉米田发生普遍或局部地区为害较重的病虫有玉米大斑病、玉米茎腐病、二代玉米螟、双斑萤叶甲、玉米蚜虫。玉米大斑病中等至偏重发生，发生面积 522.2 万亩次。玉米茎腐病偏轻发生，在忻州滹沱河沿岸和五寨县大发生，全省发生面积 39.3 万亩次。玉米丝黑穗病偏轻发生，局部中等发生，发生面积 171.7 万亩次。三代玉米螟中等发生，盐湖、万荣等地部分田块偏重发生，发生面积 136.5 万亩次。玉米蚜虫偏轻发生，临汾、太原、大同部分地区偏重发生，发生面积 201 万亩次。玉米红蜘蛛偏轻发生，太原、忻州、大同、朔州部分田块偏重发生，发生面积 307.1 万亩次。双斑萤叶甲中等发生，朔州、大同局部偏重发生，发生面积 342.3 万亩次。

（三）马铃薯病虫害

2018 年全省马铃薯病虫总体中等发生，发生面积 478.86 万亩次，较 2017 年减少 68.43 万亩次。其中，马铃薯晚疫病中等发生，局部偏重发生，发生面积 163.22 万亩次。发生特点是：见病时间早，后期流行速度较快，品种间抗（耐）病差异大。早疫病总体中等发生，忻州神池、五寨偏重发生，发生面积 36.35 万亩次。二十八星瓢虫中等发生，发生面积 74.76 万亩次，较 2017 年增加 3.17 万亩次。地下害虫中等发生，发生面积 129.8 万亩次。

（四）果树病虫害

2018 年山西省果树病虫总体中等发生，局部偏重发生，发生程度重于 2017 年，全省发生面积 1 656.4 万亩次，较 2017 年减少 70 万亩次。苹果树腐烂病总体中等发生，局部偏重流行，发生程度重于 2017 年，发生面积 184.74 万亩次，较 2017 年减少 10.4 万亩次。苹果褐斑病总体中等发生，运城偏重发生，局部大发生，发生面积 105.5 万亩次，较 2017 年增加 2.2 万亩次。苹果斑点落叶病偏轻发生，局部偏重发生，发生面积 125.7 万亩次，较 2017 年减少 30.4 万亩次。果树叶螨总体中等发生，局部偏重发生，发生面积 180.1 万亩次，较 2017 年减少 60.2 万亩。果树蚜虫偏重发生，局部大发生，发生面积 197.1 万亩次，较 2017 年减少 37.1 万亩次。金纹细蛾中等发生，局部偏重发生，发生面积 155.2 万亩次，较 2017 年增加 60.9 万亩次。

（五）暴发性病虫

东亚飞蝗偏轻发生，永济、芮城、河津等部分滩涂中等发生，发生面积 22.88 万亩次，低于 2017 年的 26 万亩次；达标面积 1.7 万亩次，低于 2017 年的 2.4 万亩次；防治面积 16.05 万亩次，低于 2017 年的 18 万亩次。土蝗偏轻发生，局部中等发生，发生面积 261 万亩次，较 2017 年减少 66.3 万亩次；达标面积 44.5 万亩次，较 2017 年减少 12.6 万亩次。一代黏虫偏轻发生，发生面积 20 万亩次，明显低于 2017 年的 28 万亩和 2016 年的 81 万亩；一代黏虫累计防治面积 25.3 万亩次。二代黏虫轻发生，太原、忻州个别田块偏轻发生，发生面积 88.08 万亩次。三代黏虫轻发生，发生面积 36.24 万亩次。草地螟轻发生，发生面积 3.3 万亩次，较 2017 年减少 1.5 万亩次。小地老虎总体偏轻发生，在汾河、滹沱河、文峪河、桑干河、浊漳河灌区历年发生严重的地方中等发生，发生面积 112 万亩次。

二、防治工作成效

（一）控制重大病虫危害，严守粮食安全底线

受异常气候影响，2018 年玉米大斑病、马铃薯晚疫病、高粱蚜虫、二代黏虫、玉米红蜘蛛等重大病虫在山西省部分地区出现暴发流行态势，各地植保部门因地制宜采取积极有效防控措施，有效控制了重大病虫危害，实现了年初制定的"确保重大病虫不大面积暴发成灾，蝗虫不起飞为害，总体危害损失率控制在5%以下"的目标，保证了全省粮食生产安全。据统计，2018 年全省累计防治农作物病虫9 940.85 万亩次，占病虫发生面积的 94.24%，其中小麦病虫防治面积 2 310.70 万亩次，玉米病虫防治面积 2 460.83 万亩次，马铃薯病虫防治面积 308.86 万亩次，果树病虫防治面积 2 564.91 万亩次，蔬菜病虫防治面积 1 539.81 万亩次，杂粮病虫防治面积 505.88 万亩次。经初步测算，通过防控全年共挽回粮食损失 8.41 亿千克、蔬菜损失 16.28 亿千克、水果损失 18.68 亿千克、油料损失 1 614.67 万千克，总经济效益 52.03 亿元。

（二）普及绿色防控技术，夯实农业绿色发展基石

2018 年，山西省植保系统多措并举，推进绿色防控技术普及应用。一是以 5 个国家级果菜茶全程绿色防控示范区及 24 个省级高标准病虫害绿色防控示范区建设为龙头，紧抓绿色防控示范区建设。通过示范区的"典型引路，示范带动"作用，全省农作物病虫害绿色防控覆盖率达到 29.2%，较 2017 年提高了 1.8 个百分点。二是大力开展绿色防控新技术、新产品试验示范和技术集成。据统计，2018 年山西省引进推广成熟的理化诱控、生物天敌等绿色防控新产品 10 种、新型植保器械 7 种、生物农药 9 种，制定病虫绿色防控地方标准 3 项。三是广泛开展绿色防控新技术宣传普及。2018 年山西省植物保护植物检疫总站提出的 5 项绿色防控技术入选 2018 年全省重点推广农牧业集成技术，占全省农牧业技术总数的 20.83%。3 月底、10 月底，山西省植物保护植物检疫总站分别在运城市和太原市成功举办了全省绿色防控技术现场观摩会和新技术培训会。此外，山西省植物保护植物检疫总站充分利用网络、广播、报纸、手机短信、微信公众号等现代媒体宣传绿色农业，普及绿色防控技术。

（三）拓展服务领域，助力特色产业发展

为适应农业供给侧结构性改革的需要，助力山西省特色农业产业发展，山西省各地植保部门紧密结合当地农业产业发展，扭转工作重点，拓展服务领域，将长期以来病虫防治工作"重粮食大宗作物，轻特色小宗作物"的现状，转变为粮食与经济作物并重，大宗小宗齐抓，与有机旱作农业发展、特色产业发展相适应，加强对特色小杂粮及中药材产业的服务，保障各地主导及特色产业协调健康发展。有关市县先后在山西省特色中药材［黄芪（浑源）、党参（沁源）、柴胡（万荣）］、新兴水果［樱桃（万荣）、冬枣（临猗）］、杂粮谷子（石楼、平定）、藜麦（静乐、平鲁）、大葱（万荣）、山楂（绛县）等作物上建立了示范区，虽然目前规模小，面积不大，但对促进山西省特色产业提档升级起到积极促进作用。结合产业发展，2018 年山西省植物保护植物检疫总站制定大葱、山楂两个特色作物病虫害绿色防控技术规程，现已通过山西省质监局组织的专家初审，2018 年底前将面向社会颁布实施。

（四）保护蜜蜂安全，助力蜜蜂授粉技术推广

为有效减少化学农药使用，保证蜜蜂安全和果品安全，促进养蜂业和果业持续健康发展，在总结近年工作经验基础上，依托省 2017 年农业科技成果推广转化"梨树蜜蜂授粉配套技术应用"项目，2018 年山西省植物保护植物检疫总站先后在山西省盐湖区、临猗县、文水县、祁县等 4 个梨树产县（区）建立果树蜜蜂授粉配套技术示范区，核心示范面积 0.8 万亩，辐射带动项目区周边 30 万亩梨园采取了蜜蜂授粉与病虫害绿色防控集成应用技术。通过采取有效的组织管理措施和科学的技术措施，项目工作圆

满完成，并取得了显著的经济效益、社会效益和生态效益。2018 年 9～10 月，在梨采收期进行测产验收和经济效益分析，与常规人工授粉相比，项目区梨园通过蜜蜂授粉，授粉投入降低 50%以上，坐果率提高 5%以上，畸形果率较对照降低 3%以上，亩产增加 10%以上，优质果率提高 5%以上；项目区化学农药使用量减少 30%以上，病虫危害损失率控制在 5%以下；梨园生态环境得到有效改善，害虫天敌种类和数量增加 10%以上。项目区通过蜜蜂授粉有效改善了授粉期间“用工荒”的问题，对促进养蜂产业的发展起到积极作用。

三、采取的主要措施

面对适宜的气候生态条件和境外显著偏高的虫菌源基数（如小麦条锈病、黏虫、草地螟），将导致小麦穗期和大秋作物病虫重发的严峻形势，山西省各级领导和农业部门高度重视病虫防控工作，在政策和防控物资上给予大力支持，在病虫监测、技术指导、宣传培训、统防统治方面做了大量工作，有效控制了以条锈病为首的小麦穗期病虫害，实现了“虫口夺粮”，为确保全省粮食丰收做出了积极贡献。在防治工作中采取的主要措施如下。

（一）强化组织领导，充分发挥政府组织协调作用

农作物病虫防控工作肩负着对农业安全生产保驾护航的重要职责，多年来该项工作得到省各级政府的高度重视和大力支持。随着生产的发展，为进一步提高应急处置能力，最大限度地减少农作物有害生物造成的损失，确保农业生产安全、生态环境安全，促进农业可持续发展，山西省人民政府办公厅在前期深入调研，组织专家多次修改、严格审定的基础上，于 2018 年 5 月 24 日正式印发了修订后的《山西省农作物有害生物及农业外来有害生物入侵灾害应急预案》。预案明确了应急防控组织体系及职责，其中省防控指挥部由分管农业工作的副省长担任总指挥，协助分管农业工作的副秘书长、省农业农村厅厅长担任副总指挥，省农业农村厅分管副厅长担任常务副总指挥；成员由省委宣传部、省财政厅、省交通运输厅、省农业农村厅、省林业厅、太原海关、省邮政管理局、太原铁路局等有关单位分管负责人组成。修订后的应急预案将切实推进山西省重大病虫防控工作开展，保障“政府主导、属地责任、联防联控”的工作机制落到实处。为有效控制病虫危害，保证粮食生产安全，在 2018 年病虫防控工作中，各级政府通过强化政策资金支持，有关领导深入实地调研督导，切实将病虫防治工作由部门行为上升为政府行为。春节刚过，省农业农村厅副厅长就于 2018 年 2 月下旬亲自带队赴运城、临汾、晋城进行小麦春耕生产督导，每到一处详细了解小麦病虫发生、防控物资储备、专业化防控队伍建设情况，强调要高度重视病虫防治，确保小麦生产安全。4 月 25 日，随着小麦病虫发生高峰期的到来，省农业农村厅印发了《关于加强小麦穗期重大病虫防控工作的紧急通知》，要求各地切实加强穗蚜、条锈病、赤霉病等小麦穗期重大病虫防控，实现“虫口夺粮”，确保夏粮丰收。6 月 21 日，面对境外黏虫、草地螟重发态势，省农业农村厅印发《关于加强黏虫、草地螟等暴发性害虫监测与防控工作的通知》，要求各地切实加强组织领导，落实属地防控职责，确保防控措施到位，严防黏虫和草地螟暴发为害。7 月 12 日，省农业厅厅长在获悉朔州市玉米双斑萤叶甲重发的情况后，要求山西省植物保护植物检疫总站立即派员赴实地调查情况，并迅速组织防治。7 月 16 日在种植业系统大会上，省农业农村厅副厅长对大秋作物后期病虫防控进行了再动员、再部署，要求各级农业植保部门一定要坚定信心，把各项工作抓严抓实，攻坚克难，坚决打好病虫防治攻坚战，确保秋粮和全年农业丰收。病虫防治工作也得到了市县领导的重视，多个地市分管农业的领导同农业植保部门负责人一起下乡进行病虫防控工作督导，病虫发生重点县的领导带任务蹲点基层，走村入户，督导病虫防控，切实落实属地管理责任。

（二）加强病虫监测，充分发挥预警网络作用

2018 年以来，山西省各级植保部门充分发挥病虫监测网络作用，及早预报、准确预警，对科学指导防控、有效减少化学农药使用发挥了积极作用。一是 11 市植保站和已有的 35 个国家级病虫监测区域站，紧密结合当地种植结构和病虫发生实际，努力扩大监测范围、改进测报手段，切实提高病虫害预警

的时效性、准确性，实现了中长期预报发布日期较常年提前5天以上，准确率达到85%以上，短期预报发布日期提前2天以上，准确率达到90%以上的目标。二是在国家植保能力提升工程项目的支持下，全省新增了25个病虫系统监测站点，并对吕梁市、武乡县、太谷县、洪洞县、万荣县、芮城县等6个市县病虫监测点进行升级改造，强化自动虫情测报灯、病虫测报物联网、害虫性诱智能监测仪的普及应用。三是在加强病虫监测的基础上，采取多种途径发布病虫信息，为及时有效防治和领导决策提供科学依据，科学指导农民防治。截至10月底，全省各级植保部门通过山西省农作物有害生物监控信息系统交流病虫情报393份，报送病虫原始报表、模式报表、周报表等各类报表20 488份。山西省植物保护植物检疫总站通过监测预警平台、《今日农业》手机报、农科110网、科普惠农网、《山西科技报》等平台发布病虫预报14期，共覆盖农村人群360万人次以上。

（三）加强物资筹措，充分发挥专项资金作用

充足的物资供应是保障农作物病虫害应急防控顺利开展的前提。2017年11月，2018年中央生产救灾资金1 050万元下达到山西省后，山西省植物保护植物检疫总站第一时间配合厅财务处，制定了《山西省2018年农作物重大病虫防控中央救灾补助项目实施方案》和专项经费补助计划，并报请有关领导与财政厅批复，于2017年底提前将专项防控资金下达有关项目市县。为提高资金使用效益，各级农业部门严格按照项目资金使用要求，严格程序，规范资金使用行为，确保资金政策落到实处。在专项资金的支持下，项目市县大力推进小麦病虫、玉米病虫、杂粮病虫以及蝗虫、黏虫、草地螟、小地老虎等暴发性害虫专业化统防统治和绿色防控，以减少用药、提高防效、降低成本、保障生产为目标，全面提升农作物重大病虫害应急防控能力和科学防治水平，努力确保全省农作物生产安全。从2016年起，省财政每年列支960万元支持植保工作开展，其中238万元留在山西省植物保护植物检疫总站用于农作物重大病虫应急防控及绿色防控物资的采购。为充分发挥专项资金使用效益，山西省植物保护植物检疫总站专款专用，严格按照政府采购招标程序，结合山西省病虫防控需要购置了一批高效低毒药剂、新型植保机械及绿色防控物资（其中，甲氨基阿维菌素苯甲酸盐7.5吨，苯醚甲环唑2.8吨，背负式静电喷雾机400套，高低杆自走式喷雾机6台，黄蓝板10万张，诱芯5万枚，诱捕器0.3万套）。随大秋作物中后期病虫防控适期的到来，山西省植物保护植物检疫总站充分考虑各地病虫发生情况的基础上，制定了严格的物资分配方法，第一时间将所购物资分配至有关市县，保证了全省农作物病虫应急防控工作顺利开展，有效遏制玉米大斑病、马铃薯晚疫病、玉米红蜘蛛、蝗虫、黏虫等病虫暴发流行。与此同时，有关市县也积极争取资金支持，保证重大病虫防控工作的开展。例如，2018年4月19日开始，小麦条锈病在运城市芮城、盐湖、平陆、临猗、万荣等县（区）零星发生，运城市植保站特申请了9万元资金购置了0.75吨小麦条锈病防控药剂，加上之前储备的防治药剂共计1.23吨，结合各地病虫发生实际，及时将药剂下发到各县区，保障了小麦生产安全。沁源县结合当地病虫发生实际，积极向政府和有关部门争取20万元防控资金，为当地农业生产安全提供了保障。

（四）加强统防统治，充分发挥专业防治组织与现代植保装备作用

随着生产的发展及各级政府的有效扶持，近年来山西省植保专业化统防统治组织不断发展壮大，技术和装备水平均得到长足的发展，在2018年重大病虫防控工作中专业防治队伍和现代植保装备发挥了积极作用。5月小麦生长进入穗期后，随着穗期病虫发生高峰的到来，农业部门依托现有专业防控组织，“抢时间、争速度、提防效、保丰收”，大力开展了以飞机航化作业和地面大型植保机械喷施为重点的大面积穗期统防统治工作。据统计，在小麦病虫防治中，全省共出动植保专业化防治队385个，出动防治队员4 620人次，动用农用飞机、风送式喷雾机、自走式喷雾机、担架式喷雾机等大中型喷药器械4 664台次，以及电动、手动小型喷雾器3 494台次，开展小麦病虫统防统治963.44万亩次，占全省小麦病虫防治面积的41.69%。太原市在2018年重大病虫防治中，现代化植保药械如植保无人机、果园弥雾机等发挥了积极作用，得到社会广泛接受和认可，成为该市2018年植保工作一大亮点。7月上旬，太原市针对高粱蚜即将暴发成灾，但高粱密度大、植株高，熏蒸操作困难大，且容易造成防治人员中毒的严峻形势，动用植保无人机，开展了以无人机与人工防治相结合的统防统治工作，有效控制了高粱蚜

的为害。8月中旬晋源水稻发生稻飞虱和谷枯病，稻飞虱偶有发生，谷枯病属首次发生，发生面积2 300亩次，植保部门迅速组织专业防治组织采用植保无人机开展统防统治，有效控制了病虫发生，保证了水稻安全生长。另外，忻州、朔州、大同等地在黏虫、红蜘蛛、蝗虫等暴发性害虫的防治上，植保无人机、大中型植保器械发挥了积极作用。据调查，2018年以来，山西省各地植保部门针对小麦、马铃薯、谷子等低秆大田作物，开展自走式喷杆喷雾机、植保无人机示范推广；针对玉米、高粱等高秆作物，开展植保无人机、风送式喷雾机示范推广；针对设施作物，开展水烟雾机、静电喷雾器示范推广；针对间伐提干果园，开展自走式风送果林喷雾机示范推广。与此同时，加大背负式手动喷雾器等老旧机械淘汰力度，全省植保无人机、自走式喷杆喷雾机等现代大中型高效植保机械保有量增加到1 112套以上，与2017年相比增加15.11%。

（五）强化技术指导，充分发挥植保部门作用

2017年冬季至2018年春季，全省植保系统深入践行“冬季行动”，充分发挥技术优势，结合新型农民职业教育、基层农技人员培训项目，举办培训班，强化农作物病虫防控技术培训。从小麦的返青生长开始，各麦区农业部门充分利用报纸、网络、电视等媒体宣传春季小麦病虫防治新技术，以提升全省小麦病虫防控技术水平。2018年3月16日，省农业农村厅印发了《2018年全省农作物重大病虫害防控技术方案》，突出山西省主要作物、重点区域、重大病虫、关键环节，分区域、分作物，从防控目标、防控策略、防控措施和统防统治主推技术4个方面，对全省农作物病虫防控工作进行全面指导。为确保病虫防控工作落到实处，农业农村部分别在小麦穗期和大秋作物生长中后期派出专家督导组赴山西省运城、临汾、大同、朔州等农业主产市县进行防控督导。在配合农业农村部督导组做好督导工作的同时，山西省植物保护植物检疫总站领导在小麦和大秋作物生长的关键时期，多次带队前往病虫重发地区，实地指导病虫防控工作开展。有关市县的农业农村委员会植保部门，积极发挥技术专长，通过深入一线实地指导、举办现场观摩活动、培训班等多种形式指导防控工作，宣传植保技术。另外，2018年1月山西省植物保护植物检疫总站牵头成立了由产、学、研、企751个加盟单位组成的“山西省农药使用量零增长绿色发展联盟”，同时上线开通了“智农联”互联网App服务平台。该联盟的成立和交流平台的搭建，为山西省农作物病虫防治工作的开展提供及时、有效的信息和技术支持，以及提供充分、高效的农药器械、专业防治组织。据统计，截至10月底，全省各级植保部门通过开展农作物防治技术培训965场次，培训基层技术员、种植大户、农民共计7.72万余人次。

四、存在问题与建议

（一）病虫防控资金偏少，建议财政部门增加防控专项资金支持

农作物病虫防控工作肩负着保证粮食生产安全的重大使命。山西省常年病虫发生面积1.2亿亩次以上，而各级财政重大病虫防治专项经费仅2 000万元有余，其中1 050万元为中央财政经费，960万元为省级专项资金，市县财政资金非常短缺，80%以上市县没有病虫防控经费。而且每亩10～15元的补助标准与实际相比明显偏低。另外，绿色防控作为减少农药使用，确保农产品安全和生态环境安全的重要技术支撑，各级财政专项经费支持非常短缺，即便有也存在补助标准明显偏低的问题。据统计，2018年山西省338个示范区建设专项经费不足500万元，平均每个示范区建设经费不足2万元。其中，省级示范区建设经费163万元，用于支持24个省级高标准绿色防控示范区建设，以每亩20元的标准给予补助，补助标准与实际示范区建设需求相比明显偏低。建议财政部门增加防控专项资金支持，适当提高补助标准，使各项措施落到实处，使植保工作在质量兴农、绿色兴农、品牌强农中发挥更大的作用。

（二）技术力量薄弱，需进一步加强队伍建设

病虫防治技术与其他农业技术相比更具专业性、开放性和复杂性，需要从事人员具备一定专业素养，并且要不断丰富更新知识。随着专业化服务组织建设的扩大、大型药械的推广使用，基层对专业技术人员的要求也逐步提高。但是，目前县乡普遍存在植保技术队伍老化、人员缺乏，一些专业化合作组

织操作机手和维修人员理论知识不足，实践操作技能落后等问题。另外，随着公车制度的改革，目前很多市县植保技术人员在进行田间技术指导时没有交通工具，已成为摆在眼前亟待解决的问题。建议人事、车改、财政部门在进行政策制定及经费预算时，充分考虑基层植保队伍的充实、下乡车辆的配备及培训、交通费用预算支出，打造一批招之能战、战之必胜的专业防治队伍。

五、2019 年工作计划

2019 年全省病虫防控工作要深入贯彻党的十九大会议精神，紧紧围绕农业供给侧结构性改革主线，以促进农产品提质增效和农药减量控害为目标，以绿色发展为导向，狠抓重大病虫防控，有效减轻病虫危害。同时，以示范区建设为引领，强化技术集成创新，全力推进绿色防控技术应用普及，在促进山西省粮食稳定增产的同时，努力提升农产品质量安全水平。2019 年计划重点抓好以下几项工作。

一是完善工作机制。督促指导有关市县健全完善农作物重大病虫防控指挥机构，且按照“政府主导、属地管理、分级负责”的原则，全面落实属地管理要求，层层落实责任制。积极争取多方支持，多渠道争取资金，确保病虫防控工作顺利开展。

二是强化检查督导。在防控关键时期深入主要农作物主产区、重大病虫害重发区，开展巡回督导和技术培训，确保防控技术措施落实。为保证项目落实，最大限度发挥专项资金作用，避免挤占、挪用、乱用专项资金问题，2019 年将切实加大对重大病虫防控补助资金项目落实的监督检查力度，派检查组对承担近 3 年病虫防控的项目县（区）的工作开展及资金使用情况进行抽检，发现问题并及时整改落实。同时配合农业农村部完成重大病虫防控项目信息调度半月报任务。项目结束后，认真完成项目总结。

三要做好应急防控。根据病虫发生趋势，完善应急预案，强化应急防控机制，规范应急程序，科学制定应对技术路线。针对重大病虫防控采取“源头治理与分区控制相结合，综合防控与应急防治相结合，群防群治与专业化统防统治相结合”的防控措施，发挥专业化防治组织和大型高效施药机械的作用，实现“有效控制病虫草鼠和疫情危害，确保重大病虫不大面积暴发成灾、重大植物疫情不恶性传播蔓延、蝗虫不起飞为害，总体危害损失率控制在 5%以下”的目标，为农业生产安全保驾护航。

四是强化技术指导。深入生产一线，加强防控技术指导。尤其是加强对植保专业防治组织人员的技术培训，指导他们及时开展应急防治和统防统治，努力提高防治效果。同时，通过报纸、网络、电视等媒体宣传防治新技术，组织召开防治现场会，定期开展技术培训，提升全省农业病虫防控技术水平。

五是全力推进绿色防控示范区建设。2019 年，以小麦、玉米、马铃薯、谷子、果树、蔬菜等作物为重点，在全省建立 11 个高标准农作物病虫害绿色防控示范基地，其中，小麦、玉米、马铃薯、谷子等大田作物示范基地面积 1 000 亩以上，核心示范面积 500 亩以上，果树、蔬菜示范区面积 500 亩以上，核心区面积 300 亩以上。核心示范区绿色防控主推技术到位率达到 95%以上，在粮食作物上化学农药使用量减少 20%以上，经济作物化学农药使用量减少 30%以上。通过示范基地的建设，引进筛选一批适于当地病虫害绿色防控的新技术、新产品；熟化展示一批以理化诱控、生物防治、生态治理、精准施药为主要内容的绿色防控技术和产品；组装集成一批经济、实用、有效、易行的绿色防控技术模式，探索建立符合山西特色的绿色防控技术大面积推广应用机制。把示范区建成“领导的指挥田、技术人员的试验田和农民的样板田”，以此对全面提升山西省病虫害防控技术水平，有效减少农药面源污染和农药残留，从源头改善农村生态环境，提高农产品质量水平起到积极作用。

内蒙古自治区

2018 年在农业农村部、全国农业技术推广服务中心的大力支持下，在自治区农牧厅的正确领导下，全区各级植保系统加大宣传和技术服务力度，重点开展了农作物重大病虫害应急防控、绿色防控技术应用推广、蜜蜂授粉与绿色防控技术集成示范等工作，有效地控制了病虫危害，确保了粮食生产安全、农产品质量安全及生态安全，为自治区粮食增产丰收做出了积极贡献。

一、2018年内蒙古自治区病虫害发生防治情况

2018年，内蒙古自治区农作物病虫害总体中等发生，局部地区蝗虫、草地螟、地下害虫、玉米螟、黏虫、玉米红蜘蛛、玉米大斑病等偏重发生。

全区累计病虫害发生面积8 527.5万亩次，防治面积9 221.12万亩次。其中，病害发生面积1 935.1万亩次，防治面积2 219.64万亩次；虫害发生面积6 592.4万亩次，防治面积7 001.48万亩次。

1. 蝗虫 总体偏轻发生，局部中等至偏重发生。全区农田及周边草滩总发生面积745.8万亩次，达标160万亩次，进入农田19.09万亩次，防治面积57.11万亩次。主要发生在呼和浩特市武川县、包头市达尔罕茂明安联合旗、锡林郭勒盟南部、乌兰察布市大部、赤峰市北部。

2. 黏虫 总体中等发生，局部偏重发生，发生面积620.75万亩次，防治面积319万亩次。其中，二代黏虫发生面积250.1万亩次，防治面积157.29万亩次，主要发生在通辽市；三代黏虫发生面积370.65万亩次，防治面积161.71万亩次。黏虫主要发生在兴安盟、通辽市和赤峰市。

3. 草地螟 越冬代成虫发生面积1 284.64万亩次，主要发生在兴安盟、呼伦贝尔市和赤峰市。一代成虫发生面积38.03万亩次，一代幼虫发生面积542.25万亩次，防治面积474.59万亩次，主要发生在兴安盟、呼伦贝尔市、通辽市、锡林郭勒盟、呼和浩特市。二代幼虫发生面积0.18万亩次，防治面积0.05万亩次，主要发生在扎兰屯市。

4. 玉米主要病虫害 总体中等偏轻发生，局部偏重发生。全区发生面积5 105.48万亩次，防治面积5 606.17万亩次。其中，病害发生面积810.08万亩次，防治面积486.6万亩次；虫害发生面积4 295.4万亩次，防治面积5 119.57万亩次。

玉米螟：总体中等发生，局部重发生，发生面积1 919.68万亩次，防治面积1 862.06万亩次。一代玉米螟发生面积1 260.28万亩次，防治面积1 334.24万亩次；二代玉米螟发生面积659.4万亩次，防治面积527.82万亩次。主要发生在赤峰市、通辽市、兴安盟、巴彦淖尔市。

地下害虫：总体偏重发生，局部重发生。发生面积699.29万亩次，防治面积2 387.54万亩次。主要发生在赤峰市、兴安盟、通辽市、呼伦贝尔市。

双斑萤叶甲：总体中等发生，局部偏重发生。发生面积714.85万亩次，防治面积220.44万亩次。主要发生在赤峰市、呼伦贝尔市、包头市、鄂尔多斯市、呼和浩特市和巴彦淖尔市。

玉米红蜘蛛：总体偏轻发生，局部地区偏重发生。发生面积200.2万亩次，防治面积89.12万亩次。主要发生在赤峰市、鄂尔多斯市、通辽市和巴彦淖尔市。

玉米大（小）斑病：玉米大斑病中等偏轻发生，发生面积548.36万亩次，防治面积165.32万亩次；玉米小斑病轻发生，发生面积5.15万亩次，防治面积2.6万亩次。主要发生在兴安盟、呼伦贝尔市、鄂尔多斯市、赤峰市。

5. 马铃薯主要病虫害 总体偏轻发生，局部中等偏重发生。总发生面积514.75万亩次，防治面积895.34万亩次。其中，病害发生面积347.12万亩次，防治面积743.81万亩次；虫害发生面积167.63万亩次，防治面积151.53万亩次。

马铃薯早疫病：中等发生。发生面积90.06万亩次，防治面积113.7万亩次。马铃薯晚疫病：总体偏轻发生，局部中等发生，发生面积62.83万亩次，防治面积377.83万亩次；马铃薯病毒病：发生面积30.9万亩次，防治面积9万亩次；马铃薯虫害：偏轻发生，发生面积167.63万亩次，防治面积151.53万亩次，以地下害虫、豆芫菁、蚜虫、二十八星瓢虫为主。主要发生在乌兰察布市、赤峰市、呼和浩特市、鄂尔多斯市。

二、示范工作开展情况

1. 蜜蜂授粉与绿色防控“四优一控”技术集成示范

（1）向日葵。建立整建制向日葵示范区8个，推广应用总面积265.3万亩，其中核心示范面积

49.7万亩。

示范区向日葵螟防效达到了95%以上，籽粒危害率0～5%，对向日葵黄萎病综合防效达到了80%以上。经测产，蜜蜂授粉区每亩较自然授粉区增产31.45千克，增产率13.85%；较空白对照区增产102.47千克，增产率65.46%。

（2）西甜瓜。建设西甜瓜整建制示范区2个，推广应用总面积4.5万亩，其中核心示范面积0.36万亩。

经测产，蜜蜂授粉区每亩较自然授粉区增产137千克，增产率5.09%；较空白对照区增产259千克，增产率10.08%。

（3）荞麦。建设荞麦整村示范区1个，推广应用总面积0.55万亩，其中核心示范面积0.05万亩。

经测产，蜜蜂授粉区每亩产较自然授粉区增产20.9千克，增产率为19.8%；较空白对照区增产25.9千克，增产率25.7%。

2. 绿色防控情况 全年实施绿色防控面积4 530万亩，其中大田玉米、马铃薯、向日葵等优势作物绿色防控面积4 030万亩，设施农业生产基地绿色防控面积500万亩。全区共建立126个绿色防控示范区，核心示范面积156万亩，辐射带动3 644万亩。

（1）玉米螟绿色防控示范工作。在通辽市开鲁县建立了12个农业农村部玉米螟绿色防控示范区，核心示范面积20万亩，辐射带动面积160万亩。示范区绿色防控技术到位率达85%，防效达75%以上，减少农药使用量15%以上，有效控制了玉米螟为害，基本替代了化学药剂防治，实现了玉米螟全程控制无毒化。

（2）马铃薯病虫害绿色防控示范工作。在察哈尔右翼后旗建立了1个全国农业技术推广服务中心马铃薯病虫害绿色防控示范区，核心示范面积1 000亩，辐射带动面积1万亩。示范区危害损失率控制在3%～5%，绿色防控主推技术到位率达到了95%以上，综合防控效果达到了85%。经测产，示范区比非防区亩增产502千克，亩增纯收益486.6元；较对照区（常规防治）亩增产309千克，亩增纯收益320.7元；较综合防治区（种植大户）减少农药使用次数3次，亩减产39千克，亩增纯收益25.5元。

（3）小麦病虫害绿色防控示范工作。在巴彦淖尔市临河区建立了1个小麦病虫害绿色防控示范区，核心示范面积1万亩，辐射带动5万亩。示范区绿色防控技术到位率达到85%以上，综合防控效果达到95%，减少化学农药使用20%～30%，亩防治成本平均降低10%，危害损失率控制在4.7%。经测产，示范区平均增产17.6%，增收166.75元/亩。

3. 蔬菜病虫害全程绿色防控试验示范 按照农业农村部安排，2018年全区落实5个旗、县、区、市开展蔬菜全程绿色防控工作。

（1）宁城县蔬菜病虫害全程绿色防控示范。在赤峰市宁城县建立了1个全国农业技术推广服务中心蔬菜病虫害绿色防控示范区，核心示范面积0.18万亩，辐射带动10万亩。

示范区综合防效达到89%，关键技术到位率达96%以上，平均每亩棚室减少施药次数3～4次，减少费用60～110元，农药使用量减少51.2%，防治成本降低18%，危害损失率控制在10%以内，通过示范带动，全县各蔬菜生产区绿色防控覆盖率达到51%。

（2）松山区蔬菜病虫害全程绿色防控示范。松山区设施蔬菜病虫害全程绿色防控示范总面积6 000亩，其中核心示范区1 500亩。

示范区用药减少24%左右，番茄平均亩产15 000千克，年总产番茄2 579.8万千克；产出的产品农药残留检测100%合格。项目区年实现产值10 320万元。

（3）赛罕区蔬菜病虫害全程绿色防控示范。赛罕区蔬菜绿色防控示范面积2 000亩，其中试点核心示范面积400亩。绿色防控覆盖率达到90%，减少化学农药使用次数4～5次，使用量减少20%以上。推广应用了新型营养液肥料，肥料的施用率降低20%左右。通过示范带动，全区绿色防控率达到了75%，亩产量增加670千克，亩增收1 742元。

（4）土默特左旗蔬菜病虫害全程绿色防控示范。土默特左旗蔬菜病虫害全程绿色防控示范面积1 000亩，其中核心示范面积100亩。示范区化肥使用量减少58%，病虫发生率降低39%，农药使用量减少40%。产品经农业农村部鉴定，全部达到绿色产品的各项指标，亩产量增加200千克，增产7%，产品价格提高 53%，亩增收 513 元。

（5）乌兰浩特市蔬菜病虫害全程绿色防控示范。乌兰浩特市设施蔬菜病虫害全程绿色防控示范总面积为 1 000 亩，其中核心示范面积 300 亩。蔬菜总产达 1 000 万千克（设施蔬菜生产 2 茬），示范区平均每亩棚室减少施药次数 3～4 次，减少用药 50%左右，关键技术到位率达 85%以上，生产出的产品经相关部门农药残留检测 100%合格，亩产量增加 100 千克，亩增收 800 元。

三、采取的措施

（一）强化组织领导，落实防控责任

2018 年初，自治区农牧业厅下发了《关于印发 2018 年内蒙古自治区蜜蜂授粉与绿色防控增产技术集成应用示范方案的通知》（内农牧种植发〔2018〕100 号）以及《关于印发 2018 年全区农作物重大病虫害防控方案的通知》（内农牧种植发〔2018〕99 号），附有土蝗等重大病虫害 7 套防控方案，全面落实政府主导、属地责任、联防联控三大机制，各地均成立了领导小组和技术指导小组，负责组织协调和具体实施，确保防控措施落到实处。

（二）强化示范带动，优化技术服务

充分发挥示范区的辐射带动作用，大力宣传推广绿色防控技术。2018 年 8 月，在巴彦淖尔市五原县举办全区蜜蜂授粉与绿色防控技术现场培训班；9 月，在满洲里市举办了全区绿色防控培训班；12 月，在赤峰市举办了全区设施蔬菜全程标准化绿色防控现场培训班。全区各级植保站及时组织有关专家和技术人员，深入防病治虫一线开展技术指导服务，累计达 1 000 余人次，现场培训农民累计达 23 000 人次。自治区和相关盟、市、旗、县多次召开统防统治、绿色防控方面的现场观摩培训，为重大病虫害的有效防治发挥了重要作用。

（三）积极争取各级财政支持，做好应急防控物资准备

内蒙古自治区财政厅、农牧业厅及时下拨国家及自治区本级专项资金 1 200 万元。各级农牧业部门还积极协调农业保险公司开展对重大病虫害的防灾减损措施的落实，也为及时有效防治病虫害提供了保障。

四、存在的问题及建议

（一）专业化防治水平不足

应急防控物资储备不足，高效大型施药机械有限，专业化统防统治队伍建设亟待加强，专业化防治人员素质有待提高。建议加大投入，充实大型高效施药器械，储备一定量的农药，继续引进新型功率大、作业效率高的大型施药器械；扶持一批有规模的专业化防治组织，继续推进统防统治服务，提升专业化组织的防控能力和组织水平。

（二）绿色防控技术集成有待进一步熟化优化

不同地区不同作物绿色防控模式还需要提炼和优化，推广机制有待进一步摸索。建议继续联合科研院所和相关企业，创新绿色防控产品，实现轻简化使用。

（三）防控资金缺乏，绿色防控扶持力度不够

内蒙古地方财政困难，没有专项资金支持蝗虫、马铃薯晚疫病、玉米病虫害等重大病虫害的应急防控和绿色防控技术的推广；农民经济困难，特别是农村困难户无力及时购买充足农药、药械开展应急防治，严重影响了病虫害的防治进度；绿色防控一次性投入较多，农民投入积极性不高，由于补贴资金所限，核心示范工作做得多，普及程度有待进一步提高。建议加大对重大病虫防控和绿色防控资金的补贴

力度，建立以政府投入为主导、农民自筹为主体的多渠道、多层次、多元化的农作物重大病虫防控投资机制。

辽 宁 省

一、2018年辽宁省主要病虫害发生防控情况

受2018年特殊气候条件影响，辽宁省水稻播期普遍偏晚，玉米播期不整齐，6月至7月上旬全省各地降雨频繁，7月中下旬至8月初全省遭遇罕见的长时高温。异常的天气条件在导致作物正常发育受阻的同时，也导致全省农作物病虫害总体中等发生，部分地区黏虫、稻瘟病、棉铃虫等多种重大病虫害偏重发生。2018年二代黏虫发生面积大、范围广，高密度田块多，沈阳、鞍山、铁岭、阜新、葫芦岛、朝阳等地均出现了较高密度虫情，一般发生地块百株虫量200～300头，最高百株虫量达到了8 000～10 000头，全省发生面积超过200万亩，高密度点片约20万亩。8月中下旬辽宁省降水频次增多，尤其是东部沿海地区，受台风影响，连续降水日较多，导致丹东东港地区水稻穗颈瘟发生普遍，初步统计发生面积20余万亩。初步统计，2018年辽宁省主要病虫害发生面积1.4亿亩次左右，防控面积1.9亿亩次以上。

二、主要工作

（一）强化组织领导

2018年4月辽宁省召开全省植保工作会，就2018年的重大病虫害应急防治工作做出重要的部署，要求各地坚持“政府主导、属地责任、联防联控”的工作机制，确保各项防控措施落到实处。为确保2018年重大病虫害监测与防控工作顺利开展，辽宁省植物保护站4月制定并印发了2018年主要农作物玉米、水稻等病虫害防控方案，确保病虫害发生时能够及时启动技术方案开展防控工作。5月印发了《辽宁省农委办公室关于印发2018年农作物病虫监测预警工作实施方案的通知》（辽宁办农发〔2018〕159号）文件。在重大病虫害发生和防控的关键时期，先后印发了《辽宁省农委办公室关于加强农作物迁飞性害虫监测与防控工作的紧急通知》（辽农办农发〔2018〕237号）、《辽宁省农委办公室关于进一步加强二代黏虫防控工作的紧急通知》（辽宁办农发〔2018〕263号）、《辽宁省农委办公室关于做好当前二代黏虫应急防控工作的紧急通知》（辽农办农发〔2018〕278号）、《辽宁省农委办公室关于加强全省农作物中后期重大病虫害应急防控工作的通知》（辽农办农发〔2018〕316号）、《辽宁省农委办公室关于加强高温条件下全省秋粮作物中后期重大病虫害应急防控工作的紧急通知》（辽农办农发〔2018〕326号）等5个文件，指导各地开展抗旱救灾、监测预警和病虫害防治活动，要求迅速落实重大病虫害防控工作，确保粮食生产安全。

（二）加强监测预警

各级植保部门技术人员克服高温酷暑，加大对棉铃虫、黏虫、灰飞虱、玉米螟、二化螟、稻瘟病、大斑病等重大病虫害及迁飞性暴发危害病虫害的监测力度和频度，深入田间地头，摸清发生底数和发生情况，及时做好病虫发生情况侦查工作，准确掌握全省农作物重大病虫害发生动态。同时，做好信息报送和预警信息发布工作，及时完成了全国重大病虫监测预警信息报送任务，全年全省上报数据4 400余条，利用广播、电视、手机短信、网络等多种形式，及时向广大农民、种粮大户、合作社、协会、家庭农场等个人和组织发布病虫发生信息，保证病虫信息发布的时效性和到位率，预报准确率达到90%以上。截止到目前，辽宁省植物保护站先后发布重大病虫害预警预报15期、电视预报46期、手机短信20期以及网络发布20余次。带动全省发布纸质预报500期左右、电视预报190余期以及手机短信预报60余期、网络预报100余次。

（三）加强防控指导

一是在黏虫、稻瘟病等重大病虫发生关键时期，组织专家和技术人员深入防控一线，开展防治技术指导及调研，提高技术到位率。针对重大病虫灾害，采取了重点应急防控与大面积普遍防治相结合、专业化统防统治与农户群防群治相结合的策略，在指导和动员广大农户自发查治的基础上，积极组织大型施药机械和专业化防治队伍对高密度重灾区域实施重点防控。为避免因夏季高温而引发农药中毒事故，加强了安全用药技术指导，特别注意指导机防手和农民避开午间高温时段施药，加强自身防护，杜绝生产性人畜中毒事故。

二是根据重大病虫害和迁飞性、暴发性病虫害发生的实际情况，按照属地化管理的原则，及时启动应急预案，开展应急防控工作。针对二代黏虫突发情况，喀喇沁左翼蒙古族自治县及时启动应急预案，县委县政府在财政极其困难的情况下，投入资金 80 余万元，用于全县二代黏虫应急防控工作，取得重要成效。海城市、朝阳县、北票市等二代黏虫重发生区也多方面筹措资金开展了应急防控行动。在三代黏虫发生防控关键时期，彰武县、阜新蒙古族自治县县政府都召开了三代黏虫防控工作会议，指挥全县开展三代黏虫防控工作。

三是开展专业化统防统治。全年全省累计出动专业植保服务组织 400 多支，专业队作业人员约 2 万人次，重发生区全部采用无人机、直升机等大中型设备施药 1 000 余架次，共开展各种病虫害专业统防统治服务和应急防治作业 1 000 余万亩次。

（四）强化督导检查

6 月上旬以来，在省农业农村委员会带动下先后组成了 20 个督导组，近 60 人次，分赴玉米、水稻重大病虫害发生重点地区，巡回督导各地玉米、水稻重大病虫害防控的组织发动、监测预警和技术指导工作，特别是各项防控措施的落实工作，帮助解决在重大病虫害防控过程中存在的实际问题，督查各地防控措施的落实情况，检查各地防控技术的到位情况，总结各地防控工作的经验做法，纠正各地防控工作的不规范行为。

（五）强化项目投入

在中央、省级财政的大力支持下，从 2017 年开始，辽宁省开始实施植物保护能力提升项目，升级改造全国农作物病虫疫情监测分中心（省级）田间监测点，通过建设农作物病虫监测物联网、装备先进适用的智能化、自动化监测工具，逐步实现病虫监测预警工作智能化、自动化、信息化和网络化。2018 年主要完成 10 个县 30 个田间监测点建设。每个县建设重点监测点 1 个，配置病虫害成套物联网设备；一般监测点 2 个，配置单项病虫物联网设备和简单的监测工具。项目建设将于 2018 年底竣工，项目建设完成验收通过后，从 2019 年起可以发挥监测效果。

（六）强化技术研发

2018 年继续承担农业农村部蔬菜项目、果树“双减”项目以及农业科学院“粮丰工程”项目、辽河流域水稻病虫害“双减”项目，开展实验示范与绿色防控技术集成、技术培训等工作，先后开展了蔬菜、果树“双减”技术示范及无人机投放赤眼蜂防治玉米螟、二化螟等技术试验工作，在绿色防控新技术研究与应用上取得重要进展。

三、2019 年工作初步计划

2019 年重大病虫害监测与防控工作重点是保证重大病虫害监测预警及时、准确、到位，保持预警准确率总体达到 90%以上，短期预警准确率达到 95%以上；控制农作物重大病虫不大面积暴发成灾，实现农作物病虫害防治处置率达到 95%以上，总体危害损失率控制在 5%以下；抓好绿色防控技术集成储备，为今后农药减量工作打好技术基础。

（一）继续提升农作物病虫害监测预警能力

一是进一步组织33个国家级病虫监测站点的骨干力量，完成全国迁飞流行过渡带、常年重发区的病虫监测、预警及信息上报任务。二是完善全省10个农作物病虫疫情监测分中心田间监测点建设项目，充分利用各点重大病虫害物联网监测手段，落实自动化监测和远程预警，降低监测工作强度，逐步实现现病虫监测预警工作智能化、自动化、信息化和网络化。三是发挥省级农作物病虫害监测预警数字化信息管理平台功能，全面开展监测信息网络化上报、监测信息智能化分析、多元化信息资源共享，加快辽宁省农作物病虫害监测预警数字化进程。四是推进电视预报、短信预报、网络发布、纸介预报、电话咨询等“五位一体”预警信息发布机制，注重提高预警服务质量，保障病虫害预警信息及防控技术覆盖率和到位率。五是强化全省监测预警体系培训和管理制度建设。通过开展病虫测报专业技术人员业务培训及监测预警工作考核，严格信息填报和灾情报告制度，尤其要建立重大病虫害监测工作全省通报制度以及重大病虫害首发首报奖励机制，提高测报人员的业务水平和工作积极性。

（二）提高重大病虫害防控能力

一是贯彻“公共植保、绿色植保、科学植保”理念，明确部门责任，落实防控任务。二是落实科学防控措施。分类制定主要农作物重大病虫害防控方案，优化常规防治与应急防控措施协同作用，力求统防统治与群防群治有机结合。三是结合2019年重大病虫害发生实际情况，做好重大病虫害应急防控预案的启动与实施工作。四是做好重大病虫害绿色防控技术集成工作，为农药零增长、“双减”工作提供技术支持。

吉林省

2018年吉林省在省委、省政府和省农业农村厅的高度重视下，在全国农业技术推广服务中心的大力支持下，认真贯彻“预防为主，综合防治”的植保方针，牢固树立“公共植保、绿色植保、科学植保”的理念，在全面做好重大病虫害防控工作的同时，全力推动绿色防控与统防统治深度融合，大力推广绿色防控减药控害技术，共挽回粮食损失31.26亿千克，为全省粮食丰产丰收做出了应有的贡献。现将吉林省病虫害防治工作总结如下。

一、发生特点与防控概况

2018年全省主要农作物病虫草鼠害为中等偏轻发生，发生程度轻于2017年。由于采取了积极有效的防治措施，每一病虫害防控工作均达到上级要求的防控目标，没有造成重大损失，取得了较好的防治效果。全省病虫草鼠害发生总面积14 710万亩次，防治面积17 340.72万亩次。其中，病害发生面积975.88万亩次，防治面积3 297.68万亩次；虫害发生面积4 299.63万亩次，防治面积5 183.84万亩次；草害发生面积5 702.23万亩次，防治面积6 849.9万亩次；鼠害发生面积3 732.26万亩次，防治面积2 009.3万亩次。玉米螟、玉米大斑病、稻瘟病、二化螟、稻曲病、稻水象甲、大豆食心虫、地下害虫、黏虫、草地螟、双斑萤叶甲等仍是吉林省主要病虫害，是长期以来防治重点，除黏虫和草

水稻穗腐病发生情况

地螟外，其他病虫害发生程度与2017年持平。近两年，水稻纹枯病和恶苗病呈上升趋势，出现了棉铃虫、二点委夜蛾、水稻稻螟蛉和穗腐病等新的病虫害，成为吉林省密切关注的对象。其中，水稻穗腐病在吉林省东辽、德惠、柳河等地均有发生，东辽发生较重，水稻种植面积7万亩，穗腐病发生面积5万亩，气温偏高区域发生偏重。

稻螟蛉发生情况

2018年，黏虫和草地螟在吉林省个别县市发生较重。吉林省一代黏虫在永吉、蛟河等地发生较重。吉林省蛟河市的7个乡镇发生虫害，最高60余头/株，发生面积3.988 5万亩次；永吉县5月24日开始诱到黏虫成虫，诱到成虫量历史最高，黏虫幼虫累计发生面积7.9万亩次，累计防治面积7.6万亩次，均未造成大的危害。草地螟发生重于近几年，发生面积74.16万亩次，达标防治面积42.17万亩次。白城地区的洮南市，草地螟成虫发生期，农田平均百步目视惊蛾50头左右，荒地在2 000头左右，黑光灯单日诱蛾量最高达566头，高于常年。洮南市自筹资金，对草地螟一代幼虫进行了全覆盖防治，防治面积40万亩次，动用植保器械车辆2 250辆，出动人工3 000多人次，有效防控了突发草地螟，没有造成危害损失。

二、重大项目推广工作

（一）生物防螟项目

2018年，吉林省现代农业发展专项资金全部整合，整合后的资金由各地自行决定项目实施内容。生物防螟项目中，水稻二化螟生物防治项目和水稻重大害虫信息素诱控技术示范项目作为约束性任务要求各地必须完成的，其他生物防螟技术作为指导性任务由各地选择性完成。

1. 水稻二化螟生物防治项目 吉林省利用现代农业发展专项资金投入1 500万元，用于全省释放混合赤眼蜂防治水稻二化螟项目。全省共完成100万亩，圆满完成计划任务。主要落实在双阳区、九台区、榆树市、德惠市、吉林市、永吉县、舒兰市、公主岭市、辉南县、梅河口市、前郭尔罗斯蒙古族自治县（简称前郭县）等11个县（市、区）的水稻主产区和二化螟重发生区。经跟踪调查测算，混合赤眼蜂防治水稻二化螟平均防效为68.35%；平均亩挽回水稻损失32.41千克，共挽回水稻3 240.93万千克，全省新增总产值9 802.44万元，扣除防治成本1 499.28万元，纯增收8 276.16万元，投入产出比达到1∶5.52。

2. 吉林省水稻重大害虫信息素诱控技术示范项目 2018年吉林省利用现代农业发展专项资金投入1 560万元，在德惠市、前郭县、吉林市（城区）、榆树市、舒兰市、九台区、公主岭市、伊通满族自治县、双阳区、辉南县等水稻主产区和二化螟重发生地区的10个县（市、区）70个乡（镇）开展了水稻重大害虫信息素诱控技术示范项目，全省共完成50.414 5万亩。双辽市水稻重大害虫信息素诱控技术示范项目资金130万元被扶贫项目整合，农安县（项目资金130万元）因政府采购中心要求性信息素干式飞蛾诱捕器与性信息素诱芯分别公开招标，性信息素诱芯招标完成，性信息素干式飞蛾诱捕器 2 次流标，若继续招标会耽误水稻二化螟最佳防治时期，因此农安县水稻重大害虫信息素诱控技术示范项目改在 2019 年实施。据调查全省水稻重大害虫信息素诱控技术平均防治效果 68.87%，达到了理想的防治效果。应用水稻重大害虫信息素诱控技术，平均亩增产 31.81 千克，项目区可增收 1 603.68 万元，取得了显著的经济效益和社会效益。

3. 其他生物防螟项目 作为指导性任务，其他生物防螟项目，全省共完成面积 980.975 万亩，其中赤眼蜂防治玉米螟项目 744.475 万亩，白僵菌封垛防治玉米螟项目 230 万亩，赤眼蜂防治大豆食心虫项目 6.5 万亩。无人机投撒赤眼蜂防治玉米螟项目 5.6 万亩，防治大豆食心虫项目 0.5 万亩。

无人机投撒赤眼蜂防治玉米螟

无人机投撒赤眼蜂防治大豆食心虫

（二）全省农区统一灭鼠项目

省政府拨出1 400万元，在吉林省9个市（州）41个县、市粮食主产区和鼠害重发区开展全省农区统一灭鼠工作。计划防治面积1 142万亩，实际完成面积1 627.8万亩，多出来的面积是各地自筹资金完成的，平均防效达87.86%。农田鼠密度下降到1.645%，农舍灭鼠户数128.943 8万户，平均防效达90.62%；农舍鼠密度下降到1.26%。全省9个市（州）毒饵灭鼠面积中，农田面积达213.98万亩，农户达87.104万户。全省共挽回粮食损失4.07亿千克。

（三）水稻全程绿色防控示范区项目

吉林省拿出现代农业发展专项资金45万元，在农安县、辉南县、双辽市和前郭尔罗斯蒙古族自治县开展省级水稻全程绿色防控示范，核心面积200亩，辐射带动0.2万亩。通过示范，引导带动周边农户积极采用绿色防控技术，且摸索出一整套适合吉林省的水稻全程绿色防控的技术。

三、采取的主要措施

（一）及早动员部署，落实属地责任

为全面做好病虫防治工作，吉林省通过召开工作会议、下发文件、实地督导、电话调度等多种手段早动员早部署，并落实属地责任。为确保项目规范落实，2017年11月召开了“2018年水稻绿色防控工作落实会议”。2018年初吉林省下发了玉米、水稻、大豆、马铃薯和保护地蔬菜等五大作物重大病虫害和农区蝗虫、黏虫、草地螟等3个杂食性害虫共8个技术方案，方案中明确提出了防控目标、策略、重点和主推技术。在病虫害发生关键时期，通过实地踏查和电话调度全面掌握全省病虫情况，先后下发了省农业农村委员会明传电报《关于做好粮食作物重大病虫害防控工作的通知》，以及省站文件《关于做好草地螟监测和防控工作的紧急通知》《关于迅速开展黏虫防控工作的紧急通知》《关于做好吉林省二代黏虫监测和防控工作的紧急通知》等。各地也相应召开各类工作会议，下发紧急通知，及早部署，科学防控。

水稻绿色防控工作落实会议

（二）加强技术指导和督导检查

在病虫害发生防治的关键时期，针对黏虫、草地螟、稻瘟病等重大病虫害，吉林省植物保护站成立专家组，组织全省各级植保技术员多次深入田间地头，指导农民开展防治，巡回督导全省的农作物病虫害防控工作，确保各项防控措施落实到位。针对2017年农安县亚洲飞蝗突发的情况，吉林省相关人员实地踏查，当地技术人员更是轮流看守，严看死守，确保早发现、早防治。

防治草地螟动员部署大会

对亚洲飞蛾实地踏查

（三）收集调度病虫信息上报

病虫发生关键时期，及调度病虫情信息，及时汇总上报，对上级决策及指导全省农作物病虫防治起到了应有的作用。全年收集调度各虫情信息基层单位通过电子邮件、电话、文件、信函等形式上报的虫情信息352条；5月下旬至9月初，以周报、日报和随时报的形式，收集上报虫情信息50余期。

（四）试验示范，辐射带动

重点选择有防控基础、对新技术接受快、影响面大的县、乡、村作为典型示范，突出绿色防控的优势，以点带面，充分发挥示范作用。全年建设各级绿色防控示范区80多个，示范各类绿色防控技术10余项，示范面积超过200万亩。2018年吉林省开展了10个国家级和20个省级绿色防控技术试验示范区。各县（市、区）也开展了多项绿色防控技术示范。在吉林省四平市建立玉米绿色防控国家级示范区1个。在公主岭市、梨树县、榆树市、长春市绿园区开展蔬菜全程绿色防控国家级示范区。在九台区、昌邑市、榆树市、双阳区、敦化市5个县（市、区）建立了人工释放赤眼蜂防治水稻二化螟国家级示范区。与吉林省农业科学院合作，在吉林省榆树市、扶余市、柳河县等8个县（市、区）开展了二化螟发生动态调查，初步了解了吉林省二化螟发生世代和发生规律；与江苏辉丰农化股份有限公司合作，开展噻霉酮防治西瓜细菌性病害的示范研究；与湖南本业机电有限公司和深圳百乐宝生物农业科技有限公司合作，在洮南市、扶余市、抚松县、四平市、双辽市等地开展新型风吸式杀虫灯和生物食诱剂的试验示范工作，用于防治黏虫、草地螟、地下害虫和大豆食心虫等。

成立专家组技术指导

（五）做好宣传培训，正面引导带动

为做好防治技术指导，并正确引导农民主动防控，正面宣传，避免引起恐慌，吉林省开展了多种形式的宣传培训。2018年初举办了“吉林省主要农作物病虫害防控技术培训班”，8月初举办了“吉林省农作物有害生物绿色防控减药控害技术培训班”，并在农业农村部网站和人民网等网站上进行了报道。针对黏虫、草地螟的发生情况，吉林省植物保护站制作专题节目，通过微信工作群、电视台、腾讯视频、公众号等媒体发布技术指导信息200余条。各地也联合县（市）广播电视台录制黏虫、草地螟发生规律，在电视台滚动播出危害特点和防治技术，并发动广大群众密切注意发展动态。据统计，各地举办了不同形式的培训班和现场会 80 余期，召开相关会议 20 余次，开展电视讲座 10 期，印制宣传资料 5 万余份，派技术骨干深入田间进行技术指导，参训人员达 12 000 人次。

绿色防控减药控害技术现场会培训班

吉林日报

开放的中国

精彩吉林 相约世界

首页

上一篇 下一篇 放大+ 缩小- 默认

落实绿色发展理念 促进农药减量控害

省相关部门在四平开展专题培训

上一篇 下一篇 放大+ 缩小- 默认

《吉林日报》对会议的报道

做好农药减量控害 实现农业绿色发

中文 English 2018年7月6日 星期五 农历五月廿三 明天是小暑

中华人民共和国农业农村部

Ministry of Agriculture and Rural Affairs of the People's Republic of China

请输入关键词

首页 机构 新闻 公开 政务服务 专题 互动 数据

当前位置：首页 > 新闻 > 全国信息联播

做好农药减量控害 实现农业绿色发展——吉林省举办农作物有害生物绿色防控减药控害技术现场培训班

日期：2018-07-04 10:56 作者：丁丽云 来源：吉林省农村经济信息中心 【字体：大 中 小】

打印本页

为了全面贯彻落实农业绿色发展新理念，扎实做好农药减量控害工作，7月3日，吉林省农业技术推广总站在四平市举办全省农作物有害生物绿色防控减药控害技术现场培训班，组织全省各级农业植保系统工作人员近200人现场观摩绿色防

农业农村部网站对会议的报道

技术骨干深入田间进行技术指导

四、明年工作计划

一是继续抓好农作物重大病虫害的防治工作。要继续做好草地螟、黏虫、蝗虫、地下害虫、水稻稻瘟病、水稻二化螟、大豆蚜、大豆食心虫、玉米丝黑穗病、玉米苗期病害等重大病虫的监控以及防治技术指导工作。

二是继续做好农作物重大病虫害绿色防控技术的引进、示范和推广应用工作。加强对玉米、水稻、水果、蔬菜等作物重大病虫害绿色防控示范、宣传培训工作。

三是做好稻螟蛉、穗腐病、棉铃虫和二点委夜蛾等新发生病虫害防治技术的试验示范，做好技术储备。

中国植物保护学会
CHINA SOCIETY OF PLANT PROTECTION
1962

中国植物保护学会

科学技术奖励证书

为表彰中国植物保护学会科学技术奖获得者，特颁发此证书。

项目名称：农区鼠害监测与防控技术研究及应用

奖励等级：科学研究类 一等奖

获 奖 者：吉林省农业技术推广总站

2018 年10月25日

证书号：2018-YJ-1-01-D08

国科奖社证字第0169号

吉林省农业技术推广总站获中国植物保护学会颁发的科学研究类一等奖

黑龙江省

2018 年黑龙江省委省政府为转变农业发展方式，推动农业供给侧结构性改革，加大种植业结构调整力度，大力发展蔬菜等特色作物。据初步统计，2018 年全省农作物种植面积 2.18 亿亩，其中水稻种植面积 5 622 万亩，玉米种植面积 9 278 万亩，优质食用大豆种植面积 4 797 万亩，蔬菜、马铃薯、鲜食玉米、食用菌等特色作物种植面积 1 040 万亩，杂粮杂豆种植面积 700 万亩，马铃薯种植面积 360 万亩。2018 年春，黑龙江省遭遇了历史少有的严重春旱，又面临农资大幅度涨价等不利因素，但全省上下不等不靠，共同努力，积极抗灾，抢抓农时，补种毁种，抗旱保苗战役成效显著。进入 6 月下旬以后，随着旱情陆续解除，农作物生育状况得到了极大补偿。特别是 7 月以来，全省气温升高，降水增多，良好的气候条件非常有利于农作物生长发育，生产形势向好。全省各地全面贯彻“科学植保，公共植保，绿色植保”理念，强化重大病虫监测预警，全面推进植保一体化服务，专业化统防统治和绿色防控融合，各项工作扎实推进，成效突出。全年共组织开展病虫草鼠害防治作业 3.19 亿亩次，挽回粮食损失 100 多亿千克，减施化学农药 1 500 多吨，全省专业化统防统治覆盖率达 30%。圆满出色地打赢了水稻穗颈瘟及三代黏虫防控等关键战役，为保障黑龙江省粮食生产安全、农业生态安全和绿色食品产业发展做出了贡献。现将防控工作汇报如下。

一、2018 年病虫害发生概况

2018 年全省农作物主要生物灾害总体为中等发生，发生面积 2.95 亿亩次，其中病害发生面积 4 559 万亩次，虫害发生面积 10 736 万亩次，均轻于 2017 年。其中，2018 年全省水稻稻瘟病总体为偏轻发生，主要发生区域为哈尔滨、佳木斯、绥化、齐齐哈尔、牡丹江、鹤岗、双鸭山、七台河、伊春等中部和东西部地区。水稻叶瘟发病面积 46.67 万亩，穗颈瘟发病面积 4.77 万亩。三代黏虫在个别地块暴发为害，全省共 42 个县（市、区）有虫面积 292.69 万亩，其中有 25 个县出现达到防治指标地块，达标面积 57.46 万亩，共防治面积 154.97 万亩次。五常、肇东、肇州、尚志、富锦、延寿、巴彦、呼兰、宾县、桦南、泰来、兰西、北林、鹤岗、集贤、密山、鸡东等 17 个县（市、区）出现高虫口密度为害较严重地块（玉米中下部叶片被吃光），总面积 1.65 万亩。马铃薯晚疫病发生面积 44.98 万亩。玉米大斑病发生面积 301.35 万亩。玉米螟发生面积 1 914.83 万亩。大豆蚜虫发生面积 138.13 万亩。

二、重大病虫防控取得显著成效

在上级部门大力支持下，地方农业部门积极配合，通过全站共同努力下，取得 2018 年稻瘟病、三代黏虫等重大病虫防控的胜利。

（一）及早监测，准确预报

2018 年黑龙江省各级植保部门对 60 余种农作物主要病虫害进行了监测预报，做到了积极主动、及时准确。全省近年来建立的 600 个稻瘟病乡村监测点及新建的 200 个旱田监测点发挥了重要作用，2018 年通过进一步加强调查员培训、改进调查方法、升级系统平台、加强网点管理，使得全省第一时间全面掌握了各地重大病虫害发生情况，为准确预报和科学指导防控发挥了基础保障作用。黑龙江省植物检疫植物保护站发布了稻瘟病、三代黏虫等重大病虫害发生趋势预报，准确预测了 2018 年黑龙江省水稻叶瘟发生程度将明显重于前两年，后期穗颈瘟存在大面积重度流行风险，将出现局部严重危害。对于黏虫，准确预报了三代黏虫发生程度、发生区域与防治适期。

（二）加强宣传，搞好发动

为增强广大农户防治稻瘟病、三代黏虫的主动性和自觉性，保证防治效果。各地采取利用各类新闻媒体广泛宣传、召开防病虫现场会等多种措施，宣传普及三代黏虫、稻瘟病的危害性，提高自觉防病意识，帮助农民掌握防治关键技术，及时指导农民适时开展药剂防治。在穗颈瘟预防和三代黏虫防控的关键时期，通过网络平台、专业网站、微信客户端等新媒体广泛宣传发动。据统计，全省各地电视台播放稻瘟病、三代黏虫防治技术专题讲座 136 期，进行新闻播报 187 期，滚动字幕 2 300 条，印发资料 20 余万份，举办培训班 218 期。同时，各级农业部门选派得力干部和农技人员下乡，分片包干，深入田间地头，坚守防控一线，宣传指导到农户、到田块。特别是 800 个乡村监测点，调查员在完成病虫调查和上报任务的同时，向稻农及时通报田间病虫发生情况，发挥了很好的宣传督促和科学防控指导作用。

（三）强化领导，落实责任

2018 年 7 月 8 日黑龙江省植物检疫植物保护站及时发布了稻瘟病发生趋势预报；7 月 10 日省农业农村委员会下发了《关于全面做好三代黏虫监测工作的通知》；7 月 17 日省农业农村委员会召开“全省农作物重大病虫疫情防控电视电话会议”，12 个市、67 个县（市、区）的政府分管领导、农业部门和重点乡镇的主要领导参加，与会人员 2 000 多人，省农业农村委员会副主任对稻瘟病、三代黏虫、玉米螟、马铃薯晚疫病、蝗虫等重大病虫害的监测和防控工作做出重要指示；7 月 20 日黑龙江省植物检疫植物保护站发布蝗虫发生趋势预报；7 月 24 日黑龙江省植物检疫植物保护站发布玉米大斑病发生趋势预报；7 月 27 日省农业农村委员会发布《全省防病虫保丰收战役全面开展》；7 月 30 日黑龙江省植物检疫植物保护站组派 10 个工作组深入重点地区持续进行调查督导，全省进入全面查病虫、防病虫攻坚阶段；8 月 6 日黑龙江省植物检疫植物保护站发布稻螟蛉发生趋势预报。在三代黏虫幼虫始发期至盛发期，黑龙江省植物检疫植物保护站下派的 10 个工作组，驻守重点地区，会同各地植保技术人员，在田间全面反复调查至三代黏虫发生结束，对准确掌握发生地块、科学指导农户防治发挥了重要作用。黑龙江省植物检疫植物保护站通过省台新闻联播和"三农"最前线栏目及打字幕方式推动和指导防控。同时，各级植保部门利用电视讲座、微信群和朋友圈等广泛宣传鼓动农户查田治虫。虽然 2018 年三代黏虫发生地区、发生面积要远多于 2017 年，但农户防控及时性、主动性大大增强，全省防治面积 318.43 万亩次，绝大部分地块虫害得到有效控制。但由于黏虫的特殊习性，仍有个别心存侥幸农户及懒散户、外出务工户的草荒玉米地块受到较重为害。

（四）快速反应，统防统治

2018 年中央财政拨付黑龙江省重大病虫疫情统防资金 3 100 万元，同时 2018 年地方政府的重视力度也是空前的，五常市地方财政投入 1 600 多万元，利用大型直升机开展统防作业 150 万亩，全面防控稻瘟病、稻曲病；虎林市政府投入 800 万元，开展 50 万亩稻瘟病统防统治；方正县投入 175 万元、肇源县投入 150 万元统防统治稻瘟病；庆安、延寿、萝北、富锦、泰来等地政府也积极投入配套资金。全省共完成稻瘟病防治与预防面积 1 407.38 万亩次，其中各级财政投入完成重大病虫害统防统治任务 530 万亩，超额完成中央财政 310 万亩的统防统治任务，其中采取生物防治的面积达 268 万亩，占比 50.56%，实现减施化学农药 180 多吨，有力地引领带动了黑龙江省绿色防控技术的应用。36 个县（市、区）利用植保无人机防治，防治面积 272.9 万亩次；9 个县使用大型直升机和固定翼防治，防治面积 37.9 万亩次。各地累计开展电视讲座 66 期，进行新闻播放 89 次，滚动字幕 2 199 条，印发资料 19 万份，举行防控会议、培训 144 次，干部和技术人员下乡指导 3 050 人次，有力地指导了病虫防控工作。同时，针对黑龙江省水稻、玉米大面积连片种植、劳动力缺乏、人工喷药防控困难的实际，为保障迅速完成统防任务，2018 年重点推动稻瘟病、三代黏虫飞机航化作业统防。为确保飞防作业效果，适应快速发展的农业航空喷药作业需要，黑龙江省植物检疫植物保护站统一提出了规范作业要求，确保航化作业健康发展。

三、多措并举提升绿色防控和农药减量工作

2018 年采取多种措施加大绿色防控和减量用药力度，推动农业"三减"（减肥、减药、减除草剂）工作。

一是加大重大病虫害绿色防控技术集成模式的推广。玉米螟全程绿色防控技术模式目前已在黑龙江省玉米产区落地生根，累计推广 1 亿多亩，取得突出效益。水稻主要病虫害绿色防控技术经过 10 年的推广应用已经取得了较好的经济效益、生态效益和社会效益。重点推广了短稳杆菌带药下田防控水稻二化螟、负泥虫技术及性诱剂诱杀水稻二化螟等绿色防控技术。

二是加大绿色防控与专业化统防统治融合推进力度。按照农业农村部和全国农业技术推广服务中心的工作部署，继续在粮食主产区建立绿色防控与专业化统防统治融合示范基地 25 个，开展专业化统防统治与绿色防控融合试点工作，其中水稻示范区 10 个、玉米示范区 7 个、马铃薯示范区 5 个、大豆示范区 3 个，示范区核心面积 0.95 万亩，辐射带动 85 万亩。

三是推动重大病虫统防统治中绿色防控技术应用。2018 年进一步加大了玉米螟、稻瘟病、三代黏虫等重大病虫统防统治中绿色防控技术的应用。在玉米螟防控中，始终全程采用赤眼蜂、杀虫灯、昆虫信息素及高杆喷雾机喷洒生物药剂苏云金杆菌等无害化绿色防控技术，杜绝施用化学药剂。在水稻病虫害大面积统防中，重点应用了枯草芽孢杆菌、多抗霉素、井冈霉素 A、春雷霉素等生物防治技术。黑龙江省是最早实现大面积生物防治稻瘟病的省份，2018 年继续加大了实施力度。在统防统治中要求各地优先使用生物药剂，全部实现绿色防控，且要求采取飞机航化作业。

四是制定绿色防控规范，加大普及宣传。2018 年制定完成了黑龙江省地方标准《水稻病虫草害绿色防控技术规程》和《玉米病虫草害绿色防控技术规程》，为黑龙江省两大作物绿色食品发展提供绿色植保技术保障。为加大绿色防控宣传力度，黑龙江省植物检疫植物保护站与黑龙江省电视台公共频道合作，开设《农技朋友圈》栏目，在病虫害防控关键时期，专家连线解答植保技术问题，普及绿色防控理念和技术，深受广大农户欢迎。同时，在黑龙江植保网开设《黑龙江省主要农作物病虫害早知道》子栏目，指导农户进行病虫草鼠害监测与防治，重点推广病虫草鼠害绿色防控技术。

五是依托乡村病虫监测网络体系，减少盲目打“太平药”现象。全省 800 个病虫害乡村测报员在做好监测预警的同时，配合基层植保技术人员，依托监测网络，重点宣传和推广应用防治指标，科学指导防控，进一步减少打“太平药”的面积。

四、加大科研及新药剂、新技术试验、示范集成工作

大力推广应用生物、物理等非化学绿色防控技术替代化学防治，是减少化学农药用量的最关键和最有效的措施，也是确保黑龙江省农业“三减”目标实现，保护生态环境，提升绿色有机品牌信誉度，实现农业绿色发展的重要基础保障。为切实推动黑龙江省非化学绿色防控技术的应用，2018 年黑龙江省植物检疫植物保护站印发了《关于做好 2018 年度非化学植保产品示范推广的通知》（黑农委（保）函〔2018〕11 号），指导各地进行以非化学防治为主的生物、物理防治措施筛选、化学农药减量、施药技术改进等方面的试验、示范。尤其加大了蔬菜、鲜食玉米、马铃薯等特色作物病虫害绿色防控技术试验示范力度，建立了国家级示范区 2 个、省级农企合作示范区 6 个，着力做好技术集成和新药剂试验、示范和筛选工作。在蔬菜作物上安排落实井冈霉素 A、氧化亚铜、昆虫信息素、电解水等生物、物理防控技术防效比对试验 12 个，示范“桂林集琦模式”“武汉科诺模式”“北京十方模式”“强尔模式”“拜耳模式”“先正达模式”等全程绿色防控集成模式 6 个。完成全国农业技术推广服务中心“水稻穗期新病害发生调查和防治技术开发”任务和“稻瘟病抗性监控、菌种收集及保存工作”任务。同时，承担课题《粮食主产区主要病虫草害统防统治策略和技术规程》（课题编号：2016YFD0300710），该课题正有序进行，完成统防统治策略调研和调查表输入工作，完成水稻、玉米病虫草害绿色防控技术示范区展示任务，完成《玉米病虫草害绿色防控技术规程》《水稻病虫草害绿色防控技术规程》审定工作。

五、主要问题

目前，黑龙江省病虫害防治工作中存在的主要问题如下。

一是专业人员缺乏，队伍不够稳定。目前黑龙江省农业有害生物发生危害越来越严重，生产中植保新问题越来越多，植保工作任务量大且繁重，要较好地完成监测与防控任务，各级植保部门至少需要 10 个专业人员。但目前全省各地能有 3～5 个在编专业人员已是较好的，而实际上有部分县仅有 1～2 个专业人员能实际下田参与全年植保工作，因此各地普遍缺少专业人员，且现有人员普遍年龄偏大，人员又补充不上，已严重制约重大病虫害监测与防控质量。

二是基础设施差，技术手段落后。目前黑龙江省农业生产中，植保设施与技术正处于传统手段向现代手段转变的初级阶段，无论是监测设施与防控施药技术，均落后于目前绿色植保与智慧农业及生产体系对现代化技术的要求。尤其在病虫自动监测、遥感监测、远程诊断及互联网＋、物联网等信息自动传输方面，大数据信息分析处理与无人机等施药技术正处于应用起步阶段，离大面积广泛应用尚有一定距离，因此基础设施与技术手段均体现出防灾抗灾措施与目前现代化要求的不适应。

三是基础研究滞后，技术储备不足。近年黑龙江省种植结构调整幅度大，气候变化多端，耕作措施发展迅速，灾害发生种类与发生规律有了较大的改变，一些新增作物、特色作物的生物灾害及新发生与次要灾害上升问题突出，而与之相应的技术研究与技术储备尚存在严重不足，基础研究明显滞后，处置能力有待提高。

四是经费严重不足，能力发挥受限。黑龙江省现有的 800 个水旱田监测网点，在日常运行维护经费

方面，近两年省级财政均没有专项支出，已严重影响了现有监测预警网络体系作用的发挥，同时由于防灾抗灾经费投入有限，也无法保证专业化防控及其他应急防控能力稳定发展运行。且对技术储备、基础研究所投入的经费更是少之又少，因此对防灾抗灾体系经费投入不足已严重影响了整个体系应急能力的发挥。

上 海 市

2018 年上海市水稻种植面积 136.5 万亩，全部为单季晚稻；小麦种植面积 16.23 万亩，集中分布在浦东、金山和崇明岛光明农场、跃进农场。水稻病虫整体偏轻发生，病害重于虫害。2018 年上海市植保工作在全国农业技术推广服务中心、市农业农村委员会领导的关心指导下，坚持系统监测和面上普查，科学决策防治，确保了水稻的丰产丰收和安全优质。现将 2018 年上海市主要粮食作物病虫发生和防治总结如下。

一、病虫发生概况

（一）水稻病虫发生情况

水稻病虫草总计发生面积 1 518 万亩次，防治面积 1 884 万亩次，病虫自然发生程度偏轻发生，局部中等发生，病害重于虫害。纹枯病偏重发生，局部大发生；穗腐病发生范围有扩大趋势；恶苗病中等发生；稻曲病、稻瘟病偏轻发生。稻纵卷叶螟中等发生，部分地区偏重发生；稻飞虱整体轻发生；螟虫偏轻发生，二化螟范围有扩大趋势，大螟局部中等发生。水稻病虫不防治观测圃减产 20.44%，按照亩产 565 千克折算，每亩损失约 115 千克，明显低于比 2017 年的 165 千克（30.3%）。稻田草害偏重至大发生，不进行除草的观测圃产量损失 97%，基本绝产。

（1）稻纵卷叶螟整体中等发生。其中，四（2）代、六（4）代偏轻发生，五（3）代中等发生，但田块间差异大，金山、崇明部分区域达到大发生程度，总发生面积 336 万亩次，防治面积 450 万亩次。

（2）稻飞虱整体轻发生，局部能达到 2 级，总发生面积 550 万亩次，防治面积 520 万亩次。褐飞虱发生尤其轻，很多区系统田未查到虫量。

（3）螟虫整体偏轻发生，局部中等发生。二化螟发生面积 116 万亩次，防治面积 80 万亩次；大螟发生面积 130 万亩次，防治面积 70 万亩次。二化螟灯下蛾量比前些年有增加，发生范围也有扩大趋势，但田间为害变化不明显。

（4）纹枯病偏重至大发生，发生面积 135 万亩次，防治面积 450 万亩次。病株始见期偏晚，发展迅速。

（5）穗腐病发生较普遍，发生面积 50 万亩次，其防治结合稻曲病用药，防治面积约 50 万亩次。9 月下旬开展全市穗腐病普查，发病率 22%～90%，病穗率 0.8%～65%，病情指数 0.32～3.55，区域间差异大。

（6）其他病虫发生情况。稻瘟病偏轻发生，发生面积 50 万亩次，防治面积 65 万亩次。部分优质稻品种发生较重。9 月下旬全市定案调查发现病穗率 0.11%，低于 2017 年同期的 1.05%。

稻曲病偏轻发生，部分品种可达中等发生，全市发生面积 100 万亩次，防治面积 60 万亩次。部分品种上发生较重，9 月下旬全市定案调查发现病穗率 0.22%，略高于 2017 年同期的 0.04%。

恶苗病自然发生程度中等，全市发生面积 80 万亩次，防治面积 130 万亩次。9 月下旬面上定案调查，全市恶苗病平均病株率 0.02%，最高 0.9%，与 2017 年基本持平。

稻蓟马、稻椿象发生有加重趋势。

（二）小麦病虫发生情况

小麦病虫总体偏轻发生。小麦病虫草总计发生面积 60 万亩次，防治面积 52 万亩次。其中，小麦赤霉病偏轻发生，白粉病中等发生，麦蚜、黏虫、灰飞虱偏轻发生。上海市小麦平均亩产 381.9 千克，比

2017年高58.8千克，病虫不防田块损失不超过20千克/亩。

（1）赤霉病偏轻发生，发生面积16万亩次。市郊赤霉病病株于4月20日奉贤早播田块始见，早于2017年和常年。面上小麦在4月下旬至5月初零星显症，田间病情发展较2017年同期慢。5月上旬大田病株率上升较快，5月10日全市赤霉病平均病穗率1.2%，病情指数0.47，略低于2017年同期（1.5%、0.7），明显低于2016年同期（5.93%、3.26）。5月下旬定案调查发现，全市赤霉病平均病穗率1.32%，病情指数0.59，明显低于2017年同期（6%、2.49）和2016年同期（16.37%、6.82）。根据面上调查病粒率，2018年全市平均病粒率0.29%，低于2017年的0.77%和2016年的2.88%。

（2）白粉病中等发生，局部偏重发生，发生面积16万亩次。当前播种的扬麦20、扬麦23、苏麦188、华麦5号、罗麦10号均易感白粉病，未防治田块白粉病病株率达95%，后期白粉上芒普遍。防治后病情得到有效控制，5月上旬定案调查发现，全市平均病株率8.7%，病叶率6.65%，病情指数2.97，明显低于2017年同期和2016年同期。

（3）蚜虫偏轻发生，发生面积16万亩次。5月10日调查发现，平均有蚜株率6%，平均百株蚜量26头。5月中旬定案调查发现，全市平均有蚜株率4.46%，平均百株蚜量27头，明显低于2017年同期（有蚜株率19%，百株蚜量146头）。

（4）黏虫偏轻发生，发生面积8万亩次，集中在北部，发生程度轻于2017年。4月中旬防治后虫量明显降低，5月中旬定案调查发现田间黏虫残虫量0.03万头，幅度在0～1.36万头。

二、原因分析

1. 水稻“两迁”害虫迁入虫源少 褐飞虱、白背飞虱、灰飞虱全年累计灯下虫量创近10年新低，田间虫量也一直维持在较低水平。虽然二代稻纵卷叶螟迁入期早，但总体蛾量低。

2. 4～5月天气条件不利于赤霉病重发 2018年4月中下旬全市降雨天数8天，5月上旬降雨天数4天，小麦花期雨水偏少，不利于赤霉病的侵染和蔓延，有利于农户适期打药。

3. 7月中旬至8月上旬阵性降水天数偏多，有利于纹枯病病情快速蔓延 水稻面上第一次用药时间延迟，纹枯病的第一次防治时间也相应延后，而且根据习惯第一次防治多选用预防性杀菌剂，未能尽早抑制病情。

4. 农药减量，穗期次要害虫上升 受大田杀虫剂用药次数减少影响，苗期稻蓟马、穗期稻椿象为害有加重趋势。

三、主要防治措施

1. 领导高度重视，认真安排部署 市农业农村委员会与市农业技术推广服务中心领导长期以来一直把农作物重大病虫害防控工作作为保障粮食安全的重要措施来抓，高度重视，全力以赴。在2018年初召开的全市农业重点工作会议上，把农作物重大病虫害防控作为农业生产的一项重要任务，做了专门部署，提出明确要求。市农业农村委员会在2018年3月下旬发布《2018年上海市农作物重大病虫害防控预案》，明确对2018年水稻各种病虫害的发生趋势、防治策略、防治任务以及防治目标做出指导。

2. 加强预警监测，科学指导防治 各级植保部门加强了水稻病虫害发生防治动态的监测，全市37个病虫监测点从4月1日逐步开灯，6月1日开始进行杂草地赶蛾，7月1日开展大田病虫5日报；市中心全面掌握各监测点病虫发生动态，在7～9月水稻关键生育期不定期召开全市水稻病虫发生趋势会商4次，科学制定防治对策。

2018年全市水稻大田病虫分3个阶段进行3～4次防治。第一阶段，7月下旬以纹枯病为主要防治对象开展第一次面上防治；第二阶段：8月中旬主治稻纵卷叶螟、纹枯病；第三阶段：8月至9月初在穗期用药2次，主防稻瘟病、螟虫，兼治飞虱。

小麦病虫防治以赤霉病为主线组织开展，结合蚜虫、黏虫综合用药。赤霉病防治1次的面积为15.87万亩，占种植面积的99.18%；防治2次的面积为14.69万亩，占种植面积的91.81%；病穗防效86.33%。

3. 加强宣传培训和督查，确保防治措施落实到位 首先，通过专题培训班、告知书、广播、电视、网络、科技下乡等形式，向基层农技工作人员和农民反复宣传重大病虫害的发生症状、发生规律、危害性和防治技术。其次，在病虫害防治关键时期，通过手机短信向种植大户等相关人员发送防治信息，提醒病虫害防治，确保防治措施落实到位。最后，市、区两级植保部门组织科技人员面对面分类指导农户适时开展防治，切实提高关键防治技术的入户率和到位率，同时开展防治工作的跟踪督查，将各项防治措施落到每块田和每户，确保各项防治措施落实到位。

4. 积极推进统防统治和绿色防控 深入贯彻“预防为主、综合防治”的植保方针和“科学植保、现代植保、绿色植保”的理念，加强组织和协调，充分发挥现有植保统防队伍和大中型植保机械的作用，强化统防统治，积极探索和推广应用病虫害绿色防控技术。

通过开展农企合作共建、建设绿色防控与专业化防治融合推进示范点等，推广病虫害的绿色防控技术和产品。2018年全市共建设水稻病虫害绿色防控技术示范区40多万亩，核心示范面积15万多亩，核心示范点200多个。在水稻生长期，组织各区植保站长和相关专家对绿色防控示范区开展多次现场观摩和研讨，并对各示范区进行评选，以促进对绿色防控认识理解和绿色防控的推广应用。

为促进专业化防治组织的发展，提高社会组织参与病虫害专业化防治的积极性，2018年在全市积极开展优秀专业化防治组织的评选活动。通过评选活动，专业化防治组织的积极性有了明显提高，2018年通过对推荐的优秀组织的资质、材料等进行综合评审，粮食和经济作物共8个服务组织获评全市优秀专业化防治组织。

四、主要成效

（一）做好病虫害监测预警，病虫预测准确及时

通过及时监测和科学预测，做好病虫害的监测预警。通过市农业农村委员会政务网、上海市农作物有害生物预警系统、电子邮件等方式及时发布病虫害预警信息，对于主要病虫害制作可视化预报片。按照重大病虫害上报制度的要求，及时向农业农村部和全国农业技术推广服务中心汇报上海市病虫发生和防治情况（两周报），在水稻生长中后期上报防治信息，全市汇报信息及时、全面，获上级部门好评和表扬。据初步统计，病虫害短期预报准确率达90%以上，长期预报准确率达85%以上，准确预测了病虫害发生趋势，为病虫害防治提供了保障。

（二）科学指导了病虫害防控，将危害损失率控制在5%经济阈值以内

通过防治有效控制了水稻纹枯病、穗期病害、“两迁”害虫、小麦赤霉病等主要病虫害的发生和危害，防治措施科学有效，将危害损失控制在指标内。通过对防治思路和用药品种进行调整，往年区域性难防治或者防治效果不理想的病虫害得到很好的控制，大大降低了病虫害的发生与危害，降低病虫害发生基数。

据初步估算，全年水稻病虫防治面积1 884万亩次，小麦病虫防治面积52万亩次，共挽回水稻损失约15.14万吨、小麦损失约0.62万吨。

（三）化学农药安全使用，用量进一步减少

打保险药、重复用药等不合理用药现象减少，防治指导针对性加强，防治用药搭配合理，防治用药品种结构优化，化学农药使用量进一步减少。2018年全市水稻全年平均进行3～4次防治，相比2017年平均减少用药一次。据初步计算，平均每亩使用农药减少10%～20%。病虫害发生危害得到有效控制，防治效果没有因为防治次数的减少和用药量的减少受到影响，防治效果较好。

（四）绿色防控覆盖率提高，绿色防控成效显著

2018 年全市共建设水稻病虫害绿色防控技术示范区 40 多万亩，核心示范面积 15 万多亩，核心示范点 200 个以上。水稻绿色防控示范区化学农药用量相比常规田平均下降 20%～30%，最高下降达 60%，在防效不降低的前提下，平均减少农药使用量 1 次以上。

（五）规范化、专业化防治组织数量增加

通过全市专业化防治组织创先争优活动评选等措施，使得一部分专业化组织和个人在实践参与过程中获得收益，提高了开展专业化服务的兴趣，以往犹豫、观望的个人、家庭农场、种植大户对专业化防治的接纳度提高，并有参与的愿望。全市 10 多家专业化防治合作社主动自费购置新型大型防治机械，开展专业化防治服务，服务面积进一步增加。据初步统计，2018 年全市专业化防治对外服务试验示范：飞防 17 个点，覆盖面积 1.78 万亩，推广应用 8 个点，覆盖面积 1.8 万亩；自走式喷杆喷雾机 13 个点，覆盖面积 2.28 万亩，推广应用 68 个点，覆盖面积 6.04 万亩。高效新型植保机械应用覆盖面积明显提高。粮食作物专业化防治覆盖率 75%左右。

江 苏 省

2018 年，江苏省农作物病虫害总体偏重发生，全省紧紧围绕农药减量控害行动目标，主动适应农业高质量发展的新要求，强化重大病虫应急防控和统防统治，全面开展绿色防控示范区建设，为保障粮食稳定生产和农产品质量安全发挥了重要作用。

一、2018 年主要农作物病虫害防治概况

（一）小麦病虫害

2018 年小麦病虫总体偏重发生，其中赤霉病偏重发生，沿淮局部大流行，白粉病中等发生，纹枯病中等发生，局部偏重发生，小麦蚜虫中等发生，麦蜘蛛、黏虫、地下害虫、叶锈病等病虫轻发生，局部地区茎基腐病、腥黑穗病发生加重。据统计，全省小麦病虫累计发生面积 8 750 万亩次。

针对 2018 年小麦病虫发生特点，江苏各地坚持“预防为主、综合防治”的植保方针和“绿色防控”的理念，进一步优化防治策略，适时打好防治病虫总体战，先后组织开展了小麦种子处理及白粉病与纹枯病、赤霉病等 3 次防控总体战，有效控制了以赤霉病为主的小麦重大病虫危害。据统计，2018 年全省小麦病虫累计防治面积 15 809.1 万亩次。其中，赤霉病防治面积 5 657.5 万亩次，平均每亩防治 1.6 次，适期防控效果 85%以上；白粉病防治面积 3 336.6 万亩次，最终全省加权平均上三叶病叶率 9.1%，病情指数 2.7；纹枯病防治面积 1 727.6 万亩次，危害定局后全省加权平均病穗率 5.8%，病情指数 3.3；蚜虫累计防治面积 2 961.7 万亩次，最终全省加权平均百株蚜量 11.5 头；其他病虫累计防控面积 2 125.7 万亩次。全省病虫害防控累计挽回夏粮产量损失 283.8 万吨，病虫危害损失率控制在 5%以下。

（二）水稻病虫害

2018 年水稻病虫总体中等发生，轻于 2017 年，为 2004 年来较轻年份，突出的是稻纵卷叶螟、稻曲病，以及局部地区细菌性病害、苗叶稻瘟病、二化螟。水稻生产前期病虫总体偏轻发生，轻于 2017 年；穗期病虫中等至偏重发生，与 2017 年相近。主要发生病虫有纹枯病、稻瘟病、稻曲病、细菌性病害、“两迁”害虫和螟虫等，总体中等发生。不同地区、不同品种、不同栽培方式间病虫发生差异较大。其中，发生较为突出的是稻纵卷叶螟，呈偏重至大发生态势，五（3）代稻纵卷叶螟于 7 月下旬至 8 月中旬初出现成虫高峰，峰期长，受台风“安比”影响，外来迁入虫源同本地羽化虫源相叠加，苏南、沿江地区蛾量居高不下，百穴虫卵量高的为 1 000 头（粒）以上，是大发生时的 5 倍以上；六（4）代稻纵卷叶螟于 8 月下旬至 9 月初出现本地羽化高峰，沿太湖局部亩蛾量高达 6 000 头，大部分地区百穴虫

卵量达 500 头（粒），9 月上旬田间仍有部分低龄幼虫陆续孵化，加重六（4）代稻纵卷叶螟发生程度。2018 年稻飞虱总体偏轻发生，为近年来最轻年份；灰飞虱虫量与带毒率均较 2017 年与常年低。螟虫与 2017 年相近，前重后轻。前期苗、叶稻瘟在感病品种上发生较普遍，但 7～8 月少雨高温，中后期发生较轻，只在局部丘陵小气候地区流行，后期穗稻瘟偏轻发生，总体发病程度轻于 2017 年及常年。稻曲病在丘陵、沿淮及淮北地区感病品种上中等至偏重发生，发生程度较 2017 年偏轻。纹枯病偏重发生，较 2017 年偏轻。受多个台风影响，白叶枯病等细菌性病害重于 2017 年，局部老病区偏重发生。据统计，全省水稻主要病虫害发生面积 14 940 万亩次，较 2017 年减少 3 865 万亩次。

针对水稻病虫发生态势，各地围绕农业绿色发展要求，坚持“公共植保、绿色植保”理念，强化监测预报和防治指导，大力推进绿色防控，科学打好重大病虫防治总体战，有效控制病虫危害损失，为水稻丰产丰收、提质增效打下了坚实基础。其中在水稻大田期，淮南地区开展了 3～4 次、淮北地区开展了 2～3 次防治总体战。据统计，全省水稻病虫累计防治面积 27 205.9 万亩次，较 2017 年减少 10 234.1 万亩次。虫害累计防治面积 12 050.3 万亩次，其中灰飞虱防治面积 2 824.7 万亩次（含兼治），稻飞虱防治面积 4 038.9 万亩次（包括褐飞虱防治面积 1 406.5 万亩次，白背飞虱防治面积 2 632.5 万亩次），稻纵卷叶螟防治面积 4 737.5 万亩次，大螟防治面积 1 659.4 万亩次（含兼治），二化螟防治面积 1 925.6 万亩次（含兼治）。病害累计防治面积 15 155.6 万亩次，其中稻瘟病防治面积 4 901.8 万亩次，稻曲病防治面积 2 876.7 万亩次，纹枯病防治面积 5 671 万亩次，白叶枯病防治面积 38.1 万亩次，恶苗病防治面积 1 595.9 万亩次（折大田）。经过防治，水稻多种病虫危害得到有效控制，其中病害防治效果在 80%左右，虫害防治效果在 90%以上。全省通过水稻病虫防治累计挽回损失 305.1 万吨，挽回损失率 15.6%；病虫实际危害损失 12.1 万吨，实际危害损失率 0.6%，为近 10 年最低，经济效益、社会效益显著。

（三）玉米病虫害

2018 年玉米病虫总体偏轻发生，其中玉米螟、棉铃虫、锈病在沿海及淮北局部偏重发生。针对 2018 年玉米病虫害发生特点，江苏省各地坚持“预防为主、综合防治”的植保方针，科学制定防治对策，加强防治技术指导，示范推广病虫害绿色防控措施，保障了玉米生产安全。2018 年全省玉米病虫发生面积 1 299.7 万亩次，防治面积 1 149.7 万亩次。其中，玉米螟防治面积 611.1 万亩次，大（小）斑病防治面积 95.2 万亩次，纹枯病防治面积 48.7 万亩次，地下害虫防治面积 52.8 万亩次，锈病防治面积 41.9 万亩次，棉铃虫防治面积 129.1 万亩次。经防治，累计挽回损失 15.4 万吨，实际造成损失 2.9 万吨。

（四）油菜病虫害

全省油菜病虫害总体偏重发生。主要发生的病虫是菌核病，此外蚜虫、霜霉病、病毒病在局部发生，共发生面积 474.8 万亩。其中，菌核病偏重发生，油菜蚜虫中等发生，病毒病、霜霉病、地下害虫等 1 级发生。针对油菜病虫害发生情况，各地在做好预测预报工作的基础上，加强技术指导，科学制定防治对策，推行综合治理措施，全力抓好病虫防治工作，保障了油菜生产安全。2018 年油菜各类病虫害累计发生面积达 474.8 万亩次，防治面积达 444 万亩次。其中，菌核病防治面积 252.9 万亩次，蚜虫防治面积 154.9 万亩次，霜霉病防治面积 20.4 万亩次，地下害虫防治面积 6.1 万亩次，病毒病等其他病虫防治面积 9.7 万亩次，病虫危害损失率控制在 1.8%，效益显著。

（五）东亚飞蝗

夏蝗偏轻发生，发生程度与 2017 年相近，其中微山湖局部中等偏轻发生，沿淮、沿海局部蝗区轻发生，发生面积 40.2 万亩次，为 2001 年以来最低，其中防治达标面积 16.5 万亩次；秋蝗偏轻发生，轻于 2017 年，发生面积 29.3 万亩次，较 2017 年减少 10.4 万亩次，防治达标面积 9.5 万亩次，较 2017 年减少 6.8 万亩次。全年东亚飞蝗发生面积 69.5 万亩次，防治达标面积 26 万亩次。

针对 2018 年蝗虫发生特点，江苏省各级治蝗机构高度重视，认真贯彻“监视为主，重点挑治”的防治策略，在抓好系统监测与大面积普查、摸清蝗情的基础上，采取“专治与兼治相结合、化学防治与生态控制相结合”的措施，在及时做好化学防治的基础上，大力开展生物防蝗、生态控蝗，全年共完成夏蝗、秋蝗防治面积 71.8 万亩次，其中化学防治面积 57.7 万亩次、生物防治面积 2.3 万亩次、生态控制面积 11.8 万亩次，有效控制蝗虫为害，实现东亚飞蝗“不起飞、不扩散、不成灾”的目标，确保专治效果 90%以上、兼治效果 85%以上、蝗虫密度 0.2 头/米^2 以下。

二、主要措施及成效

2018 年江苏紧紧围绕农药减量控害行动目标，主动适应农业高质量发展的新要求，大力推广绿色防控技术，强化绿色防控示范区建设，为服务农业供给侧结构性改革、保障粮食稳定生产和农产品质量安全发挥了重要作用。

一是强化病虫监测。①着力完善病虫疫情监测体系。按照“聚点成网、填平补齐、更新换代”原则，每年安排专项经费约 1 500 万元重点用于病虫疫情监测体系建设。目前，全省已建成 16 个标准智能农作物病虫疫情监测场（点），完善 42 个国家级区域测报站和 220 个重大植物疫情监测点，培育一批“有文化、爱农业、懂技术”的村级病虫调查员，主要农作物重大病虫疫情预测预报准确率稳定在 90%以上。②强化农药抗药性、有效性和使用强度监测。联合科研推广部门组建一批分生态区、分病虫草抗药性监测防控协作网、高效植保机械产业联盟、农药有效性监测协作组和病虫草抗药性监测专家指导组。建立麦（稻）田杂草、小麦赤霉病、水稻纹枯病、稻瘟病等抗药性监测团队 5 个以及绿色防控专家团队 6 个、农药有效性监测基地 5 个，为推动农药减量控害提供支持。建立覆盖全省 67 个农业县（市）近 3 000 个农户的农药使用强度监测网。③有效控制重大病虫疫情。狠抓病虫监测预警，准确把握病虫疫情消长动态，科学制定防治对策，召开小麦赤霉病、水稻中后期病虫及绿色防控示范区建设现场会，部署和指导重大病虫防控工作，有效控制了赤霉病、稻瘟病等重大病虫疫情的发生危害，粮食作物和经济作物病虫危害损失率分别控制在 5%和 10%以内，确保了农业生产安全。

二是狠抓使用源头防滥用。①强化农药安全使用指导。按照《农药管理条例》规定及配套规章的要求，严格标准，把好经营许可和技术指导关，提高经营者的素质，将指导农民科学选药用药的情况纳入经营许可考核范围，减少和防止在农药销售过程中乱推荐、乱搭售现象。②推行农药零差率配供。为有效解决农药市场“多、乱、杂”现象，推动农药废弃包装物统一回收和集中处理，实现农药源头控制和农业面源污染治理，2017 年，在全省范围内推广农药零差率统一配供模式，有效减少农药销售和使用过程中的“乱开方、乱指导、滥用药”现象。目前全省已有 9 个县（市、区）开展农药零差率统一配供，另外 12 个县（市、区）开展了不同形式的配供试点。③强化农药减量宣传。近年来，江苏省先后通过《新华日报》、江苏卫视、农技耘 App、微信客户端等方式等开展农药减量技术宣传，有针对性宣传国家农药法律法规、管理制度、禁限用农药规定、假冒伪劣农药识别、农药安全使用等基本知识，提高农药使用者整体素质。2018 年，全省累计发放农药减量宣传资料 900 余万份，开展技术培训 1 000 余场次，培训 13 余万人。

三是转变防控方式提效率。①推进统防统治。大力推进“药械＋服务”“物资＋服务”“技术＋服务”“人才＋服务”专业化服务模式，大力推广自走式喷杆喷雾机等高效植保机械，积极培育专业化病虫害防治服务组织，全面提升统防统治服务水平。全省专业化病虫害防治服务组织 6 623 个，日防控作业服务能力达 939 万亩次，主要农作物专业化统防统治覆盖率约为 59%。②推进高效药械替代。2018 年，继续大力推广自走式喷杆喷雾机等高效植保机械，推行精准对靶施药、对症适时适量施药，提高农药使用利用率。江苏省也将植保无人机纳入农机购置补贴范围，推动植保机械更新换代，高效植保机械保有量 6 809 台（套），植保无人机保有量 1 895 台。通过高效植保机械替代行动，有效提升了农药利用率，提高了植保效益。

四是创新服务方式增绿色。①强化绿色防控产品推介。2018 年底，在全国范围内公开征集绿色防控产品，经过产品征集、资料审查、专家评审、结果公示等程序，宣传推介绿色防控产品 178 个，绿色防控产品使用覆盖率超过 78%，主要农作物非化学农药绿色防控技术覆盖率达 30%，农药使用量连续

11年实现负增长。②强化绿色防控示范区建设。创新集成“种苗处理+生态调控+科学用药”“清园控害+综合诱杀+生化调控”绿色防控新模式，2018年，江苏省全面组织开展农作物病虫绿色防控示范区建设，全力构建“省有示范区、市有示范方、县有示范片”的绿色防控示范区建设新格局，探索建设绿色防控示范县。建设了175个省级病虫害绿色防控示范区，核心面积18.9万亩，示范带动262.5万亩。③强化绿色防控农产品品牌建设。深入探索绿色防控示范区建设与品牌创建的联结机制，以品牌创建带动示范区建设，以示范区建设提升品牌知名度，积极推进“龙头企业+示范区”“合作组织+示范区”等集订单生产、品牌营销、产销于一体的经营模式，推行绿色防控农产品标识化、品牌化，扩大绿色防控农产品品牌影响力。

三、2019年重点工作安排

根据2018年主要病虫越冬基数，结合近年来病虫害发生特点进行综合分析，预计2019年江苏农作物主要病虫害将中等至偏重发生。针对2019病虫发生趋势，将重点做好以下工作。

一是强化监测保安全。重点强化12个国家级智能化病虫监测点、36个省级病虫监测点建设，全力做好以赤霉病为主的小麦重大病虫防控工作，打好水稻“两迁”害虫及中后期病虫防控总体战，全面开展特粮特经、果菜等高效经济作物的病虫发生规律与防治技术研究，不断提升病虫害监测预警能力。确保重大农作物病虫害预报准确率90%以上，主要粮食作物和园艺作物病虫总体危害损失率控制在5%以内和10%以内。

二是示范引领增绿色。组织开展绿色防控产品征集、评审，宣传推介一批绿色防控产品，将绿色防控贯穿于绿色优质农产品生产全过程，确保绿色防控产品使用面积占比达80%以上。强化绿色防控示范区建设，构建“省有示范区、市有示范方、县有示范片”的绿色防控示范区建设新格局，建成省级绿色防控示范区200个。

三是统防统治减用量。以农药使用量零增长为主线，大力推进重大病虫害统防统治，全面提升病虫害专业化服务组织的服务能力和服务质量；因地制宜装备高效植保机械，提高农药利用率；积极推进农药减量控害技术普及率，推动农药使用量零增长；继续推进农药零差率统一配供模式，有效减少农药销售和使用过程中的“乱开方、乱指导、滥用药”现象，实现农药源头控制和农业面源污染治理；确保农药使用量持续下降，重点流域减少1%以上。

四是提升能力强服务。强化农药安全使用指导管理，严格标准，把好技术指导关，组织开展“安全用药技术进万家”百场万户培训活动，提高经营者和种植户科学用药水平，确保农药使用安全。强化针对赤霉病、稻瘟病等暴发性、流行性病虫组织发动、服务指导和应急防控能力，提升病虫防控应急服务水平。全面落实“双随机、一公开”监管机制和“放管服”要求，依法开展产地检疫、调运检疫、国外引种检疫审批及植物疫情监测，提升植物检疫服务规范化水平。

浙 江 省

2018年，浙江省各级植保部门认真贯彻“预防为主，综合防治”的植保方针，落实“科学植保、公共植保、绿色植保”的理念，在农业农村部种植业管理司、全国农业技术推广服务中心的大力支持下，助力质量兴农、绿色兴农和农业转型升级，以科学有效防控农作物重大病虫害为目标，抓好主要作物、重大病虫、重点区域、关键环节的病虫害防控工作，大力推进统防统治与绿色防控融合，最大限度降低病虫危害损失，在实现防病治虫保丰收的同时，努力减少化学农药使用量，为保障全省粮食生产、农产品质量、生态环境安全及农民增收做出了积极贡献。

一、农作物主要病虫害发生防治概况

（一）水稻病虫害

稻飞虱：发生面积1 607万亩次。其中，褐飞虱中等发生；白背飞虱轻发生；浙江北部、宁绍稻区穗期灰飞虱轻发生。

稻纵卷叶螟：发生面积 1 115 万亩次，整体中等发生，局部偏重发生，主要为害迟插单季晚稻和连作晚稻。

螟虫：二化螟在单季稻、双季稻混栽区中等偏重发生，局部大发生，发生面积 845 万亩次，发生程度轻于 2017 年及常年。大螟轻发生，发生面积 126.88 万亩次。

纹枯病：中等发生，局部偏重发生，发生面积 892 万亩次，发生程度轻于 2017 年及常年。

稻瘟病：轻发生，发生面积 19.28 万亩次。

稻曲病：中等发生，在部分稻区连作晚稻上中等偏重发生，发生程度轻于 2017 年和常年，发生面积近 210 万亩次。

水稻细菌性病害：总体发生较轻。水稻白叶枯病除在沿海、沿江易淹水稻区有零星发生外，在金华地区部分稻田发生较重，全省发生面积 11.08 万亩次；细菌性条斑病在温台沿海稻区有发生，个别田块危害相对较重，全省发生面积 10.29 万亩次。

其他病虫害：恶苗病轻于 2017 年和常年；穗腐病危害较往年轻。

（二）小麦病虫害

小麦种植面积 158 万亩，品种以扬麦 20、扬麦 12、扬麦 19 等扬麦系列为主，病虫害总体中等发生。小麦病虫害发生面积 187 万亩次，防治面积 279 万亩次。其中，小麦赤霉病中等发生，发病面积 74.7 万亩次，防治面积 152 万亩次；小麦蚜虫中等发生，发生面积 79 万亩次；黏虫轻发生，发生面积 9.7 万亩次。

（三）柑橘病虫害

柑橘栽培面积约 140 万亩，病虫害总体为中等发生，发生面积 646 万亩次，防治面积 1 027 万亩次。其中，病害发生面积 192 万亩次，防治面积 388 万亩次；虫害发生面积 454 万亩次，防治面积 639 万亩次。由于 2018 年全省开展了柑橘黑点病防控专项行动，柑橘黑点病得到有效控制，但仍是危害柑橘的主要病害；疮痂病亦呈上升趋势，部分橘区发生较重。黑点病发生面积 58 万亩次，防治面积 141 万亩次；疮痂病发生面积 47 万亩次，防治面积 105 万亩次。虫害以柑橘螨类、锈壁虱、潜叶蛾、柑橘粉虱等发生为主。叶螨发生面积 132 万亩次，防治面积 184 万亩次；锈壁虱发生面积 73 万亩次，防治面积 90 万亩次；潜叶蛾发生面积 23 万亩次，防治面积 34 万亩次；柑橘粉虱发生面积 16 万亩次，防治面积 16 万亩次。

（四）蔬菜病虫害

蔬菜栽培面积约 1 102 万亩（包括果用瓜）。蔬菜病虫害总体中等发生，发生面积 2 615 万亩次，防治面积 3 615 万亩次。其中，叶菜类菌核病偏重发生。春季黄瓜霜霉病和细菌性角斑病、茄果类灰霉病、瓜类白粉病、叶菜类及十字花科蔬菜霜霉病中等发生；夏季瓜类白粉病偏重发生，各类蔬菜病毒病中等发生，豆类疫病、炭疽病、煤污病等中等发生。茄果类青枯病和枯萎病、瓜类蔓枯病和枯萎病、豆类根腐病、芹菜基腐病等在连作地区偏重发生。草莓炭疽病在育苗期重发。烟粉虱、蚜虫在各类蔬菜上中偏重发生，黄曲条跳甲、小菜蛾春季偏重发生，瓜绢螟在瓜类上偏重发生，斜纹夜蛾、甜菜夜蛾在十字花科蔬菜、豆类、芋艿、莲藕上中等发生，害螨、蓟马、潜叶蝇、银纹夜蛾等中等发生。

（五）茶树病虫害

茶树栽培面积约 293 万亩，茶树害虫总体中等发生，发生面积 786 万亩次，防治面积 995 万亩次。小绿叶蝉、螨类、茶尺蠖、黑刺粉虱等为主要害虫。其中，小绿叶蝉发生面积 179 万亩次，防治面积 108 万亩次；茶橙瘿螨发生面积 79 万亩次，防治面积 108 万亩次；茶尺蠖发生面积 106 万亩次，防治面积 126 万亩次；黑刺粉虱发生面积 43 万亩次，防治面积 50 万亩次。茶毛虫、茶卷叶蛾类、茶细蛾、茶丽纹象甲、蓟马、卷叶蛾等总体上中等偏轻发生；茶黑毒蛾、茶叶夜蛾、茶蚜轻发生。病害以炭疽病为主，发生面积 52 万亩次，防治面积 85 万亩次。

二、主要工作措施

（一）加强组织领导，落实防控责任

按照“政府主导、属地责任、联防联控”工作机制，加强对主要农作物重大病虫害科学防控工作的领导，农业农村厅将“绿色防控技术示范 90 万亩，推广应用绿色防控技术 650 万亩次，实施农作物病虫害专业化统防统治 760 万亩”作为对各市农业农村局的年度考核目标，要求每月上报专业化统防统治服务面积、农药减量情况，密切掌握各地工作进展，并进行通报，确保各项措施落实到位。浙江省食品安全工作评议中将病虫害绿色防控、专业化统防统治作为对地方政府的考核内容。通过责任落实，强化行政推动作用，3 月农业农村厅在诸暨召开了由有关县（市、区）农业农村局分管领导、植保站站长及相关部门负责人参加的全省二化螟综合防控现场会。8 月，农业农村厅在黄岩召开全省推进绿色防控暨晚稻重大病虫害防控现场会，农业农村厅厅长亲自部署工作，要求各地加强组织领导，充分发挥行政在专业化统防统治、绿色防控工作中的推动作用。

（二）加大财政扶持，确保资金到位

通过整合项目资金、聚合资源、强化资金投入和科技支撑，充分发挥财政支农资金的政策导向作用，保障各项措施的落实，不断扩大专业化统防统治和绿色防控技术的推广应用面积。浙江省将中央农业生产救灾（水稻重大病虫害防治）补助资金 1 200 万元重点用于统防统治与绿色防控融合示范县创建工作，各地多渠道争取资金投入，相继出台政策，强化资金保障，如黄岩区整合资金 590 万元、嘉善县整合资金 686 万元用于扶持开展农作物病虫害绿色防控工作，西湖区拨款 420 万元以购买服务的形式用于全区 1 万亩茶园的专业化绿色防控服务。据统计，2018 年全省共投入扶持资金 5 812 万元用于农作物病虫害专业化统防统治与绿色防控技术融合推广与应用。

（三）立足示范创建，深化融合推进

以农作物病虫害专业化统防统治与绿色防控融合示范区建设为抓手，充分发挥专业化服务组织的作用，大力推进农作物病虫害绿色防控工作，全面提高病虫害防控技术水平，浙江省植物保护检疫局下发了《2018 年浙江省农作物病虫害专业化统防统治与绿色防控融合推进工作实施方案》，要求各绿色防控示范创建单位成立领导小组和实施小组，主要领导亲自抓，加强统筹协调，明确责任分工，落实实施主体和项目责任人，每个示范基地明确 1 名责任人和 1 名植保技术指导专家，具体负责方案制定和技术服务工作，确保示范工作有力有序推进。全省有 455 乡镇、1 758 个实施主体、752 个植保服务组织参与实施绿色防控示范区建设，促进了绿色防控由政府主导推动逐步向经营主体主动实施的转变，初步形成了“政府支持、企业参与、主体实施、市场运作”的绿色防控推广模式。

（四）加强合作，提高科技水平

主动与教学、科研单位及生产企业合作，与浙江省农业科学院、浙江大学、中国水稻研究所、中国茶叶研究所等科研院所开展多项国家重点研发项目、省重点项目、省“三农六方”项目试验研究与示范工作，通过专业化统防统治服务组织、家庭农场等将最新绿色防控技术研究成果应用于生产，多次邀请浙江省农业科学院、中国水稻研究所、浙江大学、中国茶叶研究所等专家进行农作物病虫害绿色防控技术授课，萧山区、金华市、常山县、丽水市等与教学、科研单位共同建立工作站，加强绿色防控技术集成，进一步提高防控技术的科技含量。

（五）强化培训，加快宣传引导

通过组织专题培训、实地观摩、示范展示、现场指导等多种形式和途径，普及农作物病虫害绿色防控技术。全省共召开专业化统防统治与绿色防控融合现场观摩会 437 次，举办绿色防控技术培训班 1 606 期，参加人员 3.2 万人次，通过电视、广播、网络平台、农民信箱等多种途径发布防控信息 10 万

条次，印发技术资料 13.9 万份，确保绿色防控信息的全方位覆盖。农业农村部主管的《农村工作通讯》2018 年 8 期上系列报道了《浙江稻田的绿色实践》《挖掘生态服务功能价值，建立稻田生态补偿机制》《绿色打底，生态为标——浙江水稻绿色发展探行》《金华水稻绿色防控从盆景到风景》，反映了浙江省绿色防控工作的实践和成效。

三、主要成效

（一）保障了粮食生产安全

全省各地聚焦“农业两区一镇”主平台，与现代生态循环农业、绿色农业行动计划、美丽田园建设相结合，以绿色防控与统防统治融合发展为主抓手，全省植保部门突出重点区域、重点作物、重点病虫，狠抓关键时期，分类指导，有力推动了浙江省病虫防控方式由传统的化学防控为主逐渐向协调应用农业防治、生态调控、生物防治转变，从而有效延缓病虫害抗药性，降低了暴发成灾风险，病虫害持续治理水平进一步提高，为保障浙江省粮食生产安全做出了积极贡献。全省水稻重大病虫发生面积 0.56 亿亩次，防治面积 0.87 亿亩次，水稻病虫危害损失率控制在 1.16%。

（二）加快了植保新技术的推广应用

浙江省坚持产学研相结合，联合相关科研院校、绿色防控产品生产企业和生产基地，加大关键技术协作攻关和集成技术示范应用，形成了一批可学可推广的绿色防控技术模式，通过深入推进统防统治与绿色防控融合发展，提高了专业化统防统治的科技含量，大大加快了绿色防控技术的推广速度，全省有 752 个植保服务组织参与实施绿色防控示范区建设，带动全省建设绿色防控示范区 958 个，示范面积 107.59 万亩次，绿色防控技术推广面积 743.22 万亩次，示范区应用杀虫灯 1.52 万盏、性诱剂 39.7 万套、色板 144.1 万张，种植诱虫显花作物 24.7 万亩，田埂留草 112.4 万亩，释放天敌赤眼蜂 1.1 万亩，翻耕灌水杀蛹 82.9 万亩，应用生物农药 139.5 万亩。

（三）减少了化学农药使用量

通过统防统治与绿色防控融合应用，大大提高了重大病虫的防控效果，化学农药施用次数和使用量明显减少，农产品质量显著提高。与农民分散自防区相比，水稻统防统治每季减少防治次数 1～2 次，化学农药使用量下降 20%以上。绿色防控融合区每季减少用药 2～3 次，化学农药用量减少 30%以上，有益生物数量明显增加。据统计，2018 年全省农药使用量比 2017 年减少 718.2 吨，有效控制了农业面源污染，有力保障了粮食生产安全、农产品质量安全和农业生态安全。

（四）打造了一批绿色防控农产品品牌

按照农业农村部“做给农民看、带着农民干”的要求，通过融合示范创建、加大主体培育、引导社会资本参与等多种途径，整合各方资源要素，大力打造“生态农业、美丽田园”，建成了一批技术水平高、社会影响力大的核心示范基地，积极开展生态采摘、农事体验、休闲观光等农旅融合项目，向全社会展示了绿色防控新成效，积极探索加快推进绿色防控的发展模式和长效机制。农业经营主体越来越注重绿色防控农产品宣传和品牌开发，全省绿色防控融合推进示范区先后创建了稻鳖共生米、衢州“蜜之源”柑橘、回山茭白等 68 个知名农业品牌，农产品附加值明显提高，促进了农民增收。

安徽省

2018 年安徽省主要农作物重大病虫害总体为中等发生，其中小麦赤霉病大发生，油菜菌核病、水稻纹枯病偏重发生，水稻细菌性条斑病发生较为突出。全省主要农作物重大病虫害发生面积和程度总体低于 2017 年。针对 2018 年农作物病虫害发生特点，各地高度重视，突出重点，大力抓好小麦赤霉病、水稻稻瘟病和稻曲病、油菜菌核病等重点穗期病害的适期内预防，兼顾常规病虫害的达标防控，有效减轻了病虫危害损失。据统计，全省累计农作物病虫害发生面积 2.0 亿亩次，实施防控面积 3.59 亿亩次，挽回粮食产量损失 410.5 万吨，确保了全省粮食生产安全、农产品质量安全和生态环境安全。现将 2018 年安徽省农作物主要病虫害防治工作总结如下。

一、病虫害发生概况

2018 年安徽省主要农作物小麦、水稻、玉米、油菜、棉花种植面积分别为 4 314 万亩、3 857 万亩、1 676 万亩、520 万亩、118 万亩。农作物主要病虫害发生特点表现为：小麦主要病虫害全省总体偏重发生，发生程度明显重于 2017 年，发生面积 6 507.7 万亩次，其中小麦赤霉病大发生。水稻病虫害总体为中等发生，程度为近 10 年最轻，累计发生面积 7 789.7 万亩次。玉米病虫害总体偏轻至中等发生，发生面积 2 031 万亩次。油菜病虫害总体中等至偏重发生，发生面积 679.4 万亩次，其中油菜菌核病偏重发生。棉花病虫害总体偏轻发生，主要病虫害发生面积 285.3 万亩次。全省东亚飞蝗总体偏轻发生，夏蝗和秋蝗合计发生面积为 80.92 万亩次，达标面积 38.9 万亩次，发生面积较 2017 年基本持平。农区鼠害全省总体偏轻发生，农田发生面积 713.24 万亩。

（一）小麦病虫害

2018 年小麦主要病虫害总体偏重发生，总体发生程度明显重于 2017 年。其中小麦赤霉病全省发生面积 1 908.1 万亩次，除在淮北东北部中等发生外，全省其他大部分地区大发生。小麦纹枯病在沿淮及其以南稻茬麦区和淮北东北部麦区中等发生，其他麦区偏轻发生，全省发生面积 1 886.6 万亩次。小麦条锈病偏轻发生，发生面积 20.8 万亩次。小麦白粉病偏轻发生，发生面积 124.6 万亩次。小麦蚜虫偏轻发生，发生面积 943.4 万亩次。其他小麦病虫害偏轻或以下程度发生。

（二）水稻病虫害

2018 年水稻病虫害总体为中等发生，轻于 2017 年，其中病害重于虫害。水稻纹枯病全省中等至偏重发生，发生程度轻于 2017 年，发生面积 2 221.0 万亩次。稻瘟病全省偏轻发生，发生面积为 225.9 万亩次；稻曲病全省偏轻至中等发生，发生程度略重于 2017 年，发生面积为 591.4 万亩次。水稻“两迁害虫”稻飞虱，稻纵卷叶螟总体偏轻发生，累计发生面积分别为 1 488.6 万亩次和 1 054.1 万亩次，分别较 2017 年减少 12.4%和 8.3%。二化螟总体中等发生，发生面积 1 384.2 万亩次，发生稳中有降。水稻细菌性条斑病重于近年。病毒病全省轻发生。

（三）玉米病虫害

2018 年玉米病虫害总体偏轻至中等发生，虫害重于病害。玉米螟一代、二代偏轻发生，三代中等发生，发生面积 780 万亩次，较 2017 年减少 8.6%。玉米田棉铃虫中等发生，发生面积 226 万亩次，较 2017 年减少 21.5%。黏虫、二点委夜蛾、蚜虫等轻发生，发生面积分别为 23.9 万亩次，1 万亩次和 35.5 万亩次。以弯孢叶斑病、锈病、小斑病、纹枯病等为主的病害偏轻发生，发生面积分别为 3 445.7 万亩次、167.4 万亩次、78.5 万亩次和 29.4 万亩次。

（四）油菜病虫害

2018 年油菜病虫害总体偏重发生，其中油菜菌核病总体偏重发生，全省发生面积 404.6 万亩次。油菜蚜虫偏轻发生，发生面积 152.7 万亩次。油菜霜霉病总体偏轻发生，发生面积 72.1 万亩次。

（五）棉花病虫害

2018 年棉花病虫害总体偏轻发生，主要病虫害发生面积 285.3 万亩次。其中棉花枯萎病、棉花黄萎病偏轻发生，发生面积共计 13.7 万亩次。棉盲蝽、棉铃虫、棉蚜、棉叶螨偏轻发生，发生面积分别为 55.9 万亩次、19.6 万亩次、47.5 万亩次和 41.9 万亩次。棉蓟马、烟粉虱等害虫轻发生。

（六）蝗虫

2018年东亚飞蝗总体偏轻发生，发生面积为80.92万亩次，发生面积与2017年基本持平。其中夏蝗发生面积39.97万亩次，较2017年减少26%，蝗虫平均密度为每平方米0.3头，最高密度为每平方米9头，达标面积19.84万亩。秋蝗全省发生面积41.05万亩次，蝗虫平均密度为每平方米0.3头，最高密度为每平方米5头，达标防治面积19.06万亩。

（七）农区鼠害

2018年农区鼠害发生程度总体为偏轻发生。其中农田鼠害为偏轻发生，发生面积为713.24万亩次，大部分地区密度为1%～3%，平均密度1.78%。

二、取得的防控成效

各地以“农药使用量零增长行动”为抓手，以病虫害绿色防控和统防统治为重点，大力开展农作物病虫害防控工作，全省小麦、水稻、玉米等主要农作物重大病虫害防控成效十分显著，主要病虫危害损失控制在5%以下。

据不完全统计，2018年全省累计实施农作物病虫害防治总面积3.59亿亩次，较2017年减少5.0%。小麦病虫害防治面积1.43亿亩次，较2017年减少5.9%。其中，小麦赤霉病、小麦纹枯病、蚜虫防治面积分别为6 196.6万亩次、2 122.2万亩次和2 462.6万亩次。水稻病虫害防治面积1.34亿亩次，较2017年下降6.9%。其中防治稻飞虱、稻纵卷叶螟、二化螟、稻瘟病、稻曲病、纹枯病分别为2 484万亩次、1 536万亩次、2 128万亩次、1 190万亩次、1 949万亩次、2 962万亩次。玉米病虫害防治2 986.8万亩次，较2017年减少4.97%。此外，累计实施棉花、油菜病虫害防治面积分别达322.2万亩次和879.4万亩次。东亚蝗虫防治面积62.5万亩次。据初步统计，全省防治农作物病虫害挽回粮食损失416万吨，其中挽回小麦、稻谷、玉米、油料损失分别为197.5万吨、168.5万吨、39.6万吨、10.4万吨，最大限度地控制了农作物重大病虫的危害，为确保2018年安徽省粮食生产安全提供了重要保障。

各地大力开展农作物病虫害绿色防控技术试验示范，不断推进水稻、小麦、玉米、茶叶、蔬菜、果树等作物病虫害绿色防控技术集成应用，全面促进各项技术措施落实，有效保护和改善了农业生产安全、农产品质量安全及生态环境安全，取得显著的经济、社会与生态效益。通过大力推广集成应用农作物害虫“四诱”技术、农业生态调控技术、生物防治和物理防治技术、免疫诱控技术、科学用药技术等，农作物病虫害绿色防控工作成效显著。据初步统计，全省主要农作物病虫害绿色防控面积达1.09亿亩次，绿色防控覆盖率达30.5%，覆盖率比2017年提高2.9个百分点。

三、防控工作措施

（一）抓牢重大病虫害防控工作

1. 强化监测预警 2018年进一步健全完善全省病虫害测报网络体系，加强对44个全国农作物病虫害测报区域站、52个省级病虫害测报站的业务指导工作。加强乡镇测报基点建设，进一步增强农作物病虫害监测预警能力。加强农作物重大病虫害监测与信息汇报工作，继续实行重大病虫害发生与防治信息周报制度，提升病虫害信息的传递效率。强化省、市、县三级集体分级会商和趋势预报发布制度，适时发布病虫害趋势预报，积极制作和播放病虫害电视预报。继续开展病虫害远程视频会商。加强与安徽农业大学、安徽省农业科学院、安徽省气象台等教育、科研和气象各部门之间协作，提高预报准确率，拓宽病虫害预警信息发布渠道。

2. 强化防控部署 为切实增强农作物重大病虫害防治主动性和预见性，2017年9月下旬和2018年6月初，安徽省分别制定了小麦、水稻、玉米等作物重大病虫害防控预案，提前谋划，扎实开展各项准备工作。省委省政府分管负责同志多次部署小麦赤霉病等重大病虫害防控工作。4月8日，省政府办公厅发出切实抓好赤霉病等小麦重大病虫害防控工作的通知，对小麦赤霉病防控工作做出部署。安徽省农业委员会高度重视小麦赤霉病防控工作，成立小麦赤霉病防控指挥部，召开小麦赤霉病防控新闻发布会、研讨会、现场会等专题会议，下发防控工作方案和防治技术明白纸等，细化工作措施和技术要求。安徽省农业委员会多次部署全省秋粮作物重大病虫害防控工作。7月30日下发加强秋粮作物重大病虫害防控工作的明传电报，8月上旬在含山县召开了全省水稻重大病虫害防治工作会议，8月下旬部署秋粮后期重大病虫害防治工作。

3. 强化宣传发动 加大病虫害防控工作的宣传力度，及时将农作物重大病虫害发生信息和防治技术传递到农户，指导农民科学防治。病虫害防治关键时期，在安徽省主流媒体上多次发布小麦、水稻、玉米等重大病虫害发生信息和防治动态。及时召开小麦赤霉病防控新闻发布会、防控现场会和绿色防控现场培训会等，向媒体和社会广泛宣传小麦赤霉病、果菜茶等病虫害绿色防控技术和政策，部署防控工作。防控期间，组织媒体记者深入小麦赤霉病等病的防控一线、绿色防控示范区现场开展调查采访。同时，通过安徽卫视《天气预报》栏目发布小麦纹枯病和赤霉病，水稻二化螟、稻瘟病和稻曲病的病情预警和防控技术滚动字幕，并组织专家在安徽农村广播、安徽农网等媒体开展咨询服务。各地组织万名农技干部包村联户，举办田头讲座和培训，结对帮扶大户，一线指导农民。据统计，全省共发送防控技术短信超过500万条，发放明白纸超过500万份，举办防控技术现场会、专题讲座、培训班超过2 100场次，培训大户、农民超过50万人。

4. 强化指导服务 病虫害防治关键时期，安徽省农业委员会派出5个赤霉病防控督导组、4个秋粮重大病虫害防治督导组，采取工作检查与技术指导相结合的方式，加强重大病虫害防控指导服务。小麦赤霉病防治结束后，安徽省农业委员会会同小麦产业技术体系专家，对全省小麦赤霉病的发生与防控效果进行评估，评估报告上报省政府。

（二）推广病虫害绿色防控技术

各地多措并举，积极落实全省植保重点工作，稳步推进农作物病虫害绿色防控工作。一是强化工作部署。2018年安徽省把绿色防控作为全年全省植保工作的重点，提出具体目标要求。印发了《2018年农作物病虫害绿色防控技术示范方案》《关于进一步做好农作物病虫害绿色防控示范区创建工作的通知》，全局部署全省病虫害绿色防控工作。二是建立示范区。各地加大病虫害绿色防控示范区建设力度，在水稻、小麦、玉米、茶树、蔬菜、梨树、草莓、菊花等作物上建立病虫害绿色防控示范区。据不完全统计，全省共建立农作物病虫害绿色防控示范区952个，核心示范区面积336.8万亩，辐射带动示范面积为1 672.2万亩。其中推广应用生态控制技术1 184.4万亩。应用性诱等诱控技术（昆虫性信息素、食诱剂、糖醋液等）133.3万亩，应用灯诱、色诱等诱控技术面积分别达332万亩和135万亩。应用生物天敌防治病虫害的面积为15.3万亩。使用生物农药防治病虫害3 296万亩次。三是全力推进示范工作。分别于6月下旬、9月中旬在霍山县、砀山县召开了全省茶叶和果树病虫害绿色防控现场培训会；并于8月上旬，在含山县举办了全省水稻病虫害绿色防控现场会。各地广泛集成应用害虫性诱或灯诱技术、稻鸭或稻渔共育、喷施生物制剂和免疫诱抗剂、种植诱集植物、保护天敌等技术措施，辐射和引领周边农户自主开展绿色防控。各地与作物产业联盟合作，加强绿色防控技术集成的研究和开发力度，全程实施绿色防控。各地积极开展农企对接合作，融合推进病虫害绿色防控与统防统治工作。黄山市推进全市农药集中配送工作，减少化学农药使用量和减轻农业面源污染。安庆市政府对创建省级以上专业化统防统治与绿色防控融合（含绿色防控）示范区、专业化统防统治示范服务组织，给以奖补，着力推进病虫害绿色防控和统防统治工作的开展。四是统筹绿防资金。农业生产救灾补助资金可以用于开展绿色防控工作。

四、2019年防治工作计划

（一）加强重大病虫害监测预警工作

继续强化全省测报网络体系建设，加强部级、省级病虫害测报站（点）的管理。强化工作部署，细化测报任务，积极开展病虫情调查。落实省、市、县三级集体会商和预报发布制度。加强农作物病虫情信息上报工作，与农业科研、教学、气象等部门密切合作，探索“智慧植保”新技术。

（二）抓好农作物重大病虫害防控工作

积极谋划和提前部署下一年度农作物重大病虫害防控工作，制定防治预案，落实防控任务。重点做好小麦赤霉病、水稻稻瘟病和稻曲病、油菜菌核病等重大流行性病害和水稻稻飞虱、稻纵卷叶螟等迁飞性害虫的防控工作。紧密联系新闻媒体，积极宣传防治技术；广泛组织，主动出击，加强技术指导，提高防治效果和技术到位率。

（三）开展病虫害绿色防控技术示范

大力开展病虫害绿色防控集成示范与推广应用，加大稻渔综合种养示范区、果菜茶等优势经济作物示范区病虫害绿色防控工作推广力度。引导病虫害绿色防控农产品品牌创建，保证优质优价，扩大绿色防控技术应用覆盖面和社会影响力。积极探索水稻、果菜茶等病虫害全程绿色防控技术模式。改变病虫害绿色防控技术示范的实施主体，让新型农业经营主体自主开展病虫害绿色防控应用，促进病虫害绿色防控工作可持续发展。

（四）落实各项病虫害防治试验示范任务

跟踪农作物病虫害发生消长动态，开展小麦赤霉病、稻渔综合种养、特色经济作物等重大病虫害以及新上升病虫害防治新技术研究和新药（械）筛选工作。

福建省

2018年福建省植物保护植物检疫总站认真贯彻党的十九大精神，落实全省农业工作会议部署，坚持质量兴农、绿色兴农，强化责任落实，在全国农业技术推广服务中心指导和有关单位的支持配合下，按照“预防为主、综合防治”的植保方针，以农业减灾稳产为根本，以农药减量为目标，以农业生态建设为方向，扎实开展农作物重大病虫害防治，持续推进绿色防控，积极壮大统防统治，全面推进农药使用量零增长减量化行动和《农药管理条例》有关工作，取得明显成效。现将一年来防控工作总结如下。

一、2018年水稻病虫害发生情况

2018年福建省全省粮食播种面积1 298.51万亩，其中水稻种植面积916.8万亩。水稻主要病虫害总体为中等程度发生，发生面积1 075.7万亩次，较2017年减少0.5%。其中，稻飞虱总体上中等发生，闽东南沿海稻区为中等发生，其他稻区为偏重发生，发生面积324万亩次，较2017年同期减少1.3%。稻纵卷叶螟中等局部偏重发生，发生面积217万亩次，与2017年同期相当。二化螟中等发生，闽南局部稻区偏重发生，发生面积268万亩次，较2017年同期略增5.6%。三化螟轻发生，发生面积8.8万亩次，较2017年同期略增5.4%。稻纹枯病中等发生，局部偏重发生，发生面积233万亩次，较2017年同期略增3.2%。稻瘟病偏轻发生，其中叶瘟偏轻发生，发生面积19.5万亩次，较2017年同期略增3.6%；穗颈瘟偏轻发生，发生面积3.9万亩次，与2017年同期相当。南方水稻黑条矮缩病偏轻发生，发生面积0.8万亩次。水稻病虫害防治面积1 675.6万亩次，较2017年同期减少7.8%。

二、农作物重大病虫害防控工作开展情况

（一）落实防控责任

为了切实做好水稻病虫害防治工作，福建省植物保护植物检疫总站多次下文，要求各级植保部门要加强水稻重大病虫害监测预警，密切关注病虫害发生动态，突出抓好稻飞虱、稻纵卷叶螟、稻瘟病等致

灾性强的病虫害防治工作。福建省植物保护植物检疫总站领导在全省专业化统防统治现场会和病虫害发生趋势会商与防控工作等会上多次强调病虫害监控工作对粮食安全生产的重要性，并亲自部署病虫害防控工作。要求全省农业植保干部牢固树立责任担当意识，紧紧围绕“减量控害保丰收”，及时、主动向当地党政领导报告病虫害发生情况，制定和完善防控预案，强化应急处置措施，做到监测预警、重点防范、技术服务、普及宣传、领导责任等五到位。

（二）强化监测预警

各病虫区域站、测报网点按农业农村部要求，专人负责病虫害监测预警及信息收集。坚持做好灯下观察、田间系统调查和面上普查相结合，隔周上报一次情况，突发情况立即上报。福建省植物保护植物检疫总站分别于5月下旬、8月下旬召开全省早稻、中稻病虫害发生趋势会商会。先后印发了25期病虫情报，编发手机短信25期，近4.5万条。

（三）强化技术服务

全省市、县植保站共举办防控技术培训班38期，受训1 600多人次，技术咨询1万多人次，张贴墙报110多期次，印发防治技术资料2万余份，在病虫害防治关键时期，福建省植物保护植物检疫总站组成3个专家指导组分片负责，组织各地植保技术人员200余人次深入田间地头现场检查督导防治，确保技术到户、到田，不留防治死角，增强防治实效。

三、农作物病虫害绿色防控工作开展情况

2018年重点抓长乐、仙游、安溪、浦城、武夷山、福鼎等28个县（市、区）农作物病虫害绿色防控示范的建设，建立茶树、蔬菜、果树、水稻、甘薯等作物主要病虫害绿色防控示范区37个，核心示范面积19 640亩，示范区平均综合防效89.42%，带动全省农作物病虫害绿色防控推广应用2 532万亩次，其中水稻绿色防控技术推广应用面积277万亩次。

（一）领导重视，精心实施

省农业厅领导高度重视农作物病虫害绿色防控工作，列入2018年度省绩效考评重点工作来抓，纳入项目县党政领导生态环境保护目标责任书和考核指标体系。福建省植物保护植物检疫总站成立了以站长为组长的农作物病虫害防控工作小组，重点加强28个省级农作物病虫害绿色防控示范建设，年初下发《2018年农作物病虫害绿色防控技术示范实施方案》等系列文件，要求各示范县根据项目任务书，细化示范方案，指定高、中级技术职称的专业人员作为首席专家，实行技术总负责。首席专家负责制定技术措施，培训技术骨干，并与技术人员进村入户，蹲点包片，适时进行技术指导，及时帮助解决示范推广中遇到的技术难题，提高技术到位率和示范效果。

（二）集成技术，强化服务

在开展绿色防控示范区创建工作中，重点扶持生态栽培、物理防控、生物防治等物化技术示范应用，推进单一技术向集成技术转变，因地制宜地组装一批简便、标准、可持续技术模式。宁德福安集成巨峰葡萄主要病虫害避雨栽培、果穗套袋等绿色防控技术；武夷山集成生态调控、农业栽培、物理防控、生物防治等绿色防控技术；安溪针对茶树主要害虫（茶小绿叶蝉），创新性引进使用军民融合技术成果——智能虫害防治系统，综合运用声光电效应，对害虫及其繁殖链、生长活动进行干扰和破坏，实现有效绿色防控。

（三）宣传引导，提高意识

大力宣传倡导绿色发展理念，充分利用广播电视、农业信息网、微信公众号等媒体，以及印发技术资料、科技三下乡活动及举办培训班、现场会，强化绿色防控宣传和技术培训，切实做到安全用药宣传

挂图、明白纸进村入户。6月17日，省农业厅举办全省茶叶绿色防控技术专题报告会，邀请中国工程院陈宗懋院士从抗病虫茶树品种、栽培技术、物理防控、化学防治、生物防治等方面作了题为“茶园绿色防控与质量安全”的专题报告，全省农技人员、茶企代表等300多人参加培训。各市、县（区）农业部门将绿色防控等安全用药内容纳入各类农业技术培训中，重点加强对新型农业经营主体的宣传培训。据统计，2018年全省举办95期农作物病虫害绿色防控技术培训班，参训人员达5 265人次，印发技术资料11 300多份。

四、2019年防控工作计划

2019年福建省植物保护植物检疫总站将继续紧紧围绕农业供给侧结构性改革这一工作主线，按照“预防为主、综合防治”的植保方针和《福建省到2020年农药使用量零增长减量化行动实施方案》要求，力争2019年农药使用量比2018年减少3%，主要农作物绿色防控技术覆盖率达30%，专业化统防统治覆盖率达39%以上。

（一）夯实预测预报基础

依托全省45个重点县180个监测点，重点抓好水稻稻飞虱、稻纵卷叶螟等重大病虫害监测，在发生防控关键时期准确掌握病虫害发生动态，充分利用广播、电视、手机、网络等现代媒体发布病虫预报、预警信息。

（二）抓好重大病虫害防控

突出主要作物、重点区域、重大病虫害、关键环节，落实“政府主导、属地责任、联防联控”工作机制，积极提倡绿色防控与统防统治，提高减药控害和应急防控水平，强化工作部署。落实早安排、早部署，强化技术支撑，分区域、分作物制定重大病虫害防控技术方案，落实关键防控技术，指导科学防控。

（三）提升绿色防控覆盖率

抓好示范引领，重点建设30个病虫害绿色防控示范县，培育新型主体，集成推广综合技术模式，推广以健身栽培为基础，以生物防治、生态控制、物理防控、理化诱控为主，辅以化学防治等综合技术的绿色防控措施。倡导全程绿色防控，推进绿色防控与统防统治融合，推进农药减量化专项行动。力争主要农作物绿色防控技术覆盖率达30%以上。

（四）强化科学用药宣传培训

通过业务培训班、科技下乡、“雨露计划”等渠道，采取会议学习、现场培训、网络培训等形式，加强各级植保人员、统防统治组织、农民合作社、农民大户等培训工作，提高有关人员植保业务和科学用药水平，保障农药减量增效顺利开展。通过网络、手机、电视等媒介，通过发放手册、挂图、明白纸等方法，全面做好病虫害信息、绿防技术等宣传活动，提高植保政策、植保信息、植保技术等的覆盖面与时效性。

江 西 省

2018年，江西省各级植保部门认真贯彻落实十九大精神以及乡村振兴战略和农业质量年要求，按照“稳粮、优供、增效”的总要求，围绕“提质增效转方式、稳粮增收可持续”和“打造全国绿色生态试验区样板”的工作主线，坚持“公共植保、绿色植保、科学植保”的植保理念和“预防为主，综合防治”的植保方针，切实加强水稻等主要农作物重大病虫害防治指导，积极开展农作物病虫害专业化统防统治和绿色防控融合示范及柑橘病虫害全程绿色防控试点，深入推进农药使用量零增长行动，为保障粮食提质增效、稳粮增收和农药减量，助力江西绿色生态发展和乡村振兴做出了应有贡献。

一、2018 年农作物病虫害发生防治情况

2018 年农作物病虫害总体中等发生，轻于 2017 年，其中早稻一代二化螟和纹枯病、蔬菜蚜虫、柑橘红蜘蛛、茶小绿叶蝉、棉盲蝽、油菜菌核病偏重发生。全年水稻等主要农作物病虫鼠害发生面积超过 1.34 亿亩次，比 2017 年减少 3.6%，防治面积超过 2.20 亿亩次，比 2017 年减少 2.2%。其中主要农作物病虫害发生防治面积如下。

水稻病虫害中等发生，轻于 2017 年，主要病虫害发生面积 8 264 万亩次，比 2017 年减少 13.5 个百分点，防治面积 14 300 万亩次，比 2017 年减少 10.2 个百分点。蔬菜病虫害中等发生，轻于 2017 年，主要病虫害发生面积 1 198 万亩次，比 2017 年减少 3.5%，防治面积 2 075 万亩次，比 2017 年减少 0.9%。柑橘病虫害中等发生，相似于 2017 年，主要病虫害发生面积 1 560 万亩次，比 2017 年增加 2.7%，防治面积 3 620 万亩次，比 2017 年增加 1.8%。棉花病虫害中等发生，轻于 2017 年，主要病虫害发生面积 275 万亩次，比 2017 年减少 9.8%，防治面积 360 万亩次，比 2017 年减少 6.3%。茶树病虫害中等发生，相似于 2017 年，主要病虫害发生面积 112 万亩次，比 2017 年增加 8.2%，防治面积 145 万亩次，比 2017 年增加 3.7%。油菜病虫害中等发生，轻于 2017 年，主要病虫害发生面积 766 万亩次，比 2017 年减少 2.4%，防治面积 950 万亩次，比 2017 年减少 13.4%。

农区鼠害中等至偏轻发生，轻于 2017 年，其中农田重于农舍。农田发生面积约 1 310 万亩次，防治面积 608 万亩次，与 2017 年相比，分别下降 12.1%、2.7%。农户发生户数 219 万户，农户防治户数 142 万户，与 2017 年相比，分别下降 8%、10%。

二、主要措施

（一）加强技术指导，保障防控措施落实到位

一是落实防控技术措施。为切实做好 2018 年农作物重大病虫鼠害防控工作，江西省植物保护植物检疫局组织有关专家研究制定了 2018 年全省水稻、柑橘、蔬菜、茶树、油菜、棉花、中药材重大病虫害和农区鼠害防控技术方案，积极推进农药减量控害提质增效，助力质量兴农、绿色兴农、科技兴农和农业转型升级。例如，明确早稻赣南重点防控稻飞虱、二化螟、稻纵卷叶螟、纹枯病和稻瘟病，赣中和赣北重点防控二化螟、纹枯病、稻瘟病，注意防治稻飞虱、稻纵卷叶螟；中晚稻赣南重点防控稻飞虱、稻纵卷叶螟、二化螟、稻瘿蚊、纹枯病、稻曲病和稻瘟病，注意防控南方水稻黑条矮缩病，赣中和赣北重点防控二化螟、稻飞虱、稻纵卷叶螟、纹枯病、稻曲病，注意防治稻瘟病、南方水稻黑条矮缩病。主推“农业防治＋理化诱控＋生态调控＋生物防治＋中晚稻物理阻隔育秧＋安全科学用药”绿色防控技术模式。

二是规范绿色防控技术。制定了《江西水稻病虫害绿色防控技术规程》，并通过专家评审。为推进全省水稻绿色高效示范创建，积极组织开展农业抗旱救灾督导，江西省植物保护植物检疫局制定了水稻病虫害统防统治与绿色防控技术以及抗旱救灾病虫害防治技术措施，指导农业生产经营者规范开展水稻病虫害统防统治、绿色防控和干旱期间病虫害防治。

三是组织统防统治服务。在早稻一代二化螟以及早中晚稻穗期混合用药保穗关键期，组织调动专业防治组织应用植保无人机、自走式喷杆喷雾机、有人直升机等高效植保机械开展统防统治作业服务。目前，全省拥有大中型高效植保机械 11 404 台套，日作业能力 128 万亩，其中自走式喷杆喷雾机 816 台，植保无人机 2 823 台，同比分别增加 43%、127%。全省统防统治合同服务面积 3 500 万亩，统防统治作业面积 9 102 万亩次，全程承包防治服务面积占专业化统防统治总面积的 56%。全省统防统治覆盖率达 41%，比 2017 年提高 3 个百分点。

四是加强防控督导。早中晚稻破口抽穗期，由局领导带队，派出 6 个工作组和技术人员深入重点地区和病虫害重发区，进村入户指导农户科学防控早中晚稻重点病虫害，提高病虫害防治效果和效率。

（二）加强统防绿防融合示范，推进农药减量控害

一是推进农作物病虫害专业化统防统治与绿色防控融合示范。以农业农村部确定的 24 个全国专业

化统防统治与绿色防控融合示范基地县为重点，深入推进病虫害监测预警智能化、统防统治专业化、绿色防控集成化、安全用药科学化、农企合作模式化、效益评估规范化“六化”建设，打造不同生态区域、不同作物、不同层级的现代高效专业防治组织形式、全程农药减量控害技术模式和标准化操作规程，示范带动大面积推广应用。

二是推进柑橘病虫害全程绿色防控试点。以农业农村部确定的8个柑橘病虫害全程绿色防控试点县为重点，积极推广“冬季清园＋健身栽培（调控）＋灯诱、性诱、色诱和食诱‘四诱’控害虫＋驱避及人工捕杀害虫＋橘园留草、间种绿肥、周边种植蓖麻等显花植物、橘园养鸡等生态控病虫害＋以螨治螨＋安全科学用药”等绿色防控技术模式，推动病虫害绿色防控与橘园有机肥替代、标准化生产、品牌创建协同发展。

三是推进统防绿防与现代生态农业示范园“三品一标”创建融合。在绿色有机水稻区集成推广应用以生态区域为单元、以绿色有机稻为主线的全程绿色防控技术模式，实现不用或少用化学农药的目的。9月在永修县组织举办了全省农产品质量万里行暨农作物病虫害绿色防控现场培训会，在绿色有机水稻和柑橘产区积极推进病虫害统防统治和绿色防控技术。

四是推进统防绿防与绿色高效创建融合，在全省13个水稻绿色高质高效创建示范区，推行病虫害专业化统防统治与绿色防控融合，实现农药减量控害和粮食生产绿色发展、协同发展。

五是推进统防绿防与生态种养融合，推广应用稻与蛙（鳖、虾）共作等生态种养发展模式，实现农药减量提质增效。六是推进统防绿防与有机肥替代融合，在上高等9个县积极开展农药化肥减施增效技术集成示范，协同推进农药化肥减量控害增效。目前，全省建立各类绿色防控示范区440个，示范面积超过225万亩，辐射带动近3800万亩，示范区化学农药用量减少21%～38%，病虫害防治效果提高10个百分点，增产15%～30%。全省绿色防控覆盖率30.3%，比2017年提高2.8个百分点。

（三）加强保障落实，提高病虫害防控效果

一是将统防统治和绿色防控纳入全省生态文明示范县创建、河长湖长制、政府绩效、科学发展、乡村振兴等绩效考核指标，高位推动病虫害防控工作有效开展。

二是充分利用农作物病虫害防治补助、低毒生物农药补贴试点、农业生产社会化服务项目、长江中下游稻区化肥农药“双减”项目、南部红壤丘陵区双季稻绿色规模化丰产增效技术集成示范项目等项目资金，引领绿色防控技术集成和示范基地创建，带动绿色防控技术大面积推广应用。

三是开展植保新产品、新技术试验示范和推广应用研究，组织在丰城、万安、崇仁等40多个市县开展植保无人机应用技术与推广试验示范、农药利用率试验示范、昆虫性信息素防治水稻害虫应用技术试验示范以及低毒生物农药、生物天敌等绿色防控产品与技术试验示范，为科学、高效防控农作物重大病虫害提供技术依据。

四是以植保无人机购置补贴试点为契机，调动专业防治组织和新型农业经营主体购置和应用新型植保无人机的积极性。及时通知专业防治组织按照《关于做好2018—2020年植保无人机购置补贴试点工作的通知》要求，申请植保无人机购置补贴，有效推进高效植保无人机推广应用，提高了病虫害防控效率。目前全省植保无人机达2400余架，飞防面积达3000万亩次。

（四）加强宣传培训，营造病虫害防控社会氛围

一是全省“三下乡”以及农业厅组织的科技下乡、放心农资下乡进村等下基层活动，组织开展宣传培训。印发《农作物病虫害绿色防控技术手册》《安全科学使用农药技术手册》等宣传培训资料，深入田间地头、农户家里和生产企业，现场讲解农作物病虫害绿色防控技术、高效植保机械施药技术和水稻栽培管理技术，开展现场示范绿色防控产品使用技术，现场展示植保无人机等高效植保施药机械作业效率，宣传培训做到乡与村“两覆盖”，宣传培训与推动惠农政策落实、推动农业产业结构调整及了解农情民意相结合，即“三结合”。

二是结合农药经营许可管理培训、农药零增长行动技术培训、植保职能培训、农民教育培育等培训活动，开展集中授课培训。重点培训基层植保和农技人员、农药经营人员、高素质农民以及专业防治组织、种植业合作社、家庭农场负责人，重点培训病虫害知识、绿色防控技术，指导病虫害专业化统防统

治和安全科学用药。

三是充分利用电视、广播、手机短信、微信、网络和“12316”热线平台等现代媒体，以及情报、防治通知单、明白纸等方式，及时把病虫害预警信息和防治技术送进千家万户，动员和指导农户适时开展防治，做到电视有图像、广播有声音、报纸有文字、网络有报道、乡村有宣传画、示范区有展示牌、基地和大户有宣传单。通过广泛宣传培训，让“公共植保、绿色植保、科学植保、专业防治”的植保理念和“预防为主，综合防治”的植保方针深入人心，统防统治、绿色防控和安全科学用药技术入户到田，逐步提升统防统治和绿色防控覆盖率，逐年减少化学农药使用量，确保农业生产效益稳步提升和农民人均收入持续增长。

三、2019 年工作计划

根据江西省 2019 年气候趋势展望、全省农作物病虫害发生历史资料以及全国农作物病虫害发生形势等因素综合分析，预计 2019 年全省主要农作物重大病虫害呈加重发生趋势。为此，2019 年江西省病虫害防治工作要紧紧围绕党中央国务院和省委省政府对农业农村工作“绿色生态、质量兴农、乡村振兴”主题和“稳粮、优供、增效”总要求，认真落实“公共植保、绿色植保、现代植保”理念和“预防为主、综合防治”的植保方针，持续抓好农作物病虫害防治指导，深入推进农药使用量零增长行动，有效控制农作物重大病虫害暴发流行成灾，有效减少化学农药使用量，切实保障农业生产安全、农产品质量安全和农业生态环境安全，确保农作物重大病虫害防治工作指导科学，防控到位，力争统防统治覆盖率提高 2 个百分点，达到 43%，绿色防控覆盖率提高 2.7 个百分点，达到 33%。

一是持续抓好农作物重大病虫害防控指导。及时制定安全科学、操作实用的农作物重大病虫疫情防控技术方案，大力推广应用绿色防控技术，切实抓好专业化统防统治，督促检查和技术培训，确保防控措施落实到位。

二是持续推进农药使用量零增长行动。以农业农村部确定的 24 个水稻病虫害专业化统防统治与绿色防控融合示范县、8 个柑橘全程绿色防控试点县和省农业农村厅确定的 13 个粮油绿色高产高效综合示范县、绿色有机农产品创建市（县）为重点，积极开展统防统治、绿色防控、安全用药等农药零增长行动技术示范创建，辐射带动全省大面积推广应用，切实提高绿色防控覆盖率、统防统治覆盖率和安全科学用药水平。

三是切实提升防治服务能力。切实抓好江西省第一批、第二批 15 个县的植保能力提升工程项目农作物病虫疫情田间监测点建设，不断提升重大病虫害监测预警与防治服务的数字化、信息化、自动化和智能化水平。积极组织参加国内外业务技术学习，多措并举开展重大病虫害防治技术培训，不断提升全省农作物病虫害防治技术人员的业务技能、服务能力和管理水平，不断提高全省植保社会化服务人员、新型农业经营主体和高素质农民的病虫害安全、科学、高效防控技术应用能力。

四是切实提升农作物重大病虫害防治科研能力。强化产学研推广结合，积极组织开展和参与绿色防控技术集成示范推广、植保无人机应用技术推广、农药减量增效应用技术推广等课题研究与技术攻关，认真总结试验示范成效和研究成果，形成可推广、可应用的技术模式，切实提高农作物病虫害防治能力和水平。

山东省

2018 年，山东省农作物病虫害防治工作，认真贯彻“预防为主，综合防治”的植保方针，积极践行“公共植保、绿色植保、科学植保”理念，全力应对病虫灾害，组织打好重大病虫害防控战役，指导开展科学防治，大力推广绿色防控技术，有效地控制了病虫危害的发生，确保了山东省农业生产安全、农产品质量安全和生态环境安全。

一、病虫害发生防治情况

2018 年，全省病虫害综合发生程度为中等，轻于 2017 年和常年。初步统计，全省农作物各种病虫草鼠害累计发生 5.77 亿亩次，防治 6.08 亿亩次。共挽回粮食损失 773.14 万吨，棉花 6.30 万吨，油料 35.37 万吨，果蔬约 1 362 万吨。

小麦病虫害，中等偏轻发生，轻于 2017 年和常年，发生面积 1.53 亿亩次，比 2017 年减少 0.21 亿亩次，其中虫害发生面积 0.87 亿亩次，病害发生面积 0.66 亿亩次。防治面积 16 827.31 万亩次，挽回损失 395.67 万吨，实际损失 58.35 万吨。主要发生的病虫害有小麦纹枯病、白粉病、锈病、茎基腐病、蚜虫、麦蜘蛛、地下害虫等。总的发生特点：一是病虫总体发生较轻，白粉病、纹枯病、麦蜘蛛均偏轻发生，麦蚜中等发生，均轻于 2017 年；条锈病明显轻于 2017 年。二是赤霉病、茎基腐病重于 2017 年。由于连年秸秆还田，菌源积累丰富，茎基腐病中等偏轻发生，明显重于 2017 年和常年，在全省 15 市有发生，发生面积 568.68 万亩次，防治面积 652.82 万亩次。

玉米病虫害，中等发生，轻于 2017 年和常年，发生面积 1.4 亿亩次，比 2017 年减少 5.5%，防治面积 1.43 亿亩次。其中病害发生面积 0.34 亿亩次，防治面积 0.34 亿亩次；虫害发生面积 1.06 亿亩次，防治面积 1.08 亿亩次。挽回玉米损失 212.6 万吨，实际损失 38.1 万吨。主要有玉米螟、玉米蓟马、二点委夜蛾、黏虫、叶斑类病害、锈病等。其中，玉米螟、叶斑类病害偏轻发生，略轻于常年；玉米蓟马、二点委夜蛾、黏虫轻发生；玉米锈病发生趋势较 2015 年有所回落，仍明显重于常年，普通锈病和南方锈病混发，普通锈病为主，主要分布在烟台、济宁、临沂、泰安、威海等地，发生面积 612.12 万亩次，防治面积 611.5 万亩次。

棉花病虫害，偏轻发生，与常年基本持平，轻于 2017 年。苗期病害、铃期病害、烟粉虱、棉盲蝽发生重于 2017 年，其他病虫害接近 2017 年。总发生面积 1 740.21 万亩次，防治面积 1 875.53 万亩次，挽回粮食损失 5.02 万吨。其中，病害发生面积 290.24 万亩次，防治面积 270.72 万亩次；虫害发生面积 1 449.97 万亩次，防治面积 1 604.81 万亩次。其中棉苗蚜中等发生，局部大发生，发生面积 317.62 万亩次，防治面积 369.98 万亩次；烟粉虱中等发生，鲁西南棉区局部大发生，发生面积 197.58 万亩次，防治面积 223.7 万亩次。

马铃薯病虫害，偏轻发生，轻于 2017 年，主要有晚疫病、早疫病、环腐病、蚜虫、地下害虫等，虫害发生面积 348.05 万亩次，防治面积 546.67 万亩次，挽回损失 8.69 万吨。其中，晚疫病偏轻发生，较常年偏轻，较 2017 年减少 36.6%，发生面积 58.67 万亩次，防治面积 179.91 万亩次。

东亚飞蝗，整体中等发生，发生面积 383.5 万亩次，防治面积 286.3 万亩次。其中，夏蝗中等发生，全省发生面积 229.1 万亩次；秋蝗中等偏轻发生，发生面积 154.4 万亩次。潍坊市峡山水库东亚飞蝗（夏蝗）出现高密度点片，发生面积约 3 万亩，其中高密度面积 0.7 万亩，虫口密度一般为 50～60 头/米^2，最高为 100 头/米^2 以上。经紧急处置，共调配无人机 34 架，直升机 1 架，累计实施防治面积为 4.2 万亩次，及时遏制住了高密度蝗群扩散态势。秋蝗发生期又调配直升机 1 架，喷洒蝗虫微孢子虫防治面积 5 万亩次，有效控制了蝗虫危害。

二、主要工作措施

针对新形势下对植保工作的新要求，山东省紧紧围绕农业农村部和省委省政府农业工作重点，切实抓好粮食作物病虫害防治，加大重大病虫害应急防控力度，积极推进统防统治与绿色防控有机融合，扎实做好各项工作，取得了显著成效，为保障山东省农业生产安全、农产品质量安全和生态环境安全做出了积极贡献。

（一）抓好重大病虫害应急防控

一是加强组织领导。及时报请省政府调整了“山东省重大病虫害防治与农产品质量安全指挥部”领导机构，各市及多数县逐步完善了重大病虫害防治工作指挥机构，按照“政府主导、属地责任、联防联控”要求，强化政府主导，实行纵向分级负责、横向联合协作的重大病虫害防控工作机制，确保应对及时，处置果断，切实加强条锈病、蝗虫等重大病虫害防控工作，极大地促进了工作的开展。

二是实行预案制。山东省重大病虫害防治与农产品质量安全指挥部及时组织制定了“山东省 2018

年东亚飞蝗防控预案”“山东省 2018 年飞机治蝗工作计划”等重大病虫害防控预案，提出针对性的应急防治措施，做到提前安排，科学防治。

三是加强宣传发动，有效落实各项措施。4 月 16 日召开了全省重大病虫害统防统治暨小麦穗期病虫害防控现场会，全面部署重大病虫害防控任务，落实防控措施，并进行了统防统治防控演练。省农业重大病虫害防治与农产品质量安全指挥部发文通报表扬了在 2017 年小麦条锈病防控工作中，做出突出贡献的 49 个先进集体和 119 位先进个人，提高了全省植保技术人员做好农作物重大病虫灾害防控工作的积极性。同时积极落实全国小麦重大病虫害防控现场会、全国秋粮作物重大病虫害防控工作现场会、全国农业区蝗虫绿色防控工作现场会精神，抓好重大病虫害防控措施落实。在蝗虫、小麦与玉米病虫害发生、防治的关键时期，明确专人负责调度发生、防治进展，按时上报实时动态，重大情况随时上报，争取防控工作主动权。潍坊市峡山水库发现东亚飞蝗（夏蝗）高密度点片后，山东省紧急处置，及时遏制了高密度蝗群扩散态势。

（二）科学开展防控技术指导

全省各级部门高度重视，加强领导，精心组织，周密部署，分级负责，定任务、定时间、定质量，确保防治措施落到实处。山东省农业厅和山东省植物保护总站及时印发了小麦秋播秋苗期、返青拔节期和穗期，玉米、棉花、花生病虫草害和蝗虫综合防治技术意见，各市、县也及时制定本地主要作物病虫害防治技术意见，为科学防治提供依据。山东省重大病虫害防治与农产品质量安全指挥部、山东省农业厅和山东省植物保护总站先后印发了《关于切实做好小麦中后期病虫害防控工作的通知》《关于贯彻农业农村部农明字〔2018〕第 9 号文件精神　切实做好当前小麦病虫害防控工作的紧急通知》《关于进一步加强小麦条锈病查治工作的通知》《关于切实做好秋粮作物重大病虫防控工作的通知》等文件、明电，要求各市加强政府主导和组织协调，明确防控责任，落实防控任务，科学组织防控。充分利用各种媒体、举办培训班、印发技术手册、现场指导等手段，加大病虫害防治技术宣传指导力度，保证了信息、技术及时有效地上传下达，科学有效地指导了当地农业生产。山东省植物保护总站举办了全省玉米“一防双减”、花生“一控双增”技术现场会、蝗情勘测技术培训班。在病虫害防治关键时期，农业厅、植物保护总站多次派出专业技术人员深入田间地头查看病虫害发生情况，开展技术指导和防控督导。各市也根据当地病虫害发生实际，用各种形式进行技术指导。全省共召开专题会议和现场会议 91 次，利用各种宣传媒介发布紧急防控通知和防治技术意见 96 个，举办各类植保技术培训班 308 次，培训农民、种植大户、专业化防治组织机防手和农药经销人员超过 18 万人次，开展电视讲座、网络宣传 227 期次，印发技术资料超过 150 万份。

（三）实施项目带动战略，示范推广病虫害防治关键技术

一是实施玉米“一防双减”补助项目。2018 年山东省连续第 6 年实施玉米“一防双减”补助项目，全省共投入资金 2 571.0 万元，其中财政补助 1 900 万元，创建了 19 个示范县，建立了 190 万亩示范区，开展统防统治作业面积 240.9 万亩次，其中飞防占 84.9%，示范带动面积 600 多万亩。示范区玉米病虫害防效平均 81%以上，比非示范区提高 17%左右；平均亩产比对照区增加约 8.2%，亩增 43.5 千克。全部示范区纯增总经济效益 1.31 亿元，有效解决了玉米中后期病虫害防治难题，保护了农业生态环境安全，经济效益、社会效益、生态效益十分显著。

二是实施花生“一控双增”补助项目。2018 年山东省第 2 年实施花生“一控双增”补助项目，全省共投入资金 1 000 万元，招标采购高效、低毒、低残留农药 27.3 吨。在 10 个项目县，示范花生“一控双增”技术应用面积 26.3 万亩，示范带动面积超过 110 万亩，大大降低了对环境的污染，明显改善了农田环境，既保障了农产品质量安全，又保护了农业生态环境安全。据统计，项目示范区平均亩产比非示范区对照田增加 42.7 千克，增产幅度约 11.7%。按花生平均市场价 6.5 元/千克计算，亩增效益 304.2 元，全省 26.3 万亩花生示范作业面积纯增效益 7 908 万元。

三是实施蜜蜂授粉与绿色防控技术集成示范项目。2018 年山东省连续第 5 年先后在保护地番茄、苹果和大樱桃上实施蜜蜂授粉与绿色防控技术集成示范项目，项目示范区已经覆盖 4 个市 6 个县区的

131个行政村，累计示范推广苹果蜜蜂授粉及绿色防控集成技术应用面积24.15万亩，大樱桃示范推广面积2万亩，番茄蜜蜂授粉技术已成为近年来的保护地番茄绿色生产主推技术。同时相关的蜜蜂授粉及绿色防控技术集成规范也形成并已整理成为山东省标准草案。通过项目实施，整建制苹果及大樱桃示范区优质果率增加5%，收入平均增加10%以上。

四是实施全国果菜茶病虫害全程绿色防控示范项目。2018年在蓬莱、牟平、莱芜、莘县等12个县（市、区）开展果树、蔬菜病虫害的全程绿色防控示范，通过示范试点，集成了匹配的全程绿色防控模式，提升了山东省果菜病虫害绿色防控技术与专业化水平，化学农药用量明显减少，病虫害绿色防控覆盖率和农产品品质明显提升，取得了良好的示范效果。如蓬莱、牟平、招远、沂水、新泰、荣成和莱西7个苹果试点县示范区绿色防控覆盖率均达100%，减少化学农药用量（商品量）共30 817千克。

（四）开展绿色防控新技术试验示范

利用线虫、病原细菌、天敌、杀虫灯、食诱剂、性诱剂、植物源农药及物理阻隔和免疫诱抗技术等多种绿色防控技术、农药减量控害技术，开展小麦、玉米、花生和多种蔬菜果树病虫害防治试验研究和示范。针对2018年小麦茎基腐病发生加重、防治困难的问题，联合山东省农业科学院植物保护研究所和有关农药企业组成协作组，开展了小麦茎基腐病发生规律、病原菌致病性绿色防控技术试验研究。立项开展了山东省东亚飞蝗蝗区数字化勘测，进一步实现了蝗灾的可持续治理。为进一步加强农作物病虫害绿色防控技术体系建设，在多年技术研究、试验和集成基础上，编制了40多个粮、棉、油、果、菜病虫害绿色防控技术规程，完善了病虫害绿色防控技术体系，推动了全省绿色防控工作的开展。通过项目带动、试验示范、宣传培训等手段，示范推广生态调控、生物防治、理化诱控、科学用药等绿色防控技术措施，集成绿色防控技术模式，为病虫害绿色防控提供了技术保障。

（五）大力开展专业化统防统治

充分发挥植保社会化服务组织专业性强、作业效率高的优势。积极引导和组织专业化服务组织，通过项目带动，在粮、棉、油等大田作物病虫害防治和治蝗工作中大力开展专业化统防统治。重点抓住小麦、玉米化学除草，苗期病虫害防治，小麦返青拔节期混合施药兼治多种病虫害和穗期“一喷三防”、玉米中后期“一防双减”、花生中后期“一控双增”等病虫害防治关键时期，开展专业化统防统治，实现了高产创建示范区和蝗虫防治实现统防统治全覆盖，提高了防治效果和效率，保障了农业生产安全。各地因地制宜，指导和组织专业化社会服务组织，适时开展病虫草害专业化统防统治。如济宁市的邹城、曲阜、嘉祥、汶上、梁山、任城、鱼台、金乡、曲阜等县（市、区）以政府购买服务方式，对超过100万亩小麦陆续进行“一喷三防”专业化统防统治。潍坊市农作物病虫害专业化统防统治超过300万亩次，其中飞防面积255.26万亩。据统计，全省小麦专业化统防统治面积超过4 100万亩次，玉米统防统治面积超过3 100万亩次。2018年，植保无人机因其具有机动灵活、省时高效、对作物造成的机械损伤少等特点，被积极采用。山东省植物保护总站引荐飞防企业，促进农企对接，大力推广无人机飞防作业，全省仅无人机作业次数达2 600多架次，大大提高了作业效率和防治效果，在应急防控中发挥了重要作用。

河南省

2018年河南省农作物病虫害防治工作，在农业农村部及省委、省政府的高度重视和大力支持下，认真贯彻“预防为主，综合防治”的植保方针，牢固树立“科学植保、公共植保、绿色植保”理念，切实抓好重大病虫害监测与防治，积极推进绿色防控，大力发展专业化统防统治，强化植保新技术的推广应用，有效控制了重大病虫害的发生危害，最大限度地减少了灾害损失，为河南省农业生产持续丰收做出了贡献。

一、2018年主要农作物重大病虫害发生特点

（一）2018年农业生产概况

据统计，2018年河南省主要农作物种植面积达1.99亿亩次，其中，小麦、玉米、花生、水稻、红

薯、大豆、芝麻、油菜、果树、蔬菜面积分别为 8 610 万亩、4 635 万亩、2 200 万亩、960 万亩、445 万亩、620 万亩、136 万亩、420 万亩、428 万亩、1 423 万亩。与 2017 年相比，小麦、花生、大豆种植面积增加明显，玉米、红薯种植面积有所减少。

（二）重大农作物病虫害发生情况

2018 年河南省农作物主要病虫害总体上中度发生，发生面积 45 941.02 万亩次，比 2017 年减少 9 065.18 万亩次，防治面积 62 182.62 万亩次、比 2017 年减少 11 908.44 万亩次。

一是，主要农作物病虫害总体中度发生，部分病虫危害较重，主要有小麦纹枯病、小麦赤霉病、玉米螟、棉铃虫、花生叶斑病、二化螟等。

二是，小麦病虫害总体中度发生，纹枯病偏重发生，赤霉病在豫南地区偏重发生，主要发生的病虫害有小麦赤霉病、纹枯病、白粉病、叶锈病、条锈病、根腐病、麦蚜、麦蜘蛛、地下害虫等。豫南 4 月降雨过程和小麦抽穗扬花期吻合，主栽品种抗病性差，导致赤霉病在豫南偏重发生。

三是，秋季粮油作物病虫害中度发生，虫害重于病害，后期部分害虫危害较重，三代玉米螟、四代棉铃虫、二化螟等害虫在局部地区偏重发生。夏季各月份降雨较常年偏少或持平，对病害发生有一定抑制作用，病害整体发生较常年偏轻。

二、防治工作成效

针对 2018 年河南省主要病虫害发生特点，提前制定应急防治预案，集中力量，重点抓了影响大、危害重、暴发流行性强、对农作物产量及品质威胁较大的病虫害应急防控，均取得决定性胜利。特别是对小麦病虫害的防治成效显著，针对 2018 年小麦病虫害发生特点，通过应急防控、统防统治和群防群治，全省累计防治小麦病虫害 33 522.10 万亩次，是发生面积的 139.19%。防治使主要病虫危害得到了及时有效控制，挽回小麦损失达 38.07 亿千克。秋季农作物病虫害的防控工作也取得了显著成绩，玉米螟、棉铃虫、花生叶斑病、地下害虫、二化螟等重大病虫害也得到了有效防控，各种秋作物病虫害累计防治面积 23 293.92 万亩次，占发生面积的 105.21%，通过防治挽回损失达 28.71 亿千克。蝗虫防治达到了“不起飞、不成灾”的治理目标。

据不完全统计，全省夏秋两季作物病虫害累计防治面积达 6.28 亿亩次，占发生面积的 133.68%，全省共挽回产量损失 92.06 亿千克，为河南粮食安全、农业增效、农民增收做出了重要贡献。

三、主要做法经验

（一）高度重视，及早安排部署

针对 2018 年小麦重大病虫害发生的严峻形势，省委、省政府高度重视，分管副省长在几次会议上均进行了重点强调。省政府 4 月 13 日发出《关于切实加强小麦赤霉病预防工作的紧急通知》，要求各地层层落实属地责任，坚决打好病害预防攻坚战，把病害损失降到最低限度。省农业厅春节前即制定发布了防治预案和技术方案，指导各地做好防控工作。春季召开小麦重大病虫害统防统治现场会等 5 次专门会议，发出 6 次明传电报，安排部署防控工作，并多次组织实地观摩和交流，指导各地进一步做好病虫害防控措施的落实。同时派出 18 个小麦专家组，开展春季麦田管理病虫害防控督导和防治技术服务。小麦条锈病发生后，紧急调拨 100 万元的应急储备农药，用于发病中心的封锁扑灭，对减轻病害蔓延起到了关键作用。

省政府将搞好秋季重大病虫害防控，减少灾害损失列入实现秋粮稳产保收的重中之重，省农业厅更是高度重视，厅领导多次过问秋作物病虫害防控工作。7 月 10 日，省厅印发了《关于加强秋作物重大病虫监测防控工作的紧急通知》，要求各地将其作为秋季农业工作的重中之重，全面落实“政府主导、属地责任、联防联控”工作机制，切实做到“守土有责”，努力将重大病虫危害损失降到最低，绝不能因为防控措施不到位而造成病虫暴发成灾。7 月 30 日河南省农业厅转发《农业农村部办公厅关于做好秋粮重大病虫防控工作的通知》明电，要求各地加强监测预警，密切关注重大病虫害发生动态，进一步细化防控预案，及时搞好技术指导，大力推进统防统治与绿色防控融合，最大程度减少病虫危害损失，确保秋季农业生产安全。7 月 13 日，全省农作物病虫害绿色防控推进会在济源市召开。来自全省各省辖市、直管县（市）及承担农业农村部和河南省绿色防控示范区建设任务的县（市、区）植保站站长及河南省植物保护植物检疫站领导班子成员和各科室负责人参加了会议，会上对下一步河南省秋作物病虫害的绿色防治工作做了详细的安排部署。为了搞好秋作物病虫害防控工作，河南省植物保护植物检疫站统一购置 100 多万元的应急防控农药，用于黏虫、水稻两迁害虫等重大病虫害的应急防治。

各级党委、政府及农业主管部门均对 2018 年夏蝗防治工作比较重视。省财政预算 200 万元用于夏蝗应急防治补助。省治蝗指挥部及早制定了防控预案，并公布了 9 个蝗区的市治蝗负责人、治蝗办主任及其值班电话，落实了治蝗岗位责任制。省农业厅主管领导多次召集河南省植物保护植物检疫站有关人员，听取蝗虫发生情况汇报，对防治工作进行安排部署。6 月 4 日至 5 日又专门召开全省夏蝗防治工作会议，进行了再动员、再部署。9 个市及 37 个蝗区（县）均于 4 月调整了治蝗指挥部人员，层层落实了治蝗岗位责任制，并制定了防治意见和实施方案，各项工作有条不紊，进展比较顺利。

（二）加强监测，掌握病虫动态

病虫监测是植保工作的基础，是指导防治工作的科学依据。2018 年，河南省各地植保部门进一步加强病虫害测报工作。

一是从严要求，加大测报工作力度。从 2 月 26 日开始，实行了严格的周报制度，河南省植物保护植物检疫站根据重大病虫害发生动态，先后发出 7 次明传电报安排部署病虫害防治工作。

二是专家会商，及时作出预测预报。3 月 1 日组织“三农”专家对河南省小麦、油菜中后期病虫害发生趋势进行会商，及时发布了趋势预报；7 月 6 日，河南省植物保护植物检疫站召开“全省秋季重大病虫害发生趋势专家会商会”，对玉米、花生、水稻等多种秋作物病虫害发生趋势进行了认真会商，并及时发出了各种作物主要病虫害发生趋势预报。

三是指导到位，及时准确发布病虫害发生预报和防治警报。河南省农业厅先后 5 次组织有关专家对小麦条锈病、赤霉病、黏虫、棉铃虫等重大病虫害发生趋势进行分析会商和科学研判，共发出 28 期病情通报、防治警报，组织全省开展了 8 次重大病虫害发生面积普查，有的放矢提出防控对策，牢牢掌握防治工作的主动权。据统计，全省各级植保部门共编发病虫情报 2 016 多期，超过 191.17 万份，中短期预报准确率达 90%以上，长期预报准确率达 85%以上，为指导大田防治工作提供了科学依据。

四是增强力量，确保测报力量充足。全省 50 个国家重点区域测报站、1 062 余个基层监测点，坚守工作岗位，坚持“3 天 1 次系统调查，5 天 1 次病虫普查；1 周 1 次全面汇报，突发情况随查随报”，严密监视各种病虫害发生动态。

五是排查摸底，关键时期做好重大病虫害普查。病虫害发生关键时期组织开展了 10 次全省性的病虫害普查，及时全面、准确了解了重大病虫害发生情况，做到了重点突出、有的放矢。

（三）搞好示范，推动绿色防控

2018 年河南省农作物病虫害绿色防控力度明显加大。按照农业农村部安排，建立了 25 个国家级病虫害绿色防控与统防统治融合推进试点、3 个病虫害绿色防控示范基地和 8 个果菜茶病虫害全程绿色防控示范区。同时，建立了 30 个省级病虫害绿色防控示范区，各地也结合本地实际，建立了 130 余个不同层次的病虫害绿色防控示范点，结合“四优四化、高产创建、高标准良田建设”等项目，大力推广生态调控、赤眼蜂防治玉米螟、杀虫灯色板性诱剂诱杀害虫、稻田养鸭治虫控草、防虫网隔离、捕食螨防治、生物农药科学使用等一大批先进的绿色防控技术，有力带动了全省农作物病虫害绿色防控工作的开展。

（四）强化宣传，做好技术服务

在 2018 年的病虫害防控工作中，各级农业部门通过专题培训、手机短信、印发明白纸、电视讲座、网络及报刊等多种有效方式进行宣传。2018年河南省继续与河南电视台“新农村”频道联合开办病虫害预报节目，每周一期，定时播出。18个省辖市及其大部分县（市）在病虫害发生关键时期也利用电台、电视台和热线电话等多种形式发布病虫害发生信息及趋势预测，深受农民欢迎。同时积极开展技物结合服务、印发技术资料等灵活多样形式，进行新技术、新药械宣传，深受基层政府和农民欢迎。

四、2019年工作打算

2019年河南省病虫害防治工作继续贯彻“预防为主，综合防治”的植保方针，坚持“公共植保、绿色植保、科学植保”理念，提前制定应急防治预案，着力建设重大病虫害防治体系，突出重点病虫害和重点区域，集中力量，重点做好发生普遍、危害严重、暴发流行性强、对农作物产量及品质威胁较大的重大病虫害的防控工作，力争做到病虫危害损失率控制在5%以下，单项病虫危害损失率控制在3%以下，尤其蝗虫不起飞成灾。重点做好以下几方面的工作。

（一）及早制定防治工作预案，积极当好政府领导参谋

提前制定主要农作物绿色防控技术方案，备足对路农药器械，增强重大病虫害应急防控能力；大力推进病虫害专业化统防统治和绿色防控工作，控制病虫害损失，确保农业生产安全，促进河南省农业持续稳定健康发展。

（二）加大宣传力度，提高农民科学用药水平

要积极争取有关宣传部门和新闻媒体的配合，充分利用电视、广播、报纸、手机短信、语音电话、农网、明白纸、防治现场会、农民田间学校等各种形式，大力宣传普及重大病虫害绿色防治技术，提高农民科学用药、绿色防控技术水平；农技人员要深入田间地头，开展技术指导，提高病虫害防治质量和效果。

（三）做好高效精准施药器械、新型高效农药、生物农药的试验推广工作

大力开展新型高效农药、生物农药和高效精准施药器械的试验示范和应用技术集成。通过示范区建设，引导农民选用生物农药，使用高效精准施药器械及科学防治技术，不断提升农业重大病虫害绿色防治水平，减少化学农药的使用量。

（四）大力加强优质小麦、花生、果蔬的绿色防控示范区建设

围绕省政府提出的“四优四化”整体部署，整合项目资金及全省植保推广系统的技术力量，根据不同区域生态类型，组织开展优质专用小麦、优质花生、优质果蔬示范区建设，大力推进病虫草害绿色防控技术的示范应用，集成轻简化绿色防控配套技术。在政府部门的支持和引导下，充分利用植保社会化服务组织，规范开展统防统治与绿色防控相融合的精品示范区建设，努力扩大规模，提升档次，增强辐射带动作用，为全省农产品“四优四化”建设提供精准的科技支撑和示范引领作用。

湖 北 省

一、工作取得的成效

（一）病虫害防治工作完成任务

2018年，湖北省油菜菌核病、小麦赤霉病、一代二化螟、三代稻飞虱相继大发生。湖北省突出“政府主导、属地责任、联防联控”工作机制，严格执行政府统一领导下的部门合作机制，加强防控工作的组织领导，明确职责，落实责任，病虫灾害得到有效控制，经初步统计，2018年全省农作物病虫害防治面积4.15亿亩次，农作物病虫总体危害损失率基本控制在5%以下。2018年全省小麦病虫害防

治面积 4 679.22 万亩次，挽回粮食损失 6 亿千克，危害损失率控制在 5%以下。尤其是赤霉病，2018 年在鄂北、江汉平原地区大发生，通过防控，赤霉病防治面积 1 634.3 万亩次，危害得到有效控制，损失率控制在 5%以下。全省油菜病虫害防治面积 2 113.74 万亩次，其中油菜菌核病防控面积 1 348.39 万亩次。通过防控，挽回油菜损失 1.86 亿千克，危害损失率在 4%以下。全省水稻病虫害防治面积 1.46 亿亩次，其中纹枯病和稻瘟病分别防控 3 090.7 万亩次和 1 003.68 万亩次，二化螟、稻飞虱、稻纵卷叶螟分别防控 3 617.13 万亩次、3 133.93 万亩次和 1 974.26 万亩次。通过防控，挽回油菜损失 17.09 亿千克，危害损失率在 4%以下。

（二）农作物病虫害绿色防控工作取得成效

2018 年，全省引进国内外先进适用的绿色防控新技术、新产品 30 余个，在湖北省水稻、小麦、玉米、茶叶、柑橘等 15 种作物上进行试验示范与集成配套。全年以 25 个国家级专业化统防统治与绿色防控融合示范点、7 个全程绿色防控试点、3 个蜜蜂授粉技术示范点为基础，推进全省建立绿色防控示范区 100 个，做到“粮油果菜茶特”作物全覆盖。其中水稻绿色防控示范区 27 个，小麦绿色防控示范区 14 个、玉米绿色防控示范区 9 个、马铃薯绿色防控示范区 6 个、油菜绿色防控示范区 6 个、蔬菜绿色防控示范区 11 个、柑橘绿色防控示范区 8 个、茶叶绿色防控示范区 11 个、食用菌绿色防控示范区 2 个、中药材绿色防控示范区 2 个、花生绿色防控示范区 2 个、红薯绿色防控示范区 2 个。

2018 年全省绿色防控面积达 2 733.09 万亩，较 2017 年增加 461.49 万亩，增长 20.3%，其中核心示范区面积 386.06 万亩，辐射区面积 2 347.03 万亩，绿色防控覆盖率达 34%，较全国平均水平高 2 个百分点。

二、开展的主要工作

（一）强化组织领导

由于冬季气温较低，持续时间长，春季雨水较多，气温回升慢，湖北省以小麦赤霉病、条锈病、油菜菌核病为主的两夏病虫害发生严重。3 月 28 日，湖北省农业厅在襄阳市组织召开了 2018 年全省两夏作物病虫害防控现场会，参会的有粮油主产区的 15 个市农业局分管领导、植保站长和 40 个粮油主产区县（市、区）植保站长。该会议对小麦重大病虫害防控工作做了进一步的部署发动。2018 年湖北省水稻种植前期以二化螟等病虫害发生较重，省委、省政府高度重视，首次于 5 月中旬即召开全省水稻重大病虫害防控工作视频会议。5 月 16 日，在全省水稻重大病虫害防控工作视频会议上，主管省领导要求各地按照“政府主导、属地责任、联防联控”的要求，切实加强组织领导，严格执行政府统一领导下的部门合作机制，统筹安排辖区内病虫害防控工作，要建立领导层层负责的包保责任制，并将其纳入年度履职尽责考核目标。省农作物病虫害防控指挥部首次于 7 月上旬即组织开展秋粮作物病虫害防控督导。7 月 23 日，在全省防汛抗旱工作视频会议上，分管副省长专门就高度重视秋粮生产，切实抓水稻重大病虫害防控提出了要求。

（二）强化资金扶持

积极争取政策，通过与财政部门沟通协调，明确中央下拨的救灾资金（农作物病虫害防控资金）可以用于绿色防控工作，以此带动绿色防控工作的全面推动与落实。2018 年湖北省植物保护总站利用本级财政资金 172 万元采购了生物农药和天敌产品，用于开展绿色防控技术试验示范。据统计，各市（州）、县 2018 年从农作物救灾资金、奖补资金、绿色粮油高产高效项目资金、支持粮食适度规模经营资金中统筹安排绿色防控资金达 1 亿元以上，重点扶持社会化服务组织、种田大户、农民专业合作社等新型经营主体统一购买绿色防控物资。石首市财政每年投入 3 000 万元支持鸭蛙稻绿色生态模式建设，示范区年均减少农药使用 2 次，而且生态环境改善，白天白鹭齐飞，晚上蛙声一片。襄阳市综合统筹使用中央病虫害统防统治及高产创建资金，其中 185 万元用于水稻、小麦、玉米绿色防控物资统购，并加强经费规范管理，确保农作物绿色防控工作顺利开展。

（三）强化技术指导

小麦病虫害防控从秋播开始抓起。省农业厅于2017年9月底下发了《2017年湖北省秋播小麦生产技术指导意见》，同时湖北省植物保护总站也下发了《2017年湖北省秋冬季小麦病虫害防控技术指导意见》，大力推广药剂拌种技术。11月上旬湖北省植物保护总站在襄阳市召开了全省小麦病虫害绿色防控技术培训班，为有效防控小麦条锈病、纹枯病、白粉病、蚜虫等提供技术指导。根据全省小麦条锈病的发生态势，2018年3月中旬，省农作物病虫草鼠害防治指挥部办公室下发了《关于加强小麦条锈病等重大病虫害防控工作的通知》，要求各地提高认识，积极组织防控；加强监测预警，科学制定防控措施；加强统防统治，切实提高防效；加强科学指导，确保措施到田。3月28日，在全省两夏作物病虫害防控现场会上对小麦条锈病、赤霉病、油菜菌核病等重大病虫害防控工作做了进一步的部署发动。4月4日，湖北省植物保护总站又下发了《2018年湖北省小麦赤霉病防控指导意见》，进一步科学指导防控工作。

4月下旬，湖北省植物保护总站印发了《2018年湖北省农作物病虫害绿色防控示范工作方案》，科学集成组装水稻、玉米等主要粮食作物和柑橘、茶叶等优势特色经济作物病虫害绿色防控技术方案。4月还下发了《2018年水稻重大病虫害防控技术方案》，详细解读了2018年农作物重大病虫害防控策略。5月下旬在石首召开了“全省农药减量控害暨水稻病虫害绿色防控技术培训会”，全省各市（州）、各绿色防控示范县植保站站长及业内知名企业代表130余人参会。7月中旬和8月下旬由农作物病虫草鼠害防治指挥部办公室分别下发了组织开展第三代和第四代水稻“两迁”害虫防控工作的通知，要求各地采取“压前控后”的策略，对“两迁”害虫进行有效防控。12月上旬在武汉召开了“全省农作物病虫害绿色防控技术培训会”，全省各市（州）以及主要绿色防控技术示范区县市植保站（局）负责人共70余人参加了培训会。全年实现全省各县市植保机构主要负责人及植保骨干轮训一次。结合病虫害防控督导工作，湖北省植物保护总站联合华中农业大学、湖北省农业科学院先后5次组织派遣25个督导组150人次分赴各地进行督导检查，各市（州）、县共计派出农业干部和技术人员8 000多人次，确保农作物病虫害防控技术特别是绿色防控技术措施落实入户到田。

（四）强化宣传培训

多形式全方位开展绿色防控技术宣传培训，充分利用广播、电视、报刊、互联网等媒体，以好经验、好措施、好典型为切入点，大力宣传绿色防控示范成效，营造良好舆论氛围，形成社会各界关心、政府各级支持的工作环境。通过开办农民田间学校、举办专题培训、组织现场观摩、深入生产一线指导等多种形式，普及病虫害绿色防控技术，让广大生产者实实在在看到效果，增强自觉应用意识。2018年，全省各地开展防控技术培训600多场次，培训农民15万余人次，印发各类宣传资料超过500万份，出动宣传车200多台次，悬挂横幅上千条，下发防控通知万余份。此外，全省印发病虫小报等技术资料超过100万份、发送手机短信200万条等，确保防控信息入户率达100%。

（五）强化农企合作

根据湖北省粮食作物和经济作物布局，结合各地主要农产品特色进行绿色防控示范区布局，全省建立首批绿色防控示范区100个，做到“粮油果菜茶特”作物全覆盖，以此带动全省建立各类绿色防控示范区上千个。同时加强与绿色农药生产企业、销售企业、农业产业化龙头企业、家庭农场、专业合作社等组织的合作，创新机制，做好绿色防控和三次产业的融合对接，探索绿色防控服务的高效模式，做好绿色防控和专业化统防统治融合工作，双轮驱动强力推动植保工作发展。2018年，武汉科诺生物科技股份有限公司等87家农药生产企业、嘉鱼壹农植保专业合作社等680余个专业服务组织及天门市华丰农业专业合作社等1 100余个农业新型经营主体，参与共建绿色防控与统防统治示范区220余个，绿色防控与统防统治融合工作全面推进。

（六）强化科技创新

全年湖北省植物保护总站共安排绿色防控技术产品筛选试验18个，筛选出了一批高效环保的杀虫灯、性诱剂、生物制剂等绿色防控新产品。此外，与湖北省农业科学院、华中农业大学通力合作，在咸宁、荆门及英山、宣恩、武穴等县市开展茶叶、油菜全程绿色防控技术的集成研究。并组织全省 27 个技术实力强，工作基础好，绿色防控开展得力的重点县市在 2018—2020 年开展农作物病虫害绿色防控技术应用评价，年底多数县市已就年初任务提交试验报告，为绿色防控技术的推广应用提供可靠依据。各地市也因地制宜开展绿色防控技术试验示范，据不完全统计，全省各级植保部门共开展各类试验示范 200 余项。如荆门市植保站开展了生物农药短稳杆菌防治稻纵卷叶螟、稻飞虱，金龟子绿僵菌防治稻纵卷叶螟的药效试验，并开展了植保无人机使用氰烯菌酯与戊唑醇防治小麦赤霉病的效果示范。沙洋县植保站与湖北省农业科学院植保土肥研究所合作开展了 3 个农药减量试验。钟祥市在水稻、小麦、油菜等大宗作物上开展植保无人机飞防助剂试验 5 个，试验表明，利用植保无人机添加飞防助剂最多可以减少 20％农药使用量。

三、2019 年的工作打算和措施

深入贯彻习近平总书记关于“三农”工作的重要论述，全力落实好乡村振兴战略的重点任务，以稳粮增收、提质增效为目标，以绿色发展为导向，以改革创新为动力，深入推进绿色防控工作开展。

（一）继续做好农作物重大病虫害防控工作

继续签订责任状，确保实现防控目标。在防治关键时期，召开防控工作会议。结合病虫害督办工作，落实防控措施。

（二）继续加强病虫害绿色防控工作

加强与宣传部门合作，利用新媒介，宣传绿色植保在绿色农业生产中的关键作用。打造绿色防控技术样板，以点带面，加大力度争取政策与资金支持，用好中央救灾资金这个“药引子”，争取各级政府支持及社会关注，加强农企合作，持续推进绿色防控与统防统治相融合。

（三）继续加强人才与技术储备

开展绿色植保人才库建设，培养绿色植保高端人才 20 名，建立人员规模为 200 人的绿色植保推广队伍，争取 2020 年以前省级示范区技术负责人参加国家级培训 1 次。加强技术创新，组织全省 27 家单位继续开展农作物病虫害绿色防控技术应用评价，并与科研院所、高校深度合作，加强绿色防控技术理论研究，实现理论与应用有机结合，开发一批使用便捷、防效较佳、百姓易接受的绿色防控技术。

湖 南 省

2018 年，全省各级植保部门面对二化螟等病虫害严峻发生形势，立足抗灾减损、控害保安，强化责任落实、狠抓措施到位，全力做好病虫害大面防控工作，圆满完成了 2018 年的控害保安任务。现将全年病虫害发生与防控工作组织情况总结如下。

一、主要农作物病虫害发生与防治基本情况

2018 年，全省水稻病虫害总体中等至偏重发生，其中纹枯病、二化螟偏重发生，二化螟局部大发生；稻瘟病、稻飞虱中等发生；稻纵卷叶螟、稻秆潜蝇偏轻发生；南方水稻黑条矮缩病、稻蓟马等轻发生。全省水稻病虫害发生面积 25 577 万亩次。全省早中晚稻累计防治面积 32 914 万亩次。2018 年，全省油菜病虫害总发生面积 3 159 万亩次，防治面积 2 747 万亩次，均比 2017 年略少。其中油菜菌核病偏重发生，发生面积 1 147 万亩次，防治面积 1 061 万亩次。玉米病虫害总发生面积 1 724 万亩次，比 2017 年减少 100 万亩次，虫害重于病害；防治面积 1 584 万亩次。

二、病虫害防控工作开展情况

（一）加大财力保障力度

湖南省各级政府及农业部门高度重视水稻病虫害防控工作，始终把其作为发展粮食生产的关键举措来抓。年初，省级植保防疫经费 2 550 万元就下达各县，3 月，中央农业救灾补助资金也及时下拨各县（市、区），资金时效比以往显著提升。3 月底，提前安排部署二化螟一类防控区提前采购性诱捕器、诱芯，用于冬作稻田诱控压低基数。各级农业部门努力争取政府重视与支持，从产粮大县奖励资金、粮食发展资金、新增农资综合补贴资金中安排经费用于支持二化螟的防控，其中衡南、衡阳、祁东、邵东、双峰、攸县等分别从粮食生产发展资金、产粮大县奖励资金等安排了专项经费，全省县级财政投入经费达 2 000 万余元。资金的有力保障，确保了虫情会商、示范推广、宣传培训、病虫信息、防治技术进村入户和应急防治的及时到位。

（二）严格落实防控责任

一是按照属地管理、分级负责的原则，省、市、县均成立了病虫害防控工作领导小组，制定了工作方案，出台了考核细则。二是各级植保部门尽责履职，做到了责任到人，措施到田；同时及时向上级主管部门汇报病虫灾害的严重性、紧迫性，引起政府高度重视，实施联防联控、群防群治。三是湖南省农业委员会高度重视病虫害防控工作，成立了 5 个督导组，对各市（州）开展专项督导工作。3 月中旬即对二化螟一类防控区开展了春耕防控工作落实督查，并下发了督查情况通报，指出了问题，提出了要求。严格执行目标责任考核，对防控措施落实不力的有关单位进行了通报批评。

（三）强化防控时效保障

通过下发文件、召开会议、制定方案、尽职督查、宣传培训等方式组织开展水稻重大病虫害防控、推进绿色防控等重点工作。一是紧抓病虫害防治与重点工作部署。积极思考谋划防治管理全盘工作，先后下发《湖南省农业委员会关于进一步加强水稻二化螟防控工作的通知》《湖南省农业委员会办公室关于印发湖南省 2018 年水稻重大病虫害防控工作方案的通知》《湖南省农业委员会办公室二化螟一类防控区防控情况的通报》《湖南省农业委员会关于印发深入推进农作物病虫害绿色防控促进农业绿色发展的意见》等 4 个湖南省农业委员会文件，《湖南省植保植检站关于做好南方水稻黑条矮缩病防控工作的通知》《湖南省植保植检站关于印发 2018 年湖南水稻病虫害绿色防控分层次推进工作方案的通知》等 2 个湖南省植物保护植物检疫站文件，明确了全年工作任务与项目实施重点。针对二化螟防控，在全省植物保护植物检疫工作会议上进行了专题部署。6 月，还组织召开了全省南方水稻黑条矮缩病防控与水稻拌种技术现场及工作部署会。二是早抓工作任务分解，标准化规范化推进工作。在二化螟防控、绿色防控分层次推进、南方水稻黑条矮缩病防控等重点工作上，强化了项目规范化实施。在与各项目县充分沟通的基础上，与 20 个二化螟一类防控区县、25 个绿色防控分层次推进县、28 个南方水稻黑条矮缩病防控项目县签订了项目任务书，明确规定主推技术、实施面积、应用规模及培训宣传等各项指标任务。各县按要求及时启动跟进，争取了工作主动。特别是对采购技术产品提出了规范性要求，要求各县采购规范登记的产品。三是实抓工作督导督促，切实落实督查措施。针对二化螟，在 3 月中旬就组织了 3 个督导组深入一类防控区进行专项督查，与分管农业政府领导、局长们座谈，指出问题的严重性与防控紧迫性，在督导现场提出明确要求。坚持问题导向，4 月针对二化螟防控存在的问题第一时间下发督查情况通报。5 月开展了全省二化螟防控情况调度，及时掌握防治与防效情况。针对重大病虫害防控，按照省级病虫害防控方案与各项重点工作方案要求，落实站领导分区督导机制，分组进行督导。

（四）坚持创新引领

积极探索新方式、新技术、新药械、新药剂、新测报的协同运用，坚持向“新”要效益。继续实施农药零增长示范园创建工作，凸显了示范园“绿色防控＋”的引领作用。2018 年，在水稻种植上分阶段推进病虫害全程绿色防控示范，第一阶段为“绿色防控＋”引领区（全省创建7个农药零增长示范园），第二阶段为全程绿色防控示范区（全省创建10个），第三阶段为轻简化综合防控推进区（全省创建10个）。通过和优势农产品基地联合，丰富质量兴农、绿色兴农内涵，提升产品价值。2018年，与湖南省烟草专卖局合作，创新开展烟稻全程绿色防控技术集成示范项目建设，进一步扩展了绿色防控影响力。在水稻拌种技术推广上，示范展示了新型高效拌种机械、高效拌种产品，示范效果良好。绿色农药应用比例保持在90%以上，为农药减量4%的预期目标打下了坚实基础。

三、工作成效

2018年，在全省各级农业植保部门的共同努力下，克服了诸多不利因素，打赢了虫口夺粮几大关键战役，取得了良好的防控成效。主要体现在以下3个方面。

一是控害保安得到有效保障。通过病虫害防治挽回稻谷损失近586.9万吨、挽回玉米损失29.6万吨、挽回油菜损失近27万吨。病虫害防控对水稻总产量的贡献率达25%以上，实际损失率不到3%。

二是农药减量增效达到预期目标。通过对水稻等作物实施分阶段绿色防控，把“用好药、少用药”作为大面积实施绿色防控的一个重要方面，并把其作为提高绿色防控辐射带动效能的“基本面”。在对新型高效环保药剂、生物农药、高效助剂予以补贴的措施驱动下，推动全省绿色农药应用比例达90%以上。2018年辐射带动超过1 200万亩，示范区农药使用量减少15%，生物多样性指数增加15%以上，其中水稻示范区平均减少化学农药用量21.5%。2018年实现农药减量超过6%，圆满完成了农药零增长行动年度目标任务。

三是农药零增长实施等工作有影响。及时总结梳理重大病虫害防控、绿色防控实施等重点工作，做好了与省内各部门在农药零增长行动、长江经济带生态环境保护、洞庭湖治理、农业面源污染治理、湘江流域环境治理等方面的工作配合，通过收集情况，统计数据，提出工作建议，较好地完成了协同配合工作任务，为推动生态环境保护等工作作出了积极贡献。深入实施“国家科技攻关项目粮丰工程计划”，组织省内相关部门单位配合做好相关工作。配合全国农业技术推广服务中心在部分县（市、区）开展了二化螟迷向性诱剂示范试验、“长江中下游稻区减药、减肥技术集成与示范”等相关减药示范工作。由于良好的工作成效，先后在全国绿色防控推进会、全国绿色防控现场会等全国会议上作为典型进行了推介，受到各界广泛关注。

四、存在的问题

2018年全省主要农作物病虫害防控工作取得较大成效，但也存在问题与挑战。一是稻秆潜蝇等次要虫害在局部地区发生危害较重，有演变为主要害虫的趋势，需要密切关注。二是服务与监管不够到位。一些地区基层植保队伍薄弱，有些县市实际从事植保工作的人员仅1～2人，工作手段落后，难以全面完成辖区内农作物病虫害监测与预警任务，分类指导难到位，防治效果难保障，二化螟在部分区域部分丘块仍然造成了灾害损失。少数县（市、区）对部分水稻病虫害防治项目执行要求存在偏差，未全面执行到位。一些地区对农药市场监管不到位，出现各种复配、低含量对稻飞虱、稻瘟病防效差的药剂，而且部分区域还出现了违规“全打药”。一些地区对专业化防治服务组织监管不够到位，在防治技术方案、用药品种及用药量等方面疏于管理。三是农药滥用现象时有出现，导致抗药性水平上升快。部分地区违背科学合理用药原则任意加大用药量或突破安全间隔期用药，导致抗药性水平提升快，且加大了农药残留超标风险。

五、2019年工作初步计划

2019年，湖南省病虫害防控工作将以保粮食安全和大宗农产品有效供给为目标，以农药减量控害、农药使用量负增长为主线，力争防治工作有新发展、再夺新功。

一是抓重点工作，搞好主要农作物重大病虫害防控，保粮食安全和主要农产品有效供给，推进农药使用量零增长，促进绿色发展。切实利用好中央农业灾害救灾补助资金，组织全省抓好水稻重大病虫害防控，打好虫口夺粮关键防治战役，及时做好应急防控。同时兼顾油菜、玉米病虫害防治防控。加大力度在规范科学用药上下功夫，扎实开展好培训，切实实现农药减量增效，引导广大农业生产者、专业化服务组织选好药、用好药、少用药，规范飞防用药，保障农产品数量、质量和农业生态环境安全，助推绿色发展。

二是阶段开展绿色防控技术的应用，强化技术示范推广模式创新，增强水稻病虫害绿色防控技术推广辐射力。深入实施分阶段、分区域推进水稻病虫害绿色防控。分农药零增长集成示范园（“绿色防控+”）、全程绿色防控技术应用示范区、轻简化综合防控技术推进区三个阶段，筛选好主推技术，探索绿色防控整县、全域推进模式，在稻渔或稻虾综合种养地区综合运用绿色防控技术，绿色防控技术核心示范及辐射应用面积 1 800 万亩以上，带动全省水稻田化学农药使用量实现零增长，助推农业提质增效与绿色发展。以不同起点和技术要求，因地制宜地实施绿色防控技术的分区域组装、分区域推进工作模式，并探索将绿色防控列为“三品一标”认证的前置条件，实现绿色防控集约式、内涵式发展。

三是在二化螟、南方水稻黑条矮缩病、稻曲病等重发性、区域性重大病虫害防控工作上持续发力，促进防控形势持续不断好转。注重运用好关键适用技术，二化螟防控上主推性诱技术、水稻病虫害注重运用好以预防措施为主的拌种技术。在 2018 年重抓重发性病虫害的工作基础上，持续加强工作力度，确保重发性病虫危害形势不反弹。密切防范稻秆潜蝇等病虫危害。通过及时组织实施大面积防治，实现水稻重大病虫害大面积防治处置率 95%以上，单个病虫危害损失率控制在 3%以下，总体病虫危害损失率控制在 5%以下，同步提升农产品质量安全水平。

广 东 省

根据省委、省政府工作部署和贯彻落实乡村振兴工作会议精神，广东省主抓粮食病虫害防控工作，狠抓重大病虫害应急防控，大力开展统防统治与绿色防控，切实加强组织领导，认真落实防控措施，取得了显著成效，确保广东省农业生产安全。

一、主要工作举措及成效

2018 年，广东省按照农业农村部的统一部署，面对严峻的病虫害形势，积极采取有效措施，全面开展农作物重大病虫害防控工作。

（一）抓好重大病虫害应急防控工作

2018 年，广东省积极推动各地落实“政府主导、属地责任、联防联控”重大病虫害防控机制，着力抓好迁飞性害虫、流行性病害和新发、突发病虫害的应急防控，坚持分区治理、分类指导，狠抓督查落实，有效提升了重大病虫害应急处置能力。经初步统计，全省水稻病虫害防控面积约 7 912 万亩次，挽回农作物损失 204 万吨。一是印发防控通知。为进一步强化农业防灾减灾意识，增强水稻中后期重大病虫害防控的责任感和紧迫感，广东省农业有害生物预警防控中心以厅办公室名义印发了《关于切实抓好早稻中后期重大病虫防控工作的通知》《关于抓好台风暴雨灾后和晚稻中后期重大病虫防控工作的紧急通知》，综合分析水稻生长、病虫情和气候特点，指导各地开展水稻中后期重大病虫害防控工作，确保粮食生产安全。二是强化突发情况处置。针对 2018 年广东省突发性、暴发性病虫害有所增加的严峻形势，进一步强化了突发病虫害应急处置能力，及时将各地发生的疑似病株送华南农业大学、广东省农业科学院等科研部门进行检测，并将检测结果第一时间反馈给发生地，提出相应的防治措施。针对“百里嘉”“山竹”等台风暴雨造成珠三角、粤西局部地区水稻细菌性条斑病流行等病虫害突发情况，广东省农业有害生物预警防控中心快速反应，通过印发紧急通知、派出督导组等方式指导灾区开展救灾复产工作。三是狠抓水稻病毒病防控。针对近年来生产上水稻病毒病的危害，紧密结合生产，在罗定、化州、海丰、连平、增城、遂溪等建立水稻病毒病防控技术示范区，推广集种子处理、防虫网、送嫁药于一体的水稻病毒病轻简化综合防治技术，通过技术集成与大面积示范，逐步形成水稻病毒病综合防治技术体系。同时，省、市、县三级联动，分别召开不同层次的病毒病防治技术培训班，并于 8 月 30 日举行全省水稻病毒病防控现场观摩会，现场培训展示防控成果，加快了技术宣传推广步伐。据不完全统计，2018 年，广东省水稻病毒病总体防效达 85%以上，示范区比农民常规防治秧田及大田用药减少1～2 次，提升了防治效果，减少了农药用量，实现水稻减量控害。

（二）推进病虫害绿色防控工作

2018 年，广东省农业有害生物预警防控中心紧紧围绕实施乡村振兴战略、推动农业供给侧结构性改革和粮食生产责任制、农产品质量安全考核目标任务，以质量兴农、绿色兴农、品牌强农为导向，大力推广生态调控、物理防治、理化诱控和生物防治等农作物绿色防控技术措施，创新推进农作物病虫害绿色防控。一是全方位整合资金。利用省级财政“大专项＋工作任务清单”改革机遇，将绿色防控工作列入 2018 年省级乡村振兴战略专项任务清单中“农业科技创新及重大项目”专项，并将“建设一批主要农作物病虫害绿色防控示范园区，农作物病虫害绿色防控覆盖率 27%以上”作为各地的约束性任务。同时，利用“2018 年中央财政农业生产救灾及特大防汛抗旱（农作物病虫害防治）补助资金”在雷州、台山、龙川、罗定等 4 个县（区、市）建立水稻统防统治与绿色防控示范区，对购置性诱、色诱、灯诱、天敌、生物农药等绿色防控物资实行补贴，扩大绿色防控技术的推广应用。二是坚持示范带动。坚持落实农业绿色发展要求，以各地主栽作物或优势作物为对象，建立部、省、市、县“四级”绿色防控示范区，扩大绿色防控技术及物化产品的推广应用，集成组装“易学习、能复制、可推广”的水稻病虫害全程绿色防控生产技术，示范引导农民推广应用病虫害绿色防控技术，完善绿色防控技术推广机制。同时，以农业生产企业、农民合作社、家庭农场和种植大户等新型农业经营主体为依托，结合广东省新型农业经营主体标准化生产行动，培育绿色防控技术应用主体，发挥新型农业经营主体对普通农户的辐射带动作用，进一步扩大绿色防控技术推广应用。2018 年，省、市、县共建立水稻绿色防控示范区 100 个，核心示范面积 50 万亩。三是加强宣传培训。为有效推进病虫害绿色防控工作，厅办公室印发了《关于加快推进农作物病虫绿色防控工作的通知》，广东省农业有害生物预警防控中心制定印发了水稻绿色防控技术方案，并举办了全省病虫害绿色防控技术培训班，培训市、县植保技术骨干，现场直观展示绿色防控技术及成效，提高绿色防控技术应用水平。经初步统计，全省各级共举办绿色防控技术培训班 846 期，培训 5.75 万人次，印发宣传资料 20 万份。据调查分析，水稻病虫害绿色防控示范区化学农药使用量减少 30%。

（三）推进专业化统防统治工作

为有效推进农作物病虫害专业化统防统治健康发展，2018 年，广东省大力扶持各类新型农业生产经营主体组建专业化防治组织，引导防治组织做大做强，拓宽统防统治作业服务领域和范围。据初步统计，全省实施统防统治面积 3 259.34 万亩次，水稻病虫害专业化统防统治覆盖率达 32.03%。一是项目带动。充分利用 2018 年中央财政 2 000 万元农作物病虫疫情防控补助资金，重点支持台山、雷州、罗定、龙川等 4 个水稻主产区，开展统防统治与绿色防控有机融合。厅办公室印发了《关于做好农作物病虫疫情防控工作的通知》，广东省农业有害生物预警防控中心召开了统防统治工作会议并下发了《2018 年中央财政农业生产救灾及特大防汛抗旱（农作物病虫害防治）补助资金工作方案》，对各地提出了具体要求，确保中央救灾资金及时到位，病虫疫情防控工作取得实效。二是培育壮大统防统治组织。积极发挥财政资金和农业金融、信贷、保险的作用，扶持专业合作组织、农药生产经营企业、农机合作社等新型主体组建统防统治组织，引导防治组织拓宽服务领域和范围。据初步统计，2018 年，全省有专业化统防统治组织约 600 个，比 2017 年新增 65 个，从业人员 1.76 万人。三是提升专业化统防统治作业能力。引导专业化统防统治组织不断创新服务方式和作业模式，针对不同区域、不同作物开展多种形式的托管式、菜单式防治服务，建立基层服务站，开展药肥统施托管和跨区作业，实现小农户与现代农业发展的有机衔接。利用项目资金购买植保无人机、高效器械等分发给防治组织，增强防治组织装备力量，提升作业能力。据统计，全省拥有大中型植保机械 21 240 台，无人机 392 台，日作业能力 38 万亩。

（四）创新技术指导宣传工作

2018年，广东省农业有害生物预警防控中心转变工作思路，创新防治技术指导宣传工作，通过分类指导、现场展示、专题培训等多种形式宣传病虫害防治知识，提高全省病虫害防治技术到位率和提升防治水平。一是分类指导。2018年，针对历年来防治技术推广上热下冷问题，结合市、县举办的各类培训班，派出技术指导专家前往指导开展绿色防控、统防统治等工作，直接培训镇乡级基层植保技术员，把防治技术应用真正地落到实处，切实解决了“最后一公里”问题。二是现场展示。针对部分地区水稻病毒病发生严重的问题，广东省农业有害生物预警防控中心与华南农业大学在水稻病毒病重发生区罗定市共同建立了一个水稻病毒病综合防控示范区，通过技术集成与大面积示范，逐步形成水稻病毒病综合防治技术体系，并先后在示范区开展现场培训班1期和全省水稻病毒病防控现场观摩会1次，现场培训展示防控成果，有效推进了水稻病毒病防控技术集成，加快了技术推广步伐，提高了基层植保员及农民对水稻病毒病防治技术水平。三是产、学、研合作。广东省农业有害生物预警防控中心长期与华南农业大学、广东省农业科学院等科研院校合作，利用53个省级重大病虫害监测站，全年实时监测各种病虫害的发生动态，做好病害田间系统调查和大田普查，及时采集害虫或疑似病株送往华南农业大学、广东省农业科学院进行检测鉴定；同时，建立全省测报微信群、绿色防控群，聘请高校、农业科学院老师作为指导专家，基层技术员发现疑似病虫情第一时间将症状反馈在微信群里，由指导专家进行初步判断并指导防控，实现产、学、研合作。

二、存在的问题

（一）重大病虫害应急防控能力不足

近年来，广东省农业有害生物预警防控中心积极引导，全省应急专业化统防统治组织队伍已初具规模，但应急管理设备设施还有待进一步提升。应急防控设备相对落后，防控设备数量远远不能满足需求，在有害生物特大暴发时，在一定程度上影响组织快速反应。同时，台风、暴雨等恶劣天气增多，突发性、暴发性、迁飞性等有害生物危害发生频繁，且广东省作物种类多、面积广、地形复杂，给应急防控增加了难度，造成当前应急防治队伍无法满足日益复杂的病虫害灾情需要，应急防控能力严重不足。

（二）基层植保力量薄弱

基层植保机构人员流动性强，病虫害防控工作对专业能力要求较高，新增技术人员对业务不熟悉，难以有效开展工作。

（三）水稻病毒病发生严峻

机收水稻发展较快，机收留下高秆稻桩以及部分农民未防治田块给白背飞虱、叶蝉等提供了良好的庇护场所。部分地区南方水稻黑条矮缩病、水稻橙叶病、水稻瘤矮病等病毒病发生严重，发生范围逐年扩大。

三、2019年工作计划

（一）加大重大病虫害防控力度

加强重大病虫害防控工作部署和技术指导，重点加强水稻病毒病、两迁害虫、草地贪夜蛾等重大病虫害的监测及防控，突出抓好迁飞性害虫、流行性病害和突发性生物灾害的应急防控，在重大病虫害防控关键时期，及时提出有效的防控对策和技术措施，抓好现场培训和技术指导，确保防控技术进村入户。加大重大病虫害防控专项督导检查力度，将防控工作督导与专项资金检查、技术指导有机结合，确保重大病虫害防控工作有效开展。

（二）加快绿色防控技术应用推广

结合广东省农业产业园区的建设，加强水稻病虫害全程绿色防控技术示范，打造病虫害绿色防控与专业化统防统治融合、绿色防控与农药安全科学使用相结合的示范试点，增强绿色防控示范区影响力，帮助农业企业、农民合作社提升稻谷质量、创响品牌，实现优质优价，带动绿色防控技术在广东省水稻种植区大面积应用，实现农产品提质增效。

（三）推进专业化统防统治工作

利用中央救灾资金，以现代农业园区（示范区）、粮食产业基地（产粮大县）为重点，以农业生产企业、农民专业合作组织和家庭农场为依托，积极培育中小型统防统治组织、大力扶持大型统防统治组织，制定专业化统防统治组织管理规定和服务规范，做好统防统治配套服务。开展水稻病虫害全程统防统治服务，因地制宜开展以重点生育期或重大病虫害为主的多种形式的统防统治服务，推动专业化统防统治工作有效开展。

广西壮族自治区

2018 年，广西全区气候明显异常，夏秋两季连续受“贝碧嘉”“山竹”等台风影响，部分地区遭受洪涝灾害，农作物病虫害发生情况复杂，防控形势严峻，在农业农村部大力支持、指导和自治区党委、政府正确领导下，自治区农业农村厅统一部署、精心组织，全区上下全力宣传推进公共植保、绿色植保，创新工作机制和服务方式，持续、有效、有序、科学地防控病虫害，确保了农业生产安全和农产品质量安全。

一、主要农作物病虫害发生情况

（一）总体概况

2018 年广西农作物主要病虫害总体发生程度为中等偏重，稻飞虱为中等偏重程度发生，稻纵卷叶螟中等程度发生，稻瘟病中等偏轻局部偏重发生，三化螟轻发生局部中等程度发生，水稻病毒病、水稻细菌性病害的发生明显比 2017 年偏重。全区发生面积约 2.66 亿亩次，防治面积约 2.74 亿亩次，占发生面积的 103.00%，经防治后挽回损失约 1 086.18 万吨，实际损失约 145.55 万吨。

（二）发生特点

一是与 2017 年相比，主要病虫害发生程度与 2017 年相比基本持平，柑橘病虫害、水稻病害略重，其他病虫害发生程度基本持平；二是与常年相比，稻飞虱迁入少，前期发生轻，早、晚稻主害代田间虫量比 2017 年略高；三是晚稻秧苗期白背飞虱迁入多，传毒引起局部田块南方水稻黑条矮缩病发生较重；四是晚稻降雨多，水稻细菌性条斑病发生比往年重。

（三）主要病虫发生概况

水稻病虫害全区总体发生程度为中等偏重，与 2017 年相比持平到略轻，发生面积 6 727.29 万亩次，防治面积 7 070.90 万亩次，经防治挽回损失 134.65 万吨，实际损失 14.67 万吨。稻纵卷叶螟、稻飞虱、稻纹枯病、三化螟发生程度与 2017 年相比持平到略轻，稻瘟病发生略重，稻细菌性条斑病、白叶枯病、南方水稻黑条矮缩病、橙叶病、水稻跗线螨在局部稻区发生较重。稻瘟病发生面积 556.00 万亩次，发生程度为中等偏轻发生局部偏重发生。稻纹枯病发生面积 1 771.26 万亩次，发生程度为中等偏重发生局部大发生。南方水稻黑条矮缩病发生面积 44.39 万亩次，发生程度为轻发生局部中等发生。水稻细菌性条斑病发生面积 158.08 万亩次，发生程度为偏轻发生局部中等发生。稻飞虱发生面积 1 905.57 万亩次，发生程度为中等发生局部偏重发生，比 2017 年、常年略轻。与 2017 年相比迁入始见期基本相当，全年灯诱虫量总体偏少；峰次少，且只有一个较明显的主峰期；下半年回迁偏迟 10 天左右，回迁虫量相当。稻纵卷叶螟发生面积 1 193.93 万亩次，发生程度为中等偏轻发生局部偏重发生，与 2017 年基本持平，轻于常年。三化螟发生程度为轻发生局部中等发生，发生面积 235.33 万亩次，发生较 2017 年同期、常年偏轻。

玉米病虫害全区总体发生程度中等偏轻局部中等，发生面积 1 041.08 万亩次，防治面积 1 142.28 万亩次，挽回损失 11.11 万吨，实际损失 1.76 万吨。发生的主要病虫害有玉米纹枯病、玉米大斑病、玉米小斑病、玉米螟、玉米蚜虫等。

果树病虫害全区总体发生程度中等局部偏重，发生面积 4 686.14 万亩次，防治面积 5 425.69 万亩次，挽回损失 199.37 万吨，实际损失 21.15 万吨。大部分果树病虫害特别是柑橘病虫害发生偏重。柑橘病虫害发生面积 3 287.42 万亩次，防治面积 3 908.12 万亩次，发生的主要病虫害有柑橘炭疽病、柑橘疮痂病、柑橘红蜘蛛、柑橘潜叶蛾、柑橘锈壁虱、柑橘蚜虫、柑橘木虱等。

甘蔗病虫害全区总体发生程度中等局部偏重，发生面积 2 323.55 万亩次，与 2017 年基本持平。发生的主要病虫害有甘蔗黑穗病、甘蔗螟虫、甘蔗蓟马、甘蔗棉蚜等。

蔬菜病虫害全区总体发生程度中等，发生面积 2 156.02 万亩次，与 2017 年基本持平。发生的主要病虫害有白菜霜霉病、白菜软腐病、瓜类疫病、菜蚜、菜青虫、小菜蛾、黄曲条跳甲、斜纹夜蛾等。

东亚飞蝗总体发生程度为偏轻，发生面积 14.58 万亩次，防治面积 12.13 万亩次。

二、防控成效

一年来，按照年初制定的全区重大病虫害防治年度目标任务，全区农业植保部门强化措施，切实抓好关键时期、重点区域的水稻、玉米、甘蔗、果树、蔬菜重大病虫害及农区蝗虫防治和主推技术的推广应用，推动面上防治工作全面开展。全区农作物病虫鼠害累计防治面积约 2.74 亿亩次，占发生面积的 103.00%，经防治后挽回损失约 1 086.18 万吨，实际损失约 145.55 万吨。其中水稻病虫害发生面积约 6 727.29 万亩次，累计防治面积约 7 070.90 万亩次，占发生面积 105.11%，病虫危害损失率总体控制在 5%以下，没有出现因病虫危害造成田间大面积连片成灾现象，确保了生产安全。

三、主要防控工作

（一）推动落实属地防灾

以自治区农业厅（或厅办）名义印发《2018 年全区农作物重大病虫害防控方案》、以自治区农业厅财政厅联合下发《2018 年中央农业生产救灾农作物病虫害防治补助资金项目实施方案》，自治区植保总站也先后下发《2018 年农药使用量零增长行动实施方案》《关于抓好早稻中后期病虫害防控工作的通知》《农作物病虫害全程绿色防控指导意见》《2018 年农作物病虫害绿色防控集成示范实施方案》等文件或通知，强化农作物重大病虫害防控技术措施和工作措施的落实部署，组织指导全区面上科学防治工作。4 月 28 日，在南宁举办全区南方水稻黑条矮缩病暨农药减量控害技术研讨培训班，特邀中国工程院院士、贵州大学校长宋宝安作了“南方水稻黑条矮缩病及综合防治技术”的主旨报告。全区 14 个设区市及 10 个重点县农业局（农委）分管领导、植保站站长以及区内部分专业化统防统治组织负责人、技术人员等约 120 人参加研讨培训。自治区农业厅主管领导对水稻重大病虫害防控工作提出三点要求：一要早谋划早落实，切实做好防控准备工作；二要把握关键环节，切实做好技术指导服务；三要加强协作防灾，切实提高科学治虫防病水平。5 月 30 日，在横县举办全区早稻中后期病虫害防控技术培训班，广西壮族自治区植物保护总站站长就全区早稻中后期病虫害防控工作做了全面的动员部署和落实安排。6 月 27 日，在兴安举办全区中晚稻南方水稻黑条矮缩病防控技术培训班，自治区总站站长对当前水稻病虫害防控及绿色防控示范建设工作做了全面的动员部署和落实安排。9 月 20 日，自治区农业厅在贵港市举办全区晚稻中后期病虫害防治技术暨农业重大有害生物突发事件应急预案演练培训班，自治区农业厅副厅长、自治区农业重大有害生物突发事件应急防控指挥部副指挥长出席培训班，自治区农业厅种植业管理处、应急办、自治区植保总站负责人，全区 14 个设区市农业局分管领导、植保站长、26 个粮食重点县农业局分管领导、植保站长，港南区人民政府负责人、农企合作共建企业及当地干部群众约 160 人参加应急预案现场演练培训。培训班上，自治区农业厅主管领导在培训班上传达了自治区人民政府、农业农村部保障粮食生产安全、农产品质量安全和推进绿色防控工作有关精神，根据近年来病虫害发生态势和 2018 年农业厅工作部署提出了六点要求：一是统一思想认识，认清病虫害防控形势；二是强化灾害管理，切实做好应急防控；三是强化监测预警，准确发布病虫情报；四是强化科学防控，大力推进农药减量；五是强化灾后病虫防控，促进农业恢复生产；六是强化项目管理，扎实完成全年目标。

（二）加强项目实施

组织全区农业系统认真实施相关项目，推动面上工作开展。(1) 中央转移支付防治补助项目。年初中央财政安排广西壮族自治区农业生产救灾资金 3 250 万元，支持自治区开展水稻重大病虫疫情及农区蝗虫防控减灾工作，制定下发实施方案，切实做好项目监管、实施指导和信息调度报送等。(2) 实施频振诱控技术示范与推广项目。自治区财政投入资金 100 万元，采购发放频振式杀虫灯 2 400 台，带动全区应用面积 513.59 万亩次。(3) 实施生物防治技术示范与推广项目。自治区本级部门预算专项 240 万元，在贵港、来宾、柳州等地实施放蜂生物防治甘蔗螟虫、水稻螟虫 2.824 万亩，带动全区释放天敌 169.14 万亩次，取得了“蔗田增产、蔗农增收、糖企增利、财政增税、农药减量、生态改善”（“四增一减一改善”）的显著成效。(4) 绿色防控集成创新（农药零增长行动）示范。组织指导在全区建设了 20 个农作物病虫害绿色防控集成示范区。(5) 中国/FAO 降低农药风险项目。2 月 28 日，中国/FAO 降低农药风险（PRR）项目研讨会在广西农业厅植保总站召开，联合国粮农组织项目官员 Jan Willem Ketelaar、自治区农业厅主管领导出席项目研讨会，联合国粮农组织北京代表处项目官员、自治区农业厅种植业处副调研员、植保总站站长、副站长及有关项目人员参加研讨会。Jan Willem Ketelaar 表示 FAO 将继续寻求与广西合作，加大项目支持。8 月 20～22 日，全国农业技术推广服务中心病虫害防治处杨普云处长、项目专家朱晓明，中国国际扶贫中心外资处处长、项目专家吕申申到广西调研中国/FAO 降低农药风险项目实施及“农民田间学校＋产业扶贫”项目情况。(6) 实施国家重点研发计划“热带果树化肥农药减施增效技术集成与示范”，在浦北、田阳、田东等地建设 8 个示范区。7 月 2～4 日，中国热带农业科学院副院长朱恩林（现任农业农村部种植业管理司副司长）率调研组到广西开展热带优势作物病虫害和农药化肥使用情况调研。调研组听取了广西有关工作的汇报，深入南宁市武鸣区佳年火龙果基地、武鸣区鸣鸣果业基地、隆安县广西金穗农业集团有限公司香蕉基地和广西南宁合一生物防治技术有限公司、崇左市扶绥县渠黎镇渠芦现代农业专业合作社、广西田园生化股份有限公司，重点围绕火龙果、柑橘（沃柑）、香蕉、甘蔗等作物产业发展、病虫害发生和化肥、农药使用情况以及病虫害绿色防控、生物防治、现代植保器械应用等进行实地调研、座谈。自治区农业厅副厅长、巡视员参加了调研。(7) 实施了自治区重点农业科技攻关课题“农药减量控害技术集成创新研究与应用”、广西创新驱动发展专项“橘小实蝇的发生规律及其防控技术研究与应用示范”等项目。

（三）推进农企共建合作

2018 年，广西壮族自治区植物保护总站继续与绿色防控企业开展农企合作共建示范基地、举办农药减量控害技术及绿色植保集成技术培训班、开展技术研究协作攻关，推进统防统治与绿色防控融合发展。据不完全统计，共 431 个专业化服务组织、72 个农药企业、613 个新型农业经营主体参与了示范共建。

（四）加强宣传培训

一是 9 月下旬至 10 月下旬，在全区范围内集中开展“到 2020 年农药使用量零增长行动”宣传月活动。9 月 20 日，在贵港举办广西“到 2020 年农药使用量零增长行动”宣传月活动（2018）启动仪式等活动。二是开办 IPM 农民田间学校 20 所，培训专家型农民 600 多人。三是适时举办各类培训班。先后开办了全区南方水稻黑条矮缩病暨农药减量控害技术研讨培训班、全区早稻中后期病虫害防控技术培训班、全区中晚稻南方水稻黑条矮缩病防控技术培训班、全区晚稻中后期病虫害防治技术暨农业重大有害生物突发事件应急预案演练培训班、全区农药减量病虫害绿色防控技术培训班等。四是组织指导全区植保系统充分利用广播、电视、报纸、网络、短信等多种媒体进行宣传培训，扩大技术的传播范围，提高覆盖率。据不完全统计，全区累计举办各类技术培训班 1 333 期，培训人员 11.9 万人次，发放培训材料 92.6 万份，利用广播电视报纸宣传 324 次，进行网络宣传 3 802 次。

（五）抓好技术集成创新

一是制定技术规程。做好 2018 年种植业植保类地方标准项目制定及计划等工作，农业行业标准《释放赤眼蜂防治害虫技术规程　第二部分：甘蔗田》任务下达，正在制定之中，2018 年继续申报《芒果实蝇绿色防控技术规程》，争取列入计划。二是主推绿色防控集成技术（模式）。制定印发《农作物病虫害全程绿色防控指导意见》（桂植保发〔2018〕12 号），指导各地全面因地制宜示范推广全程绿色技术模式。

（六）强化示范建设

组织指导建设农业农村部下达的 25 个农作物病虫害统防统治与绿色防控融合示范区（县）和 6 个全国果菜茶病虫害全程绿色防控试点，其中柑橘病虫害全程绿色防控试点在兴安、融安、宜州，蔬菜病虫害全程绿色防控试点在田阳、武鸣、灵川。组织指导建设自治区财政补助市县农业项目安排的 20 个农作物病虫害绿色防控集成技术示范，重点推广灯诱、性诱、色诱、食诱“四诱”措施、生物防治、生态调控、“一喷三省”增效减量精准施药技术等措施。组织、指导全区各市、县建设各类作物病虫害绿色防控、综合防治、农药减量控害等示范样板 621 个，核心示范面积 218 万亩次。

（七）加强绩效与项目编报

按照绩效有关要求，抓好各项措施落实，采购发放应用频振式杀虫灯 2 400 台，实施放蜂治螟面积 135 万亩次。重点围绕中央转移支付资金项目（3 250 万元）自治区部门预算本级资金项目（万家灯火 100 万元、放蜂治螟 240 万元）和自治区财政支农补助市县资金项目（640 万元，20 个县），举办项目管理和技术培训、实地面上督导、指导项目实施、跟踪调度和组织完成绩效考评、项目总结等，配合自治区农业农村厅做好粮食生产、乡村振兴绩效考评等。在充分调研基础上，完成植保防治 2019—2021 年财政预算中期项目编制和 2019 年部门预算补助市县农作物病虫害绿色防控技术集成示范项目实施县（区）推荐工作等。

（八）强化督查指导

从 3 月开始，自治区植保总站先后派出多个工作组、技术干部，深入市、县开展技术服务指导、工作督导，调查面上病虫害发生情况，推动重大病虫害防治措施落实。各地植保技术人员积极行动，适时发布病虫情报指导群众科学防治，关键防治季节深入生产一线，召开病虫害防治现场会、培训会，通过电视、广播、报纸等途径，指导、动员群众开展病虫害防治，指导落实防控技术措施到位。根据自治区农业农村厅《关于开展财政支农项目实施情况自查和整改工作的通知》要求，9 月 21 日，印发《自治区植保总站关于开展财政支农项目实施情况和整改工作及 2018 年重大病虫防控督导工作的通知》（桂植保发〔2018〕27 号），派出 4 个督导组分片赴各地督导、督查工作。

四、存在的主要问题

（一）工作开展不平衡

异常天气及种植结构变化等因素影响，尤其是柑橘等经济种植面积快速增长，造成全区农作物病虫害发生更趋复杂，防治难度加大；同时植保体系基础薄弱，队伍老化，人员缺乏，人才断层，植保开展不平衡，转变防治方式难度大，统防统治与绿色防控融合推进缓慢。

（二）资金和政策支持不够

目前实施统防统治、农药减量、病虫害绿色防控主要停留在部门和企业的示范应用阶段，还没有上升到广泛的、强有力的行政推动和有力的政策支持层面，推进力度、实施范围和应用规模有限。

（三）技术与产品开发跟不上生产发展的需要

现代植保器械、绿色防控产品研发和推广应用不足，商业化产品种类仍然相对偏少，价格偏高，加之技术的集成度不高，应用技术优化不够，机械化植保作业水平低，一定程度上不能满足种类繁多的病虫害亟须的套餐化、产业化服务。

五、2019 年防治工作要点

以乡村振兴战略为总抓手，坚持“预防为主、综合防治”的植保方针，强化绿色发展、质量兴农意识，按照上级工作部署和要求，围绕粮食安全和绿色高质量发展这两个主题，组织指导全区农业植保系统在全力抓好重大病虫害防控、保障生产安全的同时，持续深入推进农药减量控害工作，促进农产品质量安全和农业生态安全。

（一）着力抓好重大病虫害防控组织指导工作

一是层层推进防控责任制和各项防控措施落实。按照国家生物灾害管理“政府主导、属地责任、联防联控”的原则和要求，切实做到重大病虫害防控工作“守土有责，防控及时”。组织指导各级农业植保机构落实重大病虫害监测和信息调度、防控工作督导和区域间联防联控等工作制度，制定完善应急预案、防控方案，加强应急防控队伍建设，完善重大病虫害应急处置机制，积极争取地方财政经费支持，适时、有效开展应急防控指导工作，推动公共植保防灾减灾。二是指导开展防病治虫夺丰收行动。适时组织举办早、晚稻中后期病虫害防治技术培训班（会），全力部署好主要作物、关键时期、重点区域、重大病虫害防控工作，落实科学防控措施，全面实现“虫口夺粮”保丰收。一要突出主要作物、重大病虫害。水稻重点抓好“两迁”害虫、稻瘟病、南方水稻黑条矮缩病、稻纹枯病、稻曲病等重大病虫害防控；马铃薯重点抓好马铃薯晚疫病防控；柑橘重点抓好实蝇类、螨类害虫防控；甘蔗重点抓好甘蔗螟虫防控，以及局部地区蝗虫、黏虫、玉米铁甲等突发性、暴发性病虫害的监测防治。二要落实关键技术。分作物制定重大病虫害防控方案，完善应急防治预案，指导各地科学防控。稻飞虱重点落实“分区施策、压前控后”，稻纵卷叶螟重点保护功能叶片，稻瘟病、马铃薯晚疫病重点落实破口抽穗和花期预防措施；甘蔗害虫大力推广赤眼蜂生物防治、灯光诱杀；柑橘害虫推广灯诱、性诱、以螨治螨等防治技术，切实提高防控效果。注重推广应用抗病虫品种、生态调控、生物防治、健身栽培等“节本增效”的病虫害防治关键技术、绿色防控集成技术与措施，推进重大病虫害可持续治理。三要强化督查指导。采取日常联系督导和关键时期现场督（指）导相结合形式，督促指导各地抓好防控工作措施落实。在防控关键时期组织各级农业植保干部深入生产一线、重发地区，开展巡回指导和技术培训，指导群众科学防治，推动各项防控措施、技术落实到位。

（二）深入推进农药减量、绿色防控各项工作

以绿色发展为引领，坚持质量第一，围绕广西壮族自治区现代特色农业示范区提质升级，强化工作部署和责任落实，落实政策扶持，加强科技攻关，推进农企合作共建，抓好指导服务，切实把病虫害绿色防控作为“推进农业供给侧结构性改革和质量兴农、绿色兴农”的重要抓手，着力促进技术、服务和机制“三个创新”。一是建设示范基地。重点建设好 30 个自治区本级部门预算补助市县农作物病虫害绿色防控集成示范区。认真抓好自治区本级资金项目，即频振诱控技术示范及推广、生物防治技术示范与推广项目的实施，做好相关项目管理绩效工作。结合各地生产实际，将绿色防控技术示范应用重点向现代农业（核心）示范园区、休闲观光农业园区、高产创建示范区、园艺作物标准园、“三品一标”基地

等拓展，建立完善一批高标准的国家、自治区、市、县四级绿色防控示范区，重点示范应用"四诱"和生物防治技术措施，优先选用生物防治、生物农药或高效、低毒、低残留农药等。二是加强技术集成创新。通过联合攻关和应用集成研究，加强绿色防控技术集成创新，开发或组装集成一批资源节约、生态环保的绿色防控产品，集成一批以生态区域为单元、作物生长全程为主线的农药减量、绿色防控技术模式（规程）或全程解决方案，构建资源节约型、环境友好型病虫害可持续治理技术体系。三是推进防控方式转变。重点依托新型农业经营主体、新型农业服务主体、涉农企业等，强化指导服务，整合相关项目资金，加快病虫害防控方式转变，集中连片、整体推进专业化统防统治与绿色防控融合发展；继续开展农企合作共建，加大共建工作力度，拓宽合作范围，引导企业与合作组织、生产基地有效对接，探索建立技术与物资结合、市场与品牌对接、部门和基地联合的绿色防控推广联合体，引导社会力量支持和推动绿色防控技术的应用，推动防控技术产业化推广、规模化应用，实现农药减量控害与企业发展、产业提升、农民增收、农业增效和生态改善等多赢目标，稳步提高农作物病虫害绿色防控覆盖率。四是狠抓技术培训。积极组织开展"广西农药使用量零增长技术进万家宣传培训活动"有关工作，组织举办好各级农药减量控害、病虫害绿色防控技术培训班，重点培训农业生产基地、专业合作组织、协会和种植大户等新型主体的有关人员，培训培养一批掌握善用农药减量、绿色防控技术的带头人、高素质农民和青年农场主。

2018 年广西主要农作物重大病虫害发生、防治统计表

作物种类	危害类型	发生面积（万亩次）	防治面积（万亩次）	挽回损失（吨）	实际损失（吨）
水稻	病害	2 797.29	3 016.32	602 453.68	77 945.41
	虫害	3 930.00	4 054.58	744 047.55	68 800.85
	合计	6 727.29	7 070.90	1 346 501.23	146 746.26
玉米	病害	407.79	373.52	42 378.44	8 173.59
	虫害	633.29	768.76	68 690.69	9 434.29
	合计	1 041.08	1 142.28	111 069.13	17 607.88
马铃薯	病害	31.24	31.17	15 723.38	1 532.99
	虫害	19.03	18.87	2 807.23	461.46
	合计	50.27	50.04	18 530.61	1 994.45
大豆	病害	51.11	46.61	3 120.35	551.20
	虫害	182.17	175.04	11 923.17	1 950.42
	合计	233.28	221.65	15 043.52	2 501.62
柑橘	病害	713.56	914.78	390 201.01	39 076.61
	虫害	2 573.87	2 993.34	1 088 370.67	108 042.45
	合计	3 287.43	3 908.12	1 478 571.68	147 119.06
油菜	病害	15.62	15.12	683.88	122.81
	虫害	28.05	28.76	1 579.41	359.48
	合计	43.67	43.88	2 263.29	482.29
花生	病害	235.80	234.38	20 898.03	3 131.85
	虫害	183.15	186.59	17 288.99	2 141.16
	合计	418.95	420.97	38 187.02	5 273.01
蔬菜	病害	723.30	812.95	386 271.09	59 031.88
	虫害	1 432.72	1 496.85	691 556.27	93 893.31
	合计	2 156.02	2 309.80	1 077 827.36	152 925.19
	共计	13 957.99	15 167.64	4 087 993.84	474 649.76

注：表中数据为植保统计数据。

海南省

海南省常年高温，四季种植，农作物种类繁多，主要农作物有：水稻、芒果、香蕉、荔枝、龙眼、橡胶、槟榔等。海南省农作物病虫害发生种类繁多，病虫无越冬期，属终年发生区。2018 年海南省农作物病虫害总体中等发生，部分病虫害发生程度重于 2017 年。据不完全统计，2018 年海南省农作物主要病虫害发生面积 3 432.86 万亩次，防治面积 3 444.01 万亩次，其中水稻病虫害发生面积 421.36 万亩次，蔬菜病虫害发生面积 1 444 万亩次，热带果树病虫害发生面积 1 033.40 万亩次，东亚飞蝗发生面积 7.66 万亩次。主要病虫害发生情况如下。

一、2018 年水稻病虫害发生防控情况

（一）病虫害发生概况和特点分析

2018 年海南省水稻播种面积 416 万亩，早稻种植 198 万亩，产量 72.3 万吨，晚稻种植面积 218 万亩，产量 72.69 万吨。优质稻品种种植面积 97 万亩，主要品种为博Ⅱ优 15、博优 225、金博优 168、粤优 996、Ⅱ优 629、深两优 5 814、博Ⅱ优 316、桂农占和黄华占等。水稻病虫害发生面积 421.36 万亩次，病虫害整体发生程度轻于 2017 年。早稻稻飞虱轻于 2017 年，早稻灯下虫量远低于往年。稻瘟病在局部地区发生偏重，晚稻细菌性病害突出，水稻病毒病出现“点多轻发”现象。

1. 稻飞虱发生密度和程度轻于 2017 年　2018 年稻飞虱发生面积 64.75 万亩次，中等发生，局部偏重发生。西部和北部以白背飞虱为主，南部和东南部褐飞虱比例较大。一般虫口密度为每百丛 500～800 头。6 月中旬南部三亚市早稻稻飞虱虫口密度上升，天涯区过岭村、崖州区水南村等地稻田出现“冒穿”现象。晚稻集中发生于 7 月下旬至 9 月中旬，琼海、万宁、保亭均出现局部水田“冒穿”现象，最高密度为每百丛 18 715 头。9 月以后西部稻区稻飞虱发生情况稳定，为每百丛 200～400 头。

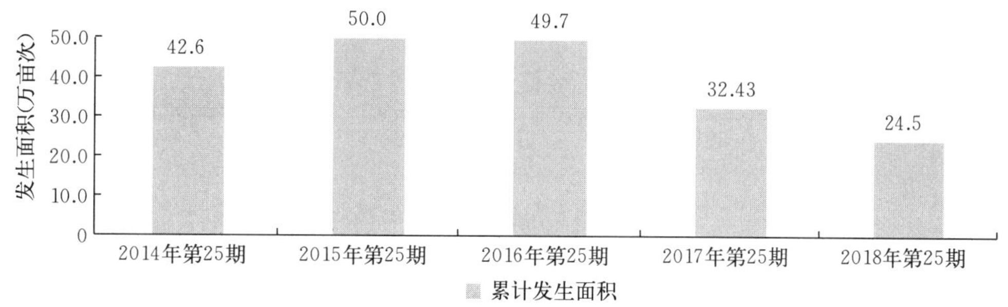

近 5 年 6 月早稻稻飞虱发生面积对比

主要原因分析：一是春季调查虫源基数低于 2017 年，据 3 月底至 4 月初春季虫源调查，田间稻飞虱以低龄若虫为主，白背飞虱一般虫口密度每百丛 80 头，最高每百丛 155 头，与 2017 年虫量相近；褐飞虱一般虫口密度为每百丛 50～100 头，低于 2017 年虫量每百丛 370～700 头。二是灯下诱虫量低于 2017 年。2018 年琼海灯下褐飞虱数量与 2015 年相当，早稻未出现明显的诱虫峰，5 月、6 月诱虫数量与 2017 年同期相比极少，晚稻诱虫高峰期出现在 9 月 3 日，为晚稻收获期间，未造成较大危害。三是近年田间稻飞虱的发生对比海南早稻稻飞虱集中发生于 5 月下旬至 6 月上旬，晚稻稻飞虱集中发生于 8 月底至 9 月初。2018 年早稻稻飞虱和晚稻稻稻飞虱的累计发生面积均为近 5 年来最低。

2. 晚稻稻纵卷叶螟和三化螟发生面积和发生程度轻于 2017 年　2018 年稻纵卷叶螟发生面积 60.87 万亩次，中等或偏轻发生，主要发生在南部、西部、北部地区。一般每亩幼虫量 122～600 头，平均卷叶率 5%。三化螟发生面积 55.8 万亩次，偏轻发生，主要发生在海南省北部和西部，晚稻诱虫量 300～560 头/亩，枯心率平均为 3.6%。将近 5 年来晚稻稻纵卷叶螟集中发生期的面积和程度相比较可看出，2018 年稻纵卷叶螟发生程度和发生面积均较低。三化螟发生面积为最低，发生程度与 2017 年和 2016 年持平。

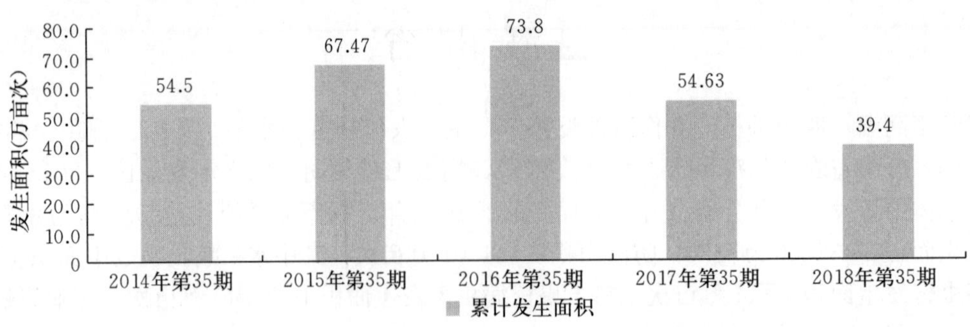

近5年8月下旬至9月上旬晚稻稻飞虱发生面积对比

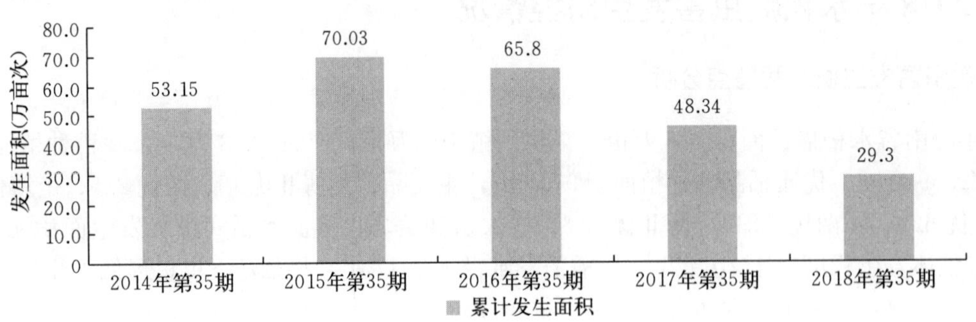

近5年8月下旬至9月上旬晚稻稻纵卷叶螟发生面积对比

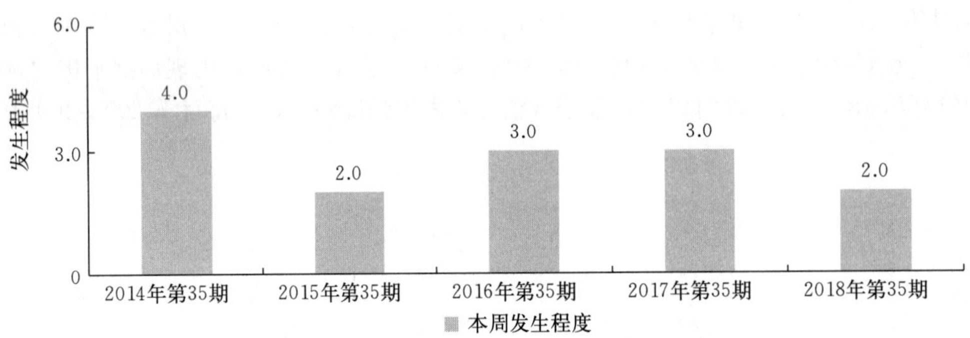

近5年8月下旬至9月上旬晚稻稻纵卷叶螟发生程度对比

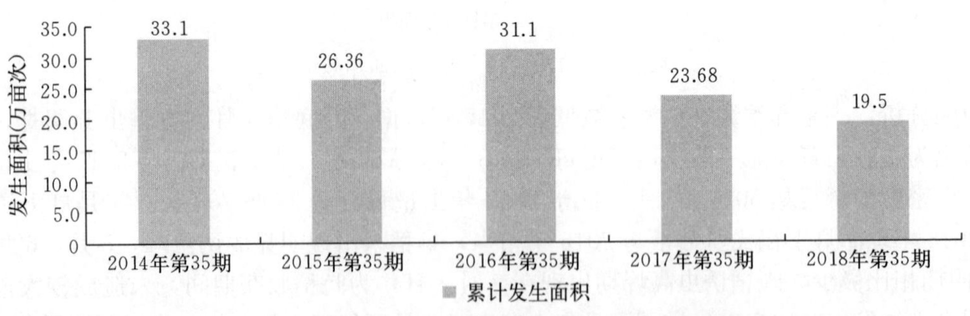

近5年8月下旬至9月上旬晚稻三化螟发生面积对比

3. 病害整体中等发生，稻瘟病在局部地区发生偏重，晚稻细菌性病害突出 2018年稻瘟病发生面积42.64万亩次，中等发生局部偏重，稻叶瘟主要在东南部、南部发生，穗颈瘟主要在西部、东南部发生。稻瘟病在万宁市（万城镇、礼纪镇）、保亭县（毛感乡、响水镇）、文昌市、琼海市等地早稻重发生，一般发病率10.7%～13.1%，发生重的田块病株率70%～80%，平均病穗率8%～9%，高的病穗率达39%～80%。发病品种主要有红泰优996、深两优5814等。细菌性条斑病和水稻白叶枯病发生面积58.88万亩次，在全省不同程度发生，8～9月热带气旋和台风较多，雨水频繁，高温高湿持续时间

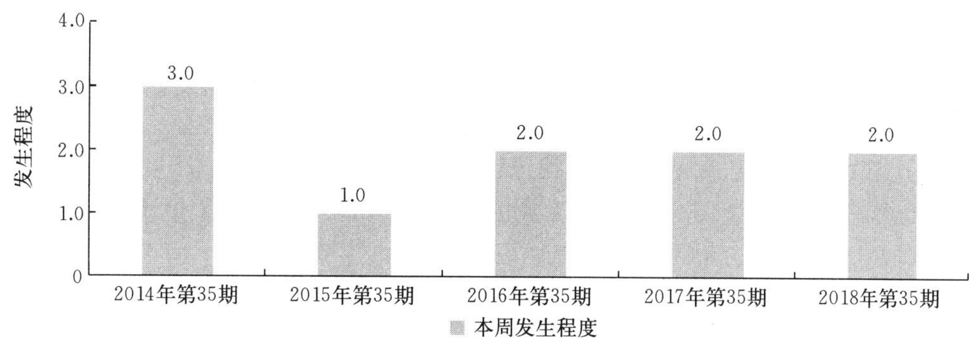

近5年8月下旬至9月上旬晚稻三化螟发生程度对比

长，细菌性病害集中发生，病株率最高8%～12%，高的病株率达80%。

主要原因是海南省杂交稻主要种植品种为特优系列和博Ⅱ优系列。部分杂交水稻易感稻瘟病和纹枯病，且品种影响较大。前期菌源高，后期流行风险高。8～9月台风“贝碧嘉”“百里嘉”及其他台风带来连续降雨，病害集中大面积发生。

4. 南方水稻黑条矮缩病毒病出现“点多轻发”现象 南方水稻黑条矮缩病毒病偏轻发生，发生面积4.91万亩次，主要在三亚、琼海、万宁、澄迈、儋州、东方、保亭和陵水等地，大部分发病率为3%～5%。病害发生市县多于2017年，发病率略高于2017年。原因分析：南方水稻黑条矮缩病毒病前几年发生程度偏轻后，大部分农技人员对其关注度和防控技术培训力度不足，导致农户疏于防控，水稻拌种技术应用面积不广，发生面积开始增加。

（二）水稻病虫害监测防控工作开展情况

1. 高度重视，落实属地责任强化数据会商 2018年海南省植物保护总站高度重视农作物病虫害监测防控工作，下达《关于举办全省植保工作培训会的通知》（琼植保〔2018〕9号）、《关于上报早稻病虫周报与发生趋势情况的通知》（琼植保〔2018〕11号）、《关于落实属地防蝗责任和蝗情值班报告制度的通知》（琼植保〔2018〕14号）。讨论测报工作中的问题、加强测报数据会商制度和蝗情值班报告制度。及时下达监测任务，科学调整病虫害测报上报时间，突出重点。主抓重点病虫害和当地特色病虫害监测。

2. 监测病虫害发生动态，及时发布病虫情报 掌握全省水稻重大病虫害、瓜菜主要病虫害发生情况。在全省18个市县开展水稻、瓜菜关键病虫害发生情况调查，截至目前，全省上报报表1 006张，发布病虫情报77期，其中瓜果菜类病虫情报25期，水稻病虫情报37期，鼠情、蝗情和其他经济作物病虫情报15期。全省各区域站点按要求报送农作物重大病虫害数字化监测预警系统，努力做到不漏报。

3. 依托项目资金，开展测报工具和瓜菜虫害测报标准试验 依托全国农业技术推广服务中心项目资金在澄迈和琼海继续开展“作物病虫害远程实时监控系统试验”，依托省农业农村厅相关项目资金开展“智能测报系统”试验推广，主要监测稻纵卷叶螟、三化螟、橘小实蝇、斜纹夜蛾。依托海南省科技厅“豇豆蓟马信息化学物质防治技术研究与应用”探索豇豆蓟马测报技术标准。

二、2018年蝗虫发生及防控情况

（一）发生情况

2018年，海南东亚飞蝗总体轻发生，各市县春季挖卵调查均未发现飞蝗蝗卵。据统计，全省蝗虫发生面积7.66万亩次，其中，夏蝗发生面积2.92万亩次，秋蝗发生面积4.74万亩次，主要分布在西部乐东、东方、昌江及儋州等市县。东亚飞蝗大都是散居型，发生密度较低，蝗蝻平均密度为每平方米0.1～0.3头，密度高的为每平方米1～5头，危害造成的农业生产损失轻，东方局部地区有少量甘蔗受害。

飞蝗轻发生的主要原因：一是近年来，每年蝗区市县加强监测及防控，虫口基数控制在较低水平。

二是2018年春季低温及入汛后降水较多，不利于飞蝗发生。三是近年来，加大了蝗区改造力度，调整了种植结构，宜蝗面积逐年减少。

（二）防控情况

海南省蝗区市县积极开展蝗虫防治工作，据统计，全省防治蝗虫面积3.55万亩次，其中，化学防治面积0.35万亩次，防治效果达80%以上，无人机飞防面积3.2万亩次。通过生态调控防治蝗虫面积1.13万亩次，其他发生区大部分由当地群众捕捉进行防控。

三、2018年瓜菜、果树病虫害发生及防控情况

（一）瓜菜病虫害发生情况

全年蔬菜病虫害发生面积1 444万亩次，其中豆类病虫害发生面积335.51万亩次，瓜类病虫害发生面积313.42万亩次，茄科类作物病虫害发生面积718.07万亩次，叶菜类病虫害发生面积77.00万亩次。主要发生病害有枯萎病、白粉病、蔓枯病、霜霉病、青枯病、细菌性叶斑病、炭疽病、叶霉病、黄萎病、疫病等；主要发生的虫害有蓟马、斑潜蝇、螨类、瓜绢螟、甜菜夜蛾、小菜蛾等。

（二）果树病虫害发生情况

全年果树病虫害发生面积1 033.40万亩次，主要病害有：香蕉叶斑病、香蕉黑星病、香蕉枯萎病、柑橘溃疡病、柑橘黄龙病、芒果炭疽病、芒果细菌性角斑病、荔枝霜疫霉病等。主要虫害有：橘小实蝇、荔枝椿象、柑橘潜叶蛾、柑橘红蜘蛛、蓟马等。其中香蕉叶斑病和黑星病发生面积120万亩次，全省普遍发生；香蕉枯萎病发生面积2.3万亩次，由于大部分地区种植抗病品种，发生程度呈逐年下降趋势；芒果炭疽病累计发生面积61万亩次，重于2017年；芒果细菌性角斑病发生面积56万亩次；芒果蓟马发生面积513万亩次。

四、主要防控措施

（一）提高认识，落实防治责任

在海南省水稻、果树、冬种瓜菜种植期间，各级农业、农技部门始终坚持“预防为主，综合防治”的方针。加强组织领导，及时组织行动，落实防治责任，加大防治力度，确保了海南省各类农作物防治及时到位，有效控制了海南省农作物主要病虫害。

（二）加强技术指导，搞好防治服务

在水稻、果树、蔬菜等病虫害发生期间，海南省农技部门及时制定防治措施，开展技术指导服务，确保防治技术到位。通过多种服务形式指导、培训和宣传，有效提高了病虫害防治效果。

（三）基层测报与飞防联合，指导植保无人机统防

2018年植保专业化统防统治列入海南省政府重点工作任务，海南省植物保护总站积极推广水稻植保无人机统防统治工作。飞防公司依据基层测报站的病虫信息确定防治的最佳时期，达到精准防治，农药减量的目的。全年通过植保无人机统防统治水稻、瓜菜、热带水果上的病虫害超过90万亩次，防效显著，成绩突出。

（四）科学防治，推广绿色防控技术

大量推广使用光诱技术、色诱技术、性诱技术、生物防治技术和高效低毒化学农药等绿色防控技术。2018年，全省推广使用农作物病虫害绿色防控技术超过100万亩次。

五、工作成效

（一）做好水稻两迁害虫防治，发挥联防联控的作用

海南省是我国南方稻区两迁害虫的主要越冬区和中转站之一，是水稻迁飞性害虫源头的防控主战场。在海南省2017年两迁害虫主要发生在7月下旬至9月上旬，通过准确测报，及时发放病虫情报，组织统防统治和农民防治，最大限度地防治中转在海南省的两迁害虫，有效发挥了海南省在我国两迁害虫联防联控中的作用，减轻了我国南方稻区两迁害虫的防治压力。

（二）做好冬季瓜菜病虫害防治，保障人民的菜篮子

海南省作为经济作物优势区，全年冬种瓜菜面积近200万亩，冬季瓜菜出岛超过400万吨。在冬种瓜菜病虫害防治中，海南省大量推广农作物病虫害绿色防控技术，全省未出现瓜菜农药残留超标事件，有效保障了人民的菜篮子。

（三）海南省重大病虫害防治的组织化程度进一步提高

结合省部统防统治相关项目，大力扶持海南省专业化统防统治组织，既为全省防治组织提供了发展空间，也为提高病虫害防治组织化程度提供了广阔的平台。在全省各市县规模相对较大、连片集中的水稻田，专业化统防统治防治面积超过40%，蝗虫统防统治面积超过30%，瓜菜、果树和热带作物专业化统防统治面积呈现逐年上升趋势。

重 庆 市

一、主要农作物重大病虫害发生概况

据农情统计，2018年，全市粮食作物播种面积3 026.77万亩，其中，水稻984.67万亩、玉米663.5万亩、小麦37.18万亩、马铃薯501.36万亩。全市油料作物中，油菜种植面积397万亩。全市蔬菜种植面积1 150.2万亩。

全市主要农作物病虫草鼠螺害呈中等偏重发生，重于2017年，发生面积8 891.04万亩次，较2017年增长6.17%。其中，水稻病虫害发生面积2 123.11万亩次，较2017年增长2.1%；小麦病虫害发生面积74.3万亩次，较2017年减少63.7%；玉米病虫害发生面积715.28万亩次，较2017年减少6.93%；马铃薯病虫害发生面积374.71万亩次，较2017年增长2.3%；油菜病虫害发生面积358.25万亩次，与2017年相当；蔬菜病虫害发生面积1 024.26万亩次，较2017年增长5.1%；柑橘病虫害发生面积766.91万亩次，较2017年增长7.4%。

二、主要农作物重大病虫害监测与防控成效

（一）农作物有害生物危害得到有效防控

2018年，全市主要农作物病虫草鼠螺害防控面积达8 238.27万亩次，较2017年增长56.11万亩次，占发生面积的92.66%。全市农作物重大病虫草鼠螺危害得到了有效防控，全年主要粮食作物病虫危害损失率控制在5%以下，蔬菜、果树危害损失率控制在10%以下。全市农业生产没有因有害生物危害造成重大损失，确保了全年重大病虫危害不大面积暴发成灾。

（二）农业有害生物监测预警网络得到健全完善

2018年，重庆市在23个区县重点乡镇建立了69个虫情监测点、在14个马铃薯主产区县建立了马铃薯晚疫病智能监测预警站70个、在4个区县建立了农区鼠害监测点4个、在30个区县建立了农作物

病虫害重点区域监测站 30 个。全市农作物病虫草鼠害监测站点共达 169 个，基本实现了粮油、蔬菜、果树等 8 类作物上的 30 种主要病虫鼠害监测全覆盖，农作物有害生物监测网络得到进一步健全完善，确保了全市农作物重大病虫害长期、中期、短期预报准确率分别在 85%、90%、95%左右。

（三）专业化统防统治能力得到明显提升

据统计，2018 年全市新增各种专业化统防统治服务组织 191 个，全市总数量达 2 043 个；全市高效植保机械数量达到 3.91 万台（套），日防控能力达 105 万亩，较 2017 年增长 16 万亩。全市高效植保机械拥有量增加，专业化防治组织得到了发展壮大，同时专业化统防统治服务领域从水稻、马铃薯等主要粮食作物扩展到果树、蔬菜、茶叶、烟草等多种作物，从单一从事病虫害防治向农业综合服务发展，专业化统防统治能力得到明显提高。2018 年全市水稻、玉米、小麦等三大粮食作物专业化统防统治实施面积达 1 020.48 万亩次，专业化统防统治覆盖率达 35.27%，较 2017 年增长 3.36 个百分点，在农作物病虫害防控、尤其是 2018 年部分区县的稻飞虱应急防控中发挥了重要作用。

（四）绿色防控集成技术得到有效推广

2018 年，全市通过利用全国农作物病虫害专业化统防统治与绿色防控融合试点、低毒生物农药示范、绿色高产高效创建示范、柑橘和蔬菜标准园示范等项目，在水稻、马铃薯、柑橘等作物上优化了一批可操作、可复制、适合重庆市推广应用的农作物绿色防控集成技术模式，并以专业化统防统治与绿色防控示范融合“三品一标”基地为平台，生态调控、害虫诱杀、植物免疫诱导等一系列绿色防控集成技术在水稻、玉米、油菜、马铃薯、柑橘、茶叶、杨梅、樱桃等多种作物上得到有效应用推广，受到了普遍欢迎。据统计，2018 年全市水稻、玉米、蔬菜、水果、茶叶等作物病虫害绿色防控实施面积达 1 669.93 万亩次，绿色防控覆盖率达 29.8%，较 2017 年增长 2.04 个百分点。

（五）农药减量控害意识得到明显提高

2018 年，在全市各级党委政府、农业部门和广大种植业者的共同努力下，农药减量控害理念在全社会得到广泛宣传，农药科学安全使用技术得到全面普及，专业化统防统治、绿色防控、高效低毒低用量农药、高效植保机械、农药减量助剂等农药减量控害技术措施得到大面积推广应用，全民农药减量控害理念得以进一步巩固、农药减量控害意识得到明显提高。据农业部门统计，全市 2018 年农药使用总量（商品量）约为 7 509.86 吨，较 2017 年减少 110.05 吨，下降 1.44%，实现了化学农药使用量负增长，农药减量使用行动得以进一步深入推进。

三、主要做法

（一）突出谋篇布局，组织发动增强“牵引力”

一是印发了年度工作要点、实施方案。全市农业工作会议结束后，重庆市农业委员会按照市政府的最新要求，立即研究起草印发了《2018 年重庆市农药减量使用行动工作要点的通知》（渝农办发〔2018〕22 号）明确了全年植保植检目标任务，提出了工作措施。10 月制定印发了《重庆市深入推进农药减量使用行动实施方案》（渝农办发〔2018〕202 号），进一步深入推动长江经济带发展，推进农药减量增效工作走向深入，坚决打好农业面源污染防治攻坚战，促进农业由增产导向转为提质导向，切实推进绿色兴农、质量兴农。二是召开了全市会议进行安排部署。年初重庆市农业委员会召开了全市化肥农药减量使用工作推进会，强调工作任务已由“零增长”变为“减量使用”，要求各区县切实提高思想站位，统一认识，进一步强化、实化、细化措施，坚决落实好市委、市政府新要求、新任务，重庆市农业委员会总农艺师在会上对以农药减量使用行动为主的植保植检工作做了安排部署。

（二）突出工作落实，上下齐动增强“执行力”

一是主动加强横向互动推动工作落实。年初重庆市农业委员会加强与重庆市市委、市政府及环保等其他部门沟通协调，将农药使用量、绿色防控覆盖率、专业化统防统治覆盖率、农药利用率等全年植保植检任务指标写进了全市生态优先绿色发展、污染防治攻坚等多个实施规划或方案中，还将“农药使用量”这一指标纳入了年度粮食安全行政首长责任制考核任务。二是重庆市种子管理站及时落实各项具体措施。2月印发了《重庆市2018年农药减量控害工作计划》（渝植发〔2018〕10号），提出了8项具体工作措施。重庆市种子管理站在年初召开的全市种子植保工作会上对农药减量使用行动也进行了具体工作措施的安排落实。三是各区县积极行动推进各项措施落实。全市所有区县均成立了相关领导小组或协调小组、制定了行动方案或实施方案、召开了农药减量使用行动和植保植检工作推进会，并加大力度多措并举狠抓各项工作措施推进落实到田。全市总体上形成了上下齐动的工作格局和由被动向主动转变的工作局面，农药减量使用行动各项工作得到有效落实和推进。

（三）突出产业结合，项目拉动增强“融合力”

重庆市各区县结合当地主要产业，以绿色生态为向导，深入统筹整合相关涉农项目资金，将农药减量控害融入农业面源污染防治、特色产业发展等各个相关项目中，在一个区域相对集中、整体推进农业绿色发展的同时，充分融合相关项目资金，形成政策集聚效应，拉动促进农药减量使用行动等植保植检工作。据统计，2018年全市共投入资金6 634.45万元用于农药减量使用行动和植保植检工作，其中，中央和市级投入资金3 296.91万元、区县投入3 035.24万元、乡镇投入302.3万元。

（四）突出调度督导，责任驱动增强“促进力”

年初，重庆市农业委员会建立了农药减量使用行动季度调度制，对阶段性行动进展情况进行调度，各级政府及相关部门也加大了督促指导力度，加强以农药减量使用行动为主的植保植检工作日常监督管理。10月重庆市农业委员会组织12个督导组开展了包括农药减量使用行动情况在内的全市农业生态环保工作专项督导，实现了对所有区县督导全覆盖。重庆市种子管理站9月修订印发了《重庆市农药减量使用行动绩效考核管理办法》（渝植发〔2018〕38号），对各区县以农药减量控害为主的植保植检工作进行全面量化考核，进一步增强责任心、提高执行力，促进农药减量使用行动。

（五）突出监测预警，全民响应增强“主动力”

2018年，各区县积极开展农作物重大病虫害的田间调查，切实加强主要农作物病虫害监测预警，市级植保部门全年通过全国农作物重大病虫害数字化监测预警系统完成病虫情周报77次，完成数据上报5 153个；26个重点区域站通过全国农作物重大病虫害数字化监测预警系统完成病虫情周报4 360次，完成数据上报69 466个。重庆市种子管理站于6月初组织召开了全市大春作物中后期病虫害趋势会商会，发布了《重庆市2018年大春作物中后期病虫害发生趋势》，市级植保部门全年共发布农作物病虫情报19期、农药减量使用行动工作简报1期、农情信息28条；区县植保部门全年共发布农作物病虫情报400余期。全市通过微信订阅号《重庆植保》共发布55期、合计164条；通过监测调查和预警信息发布，将病虫害发生动态及防治意见及时发送给广大农户，引导农户开展群防群治和统防统治，增强广大农户参与病虫害防控的主动性。

（六）突出样板引领，示范带动增强“影响力”

2018年，重庆市狠抓试验示范，突出样板引领和以点带面，加力推广应用理化诱控（诱虫灯、性诱剂、色板等）、生物防治（捕食螨、赤眼蜂、稻鸭共育、微生物制剂、植物源农药、植物免疫诱抗产品等）、生态调控（果园生草覆盖、天敌诱集带等）、农药喷雾减量助剂等绿色防控技术，减少化学农药的使用。据统计，2018年全市共建立农药减量控害示范区272个，示范区核心示范面积达55.8万余亩，辐射周边推广应用387.42万余亩，示范引领带动作用明显。一是在秀山、綦江、武隆等9个区县建立了水稻、柑橘、李子、茶叶、蔬菜等9个市级农药减量控害增效示范区，示范面积3 200余亩；二是在万州、秀山等17个区县的水稻、玉米、马铃薯和柑橘4种作物上建立了19个部级农作物病虫害专业化统防统治和绿色防控融合推进基地，示范面积14万亩；三是渝北、丰都等27个区县建立了区县级和乡镇级农药减量控害示范区 255 个，示范面积 41.56 万余亩；四是在酉阳、垫江等区县开展生物农药、性诱剂、新型杀虫灯、静电喷雾喷粉机、无人机等植保新产品新技术试验示范 22 个。

（七）突出合作共建，农企联动增强“协作力”

2018 年，重庆市与先正达（中国）投资有限公司、重庆本乐科技有限公司、四川瑞进特科技有限公司、中化作物保护品有限公司等国内外农药药械生产（销售）企业开展了合作，重点加强共建示范基地、联合开展技术培训、探索合作机制创新等方面合作，参与合作共建的专业化服务组织 331 个、新型农业经营主体 392 个、农药械生产企业 69 个，有力推动了病虫害绿色防控、专业化统防统治等农药减量控害技术的推广应用。6 月重庆市种子管理站召开了全市农企合作对接洽谈会，各区县植保机构、专业化统防统治服务组织与有关农药药械企业开展了面对面对接洽谈，部分专业化防治组织与农药药械企业达成了意向性合作协议，进一步推动了农企合作。

（八）突出培训指导，技术推动增强“支撑力”

重庆市种子管理站 3 月初制定印发了《2018 年主要农作物重大病虫防控技术方案》（渝植发〔2018〕16 号），包括水稻、小麦、玉米、马铃薯、柑橘、蔬菜、茶叶、油菜等作物病虫害防控技术方案 8 个；4 月印发了《重庆市 2018 年农药减量控害重点推进产品目录》（渝植发〔2018〕20 号）；10 月初印发了《关于做好 2019 年秋冬种农作物播前药剂拌种工作的通知》（渝植发〔2018〕38 号），向各区县推荐了 45 个低毒低残及生物农药等绿色防控药品药械；全年分别召开了全市农药减量控害、科学安全用药、专业化统防统治、植物检疫等技术培训会 7 次，共计培训区县植保技术人员 720 余人次。各区县也分别开展了科学安全用药、绿色防控等农药减量控害技术和植物检疫技术培训 435 场次，培训人员 3 万人次，发放培训资料 65.62 万份。同时，各级植保技术人员加强技术指导服务，全年重庆市种子管理站技术专家分赴各区县，各区县技术人员深入乡镇开展农作物病虫害防控、农药减量控害、植物检疫技术培训和指导服务共计 4.5 万余人次。

四、获得的荣誉

2019 年 1 月，重庆市种子管理站荣获了中共重庆市委农业农村工作委员会颁发的 2018 年度“先进领导集体”（渝委农发〔2019〕5 号）。

四 川 省

四川各级植保系统以党的十九大精神为指引，认真贯彻落实农业农村部、省委、省政府决策部署，以质量兴农、绿色兴农为目标，紧紧围绕“农药使用量零增长”工作主线，采取各项措施同步推进农药减量控害行动和绿色防控替代化学防治工程，成效显著。

一、重大病虫害发生情况

2018 年四川省农作物病虫害总体偏重发生，主要粮油作物病虫害发生面积 9 352.63 万亩次，比 2017 年减少 331.57 万亩次；经济作物重大病虫害发生面积 6 619.33 万亩次，比 2017 年减少 613.97 万亩次。发生特点：一是病虫害发生轻于 2017 年。全省大力推广抗病品种，加强绿色防控技术推广，生态环境有效改善，部分农区主要农作物病虫害发生偏重，但总体发生程度轻于 2017 年。水稻、玉米、小麦、油菜、马铃薯等主要作物虫害发生面积累积发生 9 495.7 万亩次，比 2017 年减少 338.05 万亩次；病害累积发生面积 5 372.5 万亩次，比 2017 年减少 66.65 万亩次。二是部分病虫害在局部地区危害重。水稻稻瘟病、纹枯病、水稻螟虫等在全省大部分市（州）均有发生，主要病虫害累积发生面积 4 659.66 万亩次，比 2017 年低 1.45%，仍属偏重发生（4 级）。其中水稻虫害发生面积 3 352.58 万亩次，比2017年低3%；病害发生面积1 307.08万亩次，比2017年高2.9%。稻飞虱中等发生（3级），发生面积268.75万亩次，比2017年同期高51.3%。2018年是2012年特大发生年以来发生面积第二大的一年，主要在川南、川东稻区发生，川西北、川西平原稻区受到波及。三是经济作物病虫害占比大。油菜病虫害累积发生1 103.76万亩次，蔬菜病虫害累积发生2 189.14万亩次，果树病虫害累积发生2 144.22万亩次，茶树病虫害累积发生471.9万亩次。随着经济作物的大力发展，种植面积的不断扩大，规模发展连片种植习惯的影响，病虫危害有加重趋势，威胁产业健康发展。

（一）小麦条锈病

中等发生，局部偏重（3级或4级），累计发生面积234.4万亩次，比2017年减少45.9%，主要发生区域为嘉陵江、涪江、沱江流域及攀西地区。发生特点：一是前期发病早、范围广。川北片属全省首发，比2017年提前9天；川东、川中及川西片分别比2017年提前7天、24天及16天。川南片比常年提前约35天。二是春季流行期传播蔓延缓慢、总体发生程度显著轻于常年同期。受春旱天气的影响，春季流行期条锈病在盆内主产麦区传播蔓延缓慢。截至4月，小麦条锈病累积在20个市（州），91个县（市、区）发生，累计发生面积198.27万亩次，较2017年同期减少43.8%，减少15个县（区），为近5年来同期发生面积最小的一年。三是大面积主栽品种抗性压力大。全省主栽品种以绵麦、川麦、西科麦系列为主。田间调查监测表明，绵麦367、川麦104等品种抗性逐年退化，发病始见期逐渐提前，2017年鉴定的82个小麦品种中感病的占91.46%，条锈病菌贵农22致病类群和条中34已在盆地病菌群体中占优势。

（二）小麦赤霉病

偏轻发生（2级），川西、川北局部偏重发生，发生面积104.52万亩次，比2017年减少12.85万亩次，为近十年来第二轻发生年份。发生特点：一是田间菌源比较充足，抽穗扬花期气候条件不利于赤霉病的发生。据射洪、营山、威远等监测点春季菌源调查，赤霉病菌稻桩枝带菌率为0.8%～12%，平均3.18%，低于2017年同期的4.57%；子囊壳平均成熟度为53.59，高于2017年同期的43.45。加之2018年冬干春旱情况明显，春后气温回升快，全省大部降水总体偏少，致使小麦生育期比常年提早7天左右，大面积小麦抽穗扬花期主要集中在4月上中旬，抽穗扬花期与赤霉病菌孢子释放高峰期（3月下旬至4月上旬）吻合度不高，不利于赤霉病的发生。二是小麦生长后期气温偏高，不利于赤霉病的再次侵染。4月中下旬小麦开始进入灌浆期，盆地大部气温较常年偏高0.5～1℃，降雨偏少，抑制了小麦赤霉病菌的再次侵染。蜡熟期调查，平均病穗率、病情指数分别为6.88%、3.44，低于2017年同期的7.23%、6.51，属于偏轻发生年份。

（三）油菜菌核病

中等发生，局部偏重（3级或4级），发生面积305万亩次，比2017年减少160万亩次。2018年春季气温总体偏高，降水偏少，对菌核病的发生有所抑制，但3月下旬、4月上中旬盆地2～3次较大范围的降水天气过程有利于菌核病的发展流行，初花期、盛花期和流行期菌核病病情明显轻于2017年同期。据各监测点调查，初花期、盛花期、流行期平均病株率分别为8.69%、11.19%、11.65%，而2017年同期为8.87%、15.88%、22.25%；平均病茎率分别为0.83%、1.43%、5.39%，而2017年同期为1.87%、1.79%、6.49%。油菜菌核病在油菜种植区普遍发生，盛花期和流行期病情扩散面、严重度低于2017年同期，茎发病主要集中在二级分支，主茎发病较少。

（四）水稻螟虫

全省偏重发生（4级），发生面积2 623.56万亩次。其中二化螟发生面积2 391.99万亩次，比2017年低6.9%；三化螟发生面积231.57万亩次，比2017年高0.7%。发生特点：一是冬后基数总体较高。据全省水稻螟虫冬后基数调查，水稻二化螟平均每亩活虫数1 745.6头，比2017年高5.4%，与近5年均值相当；水稻三化螟平均每亩活虫数500头，比2017年低5.5%，比近5年均值低26.3%，川中重发区亩均活虫数 2 027 头，比 2017 年同期高 43.1%。二是越冬代灯下见蛾早、蛾量大、田间卵量大。水稻二化螟于 3 月下旬至 4 月下旬在各地灯下陆续见蛾，见蛾时间比 2017 年提早 1～16 天；全省平均单灯累计诱蛾 232.8 头，比 2017 年同期高 9.7%。三是田间危害重于 2017 年。一代二化螟平均每亩幼虫量 688.6 头，比 2017 年同期高 12.2%，川东局部地区平均每亩残虫量超过 1 500 头，是 2017 年同期的近 2 倍；平均螟害率 2.6%，比 2017 年同期高 0.6 个百分点。川东北局部平均螟害率超过 10%。二代二化螟全省平均每亩幼虫量 440.2 头，略低于 2017 年同期，川中重发田块平均每亩幼虫量超过 4 500 头。三化螟在川中最高每亩虫量近 900 头。全省平均螟害率 1.45%，略高于 2017 年同期，川东北局部重发田块螟害率达 11.4%。

（五）水稻稻瘟病

全省中等发生（3 级），发生面积 189.07 万亩次，比 2017 年高 21.41%，主要发生区域为川东北、盆地局部深丘山区发生。发生特点：一是发病品种较多、部分品种抗性差。据全省稻瘟病监测点调查，叶瘟在富优 1 号、冈优 188、宜香优 1108、宜香优 7633、宜香优 2113、宜香优 4245、宜香优 305、宜香优 800、宜香 3551、宜香 99E-4、宜香 9928、Y 两优 1 号、Y 两优 973、F 优 498 等品种上不同程度发生。其中宜香优 7633 发病田在洪雅病株率超过 60%，在营山南部出现死苗现象。穗颈瘟在深两优 5814、泰优 3900、旌优 781、协优 207、蓉 18 优 622 等感病品种上发生较重，其中协优 207 和蓉 18 优 622 的病穗率均超过 40%。二是局部区域发病重。全省叶瘟平均病株率 4.4%、平均病叶率 2.5%，分别比 2017 年同期高 1.4 个和 0.6 个百分点，川东局部平均病叶率达 22.5%；颈瘟平均病穗率 3.76%，比 2017 年同期高 0.48 个百分点，川东北局部平均病穗率达 11.2%。三是水稻品种在不同区域的抗性差异明显。2018 年对内 5 优 306、B 优 268、宜香 725、川香优 2 号、成丰优 918 等 28 个不同抗性遗传背景的水稻品种在营山、大竹、叙永、犍为等 21 个稻瘟病常发县的抗性进行了监测，结果显示同一水稻品种在不同的地区抗性差异较大。

（六）“两迁”害虫

中等发生（3 级），发生面积 268.75 万亩次，比 2017 年同期高 51.3%，是 2012 年特大发生年以来发生面积第二大的一年，主要在川南、川东稻区发生，川西北、川西平原稻区受到波及。

（七）玉米螟虫

偏重发生（4 级），发生面积 523.35 万亩次，比 2017 年低 9.7%。发生特点：一是越冬幼虫死亡较低。春季调查，玉米螟平均越冬幼虫死亡率 14.7%，比 2017 年高 0.5 个百分点，但比近 5 年同期低 2.6 个百分点。二是越冬基数上升。2012—2017 年，四川省玉米螟冬后基数呈持续下降趋势。2018 年越冬基数有所上升，全省冬后平均百秆活虫数 7.4 头，比 2017 年同期高 15.8%。三是诱集蛾量大。全省平均单灯累计诱蛾量 63.2 头，比 2017 年和常年分别高 8%和 24.1%；平均每个诱捕器累计诱蛾 39.6 头，比 2017 年和常年分别高 7.9%和 3.9%。四是田间危害重于 2017 年。田间调查显示，一代玉米螟平均百株有效卵块数 2.9 块，比 2017 年高 41.1%，比常年均值高 38%；平均百株活虫数 9.6 头，比 2017 年和常年高 43.3%、2.1%。二代玉米螟平均百株有效卵块数 2.4 块，比 2017 年同期高 9.1%，比常年同期高 5.3%；平均百株活虫数 8.3 头，比 2017 年同期高 6.4%，但比常年同期低 17.8%。

（八）马铃薯晚疫病

全省中等发生，盆周山区及攀西局部地区偏重发生，发生面积 219.78 万亩次。发生特点：一是盆地冬播马铃薯晚疫病发病晚，凉山州春播马铃薯晚疫病发病早。2018 年春季盆地大部分地区降水偏少，不利于晚疫病菌侵染。冬播马铃薯区各监测点于 3 月 27 日至 4 月 10 日查见中心病株，比 2017 年晚 3～15 天。攀西地区雨季比常年偏早，凉山州于 5 月 19 日查见中心病株，比 2017 年早 8 天。二是盆地冬播马铃薯晚疫病发生较轻。4 月下旬至 5 月上旬冬播马铃薯区收获期调查，晚疫病全省平均病株率 4.36%，比 2017 年同期低 1.17 个百分点，平均病情指数 0.86，比 2017 年同期低 7.9%。三是凉山州春播马铃薯晚疫病发生较重。6月凉山州春播马铃薯处于开花至薯块膨大期，此间降水量比常年偏多1～8成，平均气温16.1～24.8℃，有利于晚疫病发生。凉山州晚疫病平均病株率15.2%，比2017年同期高3.1个百分点；平均病情指数9.7，比2017年同期高11.3%。

（九）西藏飞蝗

2018年西藏飞蝗中等发生、局部偏重，发生面积125.66万亩次，与2017年同期相当。主要分布在甘孜州，阿坝州小金县、金川县、若尔盖县、壤塘县、阿坝县，此外，马尔康市有零星发生。

二、防治工作开展

针对2018年农作物重大病虫害发生情况，四川省各级党政机关高度重视，认真贯彻农业农村部“政府主导，属地管理，联防联控”要求，以政府购买植保病虫害防治公共服务为抓手，充分发挥植保社会化服务组织在重大病虫害防控工作中的主力军作用，及时组织开展病虫害专业化统防统治，全力防控小麦条锈病、水稻螟虫、稻颈瘟、西藏飞蝗等重大病虫害，防控工作取得显著成效。2018年全省主要农作物病虫草鼠害发生面积2.39亿亩次，防治面积3.11亿亩次，挽回损失527.8万吨，病虫害绿色防控和统防统治工作顺利推进，主要农作物绿色防控覆盖率达28.8%，统防统治覆盖率38.2%。

（一）强化安全意识，层层压实责任

四川省农业农村厅2018年初与各市（州）农业（农牧）局签订了病虫害防控目标责任书，将绿色防控覆盖率、统防统治覆盖率等指标列入农业发展目标考核内容，分解到市，落实到县。印发了《关于切实抓好2017年秋播期间农作物病虫草鼠害防控工作的通知》《关于切实加强小春作物中后期病虫害防控工作的通知》《关于切实加强水稻中后期重大病虫害防控工作的通知》（川农业函〔2018〕501号），《关于印发2018年四川省大春作物中后期重大病虫害防控技术方案的通知》（川农业植保函〔2018〕35号）等粮食作物、经济作物病虫害防控文件和方案，按照技术建议方案，各地快速启动病虫害防控工作。为落实预防措施、压低重大病虫基数，在南部县召开全省小春生产现场会，培训小麦药剂拌种技术，安排部署小麦药剂拌种工作；在内江市举办全省水稻病虫害绿色防控推进落实会，现场培训水稻带药移栽技术，部署落实全省水稻带药移栽工作。

（二）以项目为抓手，强力推进工作

为落实预防措施、降低病虫越冬基数，有效控制病虫危害，在水稻螟虫、稻瘟病、稻曲病、稻飞虱等重大病虫害源头区、重发区和迁飞性害虫过渡带，争取2018年省级财政农业公共安全与生态资源保护利用工程资金4 000万元用于政府购买植保病虫灾害防治公共服务，确定50个项目县（市、区）以政府购买服务形式，对开展水稻重大病虫害全程绿色防控与穗期病虫害专业化统防统治融合服务的植保社会化服务组织进行补贴，防治面积88.5万亩次，辐射带动面积1 200万亩。制定了《关于印发2018年中央财政农业生产救灾资金农作物病虫害防治项目实施指导意见的通知》，将2018年中央财政下达四川省农业生产救灾补助资金（农作物病虫害防治）4 600万元，在21个市（州）72个县（区）开展粮食作物、经济作物病虫害重点防控，重点支持小麦条锈病、蚜虫、水稻螟虫、稻瘟病、稻曲病、稻飞虱、西藏飞蝗等重大病虫害菌源地、源头区、重发区以及果树（柑橘、猕猴桃等）、茶叶重点产业带病虫害重发区的重大病虫害防控工作，防控总面积91.5万亩次，辐射带动面积1 500万亩。全省共投入超过6 000万元用于专业化统防统治与防治组织扶持，形成了植保部门、服务组织、新型经营主体、社会企业协同推进的市场化运作机制，共培育壮大新型植保社会化服务组织6 443个，全省日作业能力超过1 000万亩，专业化统防统治覆盖率达38.2%，较2017年提高1.2个百分点。

（三）强化监测预警，及时发布信息

全面执行全省小春和大春重大病虫害发生及防治信息周报制度，安排专人值守病虫害信息，及时掌

握病虫害发生动态。在病虫害发生关键时期，省农业农村厅四次邀请专家召开趋势会商会，研判全省小麦、水稻重大病虫害发生趋势，发布病虫动态、预报、警报16期。全省各级植保部门共发布病虫动态、趋势预报和防治警报3 000期以上，发布电视预报1 000期以上，通过统一短信平台发布病虫情报手机短信超过50万条，利用四川植保信息网发布植保信息2 000条以上，中、短期预报准确率90%以上，第一时间将病虫预报和防治警报传递到了水稻种植大户、专业合作社和广大农民手中，科学指导了病虫害防控工作。

（四）强化宣传培训，落实防控技术

为认真贯彻落实农业农村部工作部署，7月31日，省农业农村厅在成都市崇州市召开全省水稻病虫害绿色防控现场培训班，安排部署了水稻等大春作物病虫害防控工作；10月11日，省农业农村厅在达州市渠县召开全省小春生产现场会，要求各地切实加强组织领导保障、技术措施落实、病虫草害防控、农资供应安全、资金保障到位，迅速掀起小春生产热潮，坚决打好小春播栽硬仗。为紧紧围绕推进农业供给侧结构性改革工作主线，将绿色植保根植于农业绿色发展全过程，分别在绵阳市三台县、桐梓县、江油市举办主要作物病虫害绿色防控培训班，在绵阳市涪城区举办桑螟虫绿色防控技术培训班，在龙泉驿承办枇杷病虫害绿色防控现场会，有力保障了粮食生产安全、农产品质量安全和农业生态环境安全。

三、取得的成果

四川省农业农村厅植物保护站作为主持单位的“西藏飞蝗综合防治技术体系创建与应用”项目、“油菜及十字花科蔬菜根肿病绿色防控关键技术研究与应用”项目都获得了2018年度四川省政府科技进步二等奖。四川省农业农村厅植物保护站作为主研单位的“农区鼠害监测与防控技术研究与应用”项目与“无病原种姜繁育体系创建与应用”项目分别获得了2018年度中国植物保护学会科学研究类一等奖、技术推广类二等奖。

贵 州 省

2018年，全省植保工作围绕“提质增效转方式、稳粮增收可持续”的工作主线和“稳产能、调结构、转方式”的主攻方向，牢固树立“科学植保、公共植保、绿色植保”理念，深入开展“到2020年农药使用量零增长行动”，大力推进技术集成创新和机制创新，大规模推进统防统治与绿色防控，实现农药减量增效，为确保贵州省农业生产安全、环境安全、促进农民增收作出了积极贡献。现将贵州省植物检疫植物保护站的植保植检和农药管理工作总结如下。

一、取得的主要成效

（一）扎实推进绿色防控与农药减施增效

以优质水稻、茶叶、精品水果、蔬菜、中药材、小麦、特色杂粮、马铃薯等作物为重点，建立了绿色防控与统防统治融合以及农药减施增效示范基地，2017年和2018年分别建立示范基地40个和94个，示范面积分别达110.27万亩和313.82万亩。2018年实现绿色防控覆盖率达31.48%；示范区累计增产24.39万吨，增加产值18.13亿元；示范区化学农药使用量减少32.17%，总体防控效果达84.51%，农药残留合格率达100%，服务对象满意度达95.3%。全省化学农药使用量较2017年减少0.56%。主要推广的绿色防控技术有：以草控草、种植显花植物、种植诱集植物、茶林相间等生态控制技术；稻鸭共育、稻田养鱼、稻田养蛙、林下养鹅、林下养鸡、人工释放天敌等生物防治技术；灯光诱控、风吸式捕虫器诱控、性诱剂诱捕器诱控、食饵诱捕器诱控、色板诱控、果实套袋等理化诱控技术。此外，协调应用高效、低风险、环境友好药剂防治技术，多措并举取得了显著的经济、社会和生态效益。

（二）构建监测预警体系，病虫害监测预报及时准确

以30个全国农作物病虫害测报区域站和33个省级监测点构建监测网，及时、准确地做出重大病虫害发生趋势预报，提出有效防治意见和措施。发布了两年《贵州省农作物重大病虫害发生趋势》，对主要病虫害发生趋势做出了预测，两年中年报送重大病虫周报32期，发布病虫情报6期，累计全省发布病虫情报5 690条，全省中长期预报准确率达80.6%，短期预报准确率达91.85%，为防控工作开展提供了科学依据。

（三）全面完成农作物病虫害防治项目的各项指标

全省实施水稻、小麦病虫疫情防治项目（中央财政农业生产救灾），完成水稻、小麦等病虫害统防统治面积270.92万亩，超计划完成任务24.92万亩；完成绿色防控面积100.52万亩，覆盖率占比达37.11%，超计划7.11个百分点。项目区总体防控效果达85.09%，超计划5.09个百分点。病虫危害损失率达3.8%。

（四）重大植物疫情监测防控示范效果突出，植物检疫社会关注程度显著提升

全省设置重大植物疫情固定监测点2 000个以上，流动监测点3 000个以上，监测对象20余种，监测作物30余种，针对高风险疫情和苗木基地、农产品贸易集散地、引进苗木新植基地和主产区等重点区域，多次组织开展专项调查。全省各地结合重大农作物病虫害统防统治工作，有效地控制了稻水象甲、红火蚁等重大检疫性有害生物疫情扩散蔓延，平均防治效果超过85%。

全省共建立稻水象甲综合防控示范区106个，示范面积达7.03万亩。全省累计防控面积为63.32万亩次，其中秧田防治面积6.52万亩次，大田防治面积56.8万亩次。绿色防控面积为21.38万亩，带动阻击区农户群防群控48.86万亩。稻水象甲成虫防治效果为85%～90%，幼虫防治效果为80%～85%。全省没有出现连片成灾现象。经33个疫情发生县测产验收，全省疫情发生区水稻平均产量为552.22千克/亩，稻水象甲发生轻度、中度、重度危害代表田块平均产量分别为538.3千克/亩、521.48千克/亩、485.72千克/亩，平均危害损失率依次为2.49%、8.19%、14.26%。全省稻水象甲发生区加权平均损失为4.51%，挽回损失10 239.93万千克。

（五）农药监管工作上新台阶

新《农药管理条例》（以下简称《条例》）实施以来，贵州省各级农业部门领导高度重视，共同努力、及早谋划、积极行动、多措并举，稳步推进《条例》及其配套规章等法律法规的贯彻落实，切实推进全省农药管理工作。

1. 依法行政，全面开展农药行政许可 按照《条例》及农业农村部相关要求，在充分开展调研的基础上，组织起草了《贵州农药经营许可审查细则》和《贵州省限制农药经营管理规定》，并在网上向社会公开征求意见，同时向贵州省发展和改革委员会、贵州省工商行政管理局等相关单位征求意见。一是出台《贵州省农药经营许可审查细则》和《贵州省限制使用农药定点经营管理规定》两项规范性文件。二是组建农药生产许可评审专家库。三是全面开展农药生产经营行政许可工作。截至目前，全省共受理农药经营许可申请5 568份，核发农药经营许可证4 546份。受理限制性农药经营许可申请949份（包括核查不合格，重新递交的申请），核发限制使用农药经营许可证851份。

2. 依法履职，切实强化农药监督管理 结合贵州省《农药管理条例》贯彻落实情况，及时以贵州省农业委员会文件印发《2018年贵州省农药监督管理工作方案的通知》（黔农发〔2018〕34号），成立了以贵州省农业委员会总农艺师任组长的贵州省农药市场监管工作领导小组。明确工作职责，保障经费投入，及时安排落实了2018年农药监管任务。

一是组织开展“清源”行动。2018年，组织开展对辖区内企业均不少于2次的督导检查，对市（州）以上的大型农药批发市场，每月至少1次的例行检查，从源头控制假劣农药，确保了农药产品安全。

二是组织“两节”“两会”期间农药安全专项整治行动。2018 年“两节”“两会”期间，全省共出动执法人员 2 312 人次，检查市场 3 033 场次，检查农产品生产基地、农民专业合作社 852 个次，经营门市 4 838 个次。

三是开展高尔夫球场“回头看”用药清理整治行动。组织对高尔夫球场及周边开展了检疫性害虫红火蚁的监测、检查了农药安全使用情况。及时提出了整改意见，确保用药安全。

四是组织开展百草枯专项整治行动。2018 年 10 月，省农委安排全省开展百草枯水剂遗留问题排查清理专项整治工作。除黔西南州兴义市、毕节市织金县查出百草枯水剂 4.4 千克，其他县市均未查到百草枯水剂的销售和使用行为。

五是加大抽检力度，开展“检打”联动。根据农业农村部药检所的要求，以《省农委关于开展 2018 年农药监督抽查工作的通知》落实了 2018 年工作任务，采取重点抽查、例行抽查、专项抽查的方式，在全省范围开展农药监督抽查工作。第一批抽查农药样品的 55 个农药产品中，2 个农药产品质量不合格。第二批送检样品共 135 个，2 个农药产品质量不合格。对农药质量不合格的，按照属地管理原则，责成当地农药监管部门进行处罚，追根溯源，依法查处，有效震慑农药违法生产经营行为。

六是推动建设贵州省农药监管信息系统平台。

（六）完成的其他工作

主持实施了 FAO《贵州鼠害控制减少粮食损失保护农业生态安全项目（TCP/CPR/3608）》，同时参与实施了全国农业技术推广服务中心组织实施的全球环境基金“中国 PFOS 优先行业削减与淘汰项目”红火蚁防治子项目，在平塘县建立国家级示范区，示范区面积 500 亩，通过防控，该县于 6 月之后未再次监测发现红火蚁，防控效果显著。

二、主要做法

（一）加强组织领导，制定方案，明确目标任务

2018 年，贵州省农业委员会印发《2018 年贵州省植物保护工作要点》《贵州省 2018 年水稻、小麦病虫疫情防控工作方案》《贵州省 2018 年稻水象甲疫情监测防控工作方案》《贵州省 2018 年特色作物绿色防控与统防统治融合发展示范工作方案》《贵州省 2018 年省级农业产业发展资金（绿色防控专项）工作方案》和《2018 年省级高效农业示范园区资金（农药管理专项）工作方案》等一系列文件，明确了项目任务和绩效考核指标，要求大力推进绿色防控与统防统治融合发展，有效减少化学农药用量，完成农药零增长既定目标。贵州省农业委员会还印发了《2018 年贵州省农药监督管理工作方案的通知》（黔农发〔2018〕34 号），成立了以贵州省农业委员会总农艺师任组长的贵州省农药市场监管工作领导小组。明确工作职责，保障经费投入，全面完成了 2018 年农药监管任务。

（二）强化资金投入，全力推进贵州省植保工作有序开展

2018 年，省级财政投入 2 800 万元，较 2017 年增加 1 300 万元，主要用于实施特色作物绿色防控与统防统治融合示范、稻水象甲疫情防控和农药监督管理。中央财政投入 2 460 万元，用于开展水稻、小麦等重大病虫害统防统治与绿色防控。

（三）大力推进绿色防控、建立绿色防控推广机制

在规模化的茶叶、蔬菜、精品水果、中药材、优质水稻及特色杂粮、马铃薯种植区，建立国家级和省级绿色防控与统防统治融合及农药减施增效示范基地，以专业化统防统治组织为实施主体，以县植保植检站、镇乡农业服务中心为技术依托单位，以生产基地为中心，集成多种绿色防控技术模式，建立绿色防控示范区，突出技术引领和示范带动。如凤冈县开展茶树病虫害绿色防控工作是贵州省先进工作典范，茶叶种植面积 51 万亩（有机茶园面积 5.23 万亩）。凤冈县投产茶园 42 万亩，是贵州省第二产茶大县，示范区建设在绿色防控基础条件好、茶农积极性高，属“茶中有林、林中有茶、茶林相间、茶行有

树”的生态茶园，示范面积 4.09 万亩，其中全程绿色防控示范面积 2.8 万亩，示范区较农民自防区增收茶青 21.8 万千克，累计增收茶青 89.13 万千克，增收产值 1 827.24 万元。如都匀市实施蔬菜绿色防控示范面积 7.25 万亩，示范作物主要是茄果类、瓜类、豆类等。参与实施绿色防控的统防统治组织有 23 个，其中企业 3 个、合作社 15 个、种植大户 5 个，示范区较农民自防区每亩增收产量 392.3 千克，累计增产 2 844.18 千克，增收 5 972.8 万元，较农民自防区减少化学农药使用 31.5%，节省防治费用 268.3 万元。

（四）认真做好植物疫情防控，严把植物检疫关

以重大植物疫情监测与防控项目为基础，结合农业农村部安排实施的重大检疫性有害生物疫情监测和治理项目以及全球环境基金“中国 PFOS 优先行业削减与淘汰项目”红火蚁防治子项目，建立防控示范区，积极推行重大植物疫情科学统防统治、联防联治，带动农户开展群防群控。累计开展红火蚁防控面积 5.55 万亩，红火蚁防控区死蚁巢数达 80%。建立稻水象甲、柑橘溃疡病、红火蚁、柑橘黄龙病、内生集壶菌和水稻细菌性条斑病 6 种重大检疫性有害生物综合防控示范区 163 个，示范面积近 10 万亩。其中，国家级稻水象甲防控示范区 1 个，示范面积 1 万亩，国家级红火蚁防控示范区 1 个，示范面积 500 亩。开展疫情专业化统防统治面积超过 80 万亩次。建立菜豆象疫情综合防控示范村 3 个，疫情处置率达 100%。同时，严把植物检疫关，组织开展了“两杂”种子调运植物检疫专项检查和全国柑橘苗木、马铃薯基地联合执法检查。各地还定期或不定期对市场、农产品贸易集散和种苗繁育基地等开展巡查。全省共出动检疫人员 0.86 万人次，检查种子市场 1 655 个，检查种子、苗木生产经营门市（摊点）0.86 万个次，检查种子、种薯 1 325 万千克，苗木 886 万株，植物产品 11 256 万千克。贵州省继续实行植物检疫“四有五制”市场监管模式，在加强监管的同时，切实做好服务。全省共签发国外引种审批 1 批次，产地检疫合格证 404 份，涉及 93 种作物，467 个品种，签发植物检疫证书 1.95 万份。

（五）加强宣传培训

一是通过媒体宣传报道绿色防控对“贵州绿色农产品”“干净”“安全”“生态”的作用和意义，服务农业产业效益提升。截至目前，《中国食品报》整版报道 1 次，其他媒体日常新闻报道 10 余次。进一步推进绿色防控服务，加强植物检疫和农药监督管理宣传。

二是通过培训提高认识。6 月，贵州省召开了全省农药管理工作推进暨培训会，各市（州）农委农药管理工作分管领导、植保站（农药监管部门）负责人，各县（市、区）农业（农牧、农村）局分管领导、植保站（农药监管部门）负责人等共计 250 余人参加了培训会，贵州省农业委员会总农艺师对全省农药管理工作提出了新要求，为农药管理工作的顺利推进做好了保障。7 月，贵州省农业委员会在黎平县召开了全省特色作物绿色防控与统防统治融合发展现场观摩暨培训会，全省 9 个市（州）农委及相关县（市、区）农业（农牧、农村）局负责人，茶办主任，果蔬站、植保站负责人近 300 人参会。9 月，贵州省组织在平塘县召开了 2018 年全省红火蚁防控技术培训暨现场观摩会，总农艺师在会上充分肯定了贵州省红火蚁防控工作取得的成绩，同时针对当前红火蚁疫情扩散蔓延的严峻形势，对下一步开展防控工作做了要求和部署。全省累计召开绿色防控、农药减量、疫情防控等专题会议、现场会 467 次，举办培训班 1 730 期，培训 5.26 万人次，印发资料 64.86 万份。

三、存在的问题

（一）病虫害绿色防控正有序推进，但还存在一些困难和问题

一是对绿色防控的认识不足。现在一些农户和部分种植企业还是习惯于使用化学农药，短期效果好、来得快，对生物防治、生态调控、理化诱控等见效慢、技术要求高的非化学措施接受程度还较低，不主动、不愿意推广应用。二是资金支持力度不够，组织化程度低。绿色防控产品价格相对偏高，农民投入困难，缺乏补贴机制；从事绿色防控的专业化合作组织和企业运行困难，发展的数量和规模存在瓶颈，与推进融合发展存在较大差距。三是全程绿色防控技术集成度有待提高，覆盖率较低。目前，绿色

防控单项技术的应用较多，综合全程解决方案较少，不同区域、不同作物的全程绿色防控技术集成度不高，技术应用主要还是停留在示范应用上。

（二）《条例》宣传贯彻及培训工作有待推进、农药监管渠道有待理顺

新修订的条例将工信、质监等部门的职能职责划归农业部门，新《条例》的实施涉及面广、责任重大，宣传贯彻及培训工作有待进一步强化。农药监管渠道不畅，工作推进难度较大。脱贫攻坚任务重，人少事多。部分县市农业部门80%的人员在一线扶贫，农药监管工作进展缓慢。农药监管信息平台建设滞后。一是经营人员在可追溯电子信息扫描设备和计算机管理系统筹备不到位，存在观望等待的态度。二是部分县市还未组织开展经营许可培训。

（三）植物疫情传播途径多，涉及面广，监管难度大

近年来，一是由于贵州省各地城市建设发展迅猛，调入带土苗木、花卉和草坪等植物及植物产品数量不断增加；二是随着农业产业机构调整的力度加大，蔬菜、果树等经济作物种苗调运量大增；三是贵州省交通情况得到极大改善，多条高速、高铁等贯穿全省，途径贵州省的货运、物流量巨大，导致植物疫情传播风险增加，控制难度大。同时，部分企业不遵守植物检疫法规，未经检疫调运植物及植物产品，进一步增加了疫情传播风险。

（四）植保植检人员不稳定

近年来，贵州省植保队伍人员不稳定，更迭快，人员少，部分新技术员对病虫害防治技术掌握不够，对农药及植物检疫法律法规不熟悉，病虫害监测防控、植物疫情处置能力较弱。由于贵州省正处在脱贫攻坚的关键阶段，部分地区脱贫攻坚任务重，农业技术骨干除要完成本职业务工作外，还需要开展大量驻村、蹲点等扶贫工作，也造成了病虫害监测防控不及时。

四、2019年工作打算

（一）建立绿色防控示范基地，实现农药减量增效

2019年，以茶叶、蔬菜、精品水果、中药材、优质水稻、特色杂粮等作物为重点，拟在全省建立100个特色作物绿色防控与统防统治融合发展示范基地，实施核心示范30万亩，完成示范面积300万亩。绿色防控覆盖率达30%以上，农药利用率达38%以上，病虫危害损失率控制在5%以下，实现化学农药使用量零增长，保障农业生产安全、农产品质量安全和生态环境安全。

（二）加强植物检疫，做好行政执法、行政许可和疫情控制

继续做好红火蚁、稻水象甲、菜豆象等疫情普查监测，强化监测点建设，严格检疫监管，防止疫情传入。强化宣传培训，利用“植物检疫宣传月”等活动，结合农业农村部重大检疫性有害生物疫情监测和治理项目以及全球环境基金“中国PFOS优先行业削减与淘汰项目”红火蚁防控子项目，大力开展防控示范。计划建设国家级稻水象甲防控示范区1个、国家级红火蚁防控示范区1个，建立市级防控示范区5个，推进统防统治、联防联治。

（三）加强农药管理

进一步贯彻落实《农药管理条例》及配套规章，切实履行《农药管理条例》赋予的职能职责。严格开展农药行政许可工作；推动农药质量追溯体系建设，建成贵州省农药管理信息平台；开展农药管理地方法规立法前期调研工作；切实加强农药市场监管，组织开展市场监管行动20次，完成农药产品质量抽检200个。继续开展新型高效植保机械及精准用药技术研究示范和特色小宗作物药效试验工作。

（四）提升综合保障能力，夯实植保发展基础

实施植物保护能力提升工程，加强基础设施建设。2019 年将实施《全国农作物病虫疫情监测分中心（贵州省）田间监测点建设项目》，按照“聚点成网”和“互联网＋”的总体思路，由省级进行组织实施。构建以自动化、智能化田间监测站点为基础，县级信息收集和处理系统为核心，省级病虫疫情调度指挥平台为骨干，互通互联国家级信息平台，上下相通、横向互联，与发展现代农业相适应的现代化病虫疫情监测预警体系。

云南省

农作物重大病虫害防控工作围绕省委、省政府提出的“稳粮增收、提质增效、创新驱动”的总体要求和云南省农业厅“推进高原特色农业现代化”的工作主线和“稳产能、调结构、转方式”的主攻方向，牢固树立“科学植保、公共植保、绿色植保”理念，深入开展“到 2020 年农药使用量零增长行动”，大力推进技术集成创新和机制创新，大规模推进统防统治与绿色防控，实现农药减量增效、遏制病虫危害，全力保障农业生产安全、农产品质量安全、农业生态环境安全。

一、突出抓好重大病虫害防控工作

（一）及早部署指导防控工作

围绕 2018 年植保工作的总体要求，云南省植物保护植物检疫站先后印发了《2018 年云南省植物保护工作要点》《云南省农业厅办公室关于加强黏虫防控工作的紧急通知》《云南省农作物重大病虫害防控技术方案》《云南省农作物病虫专业化统防统治与绿色防控融合示范方案》《关于开展 2018 年云南省农区灭鼠工作的通知》等指导性意见，指导各地及时、有效地开展工作。

（二）加强农作物病虫害监测预警

2018 年，云南省农作物病虫害呈中等发生态势，全省农作物病虫草鼠害发生面积 1.52 亿亩次，按照“监测规范、预报准确、发布及时、指导科学、汇报全面”的要求，全省 356 个监测点认真落实“五日一查，七日一报，特殊情况随查随报”的工作制度，及时发布病虫害简报 2 250 余期。

（三）积极开展病虫害防控工作

针对 2018 年农作物病虫害发生情况，各级农业植保部门，加强领导，周密部署，强化病虫害防控监测，大力推进专业化统防统治，各地以稻飞虱为重点开展病虫害防控，积极组织植保技术人员深入生产第一线，查苗情、查病虫，及时发布病虫情报，提早安排部署农作物病虫害防控工作。经初步统计，全省农作物病虫草鼠害发生面积 1.52 亿亩次，组织开展综合防治面积 2.11 亿亩次，挽回的粮食总量达 399.315 万吨，实际损失 60.85 万吨。

二、大力推进农药减量增效技术措施的推广应用

（一）开展减量增效示范

围绕重点区域和重点作物，举办农药减量增效示范，推进绿色防控技术和统防统治措施的应用，注重绿色防控和专业化统防统治有机融合。重点推行“农艺防控＋物理防控＋生态防控＋生物防治＋科学使用高效、低毒、低残留化学农药应急控制”的技术模式，推广应用植物抗性诱导剂、生物农药、以虫治虫、以螨治螨、以菌治虫、以菌治菌等生物防治措施，无人机、低容量连杆多喷头等新型高效施药器械。鼓励涉农企业、农民合作组织和农民广泛采用农药减量增效技术措施，不断扩大应用规模，逐步实现整村、整乡、整县全域推进绿色防控和专业化统防统治。共建立农药减量增效示范区 220 个，示范推

广面积 1 500 万亩次。

（二）推进统防统治措施

采取行政措施与市场手段，大力扶持专业化服务组织，主动引导植保服务合作社开展合作，鼓励支持成立区域性植保服务组织，推进统防统治措施落地。通过全程承包、阶段承包、代防代治、合作防治等形式，实施专业化统防统治 2 300 万亩次。同时，开展统防统治与绿色防控相融合，集成示范综合配套的技术服务模式，建立省级绿色防控与统防统治融合示范区 18 个。积极引导种植大户、家庭农场、农药药械经营企业等新型农业经营主体积极投入到统防统治工作中，开展农企对接和技物结合，进一步提高了统防统治的社会化程度和科学化水平。

三、积极抓好农区鼠情监测与防治工作

（一）2018 年鼠害发生防治情况

2018 年云南省农田鼠害为中等偏轻、局部地区点状重发生，据各地上报不完全统计结果，到目前为止，云南省农田鼠害发生面积 1 052.14 万亩次，防治面积 1 428.14 万亩次；农区鼠害发生涉及农户 458.63 万户，参加防治 552.19 万户，农村（区）防治效果均在 78.43%，挽回粮食损失 15 389.78 万千克，实际损失 3 123.25 万千克。从发生特点看，鼠害种群密度较高的地区主要集中在粮食作物种植区，部分贫困地区、山区、半山区，以及农林、农牧交错地带，农田基本建设不完善的地方，农田优势鼠种发生变化，鼠害点片发生、局部地区危害损失加重，同时呈现从内地向外跳跃式点状扩张的趋势。

（二）鼠害防控示范点建设

抓好农区统一灭鼠示范工作，建立科学防控鼠害技术的示范样板，制定科学安全的灭鼠方案，规范鼠害防控技术，及时组织农村灭鼠行动，带动本地区灭鼠工作的全面开展。针对农户储粮过程中鼠害危害损失较大的问题，要加强农户储粮区域灭鼠。重点推广“毒饵站”灭鼠技术，在澄江、新平、陇川、瑞丽、宁蒗等地建立了 12 个灭鼠示范区，灭鼠面积达 82.43 万亩，41.38 万户参加。有效地降低了化学杀鼠剂对非靶标动物及农业环境的影响，进一步提高鼠害综合防治技术的普及率和到位率。

四、强化农药减量增效技术服务

（一）举办技术培训

结合实施高素质农民培训工程等项目实施，依托减量增效示范样板举办技术培训，重点培训新型农业经营主体、病虫害防治服务组织技术骨干、高素质农民等，提高其对农药减量增效理念与意义的认识，传授绿色防控、科学安全用药等技术，推广新模式、新药剂、新器械，不断提高农药减量增效技术的普及率和到位率。截至目前，共举办省级示范观摩培训 4 期，农民科学用药培训 60 余期，培训各级技术人员 400 余人，农民 3 000 余人。全省累计开展各类技术培训近 400 场次，发放宣传资料 3 万多份，培训农民 14 万人次。

（二）加强技术指导

全省各级农业部门积极开展农、科、教协作，加强技术集成和协作公关，不断提高农药减量技术的先进性、实用性和可操作性。同时，强化对重点时节、重大病虫害防控关键技术的指导，及时向农民推广、推荐一批绿色实用技术和优质防控产品，积极帮助解决存在的实际问题，取得了较好的成效。

（三）推进标准建设

积极开展农、科、教和产、学、研协作，进行有害生物监测、绿色防控等技术研究，已总结形成了一批蔬菜、咖啡、果树等作物上的生产技术规范和生产操作规程，引导农民和新型经营主体推行标准化生产。

五、2019年工作思路

（一）继续推进农药使用量零增长行动

重点抓好农作物病虫害专业化防治服务建设和技术培训工作，提升专业化防治队伍的战斗力，使之更好地为云南农业生产服务。加大力度建立绿色防控示范区，对主要粮食作物和经济作物重大病虫害开展生物、生态、物理、性诱剂等绿色植保防控技术试验示范，提升绿色控害综合技术水平，减少化学农药使用量，实现农药使用零增长。

（二）开展农区灭鼠工作

认真开展农区鼠情监测与鼠害防治工作，针对云南省局部农区鼠害发生数量出现上升的趋势，计划开展农区鼠情监测与鼠害防治培训，培养鼠害防治技术人员，抓好鼠情监测，密切关注鼠害发生情况，积极组织大面积灭鼠工作。

（三）认真开展农药安全使用宣传培训

进一步加强科学安全使用农药技术的宣传和培训工作，多方位合作，针对乡村基层农技人员、农药经销商、种植农户开展培训，科学指导经营单位和群众购药；加强农药市场监督管理，提高农药产品质量合格率，维护群众利益和农产品质量安全。

（四）做好农药需求预测工作

继续加大云南省农药药械实际用量及需求预测信息的收集和传递工作，及时掌握农药药械需求动态，预测农药药械市场变化趋势，为政府部门指导生产和宏观决策提供依据。

（五）做好农药药械试验、示范和推广工作

根据云南省主要农作物病虫害防控和专业化统防统治的需要，组织开展高效、低毒、低残留农药新品种的试验、示范和推广，探索无人机施药技术。

西藏自治区

2018年，西藏自治区农作物植物保护工作坚持“预防为主，综合治理”的方针，全面树立“公共植保、科学植保、绿色植保”的工作理念，围绕农药使用零增长工作目标，结合西藏自治区实际，在日喀则市萨迦县建立绿色防控技术青稞示范田0.2万亩，辐射带动2万亩；山南市乃东区建立绿色防控技术青稞示范田0.3万亩，辐射带动3万亩。同时在日喀则市白朗县创建蔬菜温室大棚病虫害绿色防控示范基地10亩，集成以温室大棚为单位、蔬菜为主线的全程农药减量控害技术模式和操作规范，采取以农业防治措施为基础，以化学防除为手段，以生态调控、物理诱杀、生物防治为辅助的青稞生产植保技术体系，应用大型现代植保新机械，进行专业化统防统治，提高精准施药程度和作业效率，通过种苗处理、测土配方施肥、加强田间栽培管理、中耕除草、秋季深翻晒土、清洁田园、生态环境调控增殖和吸引自然界的天敌、低毒低残留农药防治地下害虫、蚜虫等一系列措施，起到防病治虫的作用，取得了一定的成绩。

一、主要技术措施

（一）以农业防治为基础的绿色防控措施

受到社会经济基础和自然环境条件的影响，西藏自治区农作物病虫害防治工作水平相比其他省市，处于相对落后的局面。反过来，农作物植保工作农资投入量少、植保工作机械化发展水平不高、信息化

建设程度较低等现状，使得西藏自治区农作物病虫害防治工作的传统农艺措施得到了较好的保留和沿用，成为了农作物病虫害绿色防控技术的示范推广区，大大减少了化学农药的使用量。

一是秋翻。西藏自治区大部分农区雨季较短，干旱少雨，加之气温偏低，绝大部分农区实施一年一熟的农耕制度。2017 年秋天，作物收获后，趁农田墒情良好，深翻以达到破坏杂草、病菌和虫卵生境的目的，有效减少了病虫越冬基数，大大减轻了 2018 年发生病虫草害的程度，减少了化学农药使用量。

二是冬灌。冬灌是西藏各粮食主产区普遍采用的农业措施之一，指利用西藏自治区绝大部分粮食主产区冬季气温达－15 ℃以下的有利条件，对休闲的农田灌透水，达到减少病虫源、保墒等作用。

三是“扎扭”。专门针对农田杂草，西藏自治区采取“扎扭”措施。“扎扭”也叫“京玛蘖”。早春当最低气温上升到 2 ℃、地面解冻时浇水，待田间湿度适宜时，浅耕细耙，使土壤增湿、疏松、保墒、为土壤中野燕麦等杂草种子萌发创造有利条件，诱发野燕麦等杂草种子大量出苗，待长到 2～3 片叶时深耕，将已出苗的杂草翻入土中闷死，从而达到除草的目的。实施“扎扭”措施技术到位的农田，田间管理期间基本不用施化学除草剂，大大减少化学除草剂的施用量。而且西藏自治区广大农区在农作物分蘖期前后，一直保留了很好的中耕除草传统农艺措施。

此外还采取合理施肥，施足腐熟农家肥和磷钾肥，培育壮苗、壮株；提倡与豆科作物、油菜、饲草轮作；清除田间农作物的残留物，破坏病虫的繁殖和越冬生境等措施，减少病虫源。

（二）以生态调控、物理诱杀、生物防治为辅的绿色防控措施

一是利用成虫的趋化性、趋光性灯光诱杀鳞翅目害虫，每 50 亩安装一盏杀虫灯；温室大棚用色板诱杀温室白粉虱、蓟马等。二是利用生物农药控制病虫害。用苦参碱防治蚜虫和锈病白粉病，藜芦碱防治红蜘蛛，绿僵菌防治蝗虫等。三是温室大棚用植物健康调理剂增强蔬菜的抗逆性。

（三）以化学防治为手段的绿色防控措施

一是进行药剂拌种处理防治早期蚜虫和种传病害。二是苗期推行“一喷三防”，即防病、防虫、防倒伏。化学防治必须科学、安全、合理使用农药，严格按照《农药管理条例》要求，严禁使用甲胺磷、氧乐果等高毒高残留农药；严格按照防治指标进行防治，掌握防治适期施药，宜一药多治或农药合理混用；严格按照规定使用剂量和安全间隔期标准使用农药。

（四）以绿色防控和统防统治融合推进为契机，促进绿色防控工作

在绿色防控推进中，专业化统防统治工作是绿色防控技术应用和推广的手段。在农作物病虫草害绿色防控工作中，通过实施专业统防统治，应用大型现代植保新机械，实现农作物病虫草害防治的规模化、标准化、精准化和高效化，降低农药施用量和提高作业效率，达到农业生产安全、农产品安全和农业生态环境安全的目标。

二、项目资金使用情况

项目资金共 10 万元，由全国农业技术推广服务中心病虫害防治处委托实施。

1. 诱虫灯 8 盏×4 200 元/盏＝3.36 万元；其中包括运费、安装费与调试费。

2. 黄板蓝板 1 000 张×3 元/张＝0.3 万元。

3. 生物农药及植物健康剂 2.34 万元。

4. 劳务费 1 万元。

5. 差旅费 1.5 万元。

6. 燃料费 1.5 万元。

三、绿色防控示范中存在的问题

目前，西藏农作物病虫草害绿色防控工作的开展，主要存在以下问题。

（一）政府重视程度仍显不够

西藏自治区绿色防控技术的推广和应用，主要依靠技术推广部门。行政部门也只是在实施区域和工作开展过程中起到一定协调的作用，还没有真正起到政府推动的作用。

（二）思想认识程度仍不统一

多数农牧民在思想认识上有了很大提高，但在局部偏远地区受宗教和民俗习惯影响，病虫害防治往往与不杀生观念发生冲突。在组织和落实绿色防控技术时，尤其实施灯光诱杀的防治过程中，常常会碰到农民缺乏自觉性和积极性，有的还蓄意破坏，影响了工作开展和实施效果。

（三）队伍整体能力仍显不足

西藏自治区农业技术推广体系极不完善，市级、县级农技推广机构基本没有设立专业的植保部门，植保专业技术人员十分缺乏，很难由地区和县级技术推广部门独立承担病虫害绿色防控工作。提高基层技术推广人员的专业知识、技术水平和服务能力显得尤为重要。

四、建议

（一）设立专项资金实行财政补贴

为保障粮食和主要农产品的有效供给，实现农业生产安全，农产品质量安全，以及保护农业生态环境安全，针对绿色防控技术应用的缓效、高投入、高要求等特点，以及绿色防控工作模式经营性、社会性、服务性的特征，建议国家对绿色防控工作推进实行财政补贴。

（二）强化技术培训与宣传引导

针对西藏自治区的实际情况，需要进一步强化对基层技术推广人员和农牧民的专业技术培训，同时，积极做好宣传引导工作，提高农牧民对绿色防控工作的正确认识，提高农牧民的思想接受程度。

（三）建立绿色防控工作长效机制

在绿色防控技术实施过程中，积极吸引农药企业、农机企业等专业农业企业全程参与，配合技术推广部门开展技术培训与服务指导，努力构建由政府主导，技术推广部门组织指导，农业专业企业积极参与，农民参与实施、享受补贴的绿色防控发展的长效机制。

陕 西 省

2018 年，以陕西省农业农村厅、陕西省植物保护工作总站为中心工作，以保障粮食安全生产为目标，着力组织全省植保系统开展了以小麦条锈病、赤霉病、蚜虫、玉米黏虫、马铃薯晚疫病等为主的农作物重大病虫害防控工作，以现代高效植保防控器械为主的专业统防统治工作，有效控制了粮食作物重大病虫危害，确保了全省粮食作物生产安全。现就防控工作总结如下。

一、病虫害发生概况

2018 年陕西省粮食作物病虫害总体中等发生，各类粮食作物病虫害累计发生面积 1.02 亿亩次。其中，小麦病虫害整体中等发生，局部地区部分病虫害偏重发生，发生程度总体轻于 2017 年，各类病虫害累计发生面积达 5 059.4 万亩次。小麦条锈病在陕南、关中中西部中等流行，发生面积 613.7 万亩次；赤霉病总体偏轻发生，关中东部中等发生，总体发生面积 512.9 万亩次；白粉病发生普遍，发生面积 635.3 万亩次；小麦蚜虫发生面积大，全省发生 1 155.3 万亩次；小麦红蜘蛛偏轻发生，轻于常年，重于2017年，发生面积899.9万亩次；吸浆虫轻发生，发生面积192万亩次，个别田块虫量较大；地下害虫在部分区域中等发生，发生面积601.1万亩次；小麦茎基腐病在渭南、咸阳等市部分田块发生普遍。油菜病虫害发生面积327.1万亩次。玉米病虫害发生面积3 394.3万亩次，以玉米螟、黏虫、双斑萤叶甲发生较重。水稻病虫害中等发生，发生面积561.4万亩次，水稻纹枯病在陕南发生较重。马铃薯病虫害偏轻发生，发生面积534.5万亩次。东亚飞蝗整体中等发生，发生面积113.7万亩次，东亚飞蝗发生范围主要集中在黄河、渭河、洛河沿岸荒滩、黄河鸡心滩、沿河农田夹荒地带和卤泊滩；土蝗局部偏重发生，全省发生面积215.9万亩次，重发区域集中在渭北塬区及延安、榆林部分区域坡塬地带。

二、工作成效

（一）粮食作物病虫害防控成效显著

2018年，陕西省粮食作物病虫害防控工作得到了各级行政部门高度重视，工作落实到位，组织发动得力，制定方案科学，监测预报准确，技术指导到位，群众防治积极性高，防控面积大，防治效果好，切实保障了粮食生产安全。据不完全统计，全省粮食作物主要病虫害防治面积达9 653.7万亩次。小麦病虫害防控面积6 327.5万亩次，其中专业化统防统治面积650万亩次，全省防治处置率达95%以上，病虫害总体防治效果达90%以上，其中专业化统防统治示范区防治效果达95%，病虫害总体危害损失率控制在3%以下，挽回损失52.7万吨，防控成效显著。油菜病虫害防治面积294.1万亩次。玉米病虫害、马铃薯病虫害、水稻病虫害、蝗虫等防控面积3 032.1万亩次，其中玉米病虫害防治面积1 715.3万亩次，马铃薯病虫害防治面积395.7万亩次，水稻病虫害防治面积797.3万亩次，蝗虫防治面积123.8万亩次，挽回损失39.3万吨，病虫总体危害损失率控制在5%以下，为确保全年粮食丰收做出了贡献。

（二）统防统治与绿色防控融合工作初显成效

2018年，按照农业农村部、全国农业技术推广服务中心安排，继续在西安市长安区、蓝田县，渭南市临渭区、富平县、蒲城县，榆林市定边县建立了以小麦、玉米、马铃薯3种作物为主的6个统防统治与绿色防控融合试点基地，开展示范面积超过20万亩。临渭区小麦病虫害防控示范区，通过深耕、药剂拌种处理技术和“一喷三防”等集成技术应用，示范区病虫害发生程度明显减轻。各地依据当地实际，依托专业化服务组织，开展绿色防控，取得了良好的效果。据调查，试点基地病虫害防控效果达86%以上，减少化学农药使用15%以上，粮食危害损失率控制在3%以下；试点基地平均用药较农民自防田减少1～2次，绿色防控技术到位率达60%以上，达到了“减量增效、提质降本、确保安全”的目标。

（三）试验集成技术取得阶段性成效

开展小麦茎基腐病发生规律及防控技术研究，完成了年度试验示范等工作任务，初步摸清了茎基腐病发生规律，筛选出了防治效果较好的药剂和技术措施。建立小麦、玉米、马铃薯等全生育期综合防治试验示范区，进一步完善了小麦秋播拌种技术、“一喷三防”技术，玉米黏虫、玉米螟和马铃薯晚疫病等病虫害综合防治技术，并在生产中应用推广，取得了一定效果。

三、主要做法

陕西省病虫害防控工作得到了各级行政部门的肯定和表扬。全国小麦秋播拌种及绿色防控新技术培训班在陕西省召开，就是对陕西省植保工作的高度肯定和鼎力支持。陕西省农业厅农牧信息专报第18期以“全力开展病虫防控，力保夏粮稳产丰收”通报了夏粮食作物病虫害防控工作，肯定防控工作经验和做法。

（一）及早部署防控工作

夏粮生产中，积极贯彻全省秋播工作会议，全省农业工作会议和全省种植业工作会议和全省植保工作会议精神。在小麦秋播期、冬季和早春期及中后期，先后印发了《秋播病虫防控指导意见》《小麦等农作物病虫害防控技术方案》《小麦病虫各类防控示范区建设实施方案》《制定农作物病虫害专业化统防统治和绿色防控融合试点实施等方案》《小麦穗期重大病虫防控工作通知》等多个文件，做好了各个时期防控工作安排。小麦病虫害防控关键时期，在宝鸡市岐山县召开了全省小麦穗期病虫害防控现场会，对防控工作进行了全面动员和安排部署。秋粮生产中，及时印发玉米黏虫、马铃薯晚疫病、蝗虫等防控工作通知，要求各地坚持“政府主导，属地管理、联防联控”的工作机制，充分发挥行政推动作用，要紧扭黏虫等重大病虫害防控工作不放松，层层落实责任，强化技术指导，适时开展统防，严控病虫危害。

（二）积极落实防控物资

病虫害防控关键时期，积极与省财政部门联系沟通，安排省级小麦病虫害防控专项资金 1 500 万元，开展小麦病虫害防控。同时，2 月将中央重大农作物病虫害防控资金 1 600 万元下达各地，提早制定方案，用于小麦条锈病、赤霉病、穗期蚜虫等重大病虫害的应急防控和统防统治，示范带动广大群众迅速掀起防控高潮。

（三）大力开展统防统治

2018 年，陕西省建立省级万亩小麦病虫害专业化统防统治示范区 28 个，示范面积 28 万亩；在小麦条锈病、赤霉病，马铃薯晚疫病，玉米黏虫等病虫害常发、重发区域开展专业化应急防控，防控面积 45 万亩。在宝鸡市岐山县开展小麦穗期病虫害防控现场会，观摩统防统治现场，动员全省开展专业化统防统治，引导群防群治。据统计，在小麦病虫害防控工作中，先后组织 300 多个专业化防控组织（公司），通过政府购买服务、作业（农药）补贴等多种形式，出动无人机、自走式防控器械 1 652 架（台）次，开展专业化统防面积 650 万亩次，占种植面积的 40%。秋粮病虫害防控中，统防统治防控面积达 600 万亩次。特别是在西安、宝鸡、咸阳、渭南等地，以绿色防控为导向，建立农药减量化、统防与绿防融合示范区，带动了群防群治，有力推动了全省防控工作的开展。

（四）强化宣传培训

为全面营造统防统治、群防群治的良好氛围，联合主流新闻媒体，采用多种有效方式，开展防控技术宣传。利用下乡督导、现场会等，开展培训宣传，发放小麦病虫害识别与防治等手册 2 000 多册，宣传挂图 1 500 份。省电视台等 5 家新闻媒体对陕西省小麦穗期统防统治现场会进行了宣传报道。同时，先后通过农业农村部种植业快报、厅农牧信息专报、陕西农业信息网、陕西植保信息网等 30 多次报送全省小麦、马铃薯、玉米等病虫害防控工作动态。7 月 18～20 日，在榆林市举办了全省农作物病虫害防控技术培训班，组织全省 10 市 50 多个县（区）防控工作人员对农作物病虫害防控技术、绿色防控技术进行了集中培训。据不完全统计，全省各级共开展电视专题宣传 56 期（次），发布病虫害预报 170 多期，悬挂横幅、刷写墙体广告等 3 000 余条，出动宣传车 180 多次，召开各类现场会和技术培训会 360 场次，培训人员 6 万人次，印发技术资料、明白纸超过 100 万张，为全省粮食作物病虫害防控工作的开展奠定了基础。

（五）开展技术研究集成

针对小麦茎基腐病在陕西省部分麦区有逐年加重发生趋势，给小麦安全生产造成威胁。秋播期间，陕西省植物保护工作总站联合西北农林科技大学、渭南市、蒲城县、富平县、临渭区等植保站开展了小麦茎基腐病发生规律、防控技术研究，7 月对项目进行了阶段性总结。在近几年小麦穗期重大病虫害防治技术试验示范的基础上，2018 年进一步优化集成关键技术，形成了“关口前移、压低基数、一喷三防”的技术体系，关键防治阶段集中在 4 月下旬完成，大大降低了蚜虫发生基数，防治次数普遍减少 1 次。同时，针对马铃薯种植区连作障碍病害，联合西北农林科技大学，榆林、延安、商洛及有关县区组成协作组，开展马铃薯连作障碍病害调查研究。通过选用高效、低毒、低残留农药和先进施药机械，加强绿色防控技术应用试验示范，在保证防治效果的前提下，减少了用药次数，对天敌起到保护作用，田间蚜茧蜂、食蚜蝇、瓢虫等天敌数量明显上升，控制作用显著，保证了减药控害效果。

（六）强化督导检查

秋播期间，根据小麦生产形势，组织技术人员和专家深入各地督导检查小麦秋冬种病虫害防控工作。3月至4月，深入生产一线，宣传农业政策，指导农业生产，督促开展小麦病虫害防治工作；4月下旬，在小麦中后期病虫害防控关键时期，4个技术指导工作组，分赴8个小麦主产市，督导小麦穗期统防统治工作和惠农政策落实情况；7月至8月，组织督导组多次赴关中玉米黏虫、蝗虫重发区和延安、榆林马铃薯晚疫病重发区，开展防控工作督导和技术指导，确保各项工作落到实处。

四、工作亮点

在2018年粮食作物病虫害防控工作中，各地以绿色防控为导向，建立农药减量化、统防与绿防融合示范区，大力实施专业化统防统治。据统计，2018年的小麦病虫害防控，按照政府出资购买服务的思路，全省共组织300多个专业化防控组织（公司），出动无人机、自走式防控器械1 652架（台）次，共开展专业化统防面积650万亩次，防控比例达40%，比2017年提高3个百分点，统防区防治效果达95%以上，取得了很好的防效和社会反响，得到了广大群众的认可。秋粮病虫害防控中，统防统治防控面积达600万亩次。专业化统防统治对带动群防群治、提高防治效果发挥了突出作用。

五、存在的问题及建议

（一）存在的问题

一是小麦茎基腐病在关中呈加重发生态势，成为小麦生产的重要威胁。二是陕西省病虫害专业化防治取得了较大进展，成效显著，得到了各方的认可，但仍处在初级阶段。虽然国家明确要求快速推进专业化统防统治，但全省各级政府没有明确有效的扶持政策，多数市、县多年来一直没有固定经费对专业队伍建设给予有效支持，专业队伍的建设停留在部门行为，而不是政府行为，很大程度上严重制约了专业化统防统治的快速发展。

（二）建议

持续抓好小麦穗期病虫害“一喷三防”技术推广；大力推进专业化防治，提升统防统治防控能力；加大新发病虫害发生规律和防控关键技术研究。

六、2019年工作重点

根据2018年病虫越冬基数普查，结合气候等因素综合分析，预计2019年陕西省农作物病虫害呈中等偏重发生趋势，小麦条锈病、玉米黏虫等迁飞性、流行性病虫害存在大范围发生的可能，马铃薯晚疫病仍处于连年大发生态势，病虫害发生形势严峻，防控任务十分繁重。为此，计划做好以下几方面工作。

（一）切实加强农作物重大病虫害防控

周密安排部署重大病虫害防控工作，春季主要开展小麦穗期防控；秋季开展以玉米黏虫、马铃薯晚疫病、蝗虫等为主的病虫害防控，确保农作物生产安全。

（二）持续推进绿色防控工作

以农业农村部5个全国绿色防控示范区为依托，积极开展小麦、玉米、马铃薯、水稻等农作物病虫害统防统治与绿色防控融合试点工作，扩大试验示范面积，大力推广绿色防控技术，推动专业化统防统治与绿色防控融合工作开展，全面提升陕西省农作物病虫害绿色防控水平。

（三）大力开展专业化统防统治

引导和激励社会资本建立服务组织，进一步完善“三位一体”机制，总结经验，提炼模式，推进全省专业化统防统治稳步开展。积极开展防治示范带动，在各承担项目县建立专业化统防统治示范区，在病虫害发生防治关键时期，召开全省专业化统防统治现场观摩会，展示专业化统防统治和航化作业示范效果，引导农民开展防控。

（四）加强宣传培训

以小麦、玉米、马铃薯、水稻等主要农作物病虫害为主，大力开展重大病虫害防控技术、农作物专业化防控和绿色防控技术培训，同时，结合陕西省专业化防控实际，通过举办培训班，培训骨干服务组织，加强交流学习，推动陕西省农作物重大病虫害防控工作的开展。

甘肃省

2018 年，全省农作物病虫害防控工作认真贯彻“预防为主、综合防治”植保方针，认真落实“公共植保、绿色植保”防控理念，以“质量兴农、绿色兴农”为主线，以实施小麦重大病虫疫情防控、马铃薯晚疫病防控、推进专业化统防统治与绿色防控融合示范等项目为抓手，狠抓各项防控任务及技术措施落实，有效控制了农作物重大病虫危害，为保障全省粮食生产、农产品质量、生态环境安全及农民增收做出了积极贡献。

一、农作物主要病虫害防治概况

全省累计防治各类病虫草鼠害 14 998.84 万亩次，挽回各种农作物产量损失 281.00 万吨。其中，防治小麦病虫害 2 501.33 万亩次，挽回损失 22.34 万吨；防治玉米病虫害 2 163.57 万亩次，挽回损失 42.30 万吨；防治马铃薯病虫害 2 200.35 万亩次，挽回鲜薯损失 97.20 万吨（折合粮食损失 19.44 万吨）；防除农田杂草 3 004.35 万亩次，挽回损失 62.48 万吨；防治农田鼠害 859.81 万亩次，挽回损失 6.43 万吨；防治其他农作物病虫害 723.86 万亩次，挽回损失 10.35 万吨。

二、重点工作开展情况及成效

根据《甘肃省农业农村厅 2018 年重点业务工作目标管理责任书》及《甘肃省 2018 年农作物重大病虫疫情防控方案》《甘肃省植保植检站关于 2018 年全省植保植检重点工作的安排意见》等文件要求，以小麦条锈病、马铃薯晚疫病、玉米黏虫等为防控重点，大力开展专业化统防统治，加强绿色防控，防控工作取得明显成效。

（一）认真落实小麦重大病虫害疫情防控

财政部于 2017 年 11 月下发了《关于提前下达 2018 年农业生产救灾及特大防汛抗旱补助资金预算指标的通知》（财农〔2017〕153 号），对甘肃省小麦条锈病等重大病虫疫情防控实施补助。为抢抓防控有利时机，甘肃省农业农村厅立即组织厅种植、财务、植保等相关处室和单位研究制定了资金使用意见，报请省政府审批。12 月 6 日经省政府批复后，甘肃省农业农村厅立即研究制定并印发了《2018 年小麦重大病虫疫情防控实施方案及下达防控补助资金计划的通知》（甘农牧财发〔2017〕116 号），及时将补助资金下达到陇南、天水、平凉、庆阳、定西、兰州、白银、临夏、甘南、酒泉、武威、张掖、金昌等 13 个市（州）54 个冬春麦种植县区。按方案要求，全省共采购防控小麦条锈病、白粉病、麦蚜、红蜘蛛等各类病虫害所需的杀菌剂 69.89 吨、杀虫剂 124.38 吨。其中，三唑类杀菌剂

46.93吨，己唑醇悬浮剂10.50吨，吡虫啉类杀虫剂63.45吨，1.8%阿维菌素乳油13.63吨，其他59.76吨。共采购各类施药器械5 538台（架），其中，多旋翼植保无人机4架，其他各类喷雾器5 534台。通过落实补助政策，项目补助区累计完成小麦主要病虫害防治面积167.9万亩次，其中专业化统防统治面积84.9万亩次，绿色防控面积50.7万亩次。项目实施区小麦病虫害专业化防治覆盖率达50%以上，平均防治效果85%；小麦病虫害绿色防控覆盖率达30%以上，专业化统防统治和绿色防控工作得到稳步推进。通过项目的实施，有效控制了小麦条锈病、白粉病、麦蚜、红蜘蛛等主要病虫危害。

（二）马铃薯晚疫病防控成效显著

2018年全省马铃薯种植面积974万亩。在省委省政府高度重视、省财政大力支持下，全省上下及早安排部署，强化属地管理，制定防控方案，准确监测预警，推进专业化防治，加强资金监管。甘肃省农业农村厅争取省级财政2 000万元专项支持，于5月25日及时下发《2018年马铃薯晚疫病防控实施方案的通知》（甘农牧财发〔2018〕41号），第一批防治补助资金1 000万元下达12个市（州）、38个主产县（区）。根据病害发生严重态势，7月20日，将第二批防治资金800万元下达10个市（州）、24个县（区），开展马铃薯晚疫病的监测、预防和统防统治。为总结成功的防控经验和好的做法，在庄浪县开展政府购买社会化服务示范，在安定区开展马铃薯病虫害全程防控技术试验示范。7月中旬，在病害流行关键时期，甘肃省农业农村厅召开了厅长办公会议，研究防控工作，7月27～29日，在定西市安定区紧急召开了全省马铃薯晚疫病防控现场培训会，11个市（州）、44个马铃薯主产县（区）农牧部门和植保站负责人参加了会议，进一步落实重大病虫害防控属地管理责任制，县（区）政府主要负责人是第一责任人，县（区）农牧局长是直接责任人。经过全力防治，晚疫病总体发病程度控制在了轻度以下。据统计，全省共投入资金3 531.2万元，其中，省级投入1 800万元，分两次下达主产县（区），市级、县级投入219万元，种薯企业、种植大户、专业合作社、农户自筹1 512.2万元。投入防控农药共609.7吨，其中，省级投入163.5吨，主要品种有72%霜脲·锰锌可湿性粉剂、75%百菌清可湿性粉剂、5%香芹酚水剂、325克/升苯甲·嘧菌酯悬浮剂、69%烯酰·锰锌可湿性粉剂、687.5克/升氟菌·霜霉威悬浮剂、60%唑醚·代森联水分散粒剂、70%烯酰·丙森锌可湿性粉剂、80%烯酰吗啉水分散粒剂、25%甲霜灵悬浮剂、58%甲霜·锰锌可湿性粉剂等。采购各类新型植保器械5 762台（架），其中植保无人机8架，背负式喷雾机、电动喷雾机等5 754台；购买植保社会化服务88.29万元。共投入劳力162.02万人次，投入各类防治器械80万台（架）次。全省累计防治马铃薯晚疫病972.63万亩次，占发生面积的152%，重发区域防治2次以上，其中专业化统防统治389.08万亩次，防治覆盖率达40%以上。

（三）大力推进农作物病虫害专业化统防统治与绿色防控融合示范

2018年，省财政继续支持农作物病虫害专业化统防统治与绿色防控融合示范补助资金400万元，甘肃省农业农村厅高度重视，印发《2018年农作物病虫专业化统防统治与绿色防控融合推进示范方案和苹果蠹蛾疫情防控方案及下达补助资金计划的通知》（甘农牧财发〔2017〕132号）。2018年，在全省16个市、县建立了24个农作物病虫害绿色防控示范区，其中，小麦4个，玉米6个，马铃薯4个，蔬菜5个，果树3个，中药材2个，开展示范推广。为更好地指导生产，印发《关于推荐农作物病虫害绿色防控使用农药名单的通知》（甘农牧财发〔2018〕80号）。为推进工作更好地开展，4月25～27日，在庆阳市召开全省农作物病虫害专业化统防统治与绿色防控技术培训会，邀请国内专家作专题报告，观摩示范现场、经验交流、农企对接，分析病虫发生与防控形势，安排部署防控工作。在6个县区开展植物源农药5%香芹酚防治试验，总结使用技术及应用效果。全省示范区总推广面积78万亩，辐射带动616万亩，全省绿色防控技术得到大面积普及应用。据统计，2018年全省农作物主要病虫害绿色防控实施面积1 000万亩次以上，覆盖率达26%，较2017年增加1.14个百分点。全省已组建专业化防治组织1 000个（其中授牌组织669个），从业人员16 520人（其中经农业部门专业技术培训人员1 350人），拥有高效植保防治器械17 000台（套）。其中，背负式机动弥雾机、背负式喷杆喷雾机15 943台（套），各类（担架式、推车式、车载式）液泵喷枪喷雾机 792 台（套），无人航空喷雾机（载药量在 5 升以上）230 架，自走式喷杆喷雾机等其他大型喷药器械 35 台（套）。日作业能力达 56 万亩，专业化防治平均防效 81%以上，较非专业化防治区提高 12 个百分点，减少农药使用量 10%以上。2018 年全省农作物主要病虫害专业化统防统治年防治面积达 1 750 万亩次以上，覆盖率达 36%，较 2017 年提高 1.86 个百分点，农药利用率达 38.0%。

（四）有效控制农区鼠害

按照“五统一”“四集中”“五不漏”的灭鼠要求，在示范区的带动下，全年共完成灭鼠 859.81 万亩（地上鼠 99.37 万亩、地下鼠 760.44 万亩），同比减少 45 万多亩。其中，地上鼠统一灭鼠面积 46.00 万亩，大田毒饵站灭鼠 14 万亩，农户灭鼠 30 万户，农户毒饵站灭鼠 8 万户，养猫灭鼠 102 万亩，同比减少 32 万亩；中华鼢鼠灭鼠 700 多万亩，同比增加 60 多万亩。据统计，共投放灭鼠毒饵 20 吨（主要在林区和草原区），养猫 78 万多只，各类鼠夹 12.5 万多个，毒饵站 22 万个，安放各类灭鼠弓箭 20.5 万多个次。经过灭鼠，地上鼠上夹率控制在平均 3.12%，地下鼠鼠口密度控制在 7.5 只/公顷，农户灭鼠上夹率平均下降到 1.63%，总体防效达 65%以上。平均每亩挽回粮食损失 7.20 千克，每户挽回损失粮食 5 千克，共计挽回粮食损失 6 433.9 万千克。

（五）加强培训指导，提高防控水平

一是利用“12316”“三农”服务热线，电视、广播、互联网等媒体，发布病虫害发生动态信息，开展绿色防控、科学安全用药、药械维修保养、小麦病虫害防治技术等实地培训教育。二是利用现场会、农民田间学校、集市活动等机会，积极向广大群众发放明白纸、挂图、小册子等技术资料，普及病虫害防控技术。三是组织技术人员走乡镇、进村社、入农户，层层培训，一对一培训，取得显著效果。据统计，全省植保、农技中心等技术部门围绕重大病虫害防控、绿色防控等开展各类技术培训 650 期次，发放防治技术明白纸 30 万份，培训人员 13.6 万人次，切实提高了防治技术的普及率和到位率。

（六）加强督导检查，促进任务落实

4 月 8～30 日，甘肃省农业农村厅安排 3 个督导组对天水、陇南、平凉、庆阳、兰州、白银、定西、临夏等 8 个市（州）的小麦重大病虫害防控工作就防控方案、组织领导、统防统治、资金使用等方面进行工作督导检查，及时解决防控工作中存在的困难和问题。7 月 6～9 日，甘肃省农业农村厅安排 3 个督导组对张掖、酒泉、嘉峪关、金昌、武威、兰州、白银、临夏等 8 市开展农药零增长和绿色防控工作督导。7 月 21 日至 8 月 10 日，甘肃省农业农村厅安排 3 个督导组赴定西、临夏、陇南、天水、平庆阳等 7 市，督查马铃薯晚疫病防控工作开展情况及项目资金落实情况。各市（州）农业和植保部门也派出工作组，对所辖县（区）病虫害防控工作进行巡回督导，实地指导防控工作开展，及时发现防控工作中存在的问题和困难，提出解决的措施和办法，确保防控责任、防控任务、防控资金、防控措施等全面落实到位。省、市、县三级部门开展多种形式督导 160 余次，其中省级开展督查 16 组次。

三、存在的问题及建议

（一）绿色防控推广有一定难度

虽然目前杀虫灯、黄蓝板、性诱剂、防虫网、生物农药等技术在生产中的应用非常广泛，果园种植诱集带、以螨治螨等技术使用逐渐被认可和接受，但在生产实际中遇到成本高、技术要求高、管理复杂、见效较慢等问题，加上绿色防控产品优质不优价，很多农户在病虫害防控中仍然主要依赖化学防治。绿色防控推广难度仍然很大。建议在政策、技术、资金上加大对绿色防控示范区建设的扶持力度，通过示范引导，全面推进病虫害绿色防控。

（二）农作物病虫害专业化统防统治需进一步加强

目前，甘肃省以县（区）乡（镇）等基层植保（农技）部门为依托的农作物病虫害防治社会化服务

组织（平台），因没有经费支撑，开展植保社会化服务举步维艰，难以发挥应有的作用。建议在政策、项目上加大对病虫害防治社会化服务扶持力度，开展政府购买植保社会化服务试点工作，提高农作物病虫害防治社会化服务能力。

四、2019 年工作计划

（一）抓好小麦条锈病等重大病虫害防控

进一步强化属地管理责任，组织开展专业化统防统治，力争将全省小麦条锈病等重大病虫危害损失率控制在 5%以下。在小麦条锈病核心越夏区实施退麦改种、抗病品种布局、药剂拌种、生长期应急防治等综合防控措施，持续将小麦条锈病控制在较低发生程度，为全国小麦生产安全做出贡献。

（二）打好马铃薯晚疫病防控攻坚战

提升马铃薯晚疫病监测预警能力，及早争取省级财政支持，对全省不同生态区域马铃薯晚疫病实施分区防控，分别以早发区、中熟主产区、晚熟主产区为主打好防控攻坚战。采取早部署、早动手、早防、多防、群防及专业化防控等有力措施，有效控制马铃薯晚疫病的流行危害。

（三）推进专业化统防与绿色防控融合

进一步加强示范区建设，做好蔬菜、果树、马铃薯、小麦、玉米、中药材等作物病虫害绿色防控和专业化防治融合示范，集成完善病虫害全程绿色防控技术模式，探索绿色防控与专业化防治融合运行机制，全力推进农作物病虫害专业化统防统治和全程绿色防控。

青 海 省

在农业农村部种植业管理司和全国农业技术推广服务中心的支持和指导下，2018 年青海省继续深入贯彻“公共植保、绿色植保、科学植保”的理念，坚持“预防为主、综合防治”的植保方针，树立科学防灾减灾意识，全面开展了农作物病虫害防控工作，推进了病虫害可持续控制，实现了农业生产的稳定发展，确保了农产品质量安全。现将一年来青海省农作物病虫害防控工作总结如下。

一、农作物重大病虫害发生防治基本情况

根据各地农作物病虫害发生情况调查，2018 年全省农作物病虫害总体属中度偏轻发生。全省各类作物重大病虫害发生面积 1 074.34 万亩次，其中小麦病虫害为中度偏轻发生，发生面积 200.86 万亩次。由于东部地区春夏两季干旱少雨，气温偏高，不利于小麦条锈病的发生，小麦条锈病在青海省中度偏轻发生，发生面积 25.73 万亩次。5 月 18 日在民和县中川乡金田村冬麦田（海拔高度 1 838 米）冬小麦上首次发现了小麦条锈病中心病株，发生时间与 2017 年同期。受夏季高温干旱天气影响，青海省东部、西宁、海南等地区小麦穗蚜、麦茎蜂等普遍发生。2018 年青海省马铃薯病虫害发生面积 194.18 万亩次。其中 8 月和 9 月，青海省农区平均气温较常年略高或偏高，降水偏多且较密集，气候条件对马铃薯晚疫病的发生扩散有利。局部地区对马铃薯晚疫病菌抗性差的品种马铃薯晚疫病重发生。马铃薯晚疫病发生面积 63.07 万亩次，防治面积 50.52 万亩次，较 2017 年多发生 38.67 万亩次。马铃薯早疫病、地下害虫、病毒病、黑胫病、环腐病、蚜虫等中度偏轻发生。油菜病虫害发生面积为 387.93 万亩次，油菜黄曲条跳甲、油菜茎象甲、油菜露尾甲等主要虫害中度发生。

针对全省农作物病虫害发生实际情况，全年共计开展农作物病虫害防治面积 1 619.33 万亩次，农作物病虫害专业化统防统治面积达 144.08 万亩，绿色防控面积 45.64 万亩。其中，专业化统防统治与绿色防控融合推进示范面积 6 万亩，共计挽回粮油损失近 10 万吨。其中，小麦病虫害防治面积 144.08 万亩次，挽回损失 2.4 万吨；油菜病虫害防治面积 387.71 万亩次，挽回损失 4.7 万吨；马铃薯病虫害

防治面积 95.19 万亩次，挽回损失 2.4 万吨（折粮），实现了农作物病虫危害损失率控制在 5%以下的目标。

二、农作物病虫害防控工作采取的主要措施及成效

（一）加强组织领导，做好物资储备

青海省农业农村厅成立了重大病虫害防控指挥部，办公室设在种植业处，主要任务是加强督促检查工作，州（市）、县层层落实。农作物重大病虫害统防统治补助经费及时分解下达各地，各地通过招标、自行采购等多种方式提前做好物资储备，确保了防控物资到位和防治工作的及时开展。

（二）大力开展农作物重大病虫害监测预报工作

为了及时掌握农作物病虫害发生、发展动态，为上级领导部门做出决策提供科学准确的信息，分别在西宁、大通、湟中等 23 个县（市）开展监测预警工作，分别对小麦条锈病、黑穗病、麦茎蜂，油菜菌核病、油菜茎象甲、黄曲条跳甲、露尾甲、小菜蛾、油菜角野螟，马铃薯环腐病、晚疫病、早疫病、黑胫病，西藏飞蝗等重大病虫害进行监测。结合气象资料，对重大病虫害发生、发展情况进行有效分析。利用现有的计算机、传真机等网络设备建立起快速的信息传输系统，及时上报和发布本地区病虫害发生动态及病虫害预测预报信息。根据各监测点情报，及时向有关部门和社会发布短期、中期、长期预报。全年共采集信息报表 207 份，发布病虫情报 10 期。发布的中短期预报为控制重大病虫害及时提供了科学决策依据，预报准确率在 90%以上，监测覆盖面达 80%，有效指导了全省开展病虫害防治工作。

（三）加强防控组织建设，做好统防统治工作

在春夏季防治中大力推进植保专业化防治工作，壮大了民和、湟中、化隆、湟源、互助、大通等 50 个专业化防治队的装备和能力，在应对迁飞性、暴发性病虫害防治中打破行政界线，实行跨县、跨州的连片防治，发挥出了规模效益。2018 年 6 月 25 日至 7 月 3 日，青海省农业技术推广总站联合企业在青海省的 5 个县（市、区）开展了包括农药安全科学使用技术、农药增效减量与精准施药技术、新型植保机械如自走式喷杆喷雾机、植保无人机等的使用及维护保养技术、新型生物农药和助剂使用等技术的系列培训活动，共计培训 5 期，培训人员在 200 人左右，提升了青海省专业化防治组织科学安全用药和植保机械应用与维修的技术水平，推进了青海省农药使用量零增长行动。

（四）大力推进统防统治与绿色防控融合

重点抓好两方面工作：一是开展专业化统防统治，重点扶持发展全程承包服务，提高病虫害防控组织化程度。二是开展绿色防控。优化生物防治、理化诱控、生态调控等绿色防控措施，集成推广以生态区域为单元、以农作物为主线的全程绿色防控技术模式，提高病虫害防控科学化水平。2018 年在大通、湟中、互助、民和、乐都、循化、化隆、平安、贵德、共和、同仁、尖扎等 14 县（市、区）开展小麦病虫害专业化统防统治与绿色防控融合示范，示范面积 6 万亩。

（五）召开现场观摩会

为提高青海省农作物病虫害绿色防控技术的整体水平，推广绿色防控技术，提高农产品质量，保护生态环境，促进农药使用量零增长行动，2018 年青海省各农业县（区）陆续开展了绿色防控技术现场观摩会，新型防控技术推介会等，现场展示并介绍了色板、杀虫灯、性诱剂、天敌释放、生物农药等绿色防控技术模式。

（六）安排绿色防控技术试验

2018 年在循化、民和、乐都、贵德等县的果园内积极开展昆虫性诱等绿色防控技术试验和示范，对比传统防治模式，显著减少了农药使用量和施药次数。

三、存在的主要问题

通过各级植保部门的共同努力，青海省2018年农作物病虫害防治工作取得了明显成效，同时还存在一些问题，具体表现在以下几个方面。

（一）绿色植保理念仍需强化

由于绿色防控成本高，工作复杂，而化学防治简单有效，多数农户仅看重病虫害防治的速效性和产量，对农药污染和农药残留问题不重视。另外由于绿色防控资金需要量大，在推广应用上主要靠政府补助推广。

（二）专业化统防统治队伍整体仍显不足

受现有的规模化种植程度不高、防治工作季节性强等因素影响，无法固定队伍人员，制约了服务组织的发展。目前对服务组织的从业条件、服务要求、合同签订、纠纷处理等行为有待规范。专业化统防统治服务组织发展模式、服务模式相对单一，引导和支持的力度还不够，全面推行、平衡发展难度较大。

四、2019年病虫害防控计划

2019年青海省将在继续加强病虫害监测预警工作的基础上，认真贯彻“预防为主，综合防治”的植保方针，严格遵守“公共植保、绿色植保、科学植保”理念，以专业化防治和绿色防控为重点，制定应急防控预案，扎实开展工作。

（一）及早安排、周密部署防治工作，制定可行的防治方案

进一步争取各级政府重视，建立健全重大病虫害应急预案，并通过通知、会议、培训和督导等形式指导和督促各级农业部门贯彻执行各项措施，要求各地抓准防治时间、选对药剂防治，同时进一步争取财政支持，加大对病虫害防治工作的投入。

（二）坚持不懈地抓好病虫害监测预警，确保预报准确及时

按照病虫害测报规范要求，认真做好病虫害监测预警工作，做到系统调查与大田普查相结合，确保监测调查系统全面，确保预报预警的科学准确。及时将主要病虫害预报信息和防治技术宣传给农户，同时加快青海省病虫害监测预警智能化建设，提高监测水平、减轻劳动强度。

（三）继续完善病虫害的专业化统防统治工作，引导各地开展专业化防控模式探索

争取加大资金支持力度，对专业化防治组织给予防治物资、资金等方面的扶持。进一步完善扶持发展专业化防治组织的长效机制和激励机制，增强专业化防治组织的服务能力。

（四）大力开展防治技术的宣传培训工作

基层农技人员、农民与外界接触机会少，获取新知识的渠道狭窄，先进的农业技术难以推广与应用。通过广播、电视、手机短信等形式加大宣传力度，努力营造病虫害科学防控、绿色防控的环境；另外通过科技下乡、举办培训班等形式开展宣传培训，引导农民科学、及时、有效地开展病虫害防治。

（五）进一步加大专业化统防统治与绿色防控融合推进示范力度

重点推行小麦、油菜、蔬菜、枸杞和马铃薯病虫害绿色防控示范区的建设，以此带动全省农作物病虫害专业化统防统治与绿色防控融合推进的应用和普及。争取绿色防控补助资金，加大防控物资的投入

力度，大力推广农业、物理、生物防治和高效低毒农药及其科学适用技术，减少化学农药用量，减少农药对农产品和环境污染，促进农业可持续发展。

2018 年青海省农作物重大病虫害发生、防治统计表

作物种类	危害类型	发生面积（万亩次）	防治面积（万亩次）	挽回损失（吨）	实际损失（吨）
小　麦	病害	71.39	35.99	9 026.68	9 992.97
	虫害	129.47	108.09	14 788.29	10 267.28
	合计	200.86	144.08	23 814.97	20 260.25
玉　米	病害	0.94	0.30	74.00	47.00
	虫害	34.99	26.41	589.75	244.75
	合计	35.93	26.71	663.75	291.75
马铃薯	病害	148.23	76.74	21 068.84	23 953.75
	虫害	45.95	18.45	3 271.16	2 175.80
	合计	194.18	95.19	24 340.00	26 129.55
油　菜	病害	31.56	26.24	3 799.50	1 511.78
	虫害	356.37	361.47	43 457.24	18 104.85
	合计	387.93	387.71	47 256.74	19 616.63
果　树	病害	0.96	1.00	427.88	81.69
	虫害	4.32	4.09	579.33	126.66
	合计	5.28	5.09	1 007.21	208.35
蔬　菜	病害	52.72	53.09	99 621.42	25 566.13
	虫害	55.09	47.97	46 454.76	11 573.07
	合计	107.81	101.06	146 076.18	37 139.20
其他粮食作物	病害	16.82	16.10	2 843.05	1 220.33
	虫害	6.90	5.10	440.36	178.19
	合计	23.72	21.20	3 283.41	1 398.52
其他经济作物	病害	11.18	15.50	1 581.00	754.30
	虫害	107.45	108.05	50 197.00	5 157.50
	合计	118.63	123.55	51 778.00	5 911.80
共计		1 074.34	904.59	298 220.30	110 956.10

宁夏回族自治区

2018 年，宁夏回族自治区农作物病虫害防治工作紧紧围绕全区种植业工作的总体思路，以“稳定粮食增产、农民增收”为核心，以“农药使用量零增长”为目标，进一步强化重大病虫害监测预警、防控技术指导，大力推进病虫害专业化统防统治与绿色防控融合示范区建设，带动大面积防治工作。通过全区植保技术人员的共同努力，有效地控制了病虫害的发生，现将 2018 年防治工作开展情况总结如下。

一、主要农作物重大病虫害发生情况

2018 年全区农作物病虫草鼠害总体中等发生。全区病虫草鼠害发生面积 4 540.41 万亩次，防治面积 4 169.24 万亩次。其中病害发生面积 1 341.46 万亩次，防治面积 1 166.76 万亩次；虫害发生面积 2 019.64 万亩次，防治面积 1 937.2 万亩次；农田杂草发生面积 1 066.95 万亩次，防治面积 1 018.76 万亩次；农田鼠害发生面积 112.36 万亩次，防治面积 46.52 万亩次。

（一）小麦病虫害

2018 年宁夏回族自治区小麦种植面积 198.4 万亩，比 2017 年减少 0.4 万亩。病虫害总体为中等发生，其中小麦条锈病在阴湿半阴湿山区中等发生，其他地区偏轻发生；白粉病、地下害虫中等发生；其他病虫害轻至偏轻发生。据统计，全区小麦病虫害发生面积 468.66 万亩次，防治面积 399.15 万亩次，挽回粮食损失 52 680.72 吨，实际损失 14 920.44 吨。

小麦条锈病总体偏轻发生，其中阴湿半阴湿山区中等发生，其他地区偏轻发生。5 月 8 日在彭阳县始见，比 2017 年早 10 天。5 月、6 月宁南山区降水量偏多，条锈病发展速度加快。彭阳县 6 月 4 日普查田间病叶率为 4.3%，6 月 11 日调查病叶率已达 18%。据统计，小麦条锈病全区发生面积 70.89 万亩次，防治面积 70.81 万亩次。小麦白粉病总体中等发生。整体病情为灌区重于山区，局地高密度田块偏重发生，发生程度接近历年。3 月 29 日在彭阳县始见；6 月 5 日青铜峡市调查平均病叶率 55.8%；中宁县调查平均病叶率 56%；西吉县调查平均病叶率 21%。据统计，小麦白粉病全区发生面积 95.02 万亩次，防治面积 104.29 万亩次。小麦蚜虫总体偏轻发生。3 月 9 日在彭阳县冬麦田始见，比 2017 年早 6 天，但由于 2018 年 4 月下旬至 5 月上旬全区气温忽高忽低，对蚜虫的繁殖不利，蚜量高峰期较历年迟且蚜量较低。惠农区、平罗县、利通区、中宁县、红寺堡区和西吉县 5 月 15 日调查百株蚜量分别为 11 头、35 头、38.4 头、380 头、42.6 头和 67 头；6 月 4 日调查百株蚜量分别为 36 头、132 头、126 头、125.8 头、2 头和 66.2 头，蚜量增长缓慢。据统计，小麦蚜虫全区发生面积 170.73 万亩次，防治面积 149.8 万亩次。小麦吸浆虫总体轻发生，主要发生区域在平罗县、惠农区和西吉县。5 月 5 日平罗县淘土调查平均每样方有虫 0.71 头，比 2017 年低 0.04 头；惠农区调查每样方有虫 3.2 头，比 2017 年高 2.37 头；西吉县调查每样方有虫 0.1 头。据统计，小麦吸浆虫全区发生面积 5.5 万亩次，防治面积 2.3 万亩次。麦蜘蛛总体轻发生，据统计全区发生面积 35.32 万亩次，防治面积 8.32 万亩次。地下害虫总体中等发生，以小地老虎、金针虫和蛴螬为主。据统计，地下害虫全区发生面积 40.67 万亩次，防治面积 20.98 万亩次。

（二）玉米病虫害

2018 年宁夏玉米种植面积 466.4 万亩，比 2017 年增加 27.8 万亩，病虫害总体偏轻发生。其中玉米大斑病、玉米小斑病、玉米锈病在山区中等发生，玉米叶螨、蚜虫、黏虫和棉铃虫等主要虫害偏轻发生。据统计，全区玉米病虫害发生面积 1 401.7 万亩次，防治面积 835.91 万亩次，挽回粮食损失 227 161.45 吨，实际损失 106 889.54 吨。

玉米叶螨总体偏轻发生。发生高峰期在 8 月中旬，6 月以来虽然气温较常年偏高，但降雨较常年同期偏多 50%，对叶螨的繁殖有一定的抑制作用。6 月 25 日，利通区、惠农区、原州区调查单株螨量分别为 6.8 头、3 头、0.1 头；7 月 24 日调查分别为 10.2 头、5.8 头、2.4 头，螨量较历年同期偏低。据统计，玉米叶螨全区发生面积 216.4 万亩次，防治面积 157.59 万亩次。玉米蚜虫总体偏轻发生。6 月降雨偏多，对蚜虫的繁殖有抑制作用，进入 7 月气温偏高，局部地区蚜量上升较快，平罗县、泾源县、海原县、中宁县、盐池县、永宁县调查平均百株蚜量分别为 80 头、256 头、341 头、360 头、370 头、100 头。2018 年属蚜量较低年份。据统计，玉米蚜虫全区发生面积 277 万亩次，防治面积 167.29 万亩次。玉米螟偏轻发生，田间仅有零星危害，平均病叶率 2%左右。据统计，玉米螟全区发生面积 70.92 万亩次，防治面积 28.59 万亩次。双斑萤叶甲偏轻发生，据统计，全区发生面积 96.68 万亩次，防治面积 41.51 万亩次。玉米大斑病、玉米小斑病总体中等发生。7 月、8 月气温偏高、引黄灌区及盐池降水偏多 30%，其他地区偏多 10%，对大斑病、小斑病的发生发展十分有利。据统计，玉米大斑病、玉米小斑病全区发生面积 177.73 万亩次，防治面积 74.3 万亩次。玉米锈病中等发生，据统计，全区发生面积 106.25 万亩次，防治面积 53.7 万亩次。玉米茎基腐病轻发生，主要发生在中部干旱带以北地区。据统计，玉米茎基腐病全区发生面积 22.3 万亩次，防治面积 13.01 万亩次。地下害虫中等发生，盐池县及红寺堡区局部地区偏重发生。据统计，地下害虫全区发生面积 130.09 万亩次，防治面积 103.59 万亩次。

（三）水稻病虫害

2018 年宁夏回族自治区水稻种植面积 112.3 万亩，比 2017 年减少 0.2 万亩，水稻病虫害总体偏轻发生。其中黏虫在平罗县、贺兰县局部地区中等发生，稻瘟病、稻飞虱为偏轻发生，立枯病、煤污病、稻蓟马、稻蝗等为轻发生。全区水稻病虫害发生面积 207.29 万亩次，防治面积 318.09 万亩次，挽回损失 51 570.77 吨，实际损失 13 224.3 吨。

稻瘟病总体为偏轻发生，始见期 6 月 25 日，比 2017 年晚 3 天。青铜峡市 6 月 25 日调查叶瘟病株率 16.8%，病叶率 0.19%；发病中心病株率 31.8%，病叶率 2.6%。穗颈瘟总体偏轻发生，在局部地区感病品种上中等发生。据统计，稻瘟病全区发生面积 109.92 万亩次，防治面积 164.05 万亩次。稻飞虱偏轻发生，发生程度与历年接近。据统计，稻飞虱全区发生面积 18.51 万亩次，防治面积 32.77 万亩次。

（四）马铃薯病虫害

2018 年全区马铃薯种植面积 207.8 万亩，比 2017 年减少 46.5 万亩，病虫害总体为中等发生。马铃薯主要病虫害有晚疫病、早疫病、病毒病、环腐病、黑胫病、黑痣病、黄萎病、蚜虫、地下害虫和二十八星瓢虫等。马铃薯病虫害发生面积 586.61 万亩次，防治面积 300.34 万亩次，挽回粮食损失 44 039.93 吨，实际损失 37 999.66 吨。

马铃薯晚疫病总体中等发生，局部地区偏重发生。2018 年 7 月、8 月宁南山区降雨较往年同期偏多，晚疫病蔓延速度较快，局部地区偏重发生，发生程度重于近三年。泾源县调查晚疫病于 6 月 30 日始见，比 2017 年早 3 天。马铃薯晚疫病监测预警系统 7 月 4 日显示：隆德县观庄监测点马铃薯晚疫病为一代 1 次侵染；固原市头营监测点为二代 3 次侵染；泾源县大湾监测点为二代 2 次浸染，香水监测点为四代 5 次侵染；隆德县观庄监测点为三代 2 次浸染，沙塘监测点为二代 1 次侵染；彭阳县白阳监测点为五代 4 次浸染，草庙监测点为三代 4 次浸染。7 月 1 日全区普降小到中雨，对晚疫病的发生发展十分有利。2017 年同期普遍为 1～3 代侵染，2018 年局部地区已有 5 代侵染。8 月初阴湿山区已进入第八代、第九代侵染，部分田块病株率 90%以上。2018 年属发病较重年份。据统计，马铃薯晚疫病全区发生面积 169.21 万亩次，防治面积 85.32 万亩次。马铃薯早疫病中等发生，始见期 6 月 18 日。原州区 6 月 30 日调查病株率 15%，病叶率 0.47%，病情指数 0.1；7 月 10 日病株率 100%，病叶率 8.83%，病情指数 1.41。泾源县 7 月 11 日调查平均病田率 18%，病株率 6.4%；7 月 19 日平均病田率 62%，病株率 39.5%，发生程度略低于 2017 年。据统计，马铃薯早疫病全区发生面积 160.63 万亩次，防治面积 80.4 万亩次。马铃薯病毒病总体轻发生。由于大面积种植抗病品种青薯 9 号和脱毒种薯，2018 年发生程度接近于 2017 年，轻于历年同期。据统计，马铃薯病毒病全区发生面积 27.5 万亩次，防治面积 20 万亩次。马铃薯环腐病偏轻发生。随着品种的更新和防治意识的增强，近几年环腐病发生程度一直较轻。据统计，马铃薯环腐病全区发生面积 16.32 万亩次，防治面积 6 万亩次。由于大面积种植的品种为青薯 9 号，品种抗病性强，病害轻发生，据统计，马铃薯黑胫病全区发生面积 9 万亩次，防治面积 4.8 万亩次。地下害虫中等发生。由于重茬种植，未腐熟有机肥的施用等原因，金针虫、蛴螬、地老虎等地下害虫在局部地区发生较重。据统计，地下害虫全区发生面积 69.75 万亩次，防治面积 43.34 万亩次。其他病害如马铃薯黄萎病和炭疽病，各县区均为零星至轻发生，主要原因是品种抗病性强。

（五）棉铃虫

棉铃虫总体偏轻发生，成虫性诱始见期 4 月 13 日，灯诱始见期 4 月 11 日。农垦 5 月 1 日至 8 月 8 日 25 个诱捕器共诱蛾 5 485 头；惠农区 5 月 1 日至 9 月 10 日 3 个性诱捕器诱蛾 1 161 头；平罗县 5 月 1 日至 9 月 10 日 9 个性诱捕器诱蛾 739 头；海原县 5 月 20 日至 8 月 25 日 5 个点 10 个诱捕器共诱到 448 头。一代棉铃虫幼虫 5 月 18 日在永宁县、农垦农场小麦田始见，比 2017 年早 12 天。农垦调查暖泉农场每百株平均有幼虫 1.7 头，平吉堡农场每百株平均有幼虫 0.5 头。6 月 1 日在永宁县调查每平方米有虫2头，在利通区调查每平方米有虫0.2头。6月22日在盐池、平罗玉米调查发现棉铃虫危害率分别为0.5%、4%，6月25日沙坡头、原州区玉米棉铃虫危害率分别为0.5%、6%。据统计，全区棉铃虫发生面积128.76万亩次，其中玉米田发生面积125.96万亩次、防治面积91.29万亩次，小麦田发生面积2.8万亩次。

（六）黏虫

总体为偏轻发生，局部地区中等发生。5月14日在小麦田始见。6月初在贺兰县、盐池县等地玉米田始见，7月初玉米田二代黏虫发生较重，平罗县、同心县和盐池县分别为每百株25头、15～20头和30头。8月15日平罗县调查，三代黏虫主要危害水稻，平均每平方米有虫75头，最高每平方米达300头。8月17日兴庆区调查水稻田平均每平方米有虫3～5头。全区黏虫发生面积138.61万亩次，防治面积106.01万亩次。其中小麦黏虫发生面积6.53万亩次，防治面积6.27万亩次；玉米黏虫发生面积121.81万亩次，防治面积82.56万亩次；水稻黏虫发生面积10.27万亩次，防治面积17.18万亩次。

（七）瓜菜病虫害

据统计，2018年全区瓜菜播种面积317.8万亩，比2017年增加2.8万亩。2018年全区蔬菜病虫害总体表现为中等发生，其中设施蔬菜病害重于虫害，露地蔬菜虫害重于病害。全区蔬菜病虫害发生面积382.48万亩次，防治面积609.67万亩次，挽回损失573 647.99吨，实际损失253 683.08吨。

二、病虫害防控情况及成效

全区各级植保部门在准确掌握重大病虫害发生发展动态的基础上，大力推进专业化统防统治与绿色防控融合示范区建设，以“农药使用量零增长”为目标，以“植保服务进百家”活动为抓手，加强防控技术培训，防控工作成效显著。

（一）有效地控制了病虫害的发生

据统计，2018年全区农作物病虫草鼠害防治面积4 169.24万亩次，挽回粮食作物损失7.1亿千克，挽回蔬菜损失6.9亿千克。

（二）专业化统防统治与绿色防控融合示范区建设工作效果显著

2018年全区各市、县（区）共创建各类专业化统防统治与绿色防控融合示范区392个，辐射带动防治面积386.73万亩次，参与共建的专业化服务组织95个，新型农业经营主体266个，涉及共建的农药生产企业25个。示范区节本增效成果显著，其中粮食作物每亩节本增效40.49元，经济作物每亩节本增效90.41元。

（三）植保专业化服务能力明显提升

2018年，全区共组建公司、协会、合作社等各类形式的专业化防治组织396家，较2017年增加101家。注册登记并在农业部门备案的组织202家，较2017年增加62家，从业人数3 035人，拥有高效植保机械6 331台，其中植保无人机344架。农作物病虫害专业化统防统治面积618.87万亩次，其中无人机作业面积210.77万亩。绿色防控技术防治面积671.11万亩次，其中微生物制剂、植物源农药生物防治面积242.5万亩次；性诱、色诱、灯诱等物理防治面积96.26万亩次；生态调控面积332.35万亩次。高效率植保机械日作业量达50万亩以上。据初步测算，植保专业化统防统治效果比农民自防提高10个百分点，平均每亩可多挽回粮食损失30千克，减少用药1～2次，亩节省用药成本25元，亩节约用工成本10元，每亩为农民增收100元左右。

三、主要工作措施及经验

（一）加强组织领导与科学防控

全区各级农业行政部门都成立并完善了重大病虫害防治工作领导小组，组织开展防控工作。及早制定防控方案，部署防控工作，为2018年农作物病虫害防治工作的有序开展奠定了基础。

（二）监测预报及时准确、数字化监测预警发挥重要作用

充分利用“全国农作物病虫害数字化监测预警系统”“宁夏农作物病虫害数字化监测预警系统”和“宁夏马铃薯晚疫病监测预警系统”开展病虫害监测预报工作，提升了全区监测预警工作的信息化和智能化水平，提高了数据上报的时效性。2018年，共收到病虫害监测调查资料1 100余份，拍摄病虫草害图片1 000多张，制作电视预报节目60期，发布《植保情报》237期，其中总站发布16期。向农业农村部种植业管理司、全国农业技术推广服务中心各处室上报病虫害发生防治信息100余份。

（三）推广专业化统防统治，着力构建示范基地

2018年中央及自治区财政共安排病虫害防控资金798万元，其中，中央财政小麦病虫疫情防控项目310万元，农作物病虫鼠害疫情监测与防治项目88万元，自治区财政农作物病虫害防控项目400万元。各项目中用于专业化统防及绿色防控示范区建设432万元。通过资金补助或物化补贴等形式充分调动专业合作社、种植大户、农业生产企业等新型经营主体，建立专业化统防统治及绿色防控融合示范区，集成推广绿色防控技术。重点安排并落实了45个农作物病虫害统防统治及绿色防控融合示范点，示范面积18.552 7万亩。利用“主要粮食作物病虫草害农药减量控害技术示范推广”自治区产业化项目，在永宁县和贺兰县分别建立了小麦农药减量控害示范区600亩；平罗县和青铜峡市分别建立了水稻农药减量控害示范区500亩；中宁县和盐池县分别建立了玉米农药减量控害示范区800亩。各地也积极利用项目资金构建专业化统防统治示范基地。如贺兰县：5月25日，在金贵镇关渠村7社世强粮食产销专业合作社种植基地，召开了小麦“一喷三防”暨农药减量降害增效工作推进现场会。召集深圳市大疆创新科技有限公司、广州极飞科技有限公司进行新型植保机械防治示范现场演示，完成小麦统防统治面积2万亩。吴忠市：通过制定科学有效的防控预案，适时对病虫害进行了统防统治，在5月20日和29日分别通过大型喷雾器械和无人机防治小麦病虫害500亩。沙坡头区：5月30日在迎水桥镇迎水村组织开展小麦病虫害防控项目农药减量控害无人机飞防现场会，完成小麦防治面积5 500亩。石嘴山市：5月31日在平罗县宝丰镇吴家湾村5队组织召开了全市小麦病虫害“一喷三防”飞防现场会，宁夏京飞科技有限公司、宁夏极飞农业科技有限公司和平罗县瑞欣农业生产资料有限公司的15架无人机现场进行小麦“一喷三防”的作业演示，带动全市小麦病虫害的防控。永宁县：6月1日在望洪镇增岗3队，召开了农作物病虫害“农药减量技术”现场会，宏源达农机作业服务有限公司和永清宏力农机作业服务有限公司进行无人机现场演示并完成小麦防治面积5 000亩。

（四）农企合作共建示范基地

按照年初制定的“2018年农企合作共建示范基地实施方案”的要求，重点组织20个县（市、区、农垦农场）建立20个示范基地。全区各地均以切实加强组织领导、明确工作任务、整合相关项目等方面为抓手开展相关工作。如沙坡头区：与宁夏尚博农植物保护科技有限公司合作建立农企合作硒砂瓜病害防控示范区。隆德县：在沙塘镇和平村和好水乡后海村建设农企合作共建马铃薯示范基地2个，总面积0.5万亩，分别由沙塘镇和平马铃薯专业合作社和隆德县盛达粮食农场实施，示范基地内病虫害绿色防控技术覆盖率达100%，防治效果达95%。平罗县：与四川蜀峰化工有限责任公司、北京中捷四方生物科技股份有限公司和浙江纽康生物技术有限公司三家企业积极开展农企合作共建，共建示范基地10个。灵武市：与7家植保合作社开展合作共建，引进共建企业农药减量增产助剂“激健”、芸薹素内酯、黄蓝板、性诱剂、植保无人机等绿色防控产品、高效低毒农药、现代植保机械，推动农药减量控害，共

建融合示范基地。

（五）植保服务进百家活动

按照年初制定的“2018年宁夏植保服务进百家活动实施方案”的要求，在2017年的基础上，进一步扩大服务范围，以当地的种植大户、专业合作社、农业企业等新型经营主体为重点，组织全区各级植保技术人员开展送信息、送技术、送服务的植保个性化服务。确保技术入户，服务到家。如固原市：植保技术人员服务种植大户16家，农户823户，开展田间指导、技术培训103次，送信息105次，培训技术干部350人次，培训农民1 200人次。发放材料2 830份，带动周边农户4 110户开展病虫害防治，促进了农业农村部“农药使用量零增长”行动的顺利实施，落实专业化统防统治示范面积20 331亩。沙坡头区：植保技术人员进专业合作社、家庭农场、种植大户、农药经营门店送信息、送技术、送服务，开展病虫害绿色防控技术、农药安全使用技术培训及植保技术服务工作。每个月进行一次植保服务“进百家”信息统计，并针对农户施药情况开展农药使用情况监测调查。海原县：植保技术人员每5天一次，深入种植大户、专业合作社、设施蔬菜园区60余次，对主要作物病虫害进行监测调查，及时掌握病虫害发生发展动态，对发生趋势进行分析预测，为种植户及时提供病虫害发生、防治信息及防治技术服务。活动期间共发布预测预报21期，制定防治技术措施27项。

（六）农药实际用量调查

在全区范围内组织开展农药实际用量调查工作，落实农药使用量监测调查点720个，涉及水稻、玉米、小麦、马铃薯等作物，调查内容涉及土壤处理药剂、种子处理药剂及后期使用药剂。据统计，全区农药使用量2 882.3吨，比2017年减少34.6吨，其中低毒、低残留农药占农药总用量的97.3%。主要农作物农药利用率39.16%，比2017年提高0.5%，比2014年提高7.95%。

（七）开展试验示范研究工作，储备农药减量技术

结合全区植保重点工作，开展测报、防治、损失率测定三大类共计20个试验。

贺兰县和永宁县分别开展了小麦药剂拌种防治蚜虫试验和小麦苗后除草剂试验；盐池县和中宁县分别开展了玉米苗前封闭除草试验和玉米苗后除草剂试验；平罗县和青铜峡市分别开展了保墒旱直播稻田封闭除草试验、直播稻田抗药性杂草防控药剂筛选试验；灵武市和平罗县分别开展了稻田杂草抗药性治理技术试验示范；平罗县开展了棉铃虫性诱监测试验；惠农区、永宁县、原州区开展了小地老虎性诱监测试验；沙坡头区开展了水稻病虫害损失率评估试验；原州区开展了蔬菜病虫害损失率评估试验。为确保试验的科学性和规范性，宁夏回族自治区农业技术推广总站针对不同试验专门制定了不同的试验方案，并安排多地进行相互验证。截至目前，所有试验均已完成，数据整理分析和试验报告撰写工作正在进行。

（八）宣传培训活动

全区400多名植保技术人员走进田间地头服务农户、种植大户、种植企业和专业合作社，开展“送信息、送技术、送服务”的植保服务“进百家”活动。同时全区各地还利用大众媒体（微信、公众号、公共网络服务平台、电视栏目、报纸和广播等），及时准确地发布病虫害发生情况、防治措施和信息服务。据统计，全区累计发放资料62.33万份，广播、电视等传统媒体宣传164次，网络宣传370次。在扩大宣传的同时，还要求各地要积极组织开展相关培训工作。据统计，全区各地共举办技术培训班552期，培训人数达72 841人次。

宁夏回族自治区农业技术推广总站分别于4月26～27日、8月13～15日和11月29～30日举办了“农作物病虫草害农药减量控害技术培训班”“宁夏农药减量控害及专业化统防统治技术培训班”和“宁夏农作物病虫害发生趋势会商暨测报技术培训班”。针对马铃薯晚疫病在山区偏重发生的态势，为切实做好马铃薯晚疫病防控工作，8月9日，宁夏回族自治区农业农村厅种植业局和宁夏回族自治区农业技术推广总站在固原市西吉县马莲乡张堡塬村向丰家庭农场万亩马铃薯示范基地召开了宁南山区马铃薯晚

疫病防控工作现场会，宣传动员各地做好防控工作。在病虫害防治的关键时期，全区各县（市、区）均召开了病虫害防治现场会。

（九）做好引黄灌区入黄排水沟沿线农田农药减量控害工作

在引黄灌区入黄排水沟沿线建立农药减量示范区，示范推广绿色防控技术，减少农药使用量，确保水质优良。如平罗县在姚伏镇小店子建立500亩水稻病虫草害农药减量控害技术示范点，示范推广6项水稻病虫草害防控技术措施。示范区比农户自防区减少用药1次，每亩减少农药使用量235克，每亩节省成本30元。永宁县在入黄的中干沟两侧2 000米范围内建立总面积1.52万亩的农业“三减”示范区。涉及作物包括小麦、玉米、水稻、番茄等。利通区在入黄的南干沟和清水沟流域的8个乡镇建立万亩小麦、水稻、玉米病虫害专业化防控示范区，大力推广自走式喷杆喷雾器、多旋翼植保无人机、风送式喷雾器等现代化高效植保机械，开展专业化统防统治。中宁县在黄河入河口周边建立4 300亩水稻、玉米农药减量控害示范区，比农民自防区每亩减少化学农药用量20%左右，防效提高10%左右。

四、2019年防治工作计划

2019年防治工作继续围绕农业农村部提出的“一控两减三基本”目标，以专业化统防统治与绿色防控融合示范区建设和“植保服务进百家”活动为抓手，鼓励和扶持专业化防治组织，大力开展统防统治示范，以示范带动大面积防治工作。

（一）认真做好农作物病虫害绿色防控工作

以扩大服务范围、提高服务质量为重点，培育病虫害专业化防治组织，大力开展统防统治，提高防治效果，减少化学农药使用。一是建立专业化统防统治与绿色防控融合示范区。2019年计划建立50余个专业化统防统治与绿色防控融合示范区，引黄灌区主要集中在12条入黄沟两侧建立绿色防控示范区，推广农业、生物、物理防治等绿色防控技术，使用高效、低毒、低残留农药开展专业化统防统治。二是全力推进农企合作共建对接。建立企业与示范基地直供直销模式，降低防治成本，确保防治效果和产品质量。同时结合农企合作共建示范基地，开展“送信息、送技术、送服务”的植保服务进百家活动。三是继续做好“主要粮食作物病虫草害农药减量控害”示范项目，在示范区内实现化学农药减少30%，专业化统防统治率达100%，病虫草害防治效果达80%以上的目标。四是建立农田杂草综合防治示范区。计划在平罗县和贺兰县建立水稻田杂草综合防治示范区，在青铜峡市、中宁县建立玉米田杂草综合防治示范区，在永宁县和利通区建立小麦田杂草综合防治示范区，在原州区和彭阳县建立马铃薯田杂草综合防治示范区，并集成杂草综合防控技术模式。五是大力推广小地老虎、棉铃虫、黏虫等性诱监测防治设备，扩大非化学防治措施的应用。六是努力扩大服务范围。利用农业农村部重大病虫害防治项目资金和宁夏回族自治区财政项目资金，进一步加强政府购买服务和全程承包工作，提高统防统治覆盖率。七是大力提高服务水平。加强对病虫害防治专业化服务组织的技术培训和指导，及时提供病虫害测报信息和防治技术，鼓励采用绿色防控技术，提升服务能力。引导防治组织加强内部管理，规范服务行为。

（二）强化植保社会化服务

以扶持社会化综合服务站为核心，培育植保社会化服务能力为重点，以植保服务“进百家”活动为抓手，以“送信息、送服务、送技术”为落脚点，以个性化服务为突破口，着重强化植保社会化服务。

（三）开展试验研究工作

一是针对棉铃虫，黏虫等病虫害有针对性地开展监测试验研究工作，为农药减量储备相应的技术。二是对农药利用率工作开展相关的监测调查和测算工作。三是开展高效率植保机械的试验示范推广应用工作。四是在彭阳县、同心县继续做好围栏陷阱系统（TBS）捕鼠试验等。

新疆维吾尔自治区

2018年，新疆维吾尔自治区农作物病虫害防控工作在农业农村部种植业管理司和全国农业技术推广服务中心的大力支持下，在各级农业植保部门的共同努力下，以农业供给侧结构性改革为主线，以"提高农产品质量安全、增强农产品市场竞争力和增加农民收入"为目标，主动适应新常态，坚持"公共植保、绿色植保、科学植保"理念，落实各项技术措施，扎实深入推进农作物重大病虫害防控、农药使用量零增长行动、统防统治与绿色防控融合示范、防控技术培训等工作，将农作物病虫害控制在最低危害水平，确保了农业生产安全、农产品质量安全和生态环境安全，现将农作物重大病虫害防控工作总结如下。

一、2018年防控工作亮点

（一）突出重点，组织做好重大病虫害防控

一是加强组织领导，继续督促各地建立健全重大病虫害防控指挥机构，明确防控责任，强化部门协作。二是制定并印发了《2018年小麦、玉米、棉花重大病虫防控技术方案》，指导各地突出主要作物、重大病虫害、重点区域，落实防控关键措施。三是开展防控督导检查。在春耕备耕、夏收、秋冬种等生产关键节点和重大病虫害防治的关键时期，多次深入生产一线，对农区蝗虫、小麦条锈病、玉米螟、麦茎蜂、农区鼠害等防控督导调研，落实重大病虫害防控、专业化统防统治与绿色防控技术、农药减量控害技术措施实施情况。四是在病虫害防控关键时期及时下发《关于做好当前农作物病虫害防控工作的通知》，要求各地认真分析全区农作物病虫害发生趋势，结合病虫害发生情况，切实加强病虫害监测预警，推广绿色防控技术，强化物资储备，落实关键防控措施，做好统防统治工作，最大限度减少危害损失。据统计，2018年全区主要农作物病虫草鼠害发生面积11 759.29万亩次，较2017年减少916.64万亩次；全区主要农作物病虫草鼠害累计防治面积10 207.79万亩次，较2017年减少1 522.84万亩次，有效控制了重大病虫危害，挽回粮食损失105.43万吨。实施主要农作物病虫害绿色防控面积2 030.36万亩次，绿色防控覆盖率达28.1%，实施统防统治面积3 695.22万亩次，专业化统防统治覆盖率达36.2%，主要粮食作物病虫害危害损失率控制在5%以下，棉花病虫害危害损失率控制在8%以下，防治效果达85%以上，提高了全区农作物病虫害绿色防控及统防统治能力。

（二）狠抓落实，深入推进农药使用量零增长行动

一是在全区开展了农药零增长行动实地调研。赴全区5地州10个县市40多个乡镇开展农药零增长调研，同时走访了农药销售企业和农资经营门店、向农户发放农药使用情况调查问卷、与林业畜牧等部门沟通、与统计部门就农药数据对接核实，分析农药施用现状，通过调研基本掌握了全区农药使用情况，形成了《新疆农药零增长行动开展情况调查研究报告》。2017年地方种植业农药施用量为8 706.71吨，比2016年减少261.12吨，减幅2.9%，平均施药强度是1.74千克/公顷，比2016年下降0.02千克/公顷，农民施药次数平均减少1～2次。二是下发《关于做好2018年农药零增长行动调查监测工作方案》，结合农业农村部设立的农药使用量系统调查点，在阿克苏市、伊宁县、沙湾县、昌吉市定点调查小麦、棉花农药使用水平和绿色防控技术措施应用情况，切实增强农药使用量调查数据的准确性。三是为实现农业投入品减量化要求，联合林业厅、畜牧厅制定并下发《关于进一步深入推进化肥农药使用量零增长行动的通知》，进一步明确要求、狠抓措施，安排部署农药使用量零增长行动工作任务，切实推进农药使用量零增长行动。博尔塔拉蒙古自治州通过农药减量控害示范，农作物使用农药次数平均为2次，每亩减少农药使用10～100克。较2017年同期防治情况每亩用药次数减少1.8次，其中棉花减少用药2次，玉米减少用药1次，小麦减少用药2次，食品向日葵减少2次。伊犁哈萨克自治州通过绿色防控技术的集成和示范推广，防治用药次数减少1～2次、减少化学农药使用20%～30%，每亩防治成本平均降低10%，新型喷药器械、精准用药技术、科学用药技术使用率达80%，防控效果达90%。

阿克苏地区通过减药控害技术应用，农作物减少施药次数2次以上，减少农药用量20%左右，减少防治成本20%以上。无人机在麦田、稻田草害防除及棉花病虫害防控方面的应用面积预计突破100万亩。粮食作物减少化学农药使用2～3次，每亩节约农药使用量60克，棉花减少化学农药使用2～3次，每亩节约农药使用量110克。四是组织开展2018年农药实际用量统计及2019年农药与药械需求预测工作。使用“农药械信息管理系统”，统计汇总了13个地（市、州）的农药与药械需求数据，分析预测全区农药、药械市场变化趋势。

（三）示范带动，积极开展绿色防控试验示范

将病虫害绿色防控工作列入新疆维吾尔自治区农业工作考核指标，一是在博乐、新和等20县市建立专业化统防统治与绿色防控融合试点基地。其中，博乐市棉花病虫害防控示范区布置杀虫灯160盏、黄板0.4万张，采用“棉种硫酸脱绒、播前消毒处理”方式预防病害，使用生物药剂苦参碱、苏云金杆菌乳剂防治虫害。伊宁市玉米螟防控示范区在春季统一处理玉米秸秆，在示范区悬挂杀虫灯150盏，一代玉米螟使用14%氯虫·高氯氟微囊悬浮-悬浮剂、20%氯虫苯甲酰胺悬浮剂2种高效低毒药剂防治，二代玉米螟释放赤眼蜂进行防治。二是在阜康市和伽师县实施向日葵和甜瓜蜜蜂授粉与绿色防控增产技术集成示范，实现保护蜜蜂和防控病虫害有机统一，核心示范面积2.5万亩，辐射面积20万亩。阜康市向日葵示范区针对草地螟、葵螟、棉铃虫及锈病、霜霉病等病虫害，实施统防统治，悬挂杀虫灯400盏，使用苦参碱、苏云金芽孢杆菌乳剂生物药剂防治虫害，使用苯甲·醚菌酯、四氟醚唑喷雾防治病害，严格按安全间隔期用药，在开花以前适期用药预防。伽师县甜瓜示范区针对白粉虱、潜叶蝇按照每亩悬挂20片黄板诱杀，对白粉病、霜霉病采用多抗霉素或者枯草芽孢杆菌等生物制剂防治。三是实施环保部中国硫丹淘汰项目。在沙湾开展棉花病虫害生物防治和硫丹替代试验示范，开展生物（化学）农药替代、诱捕技术替代、天敌替代等3个试验大区1 500亩，开展硫丹替代技术模型示范推广面积4.5万亩，举办淘汰硫丹宣传培训班、现场会87场次，累计培训农民3 200余人次。四是利用中央财政专项资金在全区建立小麦病虫害绿色防治示范区66个，示范面积66.5万亩。在小麦条锈病、白粉病等病虫害主要危害地区伊犁哈萨克自治州、塔城地区、昌吉回族自治州，实现小麦药剂拌种全覆盖，一般发生区覆盖率达85%。开展芸薹素内酯、25%环氧虫啶可湿性粉剂等7种新农药品种试验示范，在塔城地区、伊宁县建立2万亩植保无人机飞防示范区，进行了麦茎蜂和玉米螟飞防试验。蝗虫绿色防治示范区19个，示范面积53万亩。在博湖县、福海县、博乐市、新源县、阿勒泰市、布尔津县等湖库水源区、自然保护区以及绿色农畜产品基地禁止使用化学农药，在喀什、阿克苏、和田、哈密等蝗虫中低密度发生区，优先采用牧鸡、牧鸭治蝗，招引粉红椋鸟等天敌保护利用措施，推广蝗虫微孢子虫、印楝素、苦参碱、绿僵菌等生物防治技术。

（四）多措并举，广泛开展防控技术培训

加大培训力度，广泛开展病虫害绿色防控、农药减量控害、农药安全科学使用和植保机械使用维修等一系列培训宣传活动。一是强化农民培训。开展了农作物病虫害防治、农药减量控害、绿色防控等培训，在粮食主产区、经济作物优势区和重大病虫源头区，举办培训班700余期，培训人员13.45万人次，发放书籍、宣传册、挂图等各类资料14.8万份。二是组织全区各地州、县市开展绿色防控技术培训。全区各级植保部门举办绿色防控技术培训班40期，培训技术人员、种植大户3 000人次，发放资料0.6万份，广播电视、网络宣传108次。三是结合南疆扶贫攻坚任务，在疏附县举办了南疆四地（州）农区鼠情监测和灭鼠技术培训班，培训南疆四地（州）鼠情监测灭鼠技术人员50多名。四是与国家农业自走式植保机械创新联盟、有关农药企业联合开展了18期农药安全科学使用和植保机械使用维修技术系列培训活动，培训种植大户、高素质农民和专业化防治组织成员800多人次。五是承办了全国农业技术推广服务中心在乌鲁木齐举办的“全国棉花水稻病虫害绿色防控技术培训班”，开展稻棉双减控害技术、天敌昆虫保护与利用技术、昆虫信息素监测与防治稻棉害虫技术、硫丹替代技术集成、棉花水稻主要害虫抗药性治理培训和田间辅导，培训60名代表。

二、存在的问题

（一）绿色防控技术应用率低

绿色防控与传统防治技术相比，防治效果低，见效慢，防治成本高，不具有成本优势，需要政府的扶持和市场的拉动来共同推进。新疆维吾尔自治区目前还没有实行生物农药和绿色防控产品的专项补贴，各级经营主体和农户应用动力不足，严重制约农药减量控害技术的推广应用。

（二）专业化统防统治组织发展缓慢

专业化统防统治组织在经营能力、盈利能力和自我发展能力上后劲不足，持续发展困难，导致社会化服务组织不稳定，覆盖率底，全程专业化统防统治和政府购买病虫害防治服务在部分地区仅处于试点阶段，专业化统防统治推进缓慢。

（三）农药零增长行动需要进一步推动

各地对农药零增长行动认识不足、意识不强、重视不够，没有把农药零增长与生态环保和绿色发展有机结合，对农药零增长行动方案研究不够深入，减药控害思路不清、措施不多、效果不明显。

三、2019 年重点工作任务

（一）目标任务

有效控制主要农作物病虫草鼠危害，确保重大病虫害不大面积暴发成灾、蝗虫不起飞为害。深入推进农药使用量零增长行动，全区主要农作物绿色防控覆盖率达 30%，专业化统防统治覆盖率达 38%，主要农作物重大病虫害总体危害损失率控制在 5%以下。

（二）重点工作

一是组织开展全区农作物重大病虫草鼠害防控和技术指导。准确掌握全区病虫害发生动态，掌握最佳防治时期，指导适期防治。针对迁飞性、流行性和暴发性重大病虫害，制定小麦、玉米、棉花等主要作物的重大病虫害防控技术方案。在病虫害防控关键时期，组织专家开展重大病虫害防控工作的巡回督导与技术指导 4～6 次，抓好各地病虫害防控各项措施落实：小麦重点抓好条锈病、雪腐病、灰雪霉病及杂草防控，玉米重点抓好玉米螟防控，棉花重点抓好枯萎病、黄萎病、棉铃虫、棉叶螨、棉蚜防控，农田及农牧交错区抓好蝗虫及鼠害防控。

二是进一步推进农药使用量零增长行动。加强全区农药使用情况调查与监测，掌握农药使用情况。充分发挥全国“农药械信息管理系统”的作用，数据上报单位应确保统计数据的科学性、准确性，抓好 13 个地（州、市）的农药使用量数据统计与汇总，为进一步推进农药使用量零增长行动，提供科学的数据支持。

三是建设绿色防控示范基地。继续以农作物为主线，组织开展防控新技术、新产品试验示范，优化推广已组装的小麦、玉米和棉花绿色防控技术模式。在基础较好的伊犁哈萨克自治州、昌吉回族自治州、塔城地区、喀什地区、巴音郭楞蒙古自治州、阿勒泰等地，结合财政专项资金，加大资金投入力度，建设小麦、玉米、棉花作物病虫害全程绿色防控试验示范区 10～20 个，示范区内加大生物防治、物理防治、生态控制、生物农药等绿色防控产品的投入，帮助种植大户、农民合作社和龙头企业提升产品质量，实现优质优价，带动绿色防控技术的大面积推广应用。

四是加大专业化统防统治扶持力度。在昌吉回族自治州、塔城地区等粮食、棉花主产区，专业化统防统治组织基础较好的地区，重点扶持一批有规模、有装备的大型病虫害防治专业化服务组织，加大资金投入，扶持植保专业化统防统治组织，开展区域性、专业化集中防治。加强防控技术指导，在病虫害防治关键时期，组织技术人员深入田间进行现场指导，严格按照病虫害防治指标，及时采取科学选药、精准施药的手段，开展统防统治、应急防控，从源头减少农药使用。

五是做好宣传培训。举办全区农作物病虫害绿色防控暨农药减量控害技术培训班、鼠害防控技术培训班，选派植保专家在疏附县开展脱贫定点帮扶病虫害绿色防控技术服务，支持疏附县开展庭院经济蔬菜病虫害技术培训与指导。全区以基层植保机构、新型农业经营主体、病虫害防治专业化服务组织为重点，组织各地通过开办农民田间学校、召开现场观摩会等多种形式，开展农作物病虫防治、农药减量控害培训、绿色防控技术培训，充分利用广播电视、报刊以及网络等传统和现代媒体，印发宣传资料，提高农民病虫害绿色防控和科学用药意识，推进农药减量增效，促进农业绿色发展。

新疆生产建设兵团

2018 年新疆生产建设兵团（以下简称“兵团”）农作物重大病虫害防治工作紧紧围绕“稳粮优棉精果、提质增效可持续”的工作主线和兵团现代农业发展的总体目标，遵循“预防为主，综合防治”的植保方针，坚持“公共植保、绿色植保、科学植保”的理念，兵团各级扎实开展农药使用量零增长行动，加强农作物重大病虫害监测预警，全面落实各项综合防治技术措施，强化绿色防控和统防统治力度，充分发挥植保工作在农业防灾减灾和农产品质量安全上的作用，为 2018 年兵团农业丰产丰收发挥了保驾护航的作用。

一、2018 年兵团农作物重大病虫害发生与防治情况

2018 年兵团农作物播种面积 2 032.14 万亩，同比增加 88.02 万亩，增长 4.5%。其中，棉花种植面积 1 282.2 万亩，较 2017 年增加 242.2 万亩，增长 23.3%。粮食播种面积 369.7 万亩，同比减少 43.56 万亩，下降 10.5%。其中，小麦播种面积 163.22 万亩（冬小麦 88.55 万亩、春小麦 74.67 万亩），同比减少 53.4 万亩，下降 24.65%。油料播种面积 81.7 万亩，同比增加 8.59 万亩，增长 11.75%。甜菜播种面积 31.24 万亩，同比减少 4.33 万亩，下降 12.17%。

据统计，2018 年兵团农作物病虫草鼠害发生面积 2 950.03 万亩次，防治面积 3 709.57 万亩次，挽回农作物损失 323 750 吨。其中，病害发生面积 421.7 万亩次，防治面积 707.97 万亩次；虫害发生面积 1 819.87 万亩次，防治面积 2 248.14 万亩次；农田杂草发生面积 677.06 万亩次，防治面积 729.62 万亩次；农田鼠害发生面积 31.4 万亩次，防治面积 23.84 万亩次。其中，棉花病虫害发生面积 2 179.5 万亩次，较 2017 年增加 309.5 万亩次（2018 年种植面积增加 242.2 万亩），防治面积 2 777.3 万亩次，较 2017 年增加 391.5 万亩次；小麦病虫害发生面积 82.95 万亩次，防治面积 172.25 万亩次，挽回损失 14 497.31 吨；玉米病虫害发生面积 97.18 万亩次，防治面积 168.27 万亩次，挽回损失 11 330.29 吨。

二、2018 年兵团农作物重大病虫害发生特点

受病虫害基数、作物生长情况和气候因素影响，2018 年兵团农作物病虫害整体中等发生，棉蚜、农区蝗虫等部分病虫害在局部偏重发生。棉蚜在南疆垦区、北疆局部危害发生重于 2017 年，棉铃虫在棉花和玉米上发生危害较 2017 年减轻，小麦条锈病、玉米螟、棉花枯萎病、棉花黄萎病、棉花立枯病发生程度轻于 2017 年。土蝗在第八师、第四师、第九师局部较 2017 年危害加重。

（一）棉花病虫害总体中等发生

棉铃虫中等发生，发生程度轻于 2017 年。其中一代在棉田轻发生，北疆局部中等发生，田间虫口密度低；二代、三代偏轻发生，局部中等发生。棉蚜中等发生，局部偏重发生。其中，苗蚜南疆中等发生，局部偏重发生，北疆轻发生；伏蚜南疆偏重发生，北疆中等发生，局部偏重发生。棉叶螨偏轻发生，局部偏重发生，危害程度明显轻于 2017 年。棉花枯萎病、棉花黄萎病偏轻发生，北疆第八师、第七师局部中等发生。

（二）粮食作物病虫害整体中等发生

小麦病虫害整体轻发生，局部中等发生，发生程度轻于 2017 年和历年。其中，小麦锈病整体轻发生，局部中等发生，主要发生区域在北疆垦区第四师、第五师、第六师、第八师等地。玉米螟偏轻发生，局部中等发生。农区蝗虫偏轻发生，在第四师、第八师局部偏重发生。土蝗主要在北疆垦区第四师、第五师、第六师、第八师、第九师和第十师等农牧交错沙漠、戈壁荒漠地带和草场等地发生。因 2018 年 4～5 月持续低温，蝗蝻出土始期较 2017 年偏晚 1 周。

三、兵团重大病虫害防控主要措施和做法

（一）制定下发重大病虫害防控预案

为强化 2018 年兵团农作物重大病虫害防控工作，2018 年初，兵团农业技术推广总站制定并下发了 2018 年兵团棉花、玉米、小麦重大病虫害和农区蝗虫等 4 个防控技术方案，为农作物重大病虫害防控工作提供技术支撑和科学指导。各师结合农业生产实际，制定下发了主要作物各关键阶段的防控指导意见。兵团各级通过强化监测预警，定期召开科技例会，狠抓各项防控技术措施落实。在重大病虫害发生和防控关键时期，兵团各级农业部门及时安排和部署、检查和督导各项防治工作，为 2018 年兵团重大病虫害监测预警和防控工作的顺利完成提供了有力保障。

（二）强化病虫害预测预报，科学指导防治

2018 年兵团、师及各垦区中心测报站共发布病虫监测预警信息 257 期（其中总站发布“兵团植保信息”6 期）。兵团各级制作播出农作物重大病虫害电视可视化预报 180 余期。2018 年兵团实施团场配套改革，植保技术人员变动很大，监测预警信息发布数量较 2017 年有明显降低。病虫监测预报对象为涵盖兵团 12 种主要农作物及葡萄、桃、枣等林果的 50 多种病虫害，监测指导覆盖面达兵团作物种植面积的 90%以上，其中短期预报准确率达 90%以上，中长期预报准确率达 85%以上。上报棉铃虫、农田蝗虫等农作物主要病虫害报表 910 余份，为准确预报提供了详细的基础数据和动态信息。通过“重大病虫害数字化监测预警系统”上报棉花病虫害监测数据 2 455 次（蝗虫监测数据 40 次）。通过强化病虫害监测预警工作，为各级领导科学决策、技术人员指导生产和广大职工开展防控提供了科学依据，确保兵团农业生产安全。

（三）加强督导检查，提高各项防治措施的到位率

2018 年，在农作物重大病虫害发生防治关键期，兵、师、团三级农业技术推广部门加强病虫害防控技术的督导检查工作。针对农作物重大病虫害监测预警、防控、科学用药和植保项目实施等工作，组织科研院所专家及兵、师级植保技术人员 120 余人次，深入南疆、北疆垦区生产一线开展防控技术巡回指导和调研，制定病虫害防控应对措施，及时解决生产中存在的问题，促进各项关键防治措施的落实。同时各师加强对病虫害防控措施的检查督导，通报检查结果及时进行整改，提高了各项防控措施的到位率，确保了农业保产、稳产、夺丰收。

（四）开展新农药、新药械的试验示范

根据兵团农作物病虫害发生特点和现状，2018 年与国内外多家企业合作，在兵团 12 个师开展新型除草剂、杀虫剂、杀菌剂、调节剂、性诱剂等理化诱控、精准施药等植保新技术新产品的试验示范 120 多项次。同时开展新型植保器械如无人机在棉花等作物上飞防效果示范研究，为推进病虫害防控工作提供了产品和技术支持。尤其针对兵团农业生产中存在的突出问题，开展了防除棉田杂草龙葵的新型药剂、玉米螟和棉铃虫的新型诱捕器等病虫草害防控药械的引进示范。通过新药剂、新药械的引进示范，优化完善应用技术，提高农药利用率和防控效果，因地制宜集成技术模式，为实现农药减量控害提供技术支撑。

（五）加强宣传培训，不断提高重大病虫害的防控技术水平

为进一步强化农作物重大病虫害防控工作，推进和提升兵团重大病虫害防控技术整体水平，2018年初，在乌鲁木齐市组织召开“2018年兵团植保暨农药管理培训班”，总结、交流、宣传病虫害绿色防控的成效和工作经验，研讨并培训科学用药、植保新技术及农药管理相关要求，对来自兵团各师的120名植保技术人员进行了培训。8月，在第八师石河子市组织举办了“2018年兵团棉花脱叶剂使用技术现场培训班”，对来自9个植棉师的推广站领导、团场技术人员及农业合作社成员共42人进行培训。2018年兵团各级开展科技之冬、科技之春及现场培训会等防控技术普及型培训710余期，培训技术人员及团场职工2.7万人次。

（六）抓好绿色防控示范推广，促进农药减量增效

2018年，在兵团11个师15个团场建设融合示范区共15个，覆盖作物有棉花、小麦、红枣、葡萄等，示范区计划面积8.4万亩，实际完成示范区面积8.47万亩，辐射带动面积100余万亩。其中，建设棉花示范区8个，小麦示范区2个，红枣示范区3个，葡萄示范区1个，设施蔬菜示范区1个。示范区专业化统防统治和绿色防控技术融合率为82%，病虫害防控效果达90%以上，化学农药使用量减少11%，棉花危害损失率控制在5%以下。以15个全国专业化统防统治与绿色防控融合示范区建设为抓手，利用统防统治的组织形式大力推广绿色防控技术措施，减少化学农药使用次数和剂量。在示范区示范展示综合应用农业防治、生物防治、生态调控、理化诱控、生物农药、植物免疫诱导等绿色防控技术，探索、总结绿色防控和专业化防治融合技术模式，推进农药减量控害。同时，兵团农业技术推广总站积极开展植保项目申报和研究，在兵团辖区内组织实施了“机采棉田杂草高效防除技术研发与集成应用”“棉田农药减量控害技术集成示范”“玉米病虫草害全程高效防控技术创新与集成示范”，深入推进农药减量使用。通过各示范区的引领示范和辐射带动作用，促进了兵团绿色防控工作深入推进。2018年兵团农作物病虫害绿色防控面积达2 272.1万亩次，绿色防控面积占防治面积的61%。

四、农作物重大病虫害防控工作中存在的问题

1. 防控经费投入不足 因兵团特殊的体制，没有财政支持和投入，经费严重不足，指导服务覆盖面和技术措施到位率难以提高。希望中央财政今后加大对兵团的资金投入和扶持力度，进一步促进兵团重大病虫害防控工作的开展。

2. 植保体系不健全，技术人员严重缺乏 2018年兵团全面实施团场综合配套改革，农业生产中取消“五统一”，改变行政指令、行政干预和“大包大揽”的农业生产管理方式，农业技术推广向服务性、引导型和公益性方向转变。团场设立农业服务中心，技术人员大幅度削减，仅设技术人员2～3人，难以保证有植保专业技术人员时时在岗，基层连队不再设技术员岗位，基层团场技术力量明显削弱，基层工作任务重，植保队伍不稳定，使监测预警和防控工作受到影响。

3. 监测防控技术水平有待进一步提高 随着农业供给侧结构性改革，作物种植种类、病虫害发生种类及危害程度发生变化，现有监测防控能力和技术水平相对滞后，设备更新较慢。

4. 团场职工对绿色防控和统防统治不够重视 部分团场职工认为绿色防控和统防统治是政府行为，资金投入不足，示范规模难以扩大，影响绿色防控技术的进一步推广。

5. 农药质量良莠不齐 农药市场监管力度需要进一步加强，确保职工用上放心药。

图书在版编目（CIP）数据

农作物重大病虫害防控工作年报．2018／全国农业技术推广服务中心主编．—北京：中国农业出版社，2019.12

ISBN 978-7-109-26361-1

Ⅰ.①农… Ⅱ.①全… Ⅲ.①作物—病虫害防治—中国—2018—年报 Ⅳ.①S435-54

中国版本图书馆 CIP 数据核字（2019）第 288822 号

中国农业出版社出版
地址：北京市朝阳区麦子店街 18 号楼
邮编：100125
责任编辑：阎莎莎
版式设计：韩小丽　　责任校对：巴洪菊
印刷：中农印务有限公司
版次：2019 年 12 月第 1 版
印次：2019 年 12 月北京第 1 次印刷
发行：新华书店北京发行所
开本：880mm×1230mm　1/16
印张：16.75
字数：527 千字
定价：90.00 元